纸数融合教材使用说明

纸数融合教材介绍：本教材配有网络增值服务（含付费），建议同步学习使用。读者可以通过扫描本书二维码获取网络增值服务。

《化学反应工程》网络增值服务

微课视频	关键知识	视频讲解
解题思路	重点习题	思路解答
学习分享	课模大赛	优秀实例
计算程序	Matlab文件	举一反三
动画演示	模型演示	简单易懂

网络增值服务使用步骤

1

易读书坊

微信扫描本书二维码，关注公众号“易读书坊”

2

正版验证

刮开涂层获取网络增值服务码

手动输入　无码验证

首次获得资源时，需点击弹出的应用，进行正版认证

3

刮开“网络增值服务码”（见封底），通过**扫码认证**，享受本书的网络增值服务

化工社教学服务

微课视频

章　号	章节名称
第 3 章	3.5 理想间歇反应器中的均相平行反应（1、2）
	3.6 理想间歇反应器中的均相串联反应（1、2）
第 4 章	4.3 空时、空速和停留时间
	4.4 反应前后分子数变化的气相反应（1、2）
第 5 章	5.3 连续流动釜式反应器中的浓度分布与返混（1、2）
	5.4 返混的原因与限制返混的措施（1、2）
第 6 章	6.3 连续流动釜式反应器中的固相反应（1、2）
	6.4 微观混合及其对反应结果的影响
	6.5 非理想流动模型（1、2）
	6.6 非理想流动反应器的计算
第 7 章	7.4 自催化反应过程的优化
	7.5 可逆反应过程的优化（1、2）
	7.6 平行反应过程的优化（1、2）
	7.7 串联反应过程的优化
第 9 章	9.2 等温条件下的催化剂颗粒外部传质过程（1、2、3）
	9.3 等温条件下的催化剂颗粒内部传质过程（1、2、3）
	9.7 固体催化剂的工程设计
第 10 章	10.1 热稳定性和参数灵敏性的概念（1、2）
	10.2 催化剂颗粒温度的热稳定性（1、2、3、4、5）
	10.3 连续搅拌釜式反应器的热稳定性（1、2）
	10.4 管式固定床反应器的热稳定性（1、2）

的热稳定性和参数灵敏性问题。第11章以若干工业反应过程的开发案例来讨论化学反应工程基本原理的综合应用，深入剖析反应过程开发方法，了解数学模型方法在过程开发中的应用。

本书各章节之间的关系见下图。

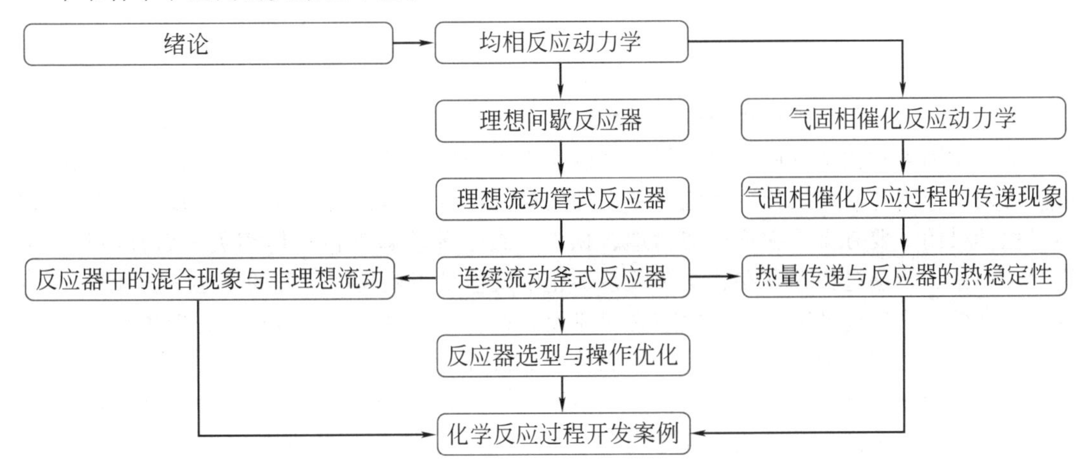

本书为读者提供了化学反应工程的基础知识和基本训练，配有相应的例题、习题和案例，力求概念清晰，理论联系实际，并在例题及附录中列出相关MATLAB程序，以示工以利器为助，起举一反三之效。

本书由华东理工大学许志美等编著，许志美（编写第1、5、10章）、孙伟振（编写第4、7章）、朱贻安（编写第2、8章）、刘涛（编写第6章）、曹发海（编写第11章）、奚桢浩（编写第3章）、钱炜鑫（编写第9章）等分别负责了各章节的编写，许志美 、孙伟振、朱贻安编写了各章首引言及插图。全书由许志美整理、统稿。在编写期间和完稿时，张濂先生提出了很好的修改建议并审阅了全书，华东理工大学的研究生参与了部分例题的编写、插图和编程求解，同时本书也得到了诸多同仁的宝贵建议，不再一一列举，在此一并表示由衷的感谢。

由于作者的水平有限，书中定有不足或遗漏之处，期待读者不吝指正。

编者

2019年3月

前言

化学反应工程是以工业规模的化学反应过程为研究对象，研究过程速率及其变化规律，宏观动力学因素对化学反应过程的影响，以实现工业反应过程开发、放大、设计和操作的优化，可谓反应工艺开发之斧，反应设备设计之模，反应过程放大之桥。化学反应工程作为化学工程学科的重要分支，它不仅与物理、化学、数学等基础学科密切相关，而且与热力学、化学动力学、传递过程等存在着交叉关系。化学反应是工业反应过程的核心，工业反应过程的绿色高效关乎环境健康安全与生态文明建设，符合尊重自然、顺应自然、保护自然的生态文明理念，从而实现资源高效利用、能源消耗最低及可持续发展。

本书作为化学反应工程的基础教材，根据化学反应工程学科进展，结合作者多年教学实践，以张濂等编著的《化学反应工程原理》为基础，延续化学反应工程基本原理的框架体系，参考国内外相关教材与专著进行编写，涵盖了均相反应动力学、典型化学反应器、混合返混、非均相反应过程中的传质与传热、反应器的热稳定性等主要内容，注重反应动力学、物料衡算、热量衡算方程的建立和求解，结合现代软件工具的应用，寻求解决复杂工程问题之道。在编写方法上注重基本概念、基本理论和工程观点的阐述，一方面突出化学反应工程学科的共性问题，即影响反应结果的工程因素，如返混、预混合、质量传递和热量传递等，按共性问题设置章节。另一方面突出反应工程理论思维方法，即工程因素通过影响反应场所温度与浓度而改变反应结果，使读者了解实际反应过程开发中过程的分解与综合、个性与共性之间的关系，从而增强工程分析和解决工程问题的能力。

化学反应工程作为化工类及相关专业的核心课程，配套教材既要满足化工类专业知识体系的基本要求，还需要考虑并体现“学习成果导向”（OBE）的工程教育理念。对照《工程教育认证通用标准》（2015 版）中提出的毕业要求，化学反应工程课程目标对毕业要求的支撑主要体现在以下五个方面，即①工程知识：应用数学和相关工程知识解决复杂工程问题的能力；②问题分析：识别、表达并分析复杂工程问题的能力；③设计/开发解决方案：设计复杂工程问题解决方案的能力；④研究：设计实验、分析和处理数据的能力；⑤使用现代工具：使用现代工程工具的能力。因此，我们在教材编写中加强了反应动力学表达，反应器物料衡算、热量衡算方程的建立，反应动力学实验测定方法和数据处理，运用计算机工具求解反应器模型，计算温度分布和浓度分布，解决复杂反应体系的设计计算等内容，培养学生解决复杂工程问题的能力。

本书共 11 章。第 1 章论述化学反应工程的研究对象和目的、研究内容与研究方法，以及化学反应工程在工业反应过程开发中的作用。第 2 章阐述化学反应动力学的基本概念和原理，并就均相反应讨论它们最常见的动力学表达式，为以后各章学习作必要的准备。第 3 章介绍理想间歇反应器的基本特征和设计方程，并分别讨论五种典型化学反应的基本特征和设计计算。第 4、5 章主要阐述理想流动管式反应器、连续流动釜式反应器的特征和设计计算。第 6 章讨论反应器中的混合现象与非理想流动。第 7 章是在前述各章内容的基础上，综合分析各类典型化学反应的反应器的选型与操作优化。第 8、9 章阐述气固相催化反应动力学、气固相催化反应过程中的热质传递及其对化学反应结果的影响。第 10 章讨论放热反应过程

目录

第1章 绪论

第2章 均相反应动力学

第3章 理想间歇反应器

第4章 理想流动管式反应器

第5章 连续流动釜式反应器

第6章 反应器中的混合现象与非理想流动

第7章 反应器选型与操作优化

第8章 气固相催化反应动力学

第9章 气固相催化反应过程的传递现象

第 10 章　热量传递与反应器的热稳定性

第 11 章　化学反应过程开发案例

第1章

绪　论

上海市高校十大菜品之一——华理红烧肉

生活中，人们普遍有这样的感受：家里的小锅菜比食堂的大锅菜好吃。确实，锅的大小真能影响饭菜的口味。那么，这一现象的背后隐藏着哪些科学原理呢？学习化学反应工程，大家将会对这一过程有深刻的理解。

食材烹饪的过程，是一定配比的原材料，在锅中经历化学反应由生变熟，同时还经历因翻炒、入味、加热等引起的**质量传递**、**动量传递**及**热量传递**，并最终得到美味菜肴的一系列过程。小锅换成大锅，不变的是反应过程，改变的是传递过程，需要解决**“放大效应”**问题。而反应器内的化学反应、质量传递、动量传递及热量传递（简称**“三传一反”**），则是化学反应工程的研究内容。在工业反应器中重现或优化实验室反应器的结果，正是化学反应工程的研究任务。

化学反应过程存在于自然界的方方面面，是自然界中非常重要的物质转化过程。工业反应过程主要用于化学转化、化学脱除和获得能量，其中最主要的是**化学转化**。任何化学产品的生产，从原料到产品都可以概括为下列三个组成部分：①原料的预处理，按化学反应的要求，将原料进行处理。例如，提纯原料，除去对反应有害的杂质；加热原料使其达到反应要求温度；几种原料的配料混合，以适应反应浓度要求，等等。这些预处理操作一般都属于物理过程。②化学反应，是将一种或几种物质转化为所需的物质；或从一组混合物中脱除某一组分。如汽车尾气中脱除烃和氮的氧化物，使气体净化达到排放标准，等等。这些属于化学过程。③产物的分离。由于副反应的存在，生成不希望得到的产物；又因反应不完全或某些反应物过量，致使反应产物需要进行分离，以获得符合规格的纯净产物。这一步主要也是物理过程，例如蒸馏、吸收、萃取、结晶、过滤等。原料预处理和产物分离两步，是化学反应的要求和结果。显然，物理过程的原理和设备是化工原理研究的内容，而化学反应过程的原理和反应器设备则是化学反应工程研究的内容，也是整个生产过程的**核心**。

化学反应过程往往是化工生产流程中一项重要的甚至起决定作用的因素。任何化学反应过程的进行和结果除了由该反应本身的特征及规律控制外，还会受到物料混合、传质和传热等物理因素的影响。因此，化学反应工程的研究，一方面要认识、判断各种类型化学反应的化学热力学和动力学规律，另一方面也要归纳各种物理因素的变化规律及其对化学反应过程的影响。从这两方面的结合中，总结出一些具有普遍意义的观点和概念，以在理论上指导工业反应过程的开发。

本章将主要介绍化学反应工程的研究对象和目的、研究内容与研究方法，以及化学反应工程在工业反应过程开发中的作用。

1.1 化学反应工程的研究对象和目的

化学反应工程作为一门工程学科，它的**研究对象**是以工业规模进行的化学反应过程，其**目的**是实现工业反应过程的优化。所谓**优化**，就是在一定的范围内（约束条件），选择一组优惠的决策变量，使“系统”对于确定的评价标准（优化目标）达到最佳的状态。显然，工业反应过程的优化涉及优化目标、约束条件和决策变量等问题。

工业反应过程的优化，实际上有**两种类型**：设计优化和操作优化，即需要解决设计型问题或操作型问题。

从设计角度讲，由给定的生产能力出发，确定反应器的型式和适宜的尺寸及其相应的操作条件。然而在反应器投产运转以后，还必须根据各种因素和条件的变化作出相应的修正，以使其仍能在最优的条件下操作，即还需进行操作的优化。显然，设计优化是工业反应过程优化的基础。

1.1.1 约束条件

工业反应过程的优化往往受到各种因素的约束。其**约束条件**可能受到工艺流程上、下游处理能力的限制。也可能为了保证操作安全而受到限制，如某些易燃易爆反应物料的组成受到爆炸极限的约束，总是把易燃易爆的物料浓度控制在爆炸极限以外；又如反应器材料的耐热性能成为石脑油裂解管温度的约束条件。更重要的是，在工业反应过程中要关注环境生态对工业过程的约束，要树立尊重自然、顺应自然、保护自然的生态文明理念，把环境影响作为过程约束的首要条件。总之，优化过程是有约束的过程优化。

1.1.2 优化的经济指标

任何一个化学反应过程要实现工业化生产，首先必须在技术上是可行的。所谓技术的可行性包括反应过程有合适的催化剂，反应能以一定的速率和选择率进行；对反应产物有可能进行分离提纯以取得合格产品；有适宜的反应温度和压力等条件；反应过程中产生的废料有合适的处理技术，以免污染环境等等。

但是，一个工业反应过程得以存在和发展的前提除了技术上可行外，重要的是经济上合理，一旦生产过程的技术问题解决之后，过程的经济性就成为最主要的追求目标。工业反应过程的**经济指标**是指生产某一产品所需的成本或是产品的利润大小。生产某一定量产品所需的生产费用，包括一次性的投资费用（主要是设备和机器费用）及经常性的原料和操作费用。操作费用主要包括人工费、动力消耗、能量消耗、设备维修和公用工程等方面的开支。

然而，除了过程的经济效益之外，评价一个过程好坏还需要考察一些内容，如生产的安全程度、对环境的污染影响及生产过程的劳动生产条件等等。因此，工业反应过程的评价是一个多目标的优化问题。对于这样一个多重优化目标问题，要求在各个优化目标间进行统筹兼顾和合理安排，势必涉及许多非经济的因素和复杂的最优化方法，实已超出了本书的范围。为了对工业反应过程进行必要的、简便的优化计算，对它就有两个基本要求：一是要使多重的优化目标归并、转换成单一目标；二是要求这个单一目标能够以定量的形式表达出来。对于上述具有多重优化目标的工业反应过程，除了反映过程经济效益的生产成本之外，其余的目标都无法以定量的形式表示，也难以归并在生产成本里。因而本书的优化计算和优化讨论中都作如下简化处理：即把工业反应过程的经济指标作为唯一的优化目标，而把生产安全、环境污染及劳动生产条件等因素作为优化过程的约束条件，然后在规定的条件和范围内寻求最佳的经济目标。

工业反应过程的经济目标直接取决于生产费用的多少。生产费用主要由原料费用、设备费用和操作费用三部分组成。显然，工业反应过程的这些经济目标与该过程的技术指标密切相关。

1.1.3 优化的技术指标

在建立工业反应过程优化目标的定量关系式，即优化目标的函数式时，需要把过程的经济目标与技术指标联系起来，然后才能进行优化计算以确定最优的设备条件和操作条件。反应过程的主要**技术指标**有以下三个：①反应速率；②反应选择率；③能量消耗。

生产过程的能量消耗也是衡量过程经济性的一个重要指标。然而，由于化工生产过程的复杂性，使能耗问题难以就整个生产过程中的某一反应步骤或分离步骤单独进行核算及评价，它往往是以整个流程、车间，甚至整个工厂作为一个系统加以全面考虑。因此，将反应速率和反应选择率作为工业反应过程经济效益的两个基本技术指标。反应速率和反应选择性也是评价工业反应过程中原料转化程度和原料利用率的最直接指标，高转化、高选择性的工业反应过程是促进资源节约、降低资源消耗强度、提高资源利用效率和效益、实现化工过程可持续发展的重要保证。

反应速率是反应系统中某一物质在单位时间、单位反应区内的反应量。对一定大小的反应设备和物料处理量，反应速率的大小实际上反映了反应物料的转化程度。转化程度通常采用反应转化率表示。反应**转化率**的定义为反应物中某一组分转化的物质的量与其初始物质的量的比值，反应转化率常用 x 表示。例如对某反应组分 A，它的初始物质的量为 n_{A0}，反应结束后的物质的量为 n_A，则反应组分 A 的转化率 x_A 为

$$x_A=\frac{n_{A0}-n_A}{n_{A0}} \tag{1-1}$$

对于处理能力确定的生产过程，反应速率的大小实际上决定了反应器的大小或催化剂用量的多少，因而也标志着反应设备费用的多少。

对于复杂反应过程，同一反应原料可以生成几种不同的产物，即需要的目的产物和无用的副产物。此时，不同产物之间的分配比例对该反应过程的经济效益是一个非常重要的指标。产物之间的这种分配比例可以用反应选择率 $\bar{\beta}$ 表示。反应**选择率**的定义为已经转化的反应物的物质的量中，转化为目的产物的摩尔分数。以平行反应为例

$$aA\begin{cases}\nearrow pP(\text{主反应})\\ \searrow sS(\text{副反应})\end{cases}$$

如果上述反应过程中反应物 A 生成的目的产物为 P，它们的化学计量系数分别为 a 和 p，则此时的反应过程平均选择率 $\bar{\beta}$ 可以表示为

$$\bar{\beta}=\frac{(n_P-n_{P0})/p}{(n_{A0}-n_A)/a} \tag{1-2}$$

式中，n_{P0} 和 n_P 分别表示反应开始和结束时目的产物 P 的物质的量，mol。

对于大多数的化学工业而言，原料费用在生产成本中占有极大的比重，随着生产过程技术水平的日益提高，使得除原料费用外的各项支出不断降低，因而原料费用的比例愈来愈大。原料费用在生产成本中的比例大小已成为现代工业生产过程先进性的标志之一。既然它在生产成本中占有极大比重，那么由副反应消耗掉一定数量的原料就会严重影响生产成本。

如果反应转化率很低，则需要使用很大的反应设备来达到一定的生产能力，从而增加了设备投资。此外，未转化部分的原料增多，使成本相应增加，或是使分离回收这部分未转化原料的设备、能耗等费用大幅度上升。

为了说明以上各项技术指标的经济含义和它们彼此之间在经济指标中的相对重要性，下面以工业上乙苯脱氢制取苯乙烯的反应过程为例进行具体分析。

乙苯脱氢反应过程中主反应和主要副反应是

$$C_6H_5C_2H_5 \rightleftharpoons C_6H_5C_2H_3+H_2$$

$$C_6H_5C_2H_5 \longrightarrow C_6H_6+C_2H_4$$

$$C_6H_5C_2H_5+H_2 \longrightarrow C_6H_5CH_3+CH_4$$

乙苯脱氢制取苯乙烯生产流程如图 1-1 所示，生产成本分析见表 1-1。

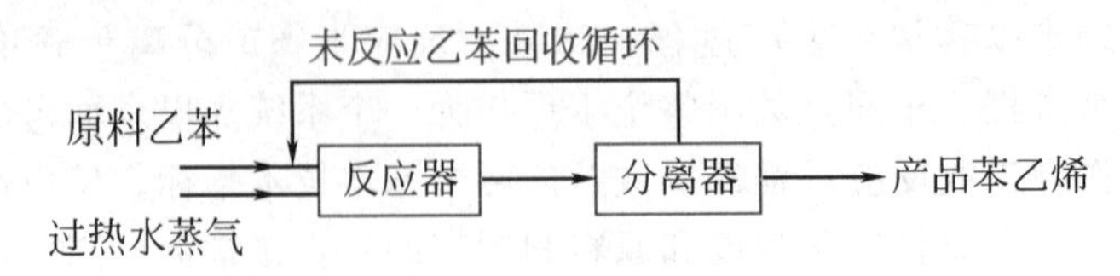

图 1-1 乙苯脱氢制取苯乙烯生产流程示意图

从表 1-1 中可以明显看出原料乙苯的费用在生产成本中占有很大的比重，为总成本的 85.4%。这种趋势是现代工业生产发展的必然结果。随着科学技术的不断发展，生产过程技术水平的日益提高，使其余各项费用和支出不断降低，原料费用的比例相对增大。

表 1-1　乙苯脱氢制取苯乙烯生产成本分析

序号	项目	占总成本百分比/%	序号	项目	占总成本百分比/%
1	原料乙苯中转化成苯乙烯部分	73.7	5	催化剂	0.5
2	原料乙苯中消耗于副反应部分	6.6	6	精馏分离回收	2.2
3	原料乙苯中消耗于非反应部分	5.1	7	其他	7.7
4	能量消耗	4.2			

注：以上分析以加工 1t 乙苯为基准。

表 1-1 中第 1 项是转化为目的产物——苯乙烯的原料乙苯消耗量。这一部分的乙苯消耗是由化学反应计量关系所决定的、必不可少的原料消耗。表中其余部分则是能够随着生产过程技术水平提高和操作条件等因素改善而变化的可变成本。表 1-2 列出了苯乙烯生产成本中各项可变部分相对比重大小，以方便比较。

表 1-2　乙苯脱氢制取苯乙烯可变成本分析

序号	项　目	占可变成本百分比/%	序号	项　目	占可变成本百分比/%
1	消耗于副反应部分的乙苯	25.3	4	催化剂	2.1
2	消耗于非反应部分的乙苯	19.5	5	精馏分离回收	8.2
3	能量消耗	15.8	6	其他	29.1

注：以加工 1t 乙苯为基准。

从表 1-2 中可以看到，由副反应消耗的原料乙苯占有较大的比重，约占可变成本的 1/4。既然原料消耗在生产成本中占有极大的比重，那么副反应消耗的原料当然也会严重影响生产的成本。如上所述，副反应消耗的乙苯量完全由反应过程的选择率决定。因此，反应过程中有副反应存在时，反应选择率往往是工业反应过程优化中的首要技术指标。

表 1-2 中第 2 项是分离过程中的乙苯消耗，第 3 项为反应过程和分离过程中的能量消耗，在可变成本中也占有相当的比重，它们的消耗量自然与生产过程采用的分离技术和反应工艺条件（蒸汽与乙苯比等）有关。上述两项消耗指标都直接与反应的转化程度有关，反应转化率愈低，产物中未反应的原料乙苯含量就愈高，乙苯的分离负荷就愈大，分离过程中乙苯的损失量也增大。此外，在相同的蒸汽与乙苯比下操作，转化率愈低，单位产品消耗的蒸汽量就愈大，它的能耗也相应提高。由此可见，反应转化率也是影响反应过程经济指标的重要因素。

另外，表 1-2 中列出的催化剂费用仅占可变成本的 2%左右。催化剂费用的多少不仅表示催化剂用量多少，也表示装填催化剂所需反应器体积的大小，因而也是反应设备投资多少的标志。上表的结果说明在一般的反应过程中，催化剂和反应器设备费用占有极少的份额。当然，在高压反应或腐蚀性极强的反应过程中，对反应器的制造和材质有较高的要求，它们的费用也会相应提高。此外，如果催化剂主要成分由贵金属组成，则它的成本也将明显提高。

从乙苯脱氢制取苯乙烯反应过程实例，可以明显看出反应速率、反应选择率这些技术指标的经济含义和它们之间的相对重要性。一般而言，当反应过程中伴有副反应发生时，反应选择率往往是最重要的技术指标。

上述乙苯脱氢反应过程采用的是把未反应的原料乙苯经过分离回收后循环使用的工艺流程。在某些生产过程中，或是由于转化率很高不必加以回收，或是因为分离困难，无法回收原料，这种不经过分离回收的工艺流程，它的经济指标和技术指标间的关系与上述流程不同。例如，工业反应过程中邻二甲苯氧化制邻苯二甲酸酐（苯酐）的生产是一种典型的不经分离回收的工艺。其生产流程如图 1-2 所示。

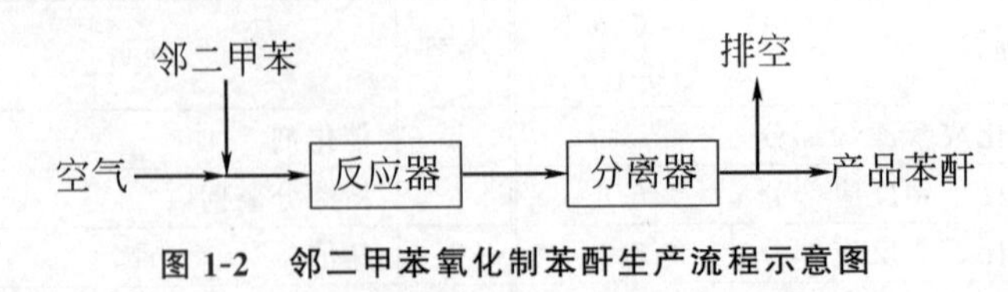

图 1-2 邻二甲苯氧化制苯酐生产流程示意图

在苯酐生产过程中，原料气中邻二甲苯的含量受各种因素的限制需维持在 1%（摩尔分数）左右。反应转化率在 99%以上，经反应后分离出产物苯酐，尾气中含有极少量的原料邻二甲苯和气体产物碳的氧化物等，此时原料就不加以回收，尾气经燃烧室转化为二氧化碳后排放。

在这一流程中，原料消耗除了主反应和副反应之外，还包括反应过程中尚未转化的那一部分。因此，在这种工艺流程中原料的消耗除了与反应选择率有关外，还取决于反应的转化程度。对于这种情况，在工业生产上往往把选择率和转化率这两个技术指标合并为一个——**反应收率**，其定义为得到的产物份数与投入反应系统的原料份数的比值。它们可以用物质的量或质量来表示，分别称为**摩尔收率**和**质量收率**。如以摩尔收率表示，则产物 P 的收率 φ 为

$$\varphi=\frac{(n_{\mathrm{P}}-n_{\mathrm{P0}})/p}{n_{\mathrm{A0}}/a} \tag{1-3}$$

从以上反应转化率、反应选择率和收率的定义，很容易得到它们之间的关系为

$$\varphi=\bar{\beta}x_{\mathrm{A}} \tag{1-4}$$

对于像乙苯脱氢的回收循环流程，反应物每经过一次反应器就有一定的转化率和选择率，由式(1-4) 即可计算得到通过反应器后的收率，这个收率称为**单程收率**。因为未反应的原料经过分离回收后都要重新加入反应器进行反应，因而将反应器和分离设备作为一个系统，如果不计原料在分离过程中的损耗，则它的反应总转化率为 100%，此时的收率称为**总收率**，记作 Φ。显然，这时有

$$\Phi=\bar{\beta} \tag{1-5}$$

产品的原料消耗若以每份产品所需的反应原料份数来表示，就称为原料**单耗**，它也可以用摩尔分数或质量分数来表示。原料单耗与收率互成倒数关系。

【例 1-1】 乙苯脱氢反应在一绝热式固定床反应器中进行。生产流程采用原料分离回收循环操作。某工厂生产中测得如下数据：原料乙苯的进料量为 100kg/h，而反应器出口物料经分析得知其中乙苯的流量为 46kg/h，产品苯乙烯的流量为 48kg/h。假设分离回收中无损失，试计算反应过程中转化率、选择率、单程摩尔收率和单程质量收率、总摩尔收率和总质量收率及原料单耗等指标。

解： 主反应式 $C_6H_5C_2H_5 \longrightarrow C_6H_5C_2H_3 + H_2$

分子量 106 104 2

各组分的物质的量=质量/分子量

乙苯转化率为

$$x_{\mathrm{A}}=\frac{n_{\mathrm{A0}}-n_{\mathrm{A}}}{n_{\mathrm{A0}}}=\frac{100-46}{100}=0.54$$

产物选择率为

$$\bar{\beta}=\frac{n_{\mathrm{P}}}{n_{\mathrm{A0}}-n_{\mathrm{A}}}=\frac{48/104}{(100-46)/106}=0.906$$

单程摩尔收率

$$\varphi=\bar{\beta}x_A=0.54\times0.906=0.489$$

单程质量收率＝48/100＝0.48kg/kg 乙苯

因为分离回收中无损失，系统总转化率为100％

则总摩尔收率 $\Phi=\bar{\beta}=0.906$

总质量收率＝48/(100－46)＝0.889kg/kg 乙苯

原料单耗＝1/0.889＝1.125kg/kg 苯乙烯

1.1.4 决策变量

工业反应过程优化的**决策变量**主要有三个：①结构变量；②操作方式；③工艺条件。

结构变量就是反应器型式和结构尺寸。选择和设计反应器是工业反应过程开发的主要环节，要做到反应器的最优设计和操作，在进行优化计算前，首先需要对各种类型反应器进行反应过程的优化研究，比较并确定最优的型式和方案。

选择并确定工业反应器的型式和方案，一方面要掌握工业反应过程的基本特征及其反应要求，充分应用反应工程的理论作为选择的依据，对该过程作出合理的反应器类型选择。另一方面，要熟悉和掌握各种反应器的类型及其基本特征，如基本流型、反应器内的混合状态、传热和传质的特征等。

工业生产上使用的反应器型式多种多样，分类方法也有多种。可以按反应器的形状分类，也可以按操作方式分类；可以按反应器传热方式分类，也可按反应物相态分类。最常用的是按相态进行分类。工业生产上应用最广泛的几种反应器型式列于表1-3和图1-3中，以供选择参考。

表1-3 常用工业反应器型式

相态			反应器型式	工业生产实例
均相	单相	气相	管式反应器	石脑油裂解、一氧化氮氧化
		液相	管式、釜式、塔式反应器	酯化反应、甲苯硝化
非均相	二相	气固	固定床反应器	合成氨、苯氧化、乙苯脱氢
			流化床反应器	石油催化裂化、丙烯氨氧化
			移动床反应器	二甲苯异构、矿石焙烧
		气液	鼓泡反应器	乙醛氧化制醋酸、羰基合成甲醇
			鼓泡搅拌釜	苯的氯化、异丙苯过氧化
		液固	塔式、釜式反应器	树脂法制三聚甲醛
	三相	气液固	涓流床反应器	炔醛法制丁炔二醇、石油加氢脱硫
			淤浆床反应器	石油加氢、乙烯溶剂聚合、丁炔二醇加氢

均相管式反应器是工业生产中常用的反应器型式之一。它大多采用长径比很大的圆形空管构成，因而得名**“管式反应器”**。它多数用于连续气相反应场合，亦能用于液相反应。均相管式反应器中的物料在轴向的混合很小，其流型趋近于平推流。它的管径一般都不太大，

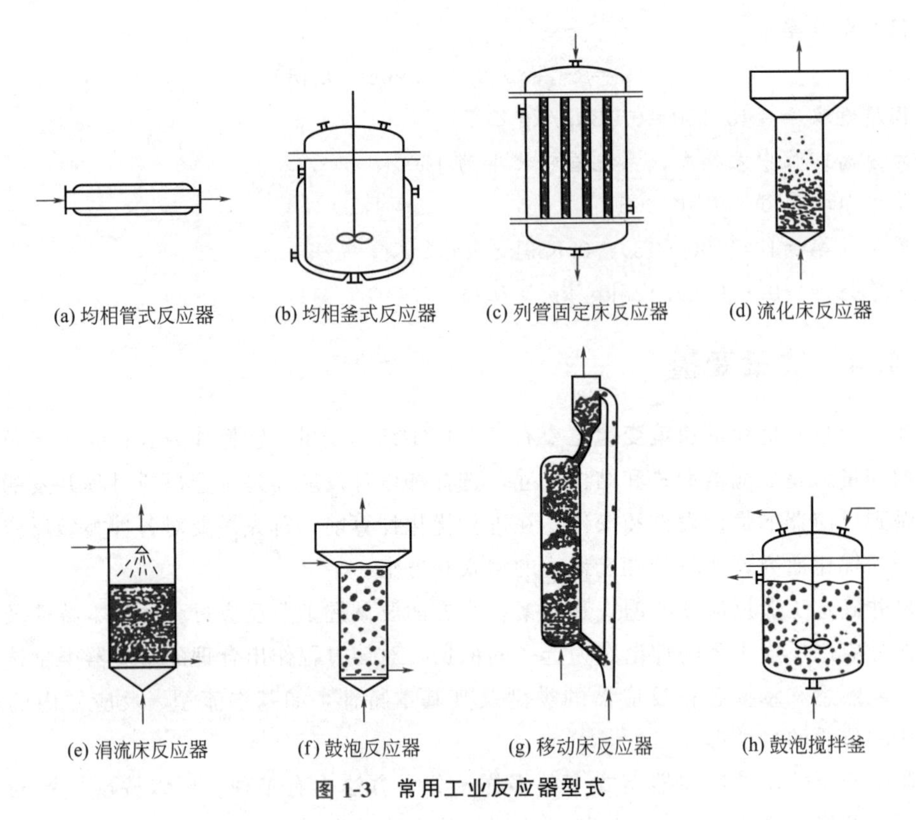

图 1-3 常用工业反应器型式

加之径向的充分混合，所以其物料的加热或冷却较为方便，温度易于控制，特别是要求分段控制温度的场合。石脑油热裂解、生产高压聚乙烯等是应用管式反应器的典型例子。

釜式搅拌反应器是另一类应用广泛的反应器。其形状特征是高径比要比管式反应器小得多，因而成“釜”状或“锅”状。釜内装有一定型式的搅拌桨叶以使釜内物料混合均匀。釜式搅拌反应器可采用间歇或连续两种操作方式，多用于液相反应场合。

间歇操作的釜式搅拌反应器设备简单、操作方便，特别是清洗和更换物系很方便，因而特别适用于小批量、多品种的生产场合，如染料、药物、试剂的制备等。

连续操作的釜式搅拌反应器，因釜内物料强烈返混造成停留时间分布，通常使反应速率下降。但它便于生产过程的自动控制，不像间歇操作那样有加料、出料、清洗和升温等多步操作，因而更适用于大规模的生产要求，能大大减轻劳动强度，稳定产品质量。多数酯化反应、聚合反应采用连续操作的釜式搅拌反应器。

固定床反应器是用来进行气固相催化反应的典型设备。常用的固定床反应器下部设有多孔板，板上放置固体催化剂颗粒。气体自反应器顶部通入，流经催化剂床层后自反应器底部引出。催化剂颗粒保持静止状态，故称固定床反应器。固定床反应器有多种不同的型式，当用于反应热效应较小的场合时，反应传热问题易于解决，其反应器的直径较大，设备为简单的筒体式。当反应有很强的热效应时，传热成为反应器设计的关键，这时反应器直径不能太大，往往采用成百上千根细管径（如 1 英寸管）的管子并联，这种形式的设备称为列管式固定床反应器。固定床反应器按操作及床层温度分布的不同可分为绝热式、等温式和非绝热非等温三种类型。按换热方式的不同又可分为换热式和自热式两种不同操作方式。还可按流体在床层内流动方向不同而分为轴向床和径向床。固定床反应器在石油化工和化学工业中有着极为广泛的应用，如用于乙苯脱氢制苯乙烯的绝热反应器；苯氧化制顺酐的列管式固定床反应器；合成氨的自热式反应器；甲醇氧化的薄床层反应器等都是一些典型的固定床反应器。

流化床也是一种实现气固相催化反应的重要反应器型式。它的主体是一个圆筒，底部有一多孔或其他型式的分布板以使气体均匀分布于床层。气流速度要大到足以使颗粒催化剂呈悬浮状态，此时床层犹如“沸腾”一般，故也称“沸腾床”。工业生产中很多石油化工和基本有机化工过程采用流化床反应器。它的最大特点是由于床内气、固两相呈强烈湍动状态，增强了传质和传热，使床层内温度达到均匀，因而特别适合一些强放热反应或对温度很敏感的过程。如催化裂化、丙烯腈生产过程都采用流化床反应器。

气液相反应器是用来进行气液反应的另一大类反应器。由于气液反应的复杂性，对不同的反应条件和传质、传热、返混等的不同要求，形成多种气液反应器的类型和结构型式。工业气液反应器按外形可分为塔式、釜式和管式等。按其气液两相的接触形态可分为鼓泡塔、填料塔、鼓泡搅拌釜和喷雾塔等。多数有机物的氧化、氯化都采用气液反应器。

气液两相在固体催化剂作用下发生的反应属于气液固三相反应过程。当两股流体以并流向下方式通过催化剂颗粒的固定床层时，称它为**涓流床反应器**。它实际上是固定床反应器的一种特殊型式。在一些气液系统中的固体催化剂，以颗粒状或细粉状悬浮于液相中，这类反应器称为**淤浆反应器**。

反应器的**操作方式**按其操作连续性可以分为间歇操作、连续操作和半连续操作三种操作状态。按它的**加料方式**可以有一次加料、分批加料和分段加料等不同方式。

对大多数的制药、染料和聚合反应过程，工业生产上广泛采用间歇操作方式。间歇操作应用于生产量少、产品品种多变的过程，可以充分发挥它的简便、灵活的特点。但间歇操作时，每批生产之间需要加料、出料、清洗和升温等，劳动强度也较大，每批产品的质量不易稳定。相反，多数大规模的生产过程都采用连续操作。工业生产上还有一类介于以上两者之间的操作状态，即半连续操作。它通常是把一种反应物一次投入反应器内，而另一种反应物连续通过反应器以适应某些反应过程的特殊需要。例如苯的氯化是以氯气连续通过一次投入的苯中进行反应。

选择不同加料方式的目的主要是为了控制反应过程的浓度和温度，以利于反应的进行。分批加料用于间歇过程，分段加料则用于连续过程。

反应过程的**工艺条件**主要是指温度、浓度、反应时间、操作线速度和催化剂颗粒大小等因素。对于温度，要选择合理的进料温度、冷却介质温度和反应温度。对于浓度，相应地要确定适当的进料浓度、各反应物浓度的比例、出口的残余浓度水平等。

对于一个工业反应过程而言，设计者的任务是要选择适宜的反应器型式、结构、操作方式和工艺条件。在满足各项约束条件的前提下确定合理的反应转化率、选择率和相应的反应器尺寸，使工业生产过程的生产成本达到最低值。而一个反应工程研究者的任务，则是提供上述三类决策变量与最优技术指标之间的关系，以使优化设计的任务得以圆满完成。

1.2　化学反应工程的研究内容

工业反应器中进行的过程不仅发生化学反应过程，同时还伴有许多物理过程。这些物理过程与化学过程的相互影响、相互渗透，必然影响过程的特性和反应的结果，使工业反应过程复杂化。这里简要说明工业反应器中化学过程和物理过程的性质、特点及相互间的关系，从而揭示化学反应工程的研究内容。

1.2.1 化学反应过程

化学变化是由分子与分子之间的接触碰撞而发生的。因此从微观角度来考察化学反应过程，它就是一种以分子为单位参与物质变化的过程。但是从宏观角度加以考察统计时，化学反应过程可以分为两类不同的情况。

（1）容积反应过程

此时反应过程在一定的容积中发生。在气相或液相中进行的均相反应过程就是两种典型的**容积反应过程**。对于某些非均相反应过程，尽管整个反应系统可能包括几个相态，但是只要实际化学反应仅在某一相内发生，就化学反应过程而言这个过程仍然是发生在反应相中的容积反应过程。此时，它的化学反应规律与均相容积反应过程并无二致。大多数气液非均相反应过程和部分液液非均相反应过程都属此例。

（2）表面反应过程

表面反应过程是在某一表面上发生的。在固体催化剂表面上进行的催化反应就是一例。

容积反应和表面反应这两类反应过程具有不同的特征。就单位时间内的反应转化量来说，前者正比于反应容积，后者则正比于反应表面积。因而定义这两类反应过程时，它们的反应速率定义也就有所不同，即应当分别以反应容积或反应表面积为基准。

化学反应速率随反应物料的浓度和反应温度而变化，是浓度和温度的函数。需要特别指出的是，这里所说的浓度和温度应当是指发生化学反应场所的浓度和温度。例如在上述两类反应过程中，应该是指定容积内的浓度和温度，或是指定催化剂表面上的浓度和温度。化学反应动力学所要研究的就是反应速率与浓度和温度之间的关系。因为反应速率和浓度等都是统计量，因而反应动力学就是对化学反应过程作统计的研究结果。

随着化学反应的进行，参与反应的物料和反应生成的产物的浓度也随之发生变化。在反应进行的同时还伴有能量变化而产生热效应，反应物料的温度也将发生变化。因此，在反应器内即使只有化学反应发生而没有其他过程，反应器内的浓度和温度也会由于反应的进行而随空间和时间发生变化，从而在时间和空间上形成一定的浓度和温度分布。这些分布是由化学反应自身所造成的，所以称为浓度和温度的自然分布。正因为反应器内的浓度和温度存在自然分布，所以反应速率就应以微分形式表达为当时、当地的浓度和温度的函数。整个反应过程或反应器的最终化学变化，应当是这种微分形式的反应速率在时间和空间上的积分结果。

1.2.2 物理过程

工业反应器中的**物理过程**包括流体流动的均匀性和混合过程、传质过程和传热过程等，这些过程的存在将改变反应器中的浓度和温度分布，最终影响反应结果。

（1）返混和不均匀流动

返混和不均匀流动是连续流动反应器中发生的两种流动现象。例如在连续搅拌反应器中，由于搅拌器的搅拌作用，使进入反应器的物料被均匀地分散到反应器内的各个部位。使早先进入的存在于反应器内的物料有机会与刚进入的反应物料相混合，这种混合现象称为返混现象。流体在管内流动时呈现的不均匀速度分布则是一种典型的不均匀流动。

以上两类流动现象将改变反应器内物料浓度在空间上的自然分布，从而影响反应结果。

（2）传质过程

对非均相反应，大多数情况下反应仅在其中某一相中发生，非均相反应过程中的反应物经常是部分或全部由反应相外部提供。例如在气固相催化反应中，反应物必然由气相主体扩散到催化剂颗粒的外表面，继而通过颗粒内的细孔向催化剂内表面扩散，最后在颗粒内表面上发生反应。对于气相主体而言，仅是反应物料供应相，在气相主体中不发生反应。又如在气液反应过程中，反应通常在液相中进行。此时气体反应物必须由气相主体扩散到气液界面，然后溶解进入液相，最后再由液相表面向液相主体扩散，与液相反应物完成反应过程。

在非均相反应过程中，虽然反应相中的反应动力学规律与均相反应完全相同，但是反应相中物料的浓度却受到扩散传质过程的影响。扩散传质过程也是一个速率过程，化学反应要以一定的速率进行就要求反应物能以一定的速率传递进入反应相。反应物要以一定速率扩散传递就要有一定的浓度推动力。因此，非均相反应过程中由于传质过程的存在，必然伴有浓度差异，从而造成反应场所各部位的新的浓度差异，使反应结果发生变化，影响反应转化率和选择率。

（3）传热过程

化学反应过程总是伴有热效应，因此化学反应过程将伴有热量传递过程，即需要向反应相提供热量或是由反应相导出热量。传热过程同样需要传热推动力并由此而引起反应场所各部位的温度差异。

显然，上述的流体流动、传质和传热等是工业反应器内难以避免的过程，它们将伴随着化学反应过程同时发生，并将影响化学反应的结果。

上述这些物理过程，从本质上说它们并没有改变反应过程的动力学规律。也就是说，反应的真正动力学规律并不因为这些物理过程的存在而发生变化，但是这些物理过程将会影响反应场所的浓度和温度在时间、空间上的分布，从而影响化学反应的最终结果。更明确地讲，这些物理过程的存在不影响化学反应速率的微分表达式，但却改变了它在反应器中的积分结果。

化学反应是化学过程，其实质是微观的。传递过程是物理过程，其实质是宏观的。所以对化学反应而言，传递过程往往被称为**宏观动力学因素**。

从科学角度来看，化学反应的规律在传统上是物理化学的领域，特别是其中化学动力学的领域。但是由于化学反应工程的发展，不少化学反应工程学者也进行了这方面的研究工作。当然，两者研究目的有所不同，前者着重于研究反应机理和反应历程；后者则着重于反应速率规律的定量描述。本书第 2 章将介绍这方面的内容。

传递过程的规律在传统上是化学工程的领域。例如对于气液鼓泡床而言，应该选择怎样的鼓泡状态；在鼓泡状态下可获得多大的相际接触面积；相际传递速率有多大，这些问题都是典型的化学工程单元操作问题。但是鼓泡床作为气液反应器，毕竟是单元设备的一种变型，它还有作为反应器的一定特殊性。

由此可见，化学反应工程实际上是上述两个学科的汇合。化学反应工程工作者必须同时具备物理化学和化学工程两方面的知识，以便亲自测定和掌握反应动力学规律及各类反应器的传递规律，同时将这两方面规律结合起来。这里所说的结合，不是化学反应和传递过程的简单加和，这种结合会产生一些新的、有趣的现象，从这些现象中引申出一些重要的结论，上升为化学反应工程理论。正是这种结合，成为化学反应工程研究最活跃的论题。

一个新的反应过程的开发，在最初阶段是化学过程研究，即发现和认识新的化学反应，研究其反应动力学规律，然后才进入工程阶段。在工程阶段，首先遇到的问题是反应器的选型。这就需要开发研究工作者熟悉各类反应设备的传递特性。为了作出抉择，当然需要掌握这个特定反应的传递因素影响特征，弄清哪些传递因素是有利的，哪些传递因素是不利的。

确定反应器选型后，接着是操作条件的选择和反应器的工程设计，同样需要化学反应规律和传递过程规律相结合的化学反应工程知识。

总之，化学反应工程的**核心**是研究宏观动力学因素对化学反应过程是否有影响；用什么标准来判别这种影响；这些影响的程度有多大；这些影响是否有利；如何消除或加强这些因素的影响等等。因此，化学反应工程的**任务**就是研究工业化学反应器的基本原理，对反应器中所进行的化学反应过程特征进行分析，结合具体的反应装置，综合研究反应器中的反应过程和传递过程，从而正确选择反应器的型式并确定最经济的工艺路线和操作条件，对反应器进行最佳设计和最优控制，为过程开发和反应器的放大提供技术依据。

1.3 化学反应工程的研究方法

化学反应工程的研究方法与传统的化学工程研究方法不同。在通常的化学工程研究中，经常采用相似论和量纲分析方法，通过实验进行归纳，得到特征数关联式。如在各类单元设备中的传热或传质系数关联就是一类典型的例子。然而，这种基于实验归纳的方法，在化学反应工程研究领域并不奏效。其根本原因是它除了物理过程之外，还有化学过程发生。业已证明，在满足物理相似的条件下，无法同时满足化学相似。这就是说，从实验归纳得出的特征数关联式在设备放大时失去了它本身的普遍性，从而对开发工作失去了意义。

对工业反应过程的研究，主要采用**数学模型方法**。数学模型方法就是用数学模型来分析和研究化学反应工程问题。数学模型就是用数学语言来表达过程中各种变量之间的关系。

根据问题的复杂程度、所描述的范围以及要求精度的不同，人们按已有的认识程度所能写出的数学模型简繁程度也不同。在化学反应工程中，**数学模型**包括下列内容：①动力学方程式；②物料衡算式；③热量衡算式；④动量衡算式；⑤参数计算式。

开发一项新的反应过程，需要对这些模型的大概轮廓和要求有一个预计和分析，这样才能做到准确地确定研究的目标和步骤，规划中间试验的范围、任务和方案，归纳整理各种实验结果，并对出现的各种情况进行分析和解释，最后通过必要的修正得到最合适的数学模型。

在建立这些方程式时，有些是需要经过实验才能解决的，特别是反应动力学方程式的建立和反应器中的传递规律的阐明，包括有关参数的测定和关联，往往是决定性的。它们是建立数学模型的关键。在电子计算机已能解决各种复杂方程的计算时，建立数学模型问题就成为整个反应过程开发中的控制步骤了。

工业反应器中发生的过程有化学反应过程和传递过程两类，一般都是十分复杂的。化学反应过程和传递过程既有不同的特点，同时又相互影响。化学过程是分子尺度进行的过程，不受设备形状和尺寸的影响。设备形状和尺寸则主要影响流动、传质和传热等过程。真正随设备尺寸而变的不是化学反应的规律而是传递过程的规律。因此，化学反应工程的数学模型方法首先是将工业反应器内进行的过程分解为化学反应过程和传递过程，然后分别研究化学反应规律和传递过程规律。如果经过合理简化，这些子过程都能建立数学方程表述，那么工业反应过程的性质、行为和结果就可以通过方程的联立求解获得。这一步骤称为过程的综合，以表示它是过程分解的逆过程。

数学模型方法的**基本特征**是过程的分解和过程的简化。**过程分解**是将工业反应器中两个不同特征的化学过程和物理过程分开，分别研究其规律。数学模型方法中对对象的简化，不是数学方程中某些项的增减，而是对研究对象本身的某种简化。以流体通过催化剂颗粒床层为例，流体在颗粒间流动时流道不断缩小与扩大，流体在绕过各催化剂颗粒时不断发生分流与汇合。这种分流和汇合是随机的，其结果是造成一定的轴向混合，它将影响反应结果。对这样一种复杂的几何边界中进行的随机过程操作作出如实的描绘是极为困难的。人们在研究中考虑将这一复杂过程进行合理简化。人们设想，把实际上的分流和汇合所造成的轴向混合看作是某种当量的轴向扩散所造成的，即把一个随机分流和汇合过程用一个等效的轴向扩散过程来替代。如果实验证明两者是等效的，那么过程的数学描述就可大为简化。流体通过乱堆的催化剂床层的流动过程就可以看作是在流体平移流动上叠加一个轴向扩散。用费克扩散定律描述这个等效的轴向扩散过程时出现了一个系数，即有效扩散系数。这一简化了的模型称作扩散模型，有效扩散系数则是该模型的一个参数。

由此可见，数学模型方法的实质是将复杂的实际过程按等效性原则作出合理的简化，使之易于进行数学描述。这种简化的来源在于对过程有深刻的、本质的理解，其合理性需要实验的检验。其中引入的模型参数需要由实验测定。

在化学反应工程数学模型方法研究中，实验是模型研究的基础，离开了实验，模型就如无源之水，无本之木。同样，数学方法和计算技术是模型方法成功的关键。化学反应工程研究，既需要用近代的实验方法和装置提供准确可靠的数据，又需运用有效的数学方法和电子计算技术。

1.4 化学反应工程在工业反应过程开发中的作用

1.4.1 化学反应工程理论在反应过程开发中的作用

任何一个工业反应过程的成功开发，无非包括从实验室发现了某一个新的化学反应，或是合成了某种新的化学产品，或是发现一种新的催化剂、用新的原料开发出一条新的工艺路线。同时解决了过程开发过程中的反应工程问题。一个工业反应过程开发就其**核心问题**而言需要解决三方面的问题：①反应器的合理选型；②反应器操作的优选条件；③反应器的工程放大。

长期以来，化工生产过程中的开发工作是以逐级经验放大为基本方法。逐级经验放大方法的基本步骤是通过小试确定反应器型式和优选工艺条件；通过逐级中试考察几何尺寸变化的影响。显然逐级经验放大一方面反映了设备由小型经中型再到大型工业装置的逐级放大的过程，另一方面也表明了开发过程的经验性质，其开发过程是依靠实验探索来逐步实现的。这就是说，逐级经验放大方法完全依赖于实验所得到的结果，从实验室装置一步一步地扩大，向工业生产规模过渡。它的特点是既不对过程的机理进行深入考察，又不对过程进行化学过程和物理过程的分解与分别研究。其放大过程经常无法预测某些技术经济指标下降的趋势和程度，又无法提出对这种指标变化加以控制或改进的措施。

显然，**逐级经验放大方法**是一种立足于经验的、费时费钱的方法，长期以来阻碍着工业开发工作的进展和质量的提高。其主要原因是当时化学反应工程学科尚未建立，许多重要的工程问题尚未认识，对化学反应和反应器中的传递现象及它们之间的影响规律还缺乏了解。

然而，到了20世纪50年代末期，随着反应工程作为一门独立的工程学科建立，诸如微观反应动力学和宏观反应动力学、流动过程中的返混现象、微观混合和宏观混合等一系列重大理论问题得到了圆满的解释；对化学反应过程本身及与之有关的流体流动、传质、传热等过程的基础研究已经较为深入，在此基础上逐渐形成了数学模型方法。当然，电子计算机技术及计算数学方法的研究成果加速了数学模型方法的发展。

所谓**数学模型方法**，并不是简单地通过对过程作理论上的分析，再建立数学模型，然后求解方程来进行反应器和全流程的设计。实际上，它是在深入理解实际过程的基础上，作出合理的分解和简化，然后再进行数学描述和综合求解结果。

由上述分析可以看到，两种开发方法实际上是两个极端，一个是不要求对过程有深入的认识和理解，另一个不仅要求对过程有深刻的定性的理解，而且要求有足够准确的定量描述。然而，实际过程的复杂性，往往既非对过程有完整的全面的深入理解，从而可以完全采用数学模型方法进行过程开发研究；也非对过程一无所知，以致不得不采用纯经验的逐级放大。当前，化学反应工程学科经过了半个多世纪的发展，提供了相当多的化学反应过程和反应器的规律性知识。实际工业化学反应过程的开发，应该在化学反应工程理论指导下进行，以避免纯经验的局限性。化学反应工程理论能够为过程开发工作提供理论指导，化学反应工程在基础理论研究方面已经为开发工作创造了许多有利的依据。

1.4.2 反应过程开发与“放大效应”

化工过程开发是指一个全新的化工过程，或一个部分改变的化工过程从实验室研究过渡到大规模工业生产的整个过程。就反应过程而言，研究通常是从化学实验室开始的。当在化学实验室中取得了某项发现，例如发现了一条新的反应路线，或发现了某种新的反应方式，或发现了某种新的催化剂，并在技术经济上对这项发现作出了有利的评价后，研究过程就将进入以建设生产装置为目的的开发阶段。

由于化工过程开发意味着装置规模的扩大，因此常常被称为“放大（scale up）”。伴随着“放大”，往往会产生所谓的“放大效应”。化工中的“**放大效应**”是指小装置中的某些技术经济指标在大装置中不能重现，甚至大装置根本不能正常运转。由此可见，化工中的“放大效应”实际上是人们对化工过程的规律尚未完全掌握的结果。与流体输送、换热、传质分离等设备相比，反应器在放大过程中不但更容易出现“放大效应”，而且出现的“放大效应”也往往更严重。因此，反应过程的放大往往被重视。

关于工业反应过程开发中的“放大效应”问题，需要先了解化学反应器中存在些什么过程及它们之间的相互关系。化学反应器中发生的过程包括两类：化学反应；流体流动、传热、传质等传递过程，它们之间存在着相互影响。

化学反应从本质上讲是一个由于分子间相互碰撞而发生的微观过程，其规律并不会由于反应器规模的放大而变化。在反应器放大过程中可能发生变化的是反应器中的传递过程。但传递过程的变化并不会改变化学反应的规律，也不直接影响反应结果，而是通过改变反应器中的浓度分布和温度分布去影响反应结果。例如，在实验室间歇反应器中进行某一反应，反应物料的浓度和温度是均一的，只随反应时间而变，所有物料的停留时间也都是相等的。而在工业反应器中，情况就变得复杂了，反应器尺寸变大了，反应器的操作方式也可能发生变化，例如由间歇操作变成了连续操作；浓度和温度不再是均一的，而是会呈现某种浓度分布和温度分布；反应物料的停留时间也不再是均一的，有的物料停留时间可能长一些，有的物料停留时间可能短一些，反应结果与实验室间歇反应器的反应结果也就不一样了。因此，即使在实验室反应器中找到了能达到最佳反应结果的浓度、温度状态和反应物料的停留时间，在从实验室反应器到工业反应器的放大过程中，影响反应结果的这些参数很难完全保持不变。这就是在反应器放大过程中出现“放大效应”的根源。

由此可见，在反应过程开发中是否会发生“放大效应”，并不完全取决于“放大”的倍数，而是主要取决于以下两个因素：一是反应器中的浓度分布和温度分布对反应器规模的扩大和由此引起的传递过程状况的变化是否敏感；二是反应结果对反应器中的浓度分布和温度分布的变化是否敏感。如果这两个因素都不敏感，也许“放大”不会有很大的风险；反之，如果这两个因素都很敏感，则“放大”可能有很大的风险。因此，对过程进行敏感性（或称灵敏度）分析，是反应过程开发中一个十分重要的内容。

敏感性分析的任务是确定反应结果对哪些因素不敏感，对哪些因素敏感以及这些因素发生敏感影响的范围。对不敏感的因素，在实验中可不予考虑，以减少开发过程的实验工作量。对可能敏感的因素则应尽量选择在不太敏感的区域内操作，并确定其允许的波动范围，以便在反应器设计中采取措施予以控制。因此，敏感性分析也可看作开发过程中主次影响因素的分析，抓住主要矛盾，忽略次要矛盾，是缩短开发周期、保证开发质量的关键。

除了敏感性分析，在整个反应过程开发中，主要手段是实验和数学模拟。在目前阶段，要完全摆脱实验，仅仅依靠数学模拟完成反应过程开发是不可能的。但是实验往往是既费钱又费时间的，如何借助于数学模型方法，使有限的、必不可少的实验发挥最大的作用，是缩短开发周期、节省开发费用的关键。当然，要在反应过程开发中处理好实验和数学模拟的关系，从事开发工作者必须具备一定的化学反应工程的理论素养。

本章小结

1. 化学反应工程的研究对象是工业反应过程，其目的是实现工业反应过程的优化。

2. 化学反应工程研究任务

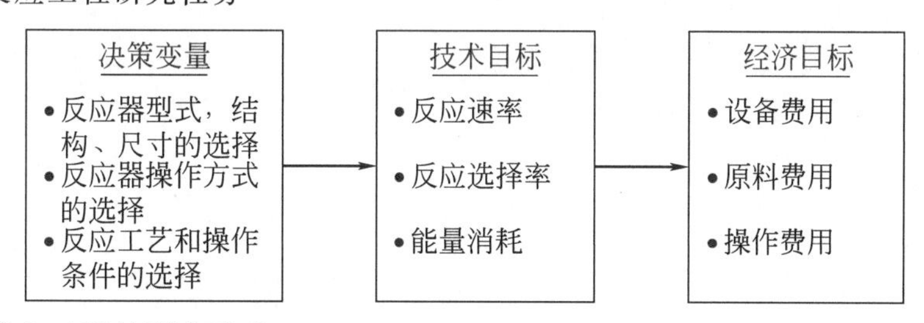

3. 化学反应工程的研究内容

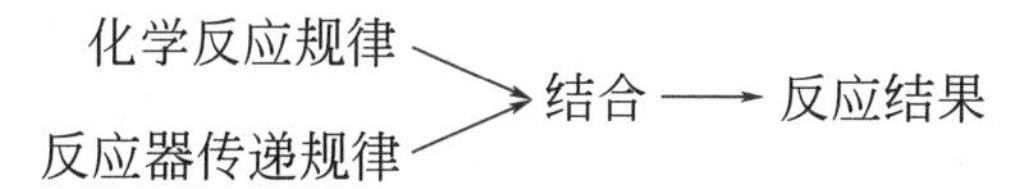

化学反应是化学过程，本质上是微观的，与反应器结构尺寸无关；传递过程是物理过程，本质上是宏观的，与反应器结构尺寸有关。

4. 化学反应工程的研究方法是数学模型方法，其基本特征是过程的分解和过程的简化。

习 题

1-1 化学反应工程的研究对象和目的是什么？

1-2 试说明化学反应工程的主要研究内容和研究方法。

1-3 工业反应工程优化的决策变量是什么？

1-4 甲醛和乙炔在催化剂作用下生成丁炔二醇，其反应式为 $2HCHO + C_2H_2 \longrightarrow C_4H_6O_2$。在涓流床反应器中进行反应，原料分离回收循环操作。某工厂测得如下数据：进反应器的甲醛浓度为10%(质量分数)，出反应器的甲醛浓度为1.6%(质量分数)，丁炔二醇的初始浓度为0，出口浓度为7.65%。假设分离回收中无损失，试计算此反应过程的转化率、选择率、单程收率和总收率。

1-5 化工厂以苯催化氧化生产顺丁烯二酸酐，原料不加以回收。已知每天进苯量为7.21t，获得顺丁烯二酸酐质量浓度为34.5%的酸液20.27t，问该反应的质量收率和摩尔收率各为多少？反应方程式为

$$C_6H_6 + 4.5O_2 \longrightarrow C_4H_2O_3 + 2H_2O + 2CO_2$$

1-6 在银催化剂上进行乙烯氧化反应生产环氧乙烷，即

$$C_2H_4 + 0.5O_2 \longrightarrow C_2H_4O$$

$$C_2H_4 + 3O_2 \longrightarrow 2H_2O + 2CO_2$$

进入催化反应器中的气体组成为：C_2H_4 0.15，O_2 0.07，CO_2 0.1，Ar 0.12，其余为氮气，出反应器的气体中含 C_2H_4 0.131，O_2 0.048，试计算乙烯的转化率，环氧乙烷的收率和选择率。

第2章

均相反应动力学

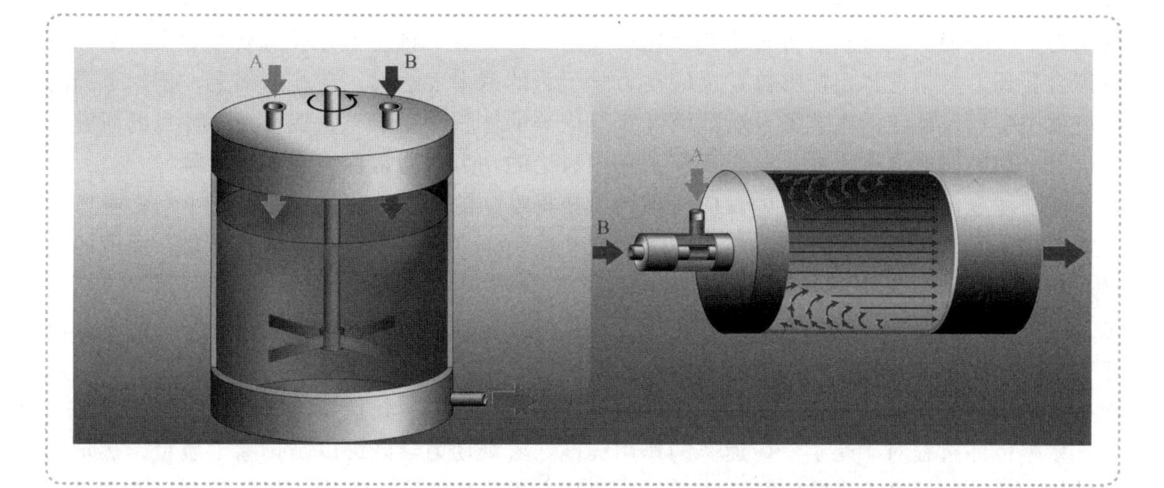

均相反应的前提是参与反应的所有物料达到分子尺度上的均匀，需要解决预混合问题。实现预混合可以通过如图所示的机械搅拌或高速流体造成的射流混合。那么，机械搅拌或射流混合能直接达到分子尺度上的均匀吗？工程上实际的均相反应还应当满足什么条件呢？

化学动力学，亦称**反应动力学**，是研究化学反应速率及其影响因素的科学。反应动力学包含了反应机理和过渡态等重要信息，且能够通过构建数学模型描述化学反应的基本特征。

一般而言，在分子水平上描述化学反应的有序基元反应集合、揭示化学键的形成与断裂是物理化学中的研究内容，通常称为**微观动力学**。与之相对，化学反应工程中动力学研究的核心内容是获得化学反应速率与反应条件之间的关系，其主要任务是通过构建半经验的总包反应速率方程，指导反应器的设计和优化。动力学方程的建立主要包含以下几个步骤。首先，尝试依据有限的光谱实验数据定义一条可能的反应路径；然后，假设总包反应中的某一步反应（大多数情况下是非基元反应）为整个过程的速率控制步，而其他反应步骤处于准平衡状态下；进而，通过求解方程组获得速率表达式；最后，将速率方程与动力学实验数据进行拟合验证，从中选择出能够描述反应动力学行为的速率表达式。在此基础上，依据选择的反应器类型以及确定的工艺条件就能够计算反应器的体积。由于与微观动力学针对的研究内容以及采用的研究方法不同，化学反应工程中讨论的动力学通常称为**宏观动力学**。

需要注意的是，虽然特定的反应机理可以获得唯一的动力学方程，但是每个动力学方程可能对应于不同的反应机理假设，因此通过宏观动力学方程不能反过来推演出复杂反应的机理。相对而言，微观动力学的研究内容是化学工艺研究人员更感兴趣的，从中可以寻求新的工艺开发方向，例如寻找高性能的催化剂。而化学反应工程研究人员更注重于影响化学反应速率的各种因素，并将各种因素影响程度的实验结果归纳为简化且等效的数学模型方程，从而有效地掌握化学反应规律，实现工业反应过程的优化。

依据传递过程对于化学反应速率的作用程度，宏观动力学既可以是排除了质量、热量以及动量传递等物理因素影响，从而描述反应速率与反应物浓度、温度、催化剂和溶剂种类之间关系的**本征动力学**（即揭示化学反应自身的规律），亦可以是在传质、传热、催化剂失活以及反应器稳定性等因素影响下的**表观动力学**。前者着重剖析反应速率对于操作参数的依赖关系，从而为通过温度效应和浓度效应对过程进行优化提供依据；后者根据尺度的不同，又可划分为颗粒动力学和床层动力学，往往应用于实际工业生产当中。

本章将从化学反应工程的角度，阐述化学反应动力学的基本概念和原理，并就均相反应讨论它们最常见的动力学表达式，为以后各章学习作必要的准备。

2.1 化学反应速率的工程表达

化学反应速率的定义为：反应系统中，某一物质在单位时间、单位反应区内的反应量

$$反应速度=\frac{反应量}{反应时间\times反应区} \tag{2-1}$$

反应速率是对于某一物质而言的，这种物质可以是反应物，也可以是产物，一般用物质的量来表示，也可用物质的质量或分压等表示。**反应区**指反应场所的大小，反应区可以是反应体积或反应面积。如果是反应物，其量总是随着反应的进行而减少，反应速率取负号，如（$-r_A$）表示反应物 A 的消耗速率。如果是产物，其量则随着反应的进行而增加，反应速率取正号，如 r_P 表示产物 P 的生成速率。有必要指出的是，在一般情况下，以不同物质为准计算的反应速率在数值上常常是不相等的。

化学反应速率用数学形式表示为

$$(-r_A)=\frac{\text{反应消耗的 A 的物质的量}}{\text{单位体积}\times\text{单位时间}}=-\frac{1}{V}\times\frac{dn_A}{dt} \tag{2-2}$$

若反应过程中物料体积的变化较小，则反应体积 V 可视作定值，称为**恒容过程**，此时 $c_A=\frac{n_A}{V}$，所以式(2-2) 可写成

$$(-r_A)=-\frac{dc_A}{dt} \tag{2-3}$$

对于多组分反应系统，各个组分反应速率受化学计量关系的约束，存在一定的比例关系。对于反应

$$aA+bB\longrightarrow pP+sS$$

式中，a、b、p、s 分别表示各组分的化学计量系数。根据化学反应计量学可知，各组分的变化量符合下列关系

$$\frac{n_{A0}-n_A}{a}=\frac{n_{B0}-n_B}{b}=\frac{n_P-n_{P0}}{p}=\frac{n_S-n_{S0}}{s} \tag{2-4}$$

则各组分的反应速率必须满足

$$\frac{(-r_A)}{a}=\frac{(-r_B)}{b}=\frac{r_P}{p}=\frac{r_S}{s} \tag{2-5}$$

式中，$(-r_A)$、$(-r_B)$ 分别表示 A、B 的消耗速率；r_P、r_S 分别表示 P、S 的生成速率。

由式(2-1) 可知，反应速率的单位取决于反应量、反应区和反应时间。均相液相反应过程的反应区为液相反应体积，反应速率单位往往以 kmol/(m^3 · h) 表示。气固相催化反应过程的反应区取法通常有下述几种：

① 选用催化剂体积。反应速率 r_S 单位为 kmol/(m^3 · h)。

② 选用催化剂质量。反应速率 r_W 单位为 kmol/(kg · h)。

③ 选用催化剂堆积体积。反应速率 r_V 单位为 kmol/(m^3 · h)。由此可见，即使描述同一反应过程，反应区的取法不同，反应速率的数值大小和单位均可不同。若催化剂颗粒密度为 ρ_S，堆积密度为 ρ_b，则有

$$W=\rho_S V_S=\rho_b V_b \tag{2-6}$$

式中，W 为催化剂质量；V_S、V_b 分别为质量为 W 的催化剂颗粒体积、堆积体积。

上述三种速率之间存在关系为

$$r_V=\rho_b r_W=\frac{\rho_b}{\rho_S}r_S \tag{2-7}$$

气液非均相反应过程的反应区取法通常有两种：

① 选用液相体积。反应速率 r_L 单位为 kmol/(m^3 · h)。

② 选用反应器体积。反应速率 r_V 单位为 kmol/ (m^3 · h)。

气液反应系统中气体占气液混合物的体积分数，称为**气含率**，用 ε 表示。液相体积 V_L 与气液混合物体积 V 之间关系为

$$V_L=V(1-\varepsilon) \tag{2-8}$$

所以

$$r_V=r_L(1-\varepsilon) \tag{2-9}$$

由此可见，在反应速率定义式(2-1) 中，对于不同的反应系统，其反应区取法常常不一致，导致反应速率数值上的不同。有时反应区甚至用相界面积表示，例如气液反应系统的气

液相界面。应当指出，反应区应该是实际反应进行的场所，而不包括与其无关的区域。

工业化学反应器中不仅发生着化学反应过程，而且还伴随着大量的物理过程。物理过程与化学过程的相互影响、相互渗透，使整个过程大为复杂，必然导致工业反应过程的结果与纯粹化学过程不一样。基本的物理过程有返混、传质、传热等。

在包含物理过程影响的条件下所测得的反应速率称为**表观反应速率**。例如，在气固相催化反应过程中，在排除外扩散阻力但包含内扩散阻力的情况下，测得的反应速率称为催化剂颗粒表观反应速率，也称为**颗粒动力学**。若包含内外扩散阻力及床层不均匀流动等宏观因素在内，这时的表观动力学则称为**床层动力学**。相反，在排除一切物理过程的影响下所测得的反应速率，称为本征反应速率，相应的动力学称为本征动力学。如在均相反应过程中，反应物达到分子尺度均匀时测得的反应速率，以及气固相催化反应过程中，排除内外扩散阻力时测得的反应速率，均为本征反应速率。

当物理传质过程与化学反应过程为串联过程时，通常认为其中最慢一步的反应速率决定表观反应速率。该步骤称为过程速率的控制步骤。例如对于气固相催化反应过程，反应物通过外扩散过程到达催化剂颗粒表面，然后在颗粒表面进行反应。这时反应物在气膜内扩散传递是物理过程，气膜内无反应，这是典型的扩散-反应串联过程。若此时反应物 A 在气膜内的传质速率比反应速率小得多，则称为外扩散控制，表观反应速率 R 由气膜传质速率决定，即

$$R=k_g a c_b \tag{2-10}$$

式中，k_g 为气膜传质系数；a 为催化剂颗粒比表面积；c_b 为反应物在气相主体中的浓度。

另外，在物理化学中常用反应组分浓度随着时间的变化率来表示反应速率，即

$$r_i=\pm\frac{\mathrm{d}c_i}{\mathrm{d}t} \tag{2-11}$$

应该注意，此式仅适用于等容间歇反应过程。工业反应过程的操作方式可以采用间歇、连续和半连续等，可通过物料衡算计算反应速率。如对于稳态连续流动过程，系统中的工艺参数与时间无关，只决定于空间位置。这时对物料变化的考察将从间歇过程的时间因素转化为反应器空间位置，对反应器微元作衡算则是有效的基本方法。

2.2 均相反应中的动力学

2.2.1 均相与预混合

均相反应动力学是研究反应在同一相中进行的规律。均相反应的前提是参与反应的所有物料达到分子尺度上的均匀，成为均一的气相或液相。若反应在均一的气相中进行，则称为气相均相反应，如烃类的热裂解反应。若反应在均一的液相中进行，则称为液相均相反应，如溶液中进行的酸碱中和反应等。从工程观点考虑，均相反应的基本特点是反应系统已达到分子尺度的均匀混合，也就意味着已排除了反应物和产物的扩散传递问题。两种或两种以上的反应物之间可以是互溶的，或者可以溶解于某一反应介质中，为均相反应得以实现提供可能。在实际反应器中还存在这个可能性能否变为现实，即反应系统是否实际上达到分子尺度上的均匀，也就是是否具有充分的预混合。所谓**预混合**问题是指物料在进行反应之前能否达到分子尺度上均匀的问题。

实现预混合可以通过机械搅拌或利用高速流体造成的射流，其原理都是利用产生的湍流将流体破碎成微团，微团尺寸的大小取决于湍流的程度。激烈的湍动可以使微团的尺寸减小，例如减小到若干微米，但是最强烈的湍动也绝不可能将两股流体直接混合到分子尺度上的均匀。达到分子尺度上的均匀，最终还得借助于分子扩散。显然，微团尺寸愈小，由分子扩散达到分子尺度上均匀的过程进行得愈快。但这一分子扩散总得花费一定的时间，即使是若干分之一秒。应该指出的是，反应在预混合过程的同时进行。如果反应速率较为缓慢，预混合时间又极为短暂，那么，在预混合时间内所进行的反应可以忽略不计，整个反应过程可以认为是均相反应过程。反之，如果反应进行得极快，有可能在达到分子尺度均匀的时间内，反应也已经完成，整个预混合过程实际上就是反应过程。这时，反应系统尽管是均相系统，但整个反应场所的物料配比还未达到均匀，过程仍属于非均相范围。对于快速反应必须充分注意这一点。当然对于快速反应，当反应的产物取决于反应物的配比时，预混合的影响就更为突出，反应的成败将主要取决于此。

由此可知，工程上实际的均相反应应当满足以下两个条件：

① 反应系统可以成为均相；

② 预混合过程的时间远小于反应时间。

通常，预混合所需时间在若干分之一秒的数量级。因此，对以分计或秒计的反应，可以忽略预混合过程的影响，直接认为是均相反应。

显然，满足均相条件下所测得的反应动力学，是排除了物理过程影响的反应动力学，即为本征反应动力学。

2.2.2 反应动力学表达式

影响化学反应速率的因素主要有反应温度、组成、压力、溶剂的性质、催化剂的性质等。然而对于绝大多数的反应，影响化学反应最主要的因素是反应物的浓度和温度。因而一般都可写成

$$r_i = f(\overline{c}, T) \tag{2-12}$$

式中，r_i 为组分 i 的反应速率；$\overline{c}$ 为反应物料的浓度向量；T 为反应温度。

式(2-12) 表示反应速率与温度及浓度的关系，称为反应**动力学表达式**，或称**动力学方程**。对一个由几个组分组成的反应，其反应速率与各个组分的浓度都有关系。当然，各个反应组分的浓度并不都是相互独立的。它们受化学计量方程和物料衡算关系的约束，从而可以减少反应系统独立变量的数目。

对于多组分的简单反应 $a\mathrm{A}+b\mathrm{B}\longrightarrow p\mathrm{P}+s\mathrm{S}$，如果反应物料的原始组成给定，则由于化学计量关系的约束，在反应过程中只要某一组分的浓度确定，其他组分的浓度也相应确定。这时，反应物系的组分仅由一个组分浓度来表示，组成的浓度变化可由一个组分的浓度来代表。对于上述多组分简单反应，若各组分初始物质的量已知，设 A 为主组分（或称着眼组分、关键组分)，则由化学计量关系可得在 t 时刻其他组分与主组分 A 的物质的量关系

$$n_{\mathrm{B}} = n_{\mathrm{B0}} - \frac{b}{a}(n_{\mathrm{A0}} - n_{\mathrm{A}}) = n_{\mathrm{B0}} - \frac{b}{a} n_{\mathrm{A0}} x_{\mathrm{A}} \tag{2-13}$$

$$n_{\mathrm{P}} = n_{\mathrm{P0}} + \frac{p}{a}(n_{\mathrm{A0}} - n_{\mathrm{A}}) = n_{\mathrm{P0}} + \frac{p}{a} n_{\mathrm{A0}} x_{\mathrm{A}} \tag{2-14}$$

$$n_{\mathrm{S}} = n_{\mathrm{S0}} + \frac{s}{a}(n_{\mathrm{A0}} - n_{\mathrm{A}}) = n_{\mathrm{S0}} + \frac{s}{a} n_{\mathrm{A0}} x_{\mathrm{A}} \tag{2-15}$$

这里 x_A 表示关键组分 A 的转化率，$x_A=\frac{n_{A0}-n_A}{n_{A0}}$。

对于多组分的反应系统，情况将略趋复杂，但只要物料的原始组成和目的产物的收率已知，上述原则同样适用。因此在以下的讨论中，无论是简单反应还是复杂反应都采用上述假设，以使反应速率表示为某一组分的浓度函数，即可写成

$$r_i=f(c_j,T) \tag{2-16}$$

式中，c_j 为某一组分 j 的浓度。

大量实验测定的结果表明，在多数情况下浓度和温度可以进行变量分离，即式(2-16)可以表示为

$$r_i=f_T(T)f_c(c_j) \tag{2-17}$$

式(2-17) 表示反应速率 r_i 分别受到温度和浓度的影响。其中，$f_T(T)$ 称为反应速率的**温度效应**，$f_c(c_j)$ 称为反应速率的**浓度效应**。作这样的变量分离，为动力学数据的测取和整理带来了很大方便，使工程因素对反应影响的分析讨论更为清晰。但是应当指出，这种处理方法并无理论上的必然性，实际上亦已发现在不同的温度范围内，反应的浓度效应呈现不同的规律性，表明不同温度范围的反应机理可能不同。此时，原则上就不能作变量分离，但是为了方便起见，仍可以分段地用式(2-17) 表示动力学。

【例 2-1】 溴代异丁烷与乙醇钠在乙醇溶液中按下式进行反应：

$$\underset{(A)}{i\text{-}C_4H_9Br}+\underset{(B)}{C_2H_5ONa}\longrightarrow \underset{(P)}{NaBr}+\underset{(S)}{i\text{-}C_4H_9OC_2H_5}$$

已知反应物的初始浓度分别为 $c_{A0}=50.5\text{mol/m}^3$ 和 $c_{B0}=76.2\text{mol/m}^3$，原料中无产物存在。在 95℃下反应一段时间后，分析得知 $c_B=37.6\text{mol/m}^3$，试确定此时其余组分的浓度。

解：由化学计量关系可知

$$\frac{c_{A0}-c_A}{a}=\frac{c_{B0}-c_B}{b}=\frac{c_P-c_{P0}}{p}=\frac{c_S-c_{S0}}{s}$$

本题 $a=b=p=s=1$，且 $c_{P0}=c_{S0}=0$

由题意可知，B 的反应量

$$c_{B0}-c_B=76.2-37.6=38.6\text{mol/m}^3$$

则从计量关系可知

$$c_A=c_{A0}-(c_{B0}-c_B)=50.5-38.6=11.9\text{mol/m}^3$$

$$c_P=c_{B0}-c_B=38.6\text{mol/m}^3$$

$$c_S=c_{B0}-c_B=38.6\text{mol/m}^3$$

【例 2-2】 已知例 2-1 中反应对溴代异丁烷和乙醇钠都是一级，$(-r_A)=kc_Ac_B$，试分别用反应物 A 和 B 的浓度来表达该反应的动力学方程。

解：若以反应物 A 的浓度表示，则因

$$c_B=c_{B0}-(c_{A0}-c_A)=76.2-(50.5-c_A)=c_A+25.7$$

$$(-r_A)=kc_Ac_B=kc_A(c_A+25.7)$$

同理，若以反应物 B 的浓度表示，则

$$c_A=c_{A0}-(c_{B0}-c_B)=50.5-(76.2-c_B)=c_B-25.7$$

$$(-r_A)=kc_Ac_B=kc_B(c_B-25.7)$$

【例 2-3】 设两个独立液相反应

$$A+2B \longrightarrow P$$
$$2P+B \longrightarrow S$$

若反应初始浓度为 c_{A0}，c_{B0}，c_{P0}，c_{S0}。其中 A 为关键组分，其转化率为 x_A，目的产物 P 的收率为 φ，假定反应过程中物料密度变化可忽略不计，求反应组分 B 和产物 P、S 的浓度。

解：关键组分 A 的浓度 c_A 由转化率 x_A 直接导出

$$c_A=c_{A0}(1-x_A)$$

组分 B 的浓度 c_B 等于初始浓度 c_{B0} 减去两个反应所消耗的 B 的量。第一个反应消耗 B 的量为

$$2c_{A0}x_A$$

第二个反应消耗 B 的量可由 P 的消耗量导出。根据收率的定义

$$\varphi=\frac{c_P-c_{P0}}{c_{A0}}$$

目的产物 P 的浓度为

$$c_P=c_{P0}+c_{A0}\varphi$$

这里表示两个反应中 P 的净生成量，而第一个反应生成 P 的量为 $c_{A0}x_A$，则第二个反应消耗 P 的量为

$$c_{A0}x_A-c_{A0}\varphi$$

故第二个反应消耗 B 的量为

$$\frac{1}{2}c_{A0}(x_A-\varphi)$$

所以反应组分 B 的浓度为

$$c_B=c_{B0}-2c_{A0}x_A-\frac{1}{2}c_{A0}(x_A-\varphi)$$

组分 S 的浓度为

$$c_S=c_{S0}+\frac{1}{2}c_{A0}(x_A-\varphi)$$

2.2.3 反应速率的温度效应和反应活化能

式(2-17) 中温度效应项常用反应速率常数 k 表示，即

$$r_i=kf_c(c_j) \tag{2-18}$$

对大多数化学反应，速率常数 k 与反应温度关系可由阿伦尼乌斯（Arrhenius）公式表示

$$k=k_0\mathrm{e}^{-\frac{E}{RT}} \tag{2-19}$$

式中，k 为反应速率常数；k_0 为频率因子；E 为反应活化能；R 为气体常数，$R=8.314\mathrm{J/(mol\cdot K)}=1.987\mathrm{cal/(mol\cdot K)}$。

其中活化能 E 是一个重要的动力学参数。式(2-19) 还可表示为

$$\ln k=\ln k_0-\frac{E}{RT} \tag{2-20}$$

学习分享

或

$$\frac{\mathrm{d}\ln k}{\mathrm{d}T}=\frac{E}{RT^2} \tag{2-21}$$

活化能的实验测定方法，即在不同温度下测得反应速率常数后，按式(2-20) 以 $\ln k$ 对 $1/T$ 进行标绘，应得一直线，直线斜率为 $-E/R$，由此可获得活化能 E。

严格地说，频率因子 k_0 也是温度的函数，它与 T^n 成正比。但具体数据表明，温度对 k_0 的影响远没有指数项 $e^{-E/(RT)}$ 那样显著。一般情况下，k_0 可以视为与温度无关。

众所周知，反应物分子只能通过碰撞才有可能发生反应，但并非所有碰撞都有效，只有已被“激发”的反应物分子——活化分子的碰撞才有可能奏效。反应活化能就是反应物分子“激发”为活化分子所需的能量，因此，活化能的大小是表征化学反应进行难易程度的标志。活化能大，反应不易进行；活化能小，反应容易进行。但是活化能 E 不是决定反应难易的唯一因素，它与频率因子 k_0 共同决定反应速率。图 2-1 为吸热和放热反应能量示意图。“激发态”的活化分子进行反应，转变为产物。若产物分子的能量水平比反应物分子能量水平高，反应为吸热反应。反之，产物分子的能量水平比反应物分子能量的水平低，反应为放热反应。而反应物分子和产物分子的能量水平的差异即为反应的**热效应**——反应热 ΔH。可见，反应热 ΔH 与活化能 E 是两个不同的概念，它们之间并无必然的大小关系。

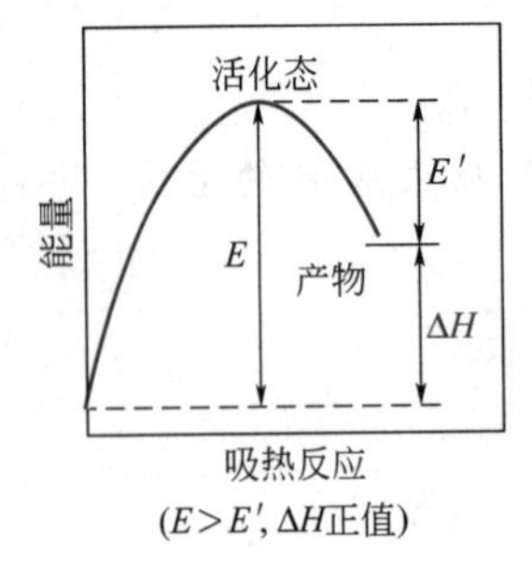

吸热反应
($E>E'$, ΔH正值)

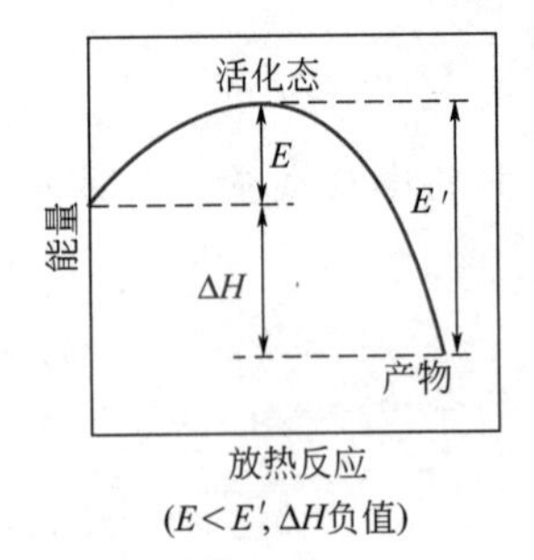

放热反应
($E<E'$, ΔH负值)

图 2-1 吸热和放热反应能量示意图

以阿伦尼乌斯公式中反应速率常数 k 对温度 T 求导，整理可得

$$\frac{dk}{k}\bigg/\frac{dT}{T}=\frac{E}{RT} \tag{2-22}$$

或者在一定浓度的条件下，以反应速率对温度求导，同理可得

$$\frac{\partial r_i}{r_i}\bigg/\frac{\partial T}{T}=\frac{E}{RT} \tag{2-23}$$

E/RT 称为**阿伦尼乌斯参数**，表征温度变化率对反应速率变化率的影响程度。其数值由活化能和反应温度水平所决定，活化能越大，反应温度越低，参数值越大。由此可见，反应活化能直接决定了反应速率常数对温度的相对变化率大小，因此，**活化能的工程意义**是反应速率对反应温度敏感程度的一种度量。活化能越大，表明反应速率对温度变化越敏感，即温度的变化会使反应速率发生较大的变化。例如，在 25℃下，若反应活化能为 40kJ/mol，则温度每升高 1℃，反应速率常数增加约 5%；若活化能为 125kJ/mol，则反应速率将增加 15%左右。当然，这种影响程度还与反应的温度水平有关，表 2-1 列出了不同活化能时，反应速率常数增加 1 倍所需提高的温度。

表 2-1 反应温度敏感性——反应速率常数增加 1 倍所需提高的温度

活化能 E/(kJ/mol) 温度 T/℃	41.8	167.2	292.9
0	11	3	2
400	70	17	9
1000	273	62	37
2000	1073	197	107

由表中数字可见，在一定温度下，活化能越大，速率常数提高 1 倍所需提高的温度越小；在相同活化能下，温度越低，则所需提高的温度也越小。活化能的大小有一个范围，通常均相反应活化能在 40～200kJ/mol 之间，若测得非均相反应活化能在 40kJ/mol 以下，则此反应极有可能处于扩散控制区域，因此对于一个实际反应过程，应该充分了解活化能的数量级。

在理解反应的重要特征——活化能 E 时，应当注意以下三点：

① 活化能 E 不同于反应的热效应，它并不表示反应过程中吸收或放出的热量，而只表示使反应分子达到活化态所需的能量，故与反应热并无直接的关系。

② 从反应工程的角度讨论，活化能的本质是表明反应速率对温度变化的敏感程度。一般而言，活化能越大，表示温度变化对反应速率的影响越大，即反应速率随温度上升而增加得越快。

③ 对同一反应，即当活化能一定时，反应速率对温度变化的敏感程度随温度升高而降低。这表明了在反应动力学测定时，实验精度与温度水平有关。尤其对于高活化能低反应温度的系统，要正确测定活化能十分困难，必须采取相应的措施，以保证数据的可信度。表 2-2 列出了不同情况下，k 值容许误差为 5%时反应温度容许变化的数值。

表 2-2　k 值容许误差为 5%时温度容许变化的数值

E/(kJ/mol) \ T/℃	25	100	200	300	400	500
41.8	0.9	1.4	2.2	3.3	4.5	5.9
167.2	0.2	0.4	0.6	0.8	1.1	1.5

反应速率常数 k 的单位依反应的总级数而变。反应速率的单位通常为 kmol/(m³·h)，用浓度单位的 n 次方除以反应速率的单位可得反应速率常数 k 的单位，即

$$k=\frac{(-r_A)}{c^n}=\frac{\mathrm{kmol/(m^3 \cdot h)}}{(\mathrm{kmol/m^3})^n} \tag{2-24}$$

即 $k=(\mathrm{h^{-1}})\ (\mathrm{kmol/m^3})^{1-n}$。对一级反应，$k$ 的单位为 $\mathrm{h^{-1}}$，对快反应常用 $\mathrm{s^{-1}}$；对二级反应，k 的单位为 $\mathrm{m^3/(kmol \cdot h)}$ 或 $\mathrm{L/(mol \cdot s)}$。

对气相反应，反应速率常用分压表示，如 n 级反应为

$$(-r_A)=k_p p_A^n \tag{2-25}$$

$(-r_A)$ 的单位仍为 $\mathrm{kmol/(m^3 \cdot h)}$ 或 $\mathrm{mol/(L \cdot s)}$，p_A 的单位为 MPa，则反应速率常数 k_p 的单位相应为 $\mathrm{kmol/(m^3 \cdot h \cdot MPa^n)}$，与浓度表示的反应速率相比较，因 $p_A=c_A RT$，故

$$k_p=\frac{k}{(RT)^n} \tag{2-26}$$

因此，动力学中各种参数的单位必须明确，以免在计算中发生错误。

2.2.4　反应速率的浓度效应和反应级数

反应速率的浓度效应通常采用三种形式：

① 幂函数型

$$(-r_A)=kc_A^{\alpha}c_B^{\beta}\cdots \tag{2-27}$$

② 双曲线型

$$(-r_A)=\frac{kc_A^{\alpha}c_B^{\beta}\cdots}{[1+k_Ac_A+k_Bc_B+\cdots]^n} \tag{2-28}$$

③ 级数型

$$(-r_A)=a_0+a_1c_A+a_2c_A^2+\cdots \tag{2-29}$$

幂函数型常用于均相以及实际工业生产中的非理想吸附气固相催化反应；双曲线型大多用于理想吸附的气固相催化反应；级数型则是在对反应特征了解甚少时采用的数值回归模型。

对于均相不可逆反应

$$a\mathrm{A}+b\mathrm{B}\longrightarrow p\mathrm{P}+s\mathrm{S}$$

幂函数型动力学方程式表示为

$$(-r_A)=kc_A^{\alpha}c_B^{\beta} \tag{2-30}$$

式中，c_A、c_B 分别为反应组分 A 和 B 的浓度；α、β 分别为反应速率对反应物 A 和 B 的反应级数，$(\alpha+\beta)$ 为反应的总级数。

反应级数必须通过实验来确定，通常是 0、1 和 2 整数级，但也可能是非整数级。反应级数和反应分子数不同，只有按化学计量式进行的基元反应，反应级数和分子数相等，而且级数也一定是整数。实际上绝大多数反应都不是基元反应，它可以是几个基元反应步骤组合的总结果。若知道一个反应的反应机理，则可在一定的假设前提下推导出该反应的速率方程。例如，单分子分解反应

$$\mathrm{A}\longrightarrow\mathrm{B}$$

按活化配合物理论，用两个分子碰撞产生高能分子然后分解来进行解释，反应步骤可以由下面的基元反应组成

$$\mathrm{A}+\mathrm{A}\underset{k_{-1}}{\overset{k_1}{\rightleftharpoons}}\mathrm{A}^*+\mathrm{A} \tag{2-31}$$

$$\mathrm{A}^*\xrightarrow{k_2}\mathrm{B} \tag{2-32}$$

因此反应速率应是各基元反应速率的综合。对每一个基元反应而言，其反应级数就等于反应分子数，但反应总级数一般不等于该分解反应的分子数，而由两个基元反应速率的竞争决定。从式(2-32) 可知，B 的生成速率为

$$r_B=k_2c_{A^*} \tag{2-33}$$

因此，当 A 的浓度较高时，活化态 A* 的分解反应为反应速率最慢的控制步骤，式(2-31) 的反应很快达到化学平衡，即反应平衡常数为

$$K=\frac{c_{A^*}c_A}{c_A^2}=\frac{c_{A^*}}{c_A} \tag{2-34}$$

代入式(2-33)

$$r_B=k_2Kc_A=k'c_A \tag{2-35}$$

表明在活化态 A* 的分解为速率控制步骤时，反应总速率表现为一级。

当反应物 A 浓度很低时，A 的碰撞概率大大减少，使式(2-31) 中的反应不能达到平衡，即

$$\mathrm{A}+\mathrm{A}\xrightarrow{k_1}\mathrm{A}^*+\mathrm{A} \tag{2-36}$$

此时，同时考虑式(2-32) 和式(2-36) 两个基元反应。在拟稳态近似下，活化态 A* 净生成速率为零，可推得

$$r_B=k_1c_A^2 \tag{2-37}$$

即A为低浓度时，分解反应速率表现为二级。

因而，这种反应机理表明，在A浓度高时，活化态A^*的分解反应为速率控制步骤，反应总速率表现为一级；在A浓度低时，两个A分子的碰撞反应为速率控制步骤，反应总速率表现为二级。介于两者之间，则反应为一级与二级之间的非整数级。这已由实验所证实。

反应级数的工程意义是表示反应速率对于反应物浓度变化的敏感程度。以反应物A来说，由反应速率对反应物A的浓度c_A求导得

$$\frac{\partial(-r_A)/(-r_A)}{\partial c_A/c_A}=\alpha \tag{2-38}$$

表明反应物A的级数α是反应速率对反应物A浓度的相对变化率的大小。

在理解反应级数时必须注意以下两点：

① 反应级数不同于反应的分子数，前者是动力学中的物理量，后者是计量化学中的物理量；

② 反应级数的高低并不单独决定反应速率的大小，但反映了反应速率对于浓度变化的敏感程度。级数愈高，浓度变化对反应速率的影响愈大。

表2-3列出了一级和二级反应的反应速率随反应物浓度降低而递减的变化情况。

表2-3　不同转化率时反应速率的递变趋势

反应物浓度 c	转化率 x	反应速率递变趋势①	
		一级反应(r_1/r_{10})	二级反应(r_2/r_{20})
1	0	1	1
0.7	0.3	0.7	0.49
0.5	0.5	0.5	0.25
0.1	0.9	0.1	0.01
0.01	0.99	0.01	0.0001

① 用相对速率，即与初速率之比表示。r_{10}和r_{20}分别为一级和二级反应初速率。

由表2-3可知，对二级反应，当转化率$x=0.99$时反应速率与初速率相差10^4，这给工业反应器的传热和温度控制带来不利的影响。

以幂函数形式表达的均相反应动力学，具有形式简明，适应性强，处理方便等优点。它对某些均相反应是机理型的，对于较为复杂的反应，可作为经验模型的函数形式，但也存在明显的缺陷。当反应产物具有阻滞作用时，在动力学方程式中应该包含产物浓度项，这时，如将反应动力学方程式写成

$$(-r_A)=kc_A^{\alpha}c_B^{\beta}c_P^{\delta}c_S^{\gamma} \tag{2-39}$$

产物有阻滞作用时，c_P与c_S的指数应为负值。当反应开始时，若产物浓度为零，则反应速率将趋于无穷大，这显然是不合理的。为此，可将式(2-39)改写成

$$(-r_A)=k\cdot\frac{c_A^{\alpha}c_B^{\beta}}{1+k'c_P^{\delta}c_S^{\gamma}} \tag{2-40}$$

这时的函数形式已不再是幂函数形式，所以反应级数也变得不显而易见了。当然，这种形式是否合理，需要实验来检验证实。

实际上，对一个反应过程可以有不同的机理假设和分析推理，由此会得到一系列不同的速率表达式，究竟以哪一个为准，必须通过实验数据的拟合。即使如此，也只能认为这种机

理假设可能是正确的，实验数据与速率表达式相符也仅仅考虑了反应的结果，并没有研究其分子变化的过程，因此要判析一个反应机理的正确性，还要用其他实验手段。但是，从工程应用的角度来讨论，或许正确的反应速率式比反应机理方程式更有意义，它是反应器设计和放大的基础。

2.3 典型化学反应的动力学方程

对工业生产有关的化学反应，不可能逐一加以讨论。但是常见的典型化学反应大致可分为以下五类：①简单反应；②自催化反应；③可逆反应；④伴有平行副反应的复杂反应（或称平行反应）；⑤伴有串联副反应的复杂反应（或称串联反应）。

工业复杂反应一般由上述五类典型反应组合而成，可抓住主要反应特征进行简化。

2.3.1 简单反应

简单反应只需一个计量方程进行描述，是指由一个或一组反应物单向生成产物的反应，通常采用以下反应式表示

$$A \longrightarrow P \tag{2-41}$$

需要注意的是，简单反应一般情况下不是基元反应，其反应动力学方程以幂函数可表达为

$$(-r_A)=kc_A^n \tag{2-42}$$

2.3.2 自催化反应

自催化反应指的是反应产物本身具有催化作用，能加速反应进行的反应。工业生产上的发酵过程是一种典型的自催化反应过程。在自催化反应中，反应速率既受反应物浓度的影响，又受反应产物浓度的影响。一般自催化反应可表示为

$$A+P \longrightarrow P+P \tag{2-43}$$

其动力学方程式常写为

$$(-r_A)=kc_Ac_P \tag{2-44}$$

如果反应系统中没有其他组分，则反应物 A 和反应产物 P 的总物质的量应维持不变，因而对任一瞬间，均有关系

$$c_{A0}+c_{P0}=c_A+c_P=c_{T0}=常数$$

式中，c_{T0}为反应系统的总物质的量。这样，反应动力学方程式就可写成

$$(-r_A)=kc_A(c_{T0}-c_A) \tag{2-45}$$

2.3.3 可逆反应

复杂反应由若干反应组成，对每一个反应来说，同样可以采用上述简单反应的表示法。但是，若考察某一组分的反应速率或生成速率时，则必须将各个反应速率综合起来。组成复杂反应的基本类型有可逆反应、自催化反应、平行反应和串联反应。其中，可逆反应是指正方向和逆方向同时以显著速度进行的反应。对于可逆反应

$$A+B \underset{k_2}{\overset{k_1}{\rightleftharpoons}} C \tag{2-46}$$

实质上反应由两个反应所组成

正反应
$$A+B \xrightarrow{k_1} C \tag{2-47}$$

逆反应
$$C \xrightarrow{k_2} A+B \tag{2-48}$$

正反应速率
$$(-r_A)_1 = k_1 c_A^\alpha c_B^\beta \tag{2-49}$$

逆反应速率
$$r_{A2} = k_2 c_C^\gamma \tag{2-50}$$

对反应组分 A 的净反应速率为

$$(-r_A) = (-r_A)_1 - r_{A2} = k_1 c_A^\alpha c_B^\beta - k_2 c_C^\gamma \tag{2-51}$$

2.3.4 平行反应

平行反应是反应物同时独立地进行两个或两个以上的反应。例如

$$A+B \begin{cases} \xrightarrow{k_1} P\ (\text{主产物}) \\ \xrightarrow{k_2} S\ (\text{副产物}) \end{cases} \tag{2-52}$$

若平行反应中两个反应都不是可逆反应，则产物 P 和 S 的生成速率分别为

P 的生成速率
$$r_P = k_1 c_A^{\alpha_1} c_B^{\beta_1} \tag{2-53}$$

S 的生成速率
$$r_S = k_2 c_A^{\alpha_2} c_B^{\beta_2} \tag{2-54}$$

则反应物 A 或 B 的消耗速率为

$$(-r_A) = k_1 c_A^{\alpha_1} c_B^{\beta_1} + k_2 c_A^{\alpha_2} c_B^{\beta_2} \tag{2-55}$$

2.3.5 串联反应

串联反应是反应产物能进一步反应生成其他产物的反应。许多卤化、水解反应均属此类。例如

$$A \xrightarrow{k_1} P \xrightarrow{k_2} S \tag{2-56}$$

一般假定 P 为主反应产物，S 为副反应产物。实际上反应分两步进行

$$A \xrightarrow{k_1} P \tag{2-57}$$

$$P \xrightarrow{k_2} S \tag{2-58}$$

反应物 A 的消失速率（$-r_A$）为

$$(-r_A) = k_1 c_A^\alpha \tag{2-59}$$

产物 P 的生成速率为两个反应速率之差，即

$$r_P = k_1 c_A^\alpha - k_2 c_P^\beta \tag{2-60}$$

产物 S 的生成速率 r_S 为

$$r_S = k_2 c_P^\beta \tag{2-61}$$

对于平行串联反应，例如

$$\left.\begin{array}{l} A+B \xrightarrow{k_1} P(\text{主反应}) \\ A+P \xrightarrow{k_2} S(\text{副反应}) \end{array}\right\} \tag{2-62}$$

对A可视为平行反应，对P可视为串联反应，假定对反应组分都是一级，则A的消失速率为

$$(-r_A)=k_1c_Ac_B+k_2c_Ac_P \tag{2-63}$$

P、B和S反应速率与生成速率分别为

$$r_P=k_1c_Ac_B-k_2c_Ac_P \tag{2-64}$$

$$(-r_B)=k_1c_Ac_B \tag{2-65}$$

$$r_S=k_2c_Ac_P \tag{2-66}$$

2.3.6 更加复杂的情况

更为复杂的反应主要还是上述几种基本类型的不同组合，其反应速率表示的基本方法是一致的。

例如丁烯异构化反应

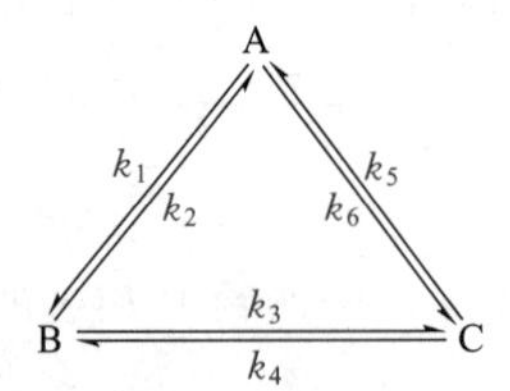

此反应由6个反应组成，假设均为一级反应，则各反应组分的消耗速率为

$$(-r_A)=(k_1+k_6)c_A-k_2c_B-k_5c_C \tag{2-67}$$

$$(-r_B)=(k_2+k_3)c_B-k_1c_A-k_4c_C \tag{2-68}$$

$$(-r_C)=(k_4+k_5)c_C-k_3c_B-k_6c_A \tag{2-69}$$

各种基本反应类型的动力学表达式总结如表2-4所示。

表2-4 各种基本反应类型的动力学表达式

反应	反应级数	动力学表达式
$A \longrightarrow P$	n级	$(-r_A)=kc_A^n$
$A+P \longrightarrow P+P$	2级	$(-r_A)=kc_Ac_P$
$A \underset{k'}{\overset{k}{\rightleftharpoons}} P$	均为1级	$(-r_A)=(k+k')c_A-k'c_{A0}$
$A \underset{k'}{\overset{k}{\rightleftharpoons}} P+S$	1级(正反应),2级(逆反应)	$(-r_A)=k\left[c_A-\frac{1}{K}(c_{A0}-c_A)^2\right]$
$A+B \underset{k'}{\overset{k}{\rightleftharpoons}} P$	2级(正反应),1级(逆反应),$c_{A0}=c_{B0}$	$(-r_A)=k\left[c_A^2-\frac{1}{K}(c_{A0}-c_A)\right]$
$A+B \underset{k'}{\overset{k}{\rightleftharpoons}} R+S$	均为2级,$c_{A0}=c_{B0}$	$(-r_A)=k\left[c_A^2-\frac{1}{K}(c_{A0}-c_A)^2\right]$
$A \underset{k'}{\overset{k}{\rightleftharpoons}} P$	均为2级	$(-r_A)=k\left[c_A^2-\frac{1}{K}(c_{A0}-c_A)^2\right]$
$2A \underset{k'}{\overset{k}{\rightleftharpoons}} P+S$	均为2级	$(-r_A)=k\left[c_A^2-\frac{1}{4K}(c_{A0}-c_A)^2\right]$

续表

反应	反应级数	动力学表达式
$A+B \underset{k'}{\overset{k}{\rightleftharpoons}} 2P$	均为 2 级，$c_{A0}=c_{B0}$	$(-r_A)=k\left[c_A^2-\frac{4}{K}(c_{A0}-c_A)^2\right]$
$A \xrightarrow{k_1} P$ 2级	2 级	$(-r_A)=(k_1c_A+k_2)c_A$ $r_P=k_1c_A^2$ $r_S=k_2c_A$
$A \xrightarrow{k_2} S$ 1级	1 级	
$A \xrightarrow{k_1} P \xrightarrow{k_2} S$	均为 1 级	$(-r_A)=k_1c_A$ $r_P=k_1c_A-k_2c_P$ $r_S=k_2c_P$
$A \xrightarrow{k_1} P \xrightarrow{k_2} S \xrightarrow{k_3} W$	均为 1 级	$(-r_A)=k_1c_A$ $r_P=k_1c_A-k_2c_P$ $r_S=k_2c_P-k_3c_S$ $r_W=k_3c_S$
$A \xrightarrow{k_1} M \xrightarrow{k_3} N$ $A \xrightarrow{k_2} R \xrightarrow{k_4} S$	均为 1 级	$(-r_A)=(k_1+k_2)c_A$ $r_M=k_1c_A-k_3c_M$ $r_N=k_3c_M$ $r_R=k_2c_A-k_4c_R$ $r_S=k_4c_R$

2.4 反应动力学测定方法

根据反应速率的温度效应与浓度效应，反应动力学实验实际上是测定在一定温度、一定浓度下的反应速率，从而获得反应活化能与反应级数。因此反应动力学实验测定与一般的工艺试验的区别就在于两者具有不同的目的与实验设备。

作为一般的工艺试验，其目的在于考察所选择的工艺方案的可行性与经济性，因此其设备和反应工艺条件等一般尽可能与工业条件相近，由此获得的是不同条件下的转化率和选择率。但是为了达到一定的工艺指标，其工艺条件和转化率等往往只取很窄的区间；另一方面，反应器内通常会存在温度分布与浓度分布。因此，在这种设备中获得的实验数据，很难建立反应速率和浓度的函数关系。

反应动力学测定通常要求反应器内具有单一的浓度和单一的温度，并能获得该条件下的反应速率（不是转化率）。这就必然对实验设备和实验方法提出特殊的要求，以满足实验数据的精度要求。因而反应动力学测定往往是独立于工艺试验之外单独进行的。当然，借助于工艺试验，作出适当的试验安排，可以达到预实验的目的，初步认识反应过程的特征与规律，并大致判断反应级数、反应活化能的范围，以及主要副反应的特征（平行或串联）等。这些知识一方面是工艺试验本身所需，另一方面也为进一步的动力学实验打下良好的认识基础。

2.4.1 动力学实验测定方法

根据反应速率的温度效应与浓度效应的相互独立性，动力学方程的确定可以分为两步：首先固定反应温度，取得浓度与时间的函数关系；然后确定温度与反应速率常数间的函数关系，从而获得完整的反应动力学方程。确定动力学参数的方法主要有两种，一种是积分法，另一种是微分法。以下分别介绍这两种方法，并作适当比较。

2.4.1.1 积分法

在动力学实验时，不同条件下测得的组分浓度（或转化率）及产品组分生成率与停留时间关系的数据，是经历了一定反应历程累积的结果，这种方法称为**积分法**。

例如，在一个搅拌釜中进行间歇均相反应，充分搅拌使釜内温度和浓度达到完全均匀。所得的实验数据是浓度 c（或转化率）对反应时间 t 的变化曲线，如图 2-2 所示。显然，某一浓度（或时间）时的反应速率（$-r$），应为图上曲线在该点处的导数（即为斜率）$-\frac{dc}{dt}$。从实验曲线求$\frac{dc}{dt}$，理论上可以采用镜面法，或对曲线进行图解微分，得到各点的$\frac{dc}{dt}$。但是，由于实验曲线本身是实验点的拟合结果，无论是实验点还是拟合方法都难免存在误差，而这些误差引起的斜率的误差可以很大，因此，用这样的实验和数据处理方法很难获得精确的反应速率。

同样，若在一管式反应器内进行非均相催化反应，改变空速（即停留时间）可测得相应的出口浓度或转化率；改变床层高度，也可测得相应的出口浓度和转化率。此时，采取各种措施，以确保径向温度与浓度均一，并确保主体浓度与催化剂外表面上的浓度无明显差异，但浓度仍然沿管长变化，得到的实验数据是出口浓度对反应管长（即停留时间）的曲线，如图 2-3 所示，也不能直接得到反应速率。

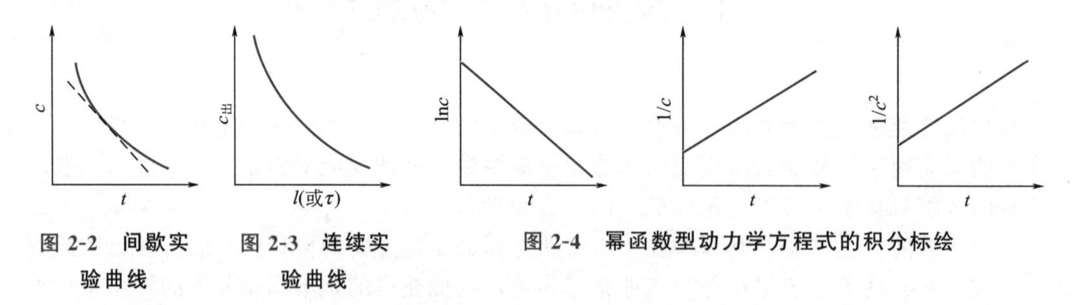

图 2-2 间歇实验曲线　　图 2-3 连续实验曲线　　图 2-4 幂函数型动力学方程式的积分标绘

上述两个例子都是在无返混或返混极小条件下进行的，在这种情况下，其反应结果唯一地由化学动力学决定。可以将预先假设的、例如幂函数形式的反应动力学进行积分，得到浓度与时间的函数积分式，如表 2-5 所示。这样，就可以用实验数据对假定的函数关系进行标绘，若符合线性关系就可以进一步确定反应级数和反应速率常数。例如，对于一级反应，以 $\ln c_A \sim t$ 作图呈直线关系，其斜率为 $-k$，截距为 $\ln c_{A0}$。对于单一反应物的二级反应，以 $1/c_A \sim t$ 作图的直线斜率为 k，截距为 $1/c_{A0}$。对于双组分组成的二级反应，以 $\ln(c_B/c_A) \sim t$ 作图的直线斜率为 $(c_{A0}-c_{B0})k$，截距为 $\ln(c_{B0}/c_{A0})$。图 2-4 列出了几种简单级数反应动力学的积分标绘。图解法的优点是容易显示线性关系与线性偏差，可以方便地识别实验误差引起的离散点。

表 2-5 恒容系统简单反应的反应速率及其积分式

反应系统		反应速率式	反应速率积分式	直线方程		
反应级数	反应式			函数关系	斜率	截距
0	$A \longrightarrow P$	$(-r_A)=k$	$c_A=c_{A0}-kt$	$c_A \propto t$	$-k$	c_{A0}
1	$A \longrightarrow P$	$(-r_A)=kc_A$	$\ln\frac{c_A}{c_{A0}}=-kt$	$\ln c_A \propto t$	$-k$	$\ln c_{A0}$
2	$A \longrightarrow P$ $A+B \longrightarrow P$ $(c_{A0}=c_{B0})$	$(-r_A)=kc_A^2$ $(-r_A)=kc_Ac_B$	$\frac{1}{c_A}-\frac{1}{c_B}=kt$	$\frac{1}{c_A}\propto t$	k	$\frac{1}{c_{A0}}$
	$A+B \longrightarrow P$ $(c_{A0}\neq c_{B0})$	$(-r_A)=kc_Ac_B$	$\ln\left(\frac{c_{B0}c_A}{c_{A0}c_B}\right)=(c_{A0}-c_{B0})kt$	$\ln\frac{c_A}{c_B}\propto t$	$(c_{A0}-c_{B0})k$	$\ln\frac{c_{B0}}{c_{A0}}$
n	$A \longrightarrow P$	$(-r_A)=kc_A^n$	$c_A^{1-n}-c_{A0}^{1-n}=(n-1)kt$ $(n\neq 1)$	$c_A^{1-n}\propto t$	$(n-1)k$	c_{A0}^{1-n}

【例 2-4】 反应速率方程式的求取

在等温间歇反应器中进行如下液相反应

$$A+B \longrightarrow P+R$$

$$c_{A0}=0.307\text{kmol/m}^3, \quad c_{B0}=0.585\text{kmol/m}^3$$

实验数据如表 2-6 所示：

表 2-6 例 2-4 原始数据表

t/h	0	1.15	2.90	5.35	8.70
c_A/(kmol/m^3)	0.307	0.211	0.130	0.073	0.038

求：反应动力学方程。

解：(1) 计算法

根据实验结果，计算

$$c_B=c_{B0}-(c_{A0}-c_A)$$

假设该反应为二级反应，则其反应速率为

$$(-r_A)=kc_Ac_B$$

因 $c_{A0}\neq c_{B0}$，所以可根据下式计算出各反应时间的 k 值，如果各 k 接近于常数，则假设正确，否则重新假设。

$$\ln\left(\frac{c_{B0}c_A}{c_{A0}c_B}\right)=(c_{A0}-c_{B0})kt$$

计算结果如表 2-7 所示：

表 2-7 例 2-4 计算结果

t/h	0	1.15	2.90	5.35	8.70
c_A/(kmol/m³)	0.307	0.211	0.130	0.073	0.038
c_B/(kmol/m³)	0.585	0.489	0.408	0.351	0.316
$-\ln \frac{c_A}{c_B}$	0.645	0.841	1.144	1.570	2.118
k/[m³/(kmol·h)]		0.6123	0.6189	0.6223	0.6092

图 2-5 例 2-4 图

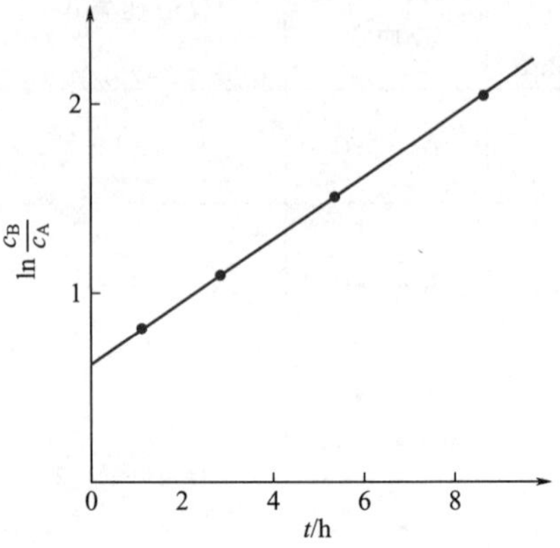

k 值平均值 $\bar{k}=0.6157\text{m}^3/(\text{kmol}\cdot\text{h})$

（2）作图法

以 $-\ln\frac{c_A}{c_B}\sim t$ 作图，如图 2-5 所示，得斜率为 0.1720，即 $-0.1720=(c_{A0}-c_{B0})k$，则 $k=0.6187\text{m}^3/(\text{kmol}\cdot\text{h})$

积分法的数据处理是用积分式直接拟合实验数据，显然采用积分法必须具备如下的条件：

① 无返混或返混极小；

② 反应动力学较简单。

另外，积分法也适用于双曲线型速率式，此时待定的参数是反应速率常数 k 与吸附平衡常数 K_A。通常，无论幂函数式还是双曲线式，积分法所确定的参数不能超过两个，如幂函数式的 k、n，双曲线式的 k、K_A。

当反应级数为分数级，或同时存在多个反应，则积分法将非常麻烦，而且所得结果的可靠性将显著降低。在这种情况下，则可以用最优化方法进行参数估值。从理论上说，无论参数数目多少，都可以通过计算机编程运算，确定参数并作出误差分析。

2.4.1.2 微分法

另一种动力学测定方法称为**微分法**，是根据不同实验条件下测得的反应速率，直接由速率方程确定参数值。

例如，在上述非均相管式反应器中，可以采用高空速操作的手段，使反应物的进出口浓度差 $\Delta c=c_{出}-c_{进}$ 只有很小的变化，使得进出口浓度变化远小于浓度值，即 $\Delta c\ll c$，则反应器内的反应物浓度可近似地认为

$$c\approx c_{出}\approx c_{进} \quad 或 \quad c=\frac{c_{出}+c_{进}}{2}$$

而等容过程的反应速率 $(-r)$ 可以认为

$$(-r)=\frac{v\Delta c}{V_R} \tag{2-70}$$

这种实验方法就是微分法。微分法得到的是各种不同浓度下的反应速率值，然后，根据所选动力学方程确定相应的参数。若以幂函数型方程为例，由速率方程

$$(-r_A)=kc_A^n \tag{2-71}$$

两边取对数，有

$$\ln(-r_A)=n\ln c_A+\ln k \tag{2-72}$$

根据实验数据，以 $\ln(-r_A)\sim\ln c_A$ 作图，应得一直线，其斜率为 n，截距为 $\ln k$，于是动力学参数 n 和 k 可以确定。

采用微分法测定动力学数据时，存在两个问题：

① 由于必须配制成各种可能的包括反应物和产物的浓度，这在实际操作中是有一定困难的；

② 实验的精确度问题更为棘手。如前所述，进出口浓度差 Δc 应该越小越好，但 Δc 越小，对分析精度的要求越高。因为 Δc 是两个大的数值相减而获得的一个小的量，大的量的极小的相对误差会造成小的量产生很大的相对误差。例如当反应器进出口浓度的分析结果为：

$c_{进}=(1.52\pm0.05)\text{mol/m}^3$　其相对误差为 3.3%

$c_{出}=(1.32\pm0.05)\text{mol/m}^3$　其相对误差为 3.7%

进出口浓度差的相对误差 ε_r 却变为

$$\varepsilon_r=\frac{\Delta(\Delta c)}{\Delta c}=\frac{1\pm0.051+1\pm0.051}{1.52-1.32}=50\%$$

显然这种动力学实验方法是将实验方面的困难转嫁到分析方面去。如果没有足够精确的实验分析方法，这样的微分法是无实际意义的。

实现微分法的最好途径是采用全混流反应器。因为全混流反应器内温度和浓度均一，并且反应器出口浓度等于反应器内浓度，反应速率仍可用式(2-70) 求取。显然这时不要求进出口浓度相近，对分析精度也就不会有苛求。而且通过改变进料量，即改变平均停留时间，就可以改变反应器内的浓度状态，也就不存在上述的配料问题。因此，全混流反应器能较完满地解决微分法动力学测定中的难点。

与积分法相似，当动力学参数较多时，微分法也不能用图解方法进行参数估值，这时可以用最优化方法等进行实验数据处理，确定动力学参数。

2.4.1.3　反应活化能与频率因子的确定

在等温条件下确定反应级数的同时，也获得了该温度下的反应速率常数 k。改变实验测定的温度水平，可以得到一组反应速率常数 k 与温度 T 的实验数据。根据反应速率常数 k 与反应温度关系的阿伦尼乌斯公式

$$k=k_0\mathrm{e}^{-E/(RT)} \tag{2-73}$$

或

$$\ln k=\ln k_0-\frac{E}{RT} \tag{2-74}$$

也可以用图解法来确定 E 和 k_0。以 $\ln k\sim1/T$ 进行标绘，应得一直线，其斜率为 $-E/R$，截距为 $\ln k_0$，则可以得到反应活化能 E 与频率因子 k_0 的值。

◇————————————————◇

【例 2-5】　反应动力学数据处理方法

在 518℃及 0.1033MPa 下于管式反应器中进行乙醛分解反应

$$CH_3CHO \longrightarrow CH_4+CO$$

实验在内径为 0.033m，床层长度为 0.80m 的积分反应器管中进行。反应管置于温度为

518℃的保温炉中，乙醛经汽化后通入反应系统。加料速度由汽化温度控制，自反应器出口分析产物。实验结果如表2-8所示：

表2-8 例2-5原始数据表

流速/(kg/h)	0.130	0.050	0.021	0.0108
乙醛分解率	0.05	0.13	0.24	0.35

试求反应速率方程式。

解：(1) 积分法

① 假设动力学模型为

$$(-r_A)=kc_A^2 \tag{a}$$

② 写出 $(-r_A)$ 与转化率 x_A 关系，此反应为变分子反应，$\delta_A=\frac{2-1}{1}=1$，故 $\delta_A y_{A0}=1$。

$$c_A=c_{A0}\left(\frac{1-x_A}{1+x_A}\right)$$

低压下视为理想气体 $c_{A0}=\frac{RT}{p}$，则 $(-r_A)=k\left(\frac{RT}{p}\right)^2\left(\frac{1-x_A}{1+x_A}\right)^2$ (b)

③ 推导积分式，将式(b)代入管式反应器基本方程式

$$\frac{V_R}{F_{A0}}=\frac{1}{k\left(\frac{p}{RT}\right)^2}\int_0^{x_A}\frac{dx}{\left(\frac{1-x_A}{1+x_A}\right)^2}$$

积分得

$$k\left(\frac{p}{RT}\right)^2\times\frac{V_R}{F_{A0}}=\frac{4}{1-x_A}+4\ln(1-x_A)+x_A-4 \tag{c}$$

式(c)表示了 $\frac{V_R}{F_{A0}}$ 与转化率 x_A 之间的关系。

④ 将实验数据代入式(c)求 k 值

$$V_R=\frac{\pi}{4}d^2L=\frac{\pi}{4}\times(0.033)^2\times(0.80)=6.84\times10^{-4}\,m^2$$

乙醛分子量 $M=44.02$，计算结果见表2-9：

表2-9 例2-5积分法计算结果

转化率 x_A	加料速度		V_R/F_{A0} /(m³·s/mol)	k /[m³/(mol·s)]
	kg/h	mol/s		
0.05	0.130	8.26×10^{-4}	0.828	3.2×10^{-4}
0.13	0.050	3.18×10^{-4}	2.151	3.3×10^{-4}
0.24	0.021	1.31×10^{-4}	5.220	3.2×10^{-4}
0.35	0.0108	6.82×10^{-5}	10.03	3.3×10^{-4}

由表可见 k 值为恒值，说明模型假设是正确的。否则，另行假设模型直至满意为止。

(2) 微分法处理

① 假设动力学模型，如为

$$(-r_A)=kc_A^2 \tag{a}$$

② 将实验所得$\frac{V_R}{F_{A0}}\sim x_A$标绘成曲线，如图 2-6 所示。

③ 对$\frac{V_R}{F_{A0}}\sim x_A$曲线进行图解微分，其斜率为$\frac{dx_A}{d\left(\frac{V_R}{F_{A0}}\right)}$，即为该点转化率的反应速率，其值列于表 2-10。

图 2-6　例 2-5 图乙醛分解反应的 $V_R/F_{A0}\sim x_A$ 关系

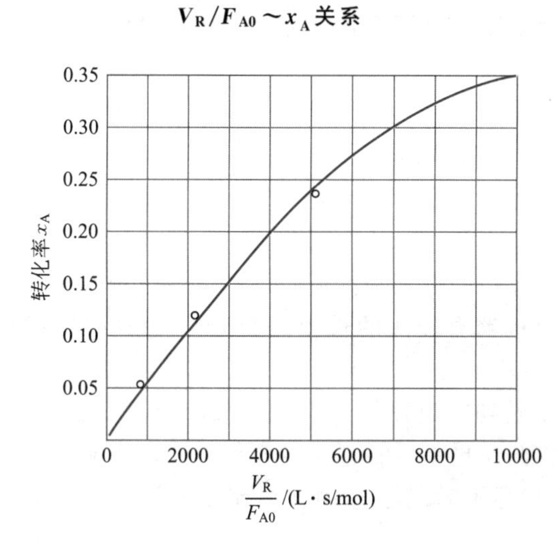

表 2-10　例 2-5 微分法计算结果

转化率 x_A	图解微分斜率 /[mol/(m³ · s)]	k /[m³/(mol · s)]
0.05	6.2×10^{-8}	3.2×10^{-4}
0.13	4.9×10^{-8}	3.5×10^{-4}
0.24	2.8×10^{-8}	3.3×10^{-4}
0.35	2.0×10^{-8}	3.5×10^{-4}

由表可知，用微分法处理数据，所得 k 值也很相近，说明二级反应的假设正确。

2.4.2　均相反应的实验反应器

研究反应动力学时选择合适的实验室反应器是十分重要的。应根据反应特性，如热效应大小、反应产物的种类、转化率范围等，选用甚至设计合适的实验室反应器。有时还必须考虑一些其他因素，如可靠的取样和分析方法、维持等温、物料停留时间的测准、反应过程的稳定性等。对于均相反应过程，通常采用间歇反应器、带循环或不带循环的流动管式反应器或全混流反应器。这些反应器也可用于非均相反应过程，也有一些特殊结构的反应器用于动力学实验，如气固相催化反应研究用的无梯度反应器。

大多数情况下，对于连续操作的全混釜、带循环流动的管式反应器以及微分反应器而言，实现等温并不困难。但对间歇反应器或积分操作的管式反应器而言，若不能做到与外界进行恰当的热交换以维持等温，则可能随时间或位置而呈较大的温度梯度。如果不能实现等温，则往往采用绝热反应器操作方式，因为此时可将温度梯度与转化率随时间（间歇式反应器）或位置（流动管式反应器）的变化过程明确地关联起来。

本书后面几章将要讨论的间歇反应器、管式流动反应器和连续流动搅拌釜式反应器都可用于均相反应动力学实验。这些反应器操作简单，容易获得反应物浓度对停留时间的关系，然后进行微分处理或积分处理，从而确定反应动力学。简述如下：

（1）间歇反应器

间歇反应器结构简单，一般只需对温度进行恰当调节。充分混合的条件可以保证反应器内达到相同的浓度和温度。因此，反应初始阶段实现相同温度和浓度是一个关键问题，特别是当反应时间与混合时间的数量级可比较时，产生的误差将显著影响动力学实验的准确性。高速搅拌可以有效消除流体内的温度与浓度差异，必要时还可采用外部循环的方法进行强化。

为了获取浓度与时间的变化关系，最好的方法是在反应器内直接测量浓度，可使反应与分析测量间不产生时间滞后，也避免取样误差。通常可利用物系某一物性与浓度的关系，间接确定反应物浓度。例如测量液体用电导率、黏度，或光度。对有分子数变化的气相反应，可由恒压时的体积变化或恒容时的压力变化求得浓度或分压变化。如果只能通过取样然后分析，则必须保证在样品中反应不再进行。

（2）管式流动反应器

管式流动反应器可以微分操作也可积分操作。与间歇操作不同的是，这种反应器操作必须保证精确的流体流量，以保证反应器内恒定的停留时间。在不同条件下进行实验时，必须使系统达到稳定状态后才能进行数据测取。

如采用积分法测定反应动力学，必须保证反应器内达到平推流状态，以便应用假设动力学关系的积分式，确定动力学参数。一般要求反应器有较大的长径比和 Re。但这会造成较高的压降，对气相反应而言会带来一定的误差。

对于强放热反应而言，管式反应器常常不能做到等温操作，需要采取恰当的恒温措施。如管外冷却或加热，反应物稀释等方法。反应物循环也是一种常用的操作方式，当循环比很大时，如循环比在 20 以上，这种反应器的特性实际上就与下述的连续流动搅拌釜式反应器相同。

（3）连续流动搅拌釜式反应器

连续流动搅拌釜式反应器只要精确调节进出反应器的物料流量，釜内达到全混流要求，就可以方便地获得一定温度和浓度下的化学反应速率，因而特别适合于微分法处理实验数据。

除了温度控制、流量调节和组分分析等问题外，这种反应器的一个特殊问题是达到稳定状态所需的时间可能较长，获取大量数据所需的工作量会很大。

2.5 模型的检验和模型参数的估值

进行动力学数据处理时，需要解决两个问题：一是确定合适的动力学模型，包括模型建立和模型识别；二是确定动力学模型参数，包括反应级数、反应速率常数及平衡常数等，也称**参数估值**，最终建立反应动力学方程式。如果是复杂反应动力学研究，则还需通过预实验剖析反应过程特征，决定反应基本网络，然后再进行反应动力学研究。

模型的建立和筛选是一项复杂的工作。由动力学初步实验测定，首先确定影响化学反应的相关因素，特别是敏感因素。然后根据已有的物理化学知识，推断出可能的反应机理，导出一系列可能的函数形式。例如对于气固相催化反应，可以根据不同的反应历程，如吸附控制、解吸控制、表面反应控制等，导出不同的动力学模型，然后根据实验数据进行模型检验，选出最为合适的模型。然而由于这些模型都为多参数模型，可能的动力学模型达十个以上，模型的筛选将变得十分困难。

2.5.1 经典方法

经典的动力学模型检验方法是将模型线性化，然后用图解法或数值法处理实验数据，利用直线性来检验模型的正确性，并由此求出模型参数。

若动力学模型为幂函数型，就可以用对数的方法线性化，如

$$(-r_A)=kc_A^n \tag{2-75}$$

线性化为

$$\ln(-r_A)=\ln k+n\ln c_A \tag{2-76}$$

将实测的 $\ln(-r_A)$ 对 $\ln c_A$ 进行标绘，满足线性关系，则证明幂函数模型的适用性，并由斜率求得级数 n，由截距求得反应速率常数 k 值。若用积分法处理实验数据，则利用表 2-5 列出的积分关系式进行线性标绘，并获得相应的参数值。

对于反应速率的温度效应，也可作相似的线性化处理，如

$$k=k_0 e^{-E/(RT)} \tag{2-77}$$

线性化为

$$\ln k=-\frac{E}{RT}+\ln k_0 \tag{2-78}$$

以实测的 $\ln k$ 对 $1/T$ 标绘，满足线性表明阿伦尼乌斯方程的适用性。从其斜率可得 $-E/R$，从其截距可得 k_0。如果不能在全定义域获得线性关系，那么也可分段近似作线性处理，并认为在不同的浓度范围内反应级数将发生变化或在不同温度范围内活化能将有所变化。

幂函数上述性质表明分段的幂函数对单调函数有广泛的适用性，它是幂函数广泛地作为经验模型使用的主要原因。

动力学模型为双曲线型时，也可进行类似线性化，如

$$(-r_A)=\frac{kp_A}{1+K_A p_A} \tag{2-79}$$

可线性化为

$$\frac{1}{(-r_A)}=\frac{1}{k}\times\frac{1}{p_A}+\frac{K_A}{k} \tag{2-80}$$

以实测 $1/(-r_A)$ 对 $1/p_A$ 标绘，若满足直线关系则表明模型适用，并求得 k 及 K_A。

若动力学函数的变量多于一个，虽然可对变量进行单个线性化，但必须保证其他变量恒定不变，这实际上是难以做到的。例如对于一个复杂反应而言，反应组分数在两个以上，既可能是串联反应或是平行反应，也可能是复杂的平行串联反应网络，这时经典的动力学处理方法是难以奏效的。

【例 2-6】 在 CO 氧化转化为 CO_2 的反应过程中，Pt 催化剂上 CO 转化的初始反应速率 r_0 随温度 T 的变化规律如表 2-11 所示。若反应在常压下操作，且气氛中 O_2 大大过量，CO 的反应级数为 1 级，其体积分数为 1%，求该反应的活化能，并对数据拟合进行检验。

表 2-11　例 2-6 原始数据表

T/℃	50	53	55	58	60	62	65	67	70	73	75	77	88
r_0/[10^{-5} mol/(g Pt·s)]	6.73	7.86	8.75	9.82	11.31	13.3	15.77	18.29	21.19	27.87	30.7	35.31	53.98

解： 由操作条件可知，反应速率方程为 $r_0=kp_{CO,0}$

$$k=k_0\mathrm{e}^{-\frac{E_a}{RT}}=\frac{r_0}{p_{CO}}$$

$$\ln k=\ln k_0-\frac{E_a}{RT}$$

由上式可知 $\ln k\sim1/T$ 成线性关系，对 $\ln k\sim1/T$ 进行线性拟合，所得直线斜率为 $-E_a/R$，截距为 $\ln k_0$，再对数据进行残差检验。

程序代码：

```
function DATE
    T=[0.003095 0.003066 0.003047 0.00302 0.003002 0.002984 0.002957 0.00294 0.002914
0.002889 0.002872 0.002856 0.002769];
    lnk=[-16.528 -16.3725 -16.2652 -16.1494 -16.0079 -15.846 -15.6757 -15.5276 -15.3803 -
15.1064 -15.0095 -14.8698 -14.4451];
    n=length(T)
    X=[ones(n,1),T']
    [b bint r rint stats]=regress(lnk',X);
    x=0.002750:0.0001:0.003200;
    y=b(1)+b(2).*x;
    plot(T,lnk,'bo',x,y,'r-')
    legend ('Experimental','Simulation')
    xlabel('1/T'), ylabel('lnk')
    figure
    rcoplot(r,rint)
    if stats(3)<0.05
        disp('The relationship is linear')
        fprintf('The regressed correlation is:\n')
        disp(strcat('y=',num2str(b(1)),'+(',num2str(b(2)),')*x'))
        fprintf('The correlation cofficent is %.4f\n',stats(1))
        fprintf('The confidential interval for b0 is %.4f\n',(bint(1,2)-bint(1,1))/2)
        fprintf('The confidential interval for b1 is %.4f\n',(bint(2,2)-bint(2,1))/2)
    elseif stats(3)>=0.05
        disp('The relationship is not linear')
        return
    end
```

程序运行后显示图形如图 2-7 所示。

从图 2-7(a) 看，数据点基本呈线性关系，拟合直线从数据点中间穿过，图 2-7(b) 为由 recoplot 命令绘制的残差图，可见残差均匀分布在 x 轴两侧，其置信区间均包括 x 轴，说明拟合基本合理。当 rint 的值不包括 0 时，说明对应的数据点异常，应将其从原始数据中删除。采用语句 normplot (r) 可以检查残差是否呈正态分布。如果残差均落在直线上，则说明符合正态分布，模拟合理。屏幕输出结果如下。

```
The relationship is linear
    The regressed correlation is:
    y=4.5327+-6823.7841*x
```

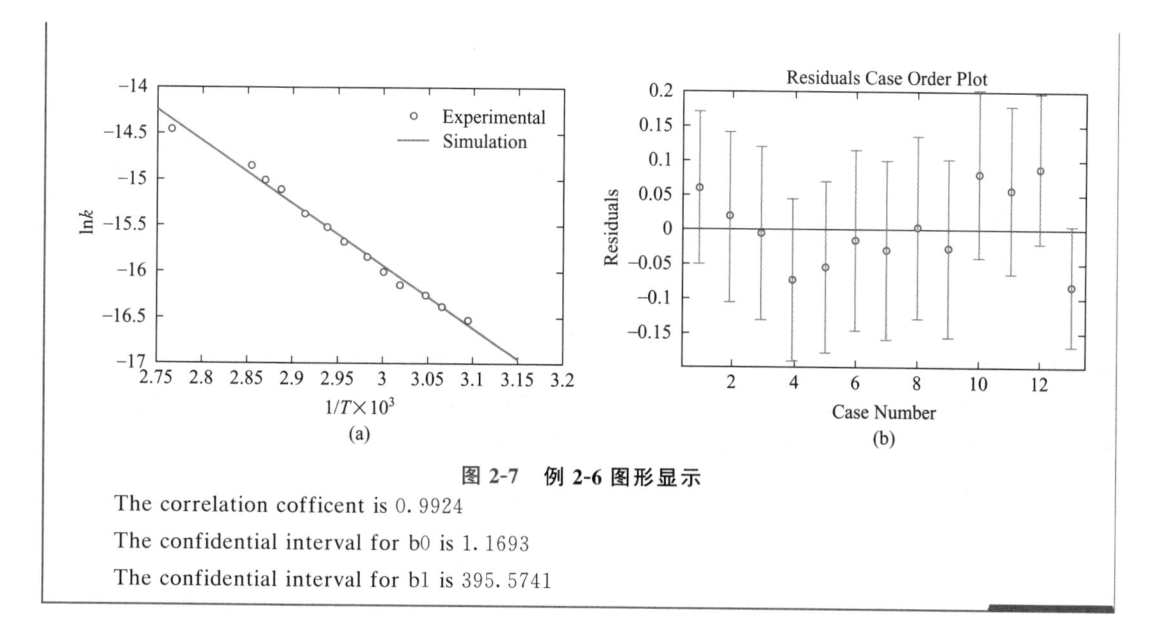

图 2-7　例 2-6 图形显示

The correlation cofficent is 0.9924

The confidential interval for b0 is 1.1693

The confidential interval for b1 is 395.5741

可见线性关系成立，不足的是 b(1) 的置信区间稍大。

则可知 $k_0=93.01$，$E_a=6823.7841\times8.314\ \text{J/mol}=56.73\ \text{kJ/mol}$

2.5.2　统计学方法进行模型识别和参数估计

随着计算数学与计算机应用的迅速发展，无论动力学的复杂与否，都可以通过基于统计学的数据处理方法来解决，包括参数回归、模型检验及方差分析等，是现在每一次严格的动力学分析研究都应该采用的方法。不过，这并不意味着要抛弃经典方法，相反，还必须从经典的方法开始动力学分析，而且只有这样，才能使统计的方法得到最好的应用。例如对于复杂反应系统，就应通过预实验得到的实验数据，依据化学反应工程的基本知识，判别反应基本网络，写出各反应组分的速率表达式，并利用微分法或积分法进行初步处理，甚至可以得到用于参数估值的参数初值，这无疑为进一步的参数回归分析提供了极大帮助。

近十年来，基于统计学原理发展了一系列数据处理方法，如残差分析方法、最小二乘法等。

如对于一般的函数关系

$$y=b_0+b_1x_1+b_2x_2^2+\cdots \tag{2-81}$$

式中，b_0、b_1、b_2 为待定参数；x、y 分别为自变量与因变量。

最小二乘法的原则是使残差的平方和最小，而残差就是实验测定值 y 与模型计算值 $\hat{y}$ 之差。即残差平方和

$$S=\sum_{i=1}^{M}(y_i-\hat{y}_i)^2=\min \tag{2-82}$$

式中，S 为目标函数值；M 为实验数据组数；变量 y 可以是反应速率或反应产物收率等。

残差分析法则是将残差与各有关独立变量，如分压、时间等进行标绘，观察残差与各有关独立变量有无相关关系，可以判断模型的适用性，并发现其中的缺陷。

有关实验设计和参数估值方法已经成为一门独立的知识，这方面的内容已有许多专著和论文可供参考，这里不再详述。另外，对于特别复杂的反应体系如烃类裂解、重整等往往涉及上百种组分，这时动力学模型本身已极为复杂，更无从进行检验。对于这样的体系，已发

展成各种集总（lumping）方法，将上百种组分重新组成若干个有效组分，然后按此建立简化了的动力学模型。

本章小结

1. 化学反应过程分为容积反应过程和表面反应过程两类。对于容积反应过程，单位时间的反应转化量与反应相的体积成正比；对于表面反应过程，单位时间的反应转化量与反应相表面积成正比。

2. 排除传递过程影响的速率和规律称为本征反应速率和本征动力学。包含物料传递过程影响的反应速率和规律称为表观反应速率或表观动力学。

3. 大多数情况下，工业反应过程反应动力学规律可表示为

$$r_i = f_c(c_j) f_T(T)$$

$f_c(c_j)$ 称为反应速率的浓度效应；$f_T(T)$ 称为反应速率的温度效应。

4. 化学反应的速率特征可以概括地表示为反应速率的浓度效应和温度效应。

反应速率的浓度效应以反应级数表征。从工程角度讲，反应级数表示反应速率对组分浓度变化的敏感程度。

反应速率的温度效应以反应活化能表征。活化能的工程意义是表明反应速率对温度变化的敏感程度。

5. 化学反应动力学研究和测定是反应器选型、反应过程优化及确定操作条件的基础。在工业应用上则要求获得实用且可靠的反应动力学规律。

6. 反应动力学测定方法主要有两种，一种是积分法，另一种是微分法。

7. 动力学测定的实验室反应器大致可分为积分反应器和微分反应器，无梯度反应器是一种特殊设计的、常用的微分反应器。一般而言，积分反应器设备简单，但数据处理困难；而微分反应器设备复杂，数据处理简单。

8. 反应动力学模型方法包括反应动力学模型的建立、模型筛选及参数估值。在反应动力学研究中，应着重把握反应动力学特征，探索影响反应过程技术指标的关键因素，为工业反应器的优化和放大提供依据。

本书二维码

解题思路

习　题

2-1 某一反应化学计量式为 $A+2B \longrightarrow 2P$，若以反应物A表示的反应速率为 $(-r_A)=2c_A^{0.5}c_B$，试写出以反应物B和产物P表示的反应速率式。

2-2 反应速率式 $(-r_A)=k_c c_A^n = k_p p_A^n$ 表示，假定反应速率 $(-r_A)$ 以 mol/(m³·h) 表示，试写出反应级数 n 为0，1，2时 k_c 和 k_p 的单位。

2-3 某工厂在间歇反应器中进行两次实验，初始浓度相同并达到相同的转化率，第一次实验在20℃下进行8天，第二次实验在120℃下进行10min，试估计反应活化能。

2-4 炎热的夏夜，田野里的蟋蟀在不断地鸣叫，大量蟋蟀聚集在一起鸣叫的声音非常引人注目，并且叫声会趋于一致。1897年Dolbear指出，规则的鸣叫速率取决于温度，并得到关系式：

$$15s\text{内鸣叫的次数}+40=\text{温度}(^{\circ}F)$$

假设新陈代谢的速率由鸣叫的速率直接决定，求在 60～80°F 范围内蟋蟀的活化能（kJ/mol）。

2-5　有下列两个反应：

（1）C_2H_4 的二聚反应，反应温度 200℃，反应活化能 $E=156.9kJ/mol$

（2）C_4H_6 的二聚反应，反应温度 200℃，反应活化能 $E=104.6kJ/mol$

为使反应速率提高一倍，计算所需提高的温度为多少？并讨论所计算的结果。

2-6　一般反应温度上升 10K，反应速率增大一倍（即为原来的 2 倍）。为了使这一规律成立，活化能与温度间应保持何种关系？求出下列温度的活化能。

温度（K）：300，400，600，800，1000。

2-7　反应 $A \longrightarrow B$ 为 n 级反应。已知在 300K 时要使 A 的转化率达到 20%需 12.6min，而在 340K 时达到同样的转化率仅需 3.20min，求该反应的活化能 E。

2-8　反应 $2NO+2H_2 \longrightarrow N_2+2H_2O$，实验测得速率方程为：$r_{N_2}=kc_{NO}^2c_{H_2}$。试设定能满足实验结果的反应机理。

2-9　由 A 和 B 进行均相二级不可逆反应 $\alpha_A A+\alpha_B B \longrightarrow \alpha_S S$，速率方程：

$$-r_A=-\frac{dc_A}{dt}=kc_Ac_B$$

写出（1）当 $c_{A0}/c_{B0}=\alpha_A/\alpha_B$ 时的积分式；（2）当 $c_{A0}/c_{B0}=\lambda_{AB}\neq\alpha_A/\alpha_B$ 时的积分式。

第3章

理想间歇反应器

酒越陈越香

酒窖是酒厂的标配，因为新酿造的酒喝起来生、苦、涩，口感不佳，需要几个月至几年的自然窖藏陈酿才能消除杂味，散发浓郁的酒香。那么酒在陈化过程中发生了哪些反应？各个反应之间有什么联系吗？

酒中散发芳香气味的“功臣”是乙酸乙酯，而新酿造的酒中乙酸乙酯的含量较少，且新酿的酒中含有醛和酸。醛和酸不仅没有香味，而且还会刺激喉咙。在陈酿过程中，酒里的醛不断地氧化为羧酸；而羧酸再和酒精发生酯化反应，生成具有芳香气味的乙酸乙酯，从而使酒质醇香，这个变化过程就是酒的陈化。时间在这个过程中起着微妙的作用。

上一章已经介绍了化学工业中常见的五类典型化学反应，包括①简单反应；②自催化反应；③可逆反应；④伴有平行副反应的复杂反应（或平行反应）；⑤伴有串联副反应的复杂反应（或串联反应）。更为复杂的工业反应过程通常由上述五类典型反应组合，可根据主要反应特征进行简化，从而把握反应规律。

任何化学反应都在某种型式的反应器中进行，因而研究反应过程就是研究在特定反应器中进行的化学变化规律。工业反应器中除了化学反应外还有物理过程，包括流动、混合、传热等。当反应器中没有任何物理传递过程的影响因素存在时，反应结果仅由化学动力学因素决定，则这类反应器称为**理想化学反应器**。实际工业反应器当然不存在这种理想状态，但是有两种反应器的性能和行为相当地接近这种理想状态：一种是搅拌充分的间歇釜式反应器；另一种是连续流动理想管式反应器。

本章介绍理想间歇反应器的基本特征和设计方程，并分别讨论上述五种典型化学反应的基本特征和理想间歇反应器的设计计算。

3.1　反应器设计基本方程

3.1.1　反应器设计的基本内容

（1）选择合适的反应器型式

根据反应系统的动力学特性，如反应过程的浓度效应、温度效应及反应的热效应，结合反应器的流动特征和传递特性，如反应器的返混程度，选择合适的反应器，以满足反应过程的需要，使反应结果最佳。

（2）确定最佳的工艺条件

工艺条件，如反应器的进口物料配比、流量、反应温度、压力等，直接影响反应器的反应结果，也影响反应器的生产能力。在确定工艺条件时还必须使反应器在一定的操作范围内具有良好的运转特性，而且要有抗干扰且长周期稳定运行的能力，即要满足操作稳定性要求。

（3）计算所需反应器体积

根据所确定的操作条件，针对所选定的反应器型式，计算完成规定生产能力所需的反应体积，同时由此确定优化的反应器结构和尺寸。

3.1.2　反应器设计基本方程

围绕“三传一反”基本思想，反应器设计的**基本方程**包括反应动力学方程式、物料衡算方程式、热量衡算方程式和动量衡算方程式。反应动力学方程式是化学反应器设计的基础，已在第2章中讨论。

（1）物料衡算方程式

物料衡算以质量守恒定律为基础，是计算反应器体积的基本方程。对充分搅拌的间歇反应器和全混流反应器，由于反应器中浓度均匀，可对整个反应器作物料衡算。对于反应器中物料浓度沿长度（流动）方向具有分布的反应器，应在长度方向上选取反应器微元体积，假定在这些微元体积中浓度和温度均匀，对该微元作物料衡算，将这些微元加和起来，可对整个反应器作物料衡算。对反应器或对反应器微元体积进行反应组分 i 的物料衡算，基本公

式为

$$组分 i 流入量=组分 i 流出量+组分 i 反应消耗量+组分 i 积累量 \tag{3-1}$$

在不同情况下，式(3-1) 可作相应简化。对于间歇过程，由于分批加料、卸料，反应过程中某组分流入量与流出量为零。对连续流动反应器，在定态下，式中积累量为零。对非定态反应器，则上式中各项均需考虑。

(2) 热量衡算方程式

热量衡算以能量守恒与转化定律为基础。在计算反应速率时必须考虑反应体系的温度，通过热量衡算可以计算反应器中温度的变化。与物料衡算相仿，对反应器或某一微元体积进行反应体系的热量衡算，基本公式为

$$流入的热焓=流出的热焓+反应热+热量的积累+传向环境的热量 \tag{3-2}$$

式中反应热项，放热反应为负值，吸热反应为正值。不同情况下，式(3-2) 可以简化。对于间歇过程，反应过程中流入与流出的热焓为零；对连续流动反应器，在定态条件下，热量积累项为零；对等温流动反应器，在定态条件下，流入热焓与流出热焓两项相等；对绝热反应器，传向环境的热量为零。

(3) 动量衡算方程式

动量衡算以动量守恒与转化定律为基础，计算反应器的压力变化。当气相流动反应器的压降大时，需要考虑压力对反应速率的影响，此时需要进行动量衡算。

物料衡算和反应速率式是描述反应器性能的两个最基本的方程式。

3.2　理想间歇反应器中的简单反应

3.2.1　理想间歇反应器的特征

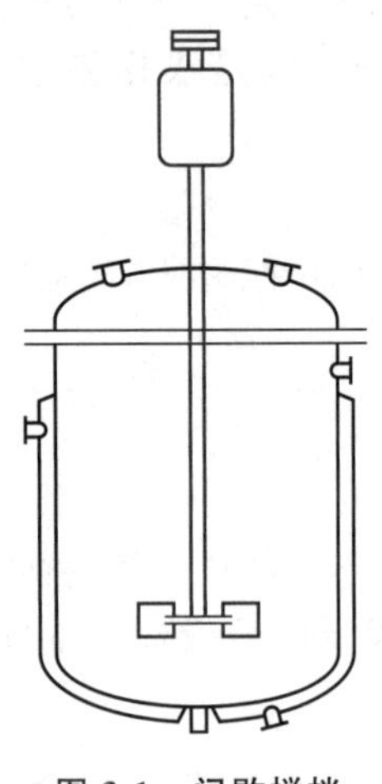

图 3-1　间歇搅拌反应器

工业上充分搅拌的间歇釜式反应器的性能和行为相当接近于理想间歇反应器。其结构如图 3-1 所示。反应物料按一定配比一次加入反应器，反应器的顶部有一可拆卸的顶盖，以供清洗和维修。在反应器内部设置搅拌装置，使反应器内物料均匀混合。顶盖上开有各种工艺接管用以测量温度、压力和添加各种物料。筒体外部一般装有夹套用来加热或冷却物料。反应器内还可以根据需要设置盘管或排管以增大传热面积。

搅拌器的型式、尺寸和安装位置都要根据物料性质和工艺要求来选择，目的都是为了在消耗一定的搅拌功率条件下达到反应器内物料的充分混合。经过一定的时间，反应达到规定的转化率后，停止反应并将物料排出反应器，完成一个生产周期。**理想间歇反应器**有以下**特点**：

① 由于剧烈的搅拌，反应器内物料浓度达到分子尺度上的均匀，且反应器内浓度处处相等，因而排除了物质传递对反应的影响。

② 由于反应器内具有足够的传热条件，反应器内各处温度始终相等，因而无需考虑反应器内的热量传递问题。

③ 反应器内物料同时加入并同时停止反应，所有物料具有相同的反应时间。

于是，理想间歇反应器的反应结果将**唯一地**由化学动力学所确定。

间歇反应器的优点是操作灵活，易于适应不同操作条件和不同产品品种，适用于小批量、多品种、反应时间较长的产品生产，特别是精细化工与生物化工产品的生产。间歇反应器的缺点是装料、卸料等辅助操作要耗费一定的时间，产品质量不易稳定。

实际上，即使反应器内浓度和温度处处相等，间歇反应器的操作仍然是典型的非定态操作过程。除非控制反应过程保持等温，否则反应器内温度也可能随时间而变。因此，除了物料衡算方程是反应器设计基本方程，热量衡算方程对于间歇反应器设计和操作也可能是很重要的。特别是对于热效应大的放热反应，认识反应器温度变化规律并加以控制，是实现反应器安全操作的重要前提。

3.2.2 理想间歇反应器性能的数学描述

在理想间歇反应器中，由于剧烈搅拌，槽内物料的浓度和温度达到均一，因而可以对整个反应器进行**物料衡算**。间歇操作中流入量和流出量都等于零，因而对反应组分 A 的物料衡算式可写成

$$0=0+(-r_A)V+\frac{dn_A}{dt} \tag{3-3}$$

$$(-r_A)=-\frac{1}{V}\times\frac{dn_A}{dt}=\frac{n_{A0}}{V}\times\frac{dx_A}{dt} \tag{3-4}$$

当反应总体积不变时，$c_A=\frac{n_A}{V}$，则式(3-4) 可写成

$$(-r_A)=-\frac{dc_A}{dt} \tag{3-5}$$

式(3-5) 为反应组分 A 的反应速率表达式，仅适用恒容间歇反应过程。

间歇反应器的**反应体积**是指反应物料在反应器中所占的体积。它取决于单位生产时间所处理的物料量和每批生产所需的操作时间。单位生产时间所处理的物料量由生产任务所确定，因此反应体积可按下式计算

$$V=v_0 t_T \tag{3-6}$$

式中，v_0 为单位生产时间所处理的物料量；t_T 为每批物料的操作时间，它等于反应时间 t 和辅助时间 t_0 之和，即

$$t_T=t+t_0 \tag{3-7}$$

辅助时间 t_0 是指装料、升温、降温、卸料、清洗时间的总和。辅助时间有时也很可观，但可以从类似的过程取得设计所需的数据。反应时间 t 的计算可根据理想间歇反应器性能的数学描述得到，即

$$(-r_A)V=-\frac{dn_A}{dt} \tag{3-8}$$

为计算方便，常采用反应组分 A 的转化率 x_A，即

$$n_A=n_{A0}(1-x_A) \tag{3-9}$$

代入式(3-8) 可得

$$n_{A0}\frac{dx_A}{dt}=(-r_A)V \tag{3-10}$$

积分上式便可求得反应达到一定的转化率 x_{Af} 时所需反应时间 t

$$t = n_{A0}\int_{x_{A0}}^{x_{Af}} \frac{\mathrm{d}x_A}{V(-r_A)} \tag{3-11}$$

上式适用于等温、变温、等容和变容的各种情况。对于液相反应，反应前后液体的体积变化不大，可作等容过程处理，式(3-11) 可写成

$$t = c_{A0}\int_{x_{A0}}^{x_{Af}} \frac{\mathrm{d}x_A}{(-r_A)} \tag{3-12}$$

只要已知反应动力学方程式或反应速率与组分 A 浓度 c_A 之间的变化规律，就能计算反应时间 t。最基本、最直接的方法是图解法或数值积分法。图 3-2 为根据动力学数据作出的 $\frac{1}{(-r_A)} \sim x_A$ 曲线，然后求取 x_{A0} 和 x_{Af} 之间曲线下的面积即为 t/c_{A0}。同样可把式(3-12) 表示为

$$t = -\int_{c_{A0}}^{c_{Af}} \frac{\mathrm{d}c_A}{(-r_A)} \tag{3-13}$$

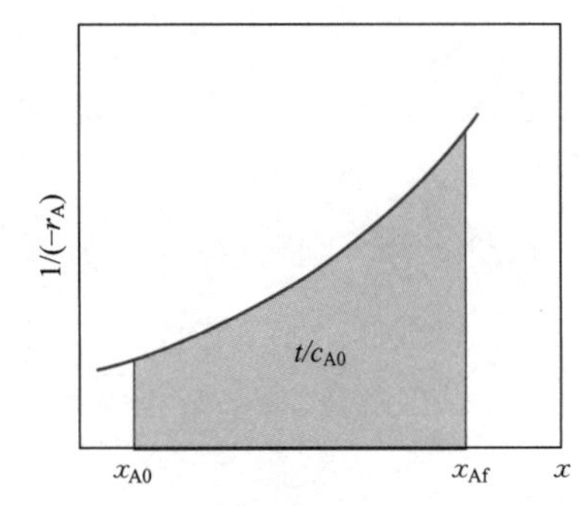

图 3-2 间歇反应过程 t/c_{A0} 的图解积分

图 3-3 间歇反应过程反应时间 t 的图解积分

如图 3-3 所示，作出 $\frac{1}{(-r_A)} \sim c_A$ 曲线，然后求取 c_{A0} 和 c_{Af} 之间曲线下的面积即为反应时间 t。

在特定情况下，如果反应动力学能以函数关系式定量地表示，则可从式(3-12) 直接积分获得反应结果的显式解。

由式(3-13) 可得出一个极为重要的结论：在间歇反应器中，反应物料达到一定转化率所需的反应时间，只取决于过程的速率，而与反应器的大小无关。反应器的大小只决定于物料的处理量。由此可见，上述计算反应时间的公式，既适用于小型设备，也适用于大型设备。这样，利用实验数据设计大型设备时，只要保证两种情况下化学反应速率的影响因素相同即可。例如，保持相同的温度、相同的搅拌程度等。

要指出的是上述过程计算的体积仅仅是反应器内反应物料所占的体积，而不是反应器的实际体积，为了使反应物料上方保持一定的空间，后者要比前者大。通常反应器的实际体积为按式(3-6) 计算得到数值的 1.2～2.5 倍。按反应物料的性质不同取不同的系数。对于沸腾或起泡沫的液体，取较大的系数值，可采用 1.7～2.5。对不起泡沫、不沸腾的液体则可取 1.2～1.4。

除了热效应很小的反应过程（如酯化反应、异构化反应等），热量衡算对间歇反应器设计和操作很重要。通常工业间歇反应器为非等温操作，反应温度将随时间变化。间歇操作中温度随时间的变化关系，可以通过建立热量衡算方程与物料衡算方程联立求解得到。对等容

间歇操作过程，若反应器内反应物的密度为 ρ，物料的平均比热容为 c_p，反应器总传热面积为 A，总传热系数为 U。反应器内初始温度为 T_0，反应期间温度为 T，反应热为 ΔH，反应器外换热介质的温度为 T_c。对间歇反应器，式(3-2) 中流入的热焓和流出的热焓均为零，其他各项可表达为

流入的热焓 ＝ 流出的热焓 ＋ 反应热 ＋ 累积的热量 ＋ 传向环境的热量

$$0 \qquad 0 \qquad V_R(-r_A)(\Delta H) \quad V_R\rho c_p\frac{dT}{dt} \quad UA(T-T_c)$$

故

$$\frac{dT}{dt}=\frac{(-r_A)(-\Delta H)}{\rho c_p}-\frac{UA}{V_R\rho c_p}(T-T_c) \tag{3-14}$$

结合式(3-5)，可求得达到一定转化率所需的操作时间，以及反应温度随时间的变化。

当间歇反应器与外界传热量为零，即间歇反应器绝热操作时，传热项为零。式(3-14) 可简化为

$$\frac{dT}{dt}=\frac{(-r_A)(-\Delta H)}{\rho c_p} \tag{3-15}$$

将式(3-5) 代入，约去 dt，两边取积分

$$\int_{T_0}^{T}dT=-\frac{(-\Delta H)}{\rho c_p}\int_{c_{A0}}^{c_A}dc_A \tag{3-16}$$

则可得反应器温度与转化率的关系为

$$T-T_0=\frac{(-\Delta H)}{\rho c_p}(c_{A0}-c_A)=\Delta T_{ad}x_A \tag{3-17}$$

当反应转化率 $x_A=1$，即反应物全部转化时，反应前后的温差达到反应过程的最大值。ΔT_{ad}称为绝热温升（或绝热温降）

$$\Delta T_{ad}=(T-T_0)_{max}=\frac{(-\Delta H)c_{A0}}{\rho c_p} \tag{3-18}$$

绝热温升（或绝热温降）是反应器操作的重要指标，后续章节也会多次涉及，并赋予一定的含义。在间歇反应器中，ΔT_{ad}表示在绝热条件下，反应物 A 全部转化时反应器内操作温度与初始温度之差。对放热反应，$(-\Delta H)>0$，称为绝热温升；对吸热反应，$(-\Delta H)<0$，则为绝热温降。由于过大的温差会造成反应转化过程中反应速率或选择率有很大变动，对反应产生不利影响，实际上间歇反应器操作往往要通过反应器内外传热来控制反应过程的温度变化。

同时，从式(3-18) 可见，反应热、密度、比热容均为反应物系的性质，对特定反应体系不可能有很大变化，唯一的可调变量是初始浓度。因此，对工业反应过程，常采用对反应物系进行稀释的方法降低绝热温升（或绝热温降），使反应器中的温度变化控制在可以接受的范围内。在反应器设计时，通过热量衡算估计反应器可能的最大温度变化，设置适宜的传热面，对实现反应器安全操作是很有必要的。尽管稀释会降低反应器的生产能力，但对于需要间歇操作且热效应大的放热反应，这也许是避免反应器爆燃、失控，实现安全生产的必要措施。

3.2.3　理想间歇反应器中的简单反应

上一章已经介绍了简单反应 A ⟶P 的反应动力学方程，可用幂函数型式表示为

$$(-r_A)=kc_A^n \tag{3-19}$$

本节将分别讨论不同反应级数的简单反应特征。

3.2.3.1 一级反应

一级反应是工业上常见的一种反应，如有机化合物热分解和分子重排反应等。例如氮甲烷和丙酮的分解反应、丁烯二酸的顺反异构反应等均为一级反应。一级反应动力学方程为

$$(-r_A)=kc_A \tag{3-20}$$

可见一级反应的反应速率与浓度呈线性关系。在理想间歇反应器中进行一级反应，初始条件为 $t=0$，$c_A=c_{A0}$时，等温条件下反应时间 t 的积分结果为

$$t=c_{A0}\int_0^{x_{Af}}\frac{dx_A}{kc_{A0}(1-x_A)}=\frac{1}{k}\ln\frac{1}{1-x_{Af}} \tag{3-21}$$

或写成浓度形式

$$-kt=\ln\frac{c_{Af}}{c_{A0}} \tag{3-22}$$

$$c_{Af}=c_{A0}e^{-kt} \tag{3-23}$$

采用转化率 x_{Af}和残余浓度 c_{Af}两种形式是为了适应工业上两种不同的要求。要求达到规定的单程转化率，是着眼于反应物料的利用率，或者是着眼于减轻后序分离的任务，此时应用式(3-21) 较为方便。要求达到规定的残余浓度，完全是为了适应后一工序的要求，例如有害杂质的除去，此时应用式(3-23) 较为方便。

对于两个反应物参与的反应，如

$$A + B \longrightarrow P \tag{3-24}$$

若其中反应物 B 极大过量，则该反应物浓度在反应过程中变化不大，可视为定值，其对反应速率的影响可归入反应速率常数项 k 中，如果反应速率与反应组分 A 的浓度关系为一级，则该反应仍可按一级反应处理。

理想间歇反应器中一级反应的速率、浓度、转化率等相互关系列于图 3-4 中。

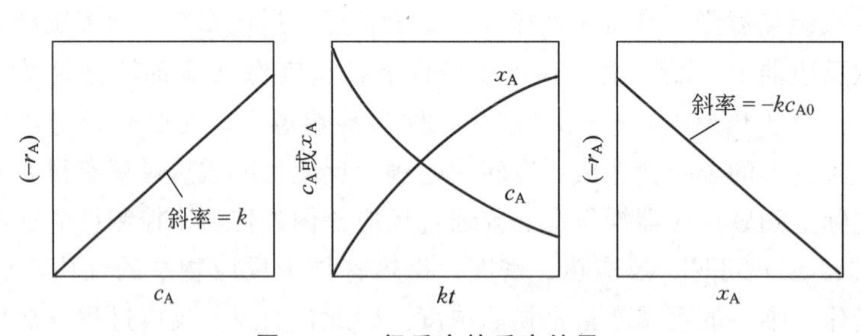

图 3-4 一级反应的反应结果

3.2.3.2 二级反应

工业上二级反应最为常见，如乙烯、丙烯、异丁烯等二聚反应，烯烃的加成反应等。二级反应的反应速率与反应物浓度二次方成正比。它有两种情况，一是对某一反应物为二级而无其他反应物，或者是其他反应物大量过量因而在反应过程中可视为常数；另一种是对某一反应物为一级，对另一反应物也是一级，而且两种反应物初始浓度相等且为等分子反应，亦就演变为第一种情况，此时其动力学方程式为

$$(-r_A)=kc_A^2 \tag{3-25}$$

在理想间歇反应器中反应速率为 $(-r_A)=-\dfrac{dc_A}{dt}$，经变量分离并考虑初始条件 $t=0$，$c_A=c_{A0}$，式(3-13) 积分结果为

$$\frac{1}{c_A}-\frac{1}{c_{A0}}=kt \tag{3-26}$$

或

$$c_A=\frac{c_{A0}}{1+c_{A0}kt} \tag{3-27}$$

若用转化率表示则为

$$c_{A0}kt=\frac{x_A}{1-x_A} \tag{3-28}$$

或

$$x_A=\frac{c_{A0}kt}{1+c_{A0}kt} \tag{3-29}$$

理想间歇反应器中二级反应的速率、浓度、转化率相互关系列于图 3-5。

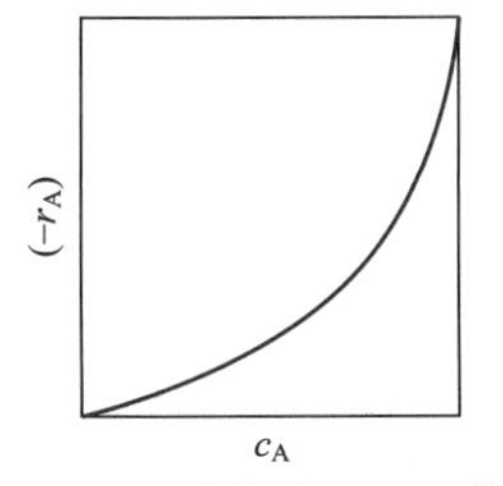

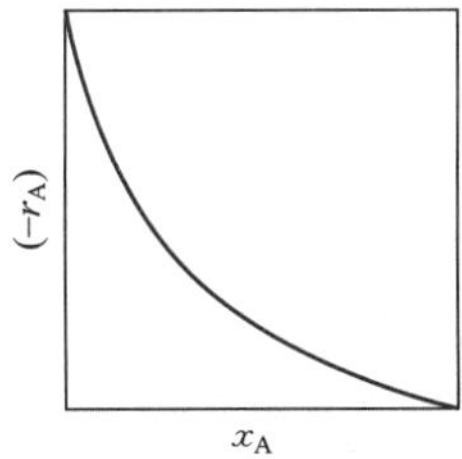

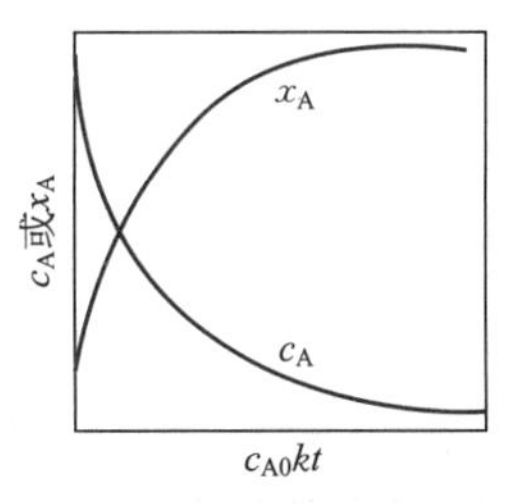

图 3-5　二级反应的反应结果

3.2.3.3　零级反应

零级反应是表示反应速率不受反应物浓度影响的一类特殊反应。工业生产上某些光化学反应和表面催化反应即属此例。

零级反应的动力学方程式为

$$(-r_A)=k \qquad (c_A>0) \tag{3-30}$$

$$(-r_A)=0 \qquad (c_A=0) \tag{3-31}$$

在 $t=0$，$c_A=c_{A0}$ 的初始条件下积分式(3-13) 得

$$kt=c_{A0}-c_A \tag{3-32}$$

或

$$c_A=c_{A0}-kt \tag{3-33}$$

$$x_A=\frac{kt}{c_{A0}} \tag{3-34}$$

零级反应的速率、浓度、转化率相互关系列于图 3-6。

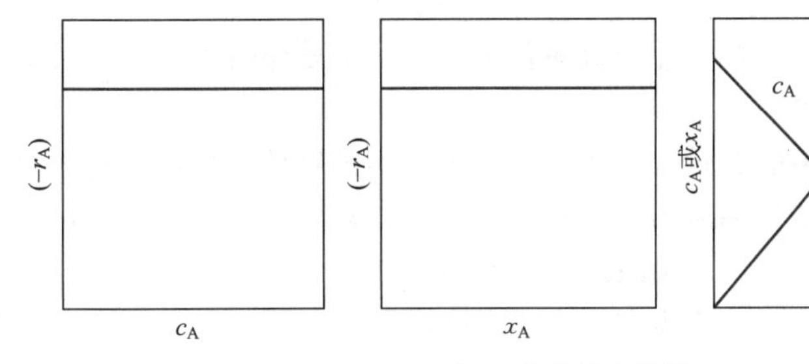

图 3-6　零级反应的反应结果

3.2.3.4 反应特性分析

理想间歇反应器中反应速率、转化率和残余浓度的结果归纳于表 3-1。从表 3-1 进行剖析，可得到一些有用的概念，它将有助于对实际问题作出判断，而这种判断有时比计算更为重要，应予以足够重视。

表 3-1 理想间歇反应器中简单级数的反应结果表达式

反应级数	反应速率式	残余浓度式	转化率式
零级	$(-r_A)=k$	$kt=c_{A0}-c_A$ 或 $c_A=c_{A0}-kt$	$kt=c_{A0}x_A$ 或 $x_A=\frac{kt}{c_{A0}}$
一级	$(-r_A)=kc_A$	$kt=\ln\frac{c_{A0}}{c_A}$ 或 $c_A=c_{A0}e^{-kt}$	$kt=\ln\frac{1}{1-x_A}$ 或 $x_A=1-e^{-kt}$
二级	$(-r_A)=kc_A^2$	$kt=\frac{1}{c_A}-\frac{1}{c_{A0}}$ 或 $c_A=\frac{c_{A0}}{1+c_{A0}kt}$	$c_{A0}kt=\frac{x_A}{1-x_A}$ 或 $x_A=\frac{c_{A0}kt}{1+c_{A0}kt}$
n 级 $n\neq1$	$(-r_A)=kc_A^n$	$kt=\frac{1}{n-1}(c_A^{1-n}-c_{A0}^{1-n})$	$(1-x_A)^{1-n}=1+(n-1)c_{A0}^{n-1}kt$

在残余浓度式或转化率式中，等式左边是反应速率常数 k 和反应时间 t 的乘积 kt 项，等式右边由初始浓度 c_{A0}、残余浓度 c_A 和转化率 x_A 组成。对于相同初始条件，kt 以互积因子出现。表明 kt 数值一定，反应初始条件一定时，反应转化率或残余浓度也就唯一地确定。因此，为达到同样的反应转化率或残余浓度要求，k 值的提高，将导致反应时间的减少，与反应级数无关。

上述结论可以从反应速率的浓度效应和温度效应进行变量分离得到。在理想间歇反应器中

$$(-r_A)=-\frac{dc_A}{dt}=kf(c_A) \tag{3-35}$$

$$\int_0^t k\,dt=-\int_{c_{A0}}^{c_A}\frac{dc_A}{f(c_A)} \tag{3-36}$$

在等温条件下，反应速率常数 k 为常数，则

$$kt=-\int_{c_{A0}}^{c_A}\frac{dc_A}{f(c_A)} \tag{3-37}$$

由此得出上述的结论。同样，在变温条件下操作，只要保持上式左边数值和初始浓度不变，则反应结果也就确定了。

反应物浓度对反应结果的影响表现为反应级数，不同级数的反应具有各自的特殊性。以转化率为目标，达到相同转化率所需的反应时间 t 与初始浓度有以下关系：

① 一级反应的反应时间 t 与初始浓度 c_{A0} 无关；

② 二级反应的反应时间 t 与初始浓度 c_{A0} 成反比；

③ 零级反应的反应时间 t 与初始浓度 c_{A0} 成正比。

基于上述结论在过程开发中判别反应特性时，可采用改变反应初始浓度，在相同反应时间 t 时测定反应转化率，从而定性判别大致反应级数。初始浓度对、一级、二级、零级反应转化率和残余浓度的影响绘于图3-7中。因而，工业生产中若以反应转化率为目标时，对一级反应和二级反应可以采用提高反应物初始浓度来增加生产能力。特别是二级反应，提高反应物初始浓度还能缩短反应所需时间。相反，对零级反应就要求降低初始浓度来提高转化率。

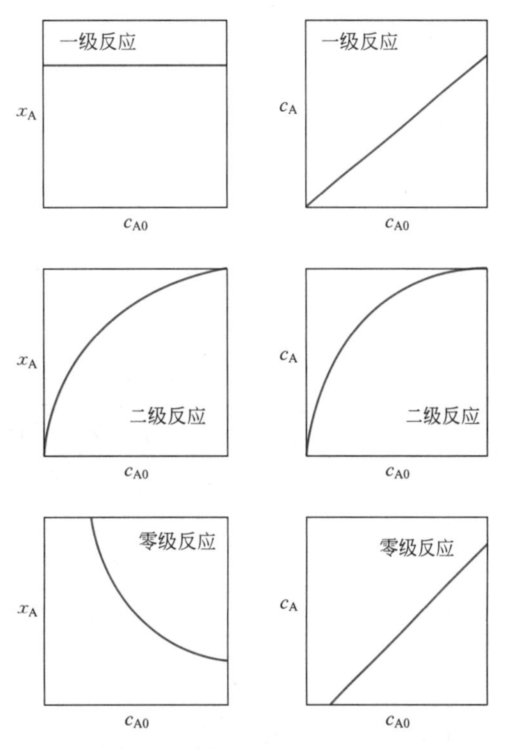

图3-7　初始浓度对一级、二级、零级反应转化率和残余浓度的影响

以残余浓度为目标，由图3-7中可以看出：虽然各级反应的趋势都是随初始浓度 c_{A0} 的增大，残余浓度也增大。但是增长的幅度有明显的差别。零级和一级反应的残余浓度 c_A 与初始浓度 c_{A0} 都呈线性增长。而二级反应则逐渐趋于一个定值。表明在一定的反应器中，随着初始浓度的增加，二级反应的残余浓度不会有明显的增加。

从不同反应级数的残余浓度和反应时间的比较中可以发现：零级反应的残余浓度与反应时间呈直线下降直到反应物完全转化为止。而一级反应和二级反应的残余浓度随反应时间增加而逐渐慢慢地下降。特别是二级反应，反应后期的变化速率非常小，这意味着反应的大部分时间是消耗在反应的末期。若提高转化率或降低残余浓度，会使所需的反应时间大幅度地增长。同时，为使反应时间的计算比较精确，重要的是保证反应后期动力学的准确、可靠，因此绝不能满足于反应初期低转化率的反应动力学，还应密切注意反应后期的反应机理是否发生变化。

当二级反应的残余浓度要求达到很低时，$1/c_{A0}$ 与 $1/c_A$ 相比可以忽略不计，这时二级反应残余浓度积分式可以简化为

$$kt \approx \frac{1}{c_A} \tag{3-38}$$

表明此时反应时间 t 与反应物初始浓度无关。

上述分析表明，反应后期转化问题的严重程度的顺序是：二级＞一级＞零级。为克服和改善高级数反应的后期转化问题，可以采用降低反应级数的措施。工业上经常采用使某种反应物过量的方法。

如对于双组分二级反应

$$aA + bB \longrightarrow pP \tag{3-39}$$

其反应动力学方程式为

$$(-r_A) = kc_A c_B \tag{3-40}$$

如果反应物B大大过量，即 $c_{B0} \gg c_{A0}$，在反应过程中B组分浓度变化可忽略不计，则反应过程中把 c_B 视作不变而并入反应速率常数 k 中，动力学方程式可改写成

$$(-r_A) = k'c_A \tag{3-41}$$

式中，k'称为**拟一级反应**速率常数，$k'=kc_B$，反应可按一级反应处理。

如果反应物A和B的初始浓度c_{A0}/c_{B0}不等于它的化学计量系数比a/b，设**过量浓度比**为（假定$a=b=1$）

$$M=\frac{c_{B0}-c_{A0}}{c_{A0}} \tag{3-42}$$

则反应物B在反应过程中的浓度为

$$c_B=c_{B0}-(c_{A0}-c_A)=c_A+Mc_{A0} \tag{3-43}$$

代入动力学方程式

$$(-r_A)=kc_A(c_A+Mc_{A0}) \tag{3-44}$$

在理想间歇反应器中，初始条件$t=0$，$c_A=c_{A0}$，$c_B=c_{B0}$，即可积分得

$$c_{A0}kt=\frac{1}{M}\ln\frac{(Mc_{A0}+c_A)}{(1+M)c_A}=\frac{1}{M}\ln\frac{(1+M)-x_A}{(1+M)(1-x_A)} \tag{3-45}$$

或 $$c_{B0}kt=\frac{M+1}{M}\ln\frac{(1+M)-x_A}{(1+M)(1-x_A)} \tag{3-46}$$

或 $$kt=\frac{1}{c_{A0}-c_{B0}}\ln\frac{c_{B0}c_A}{c_{A0}c_B} \tag{3-47}$$

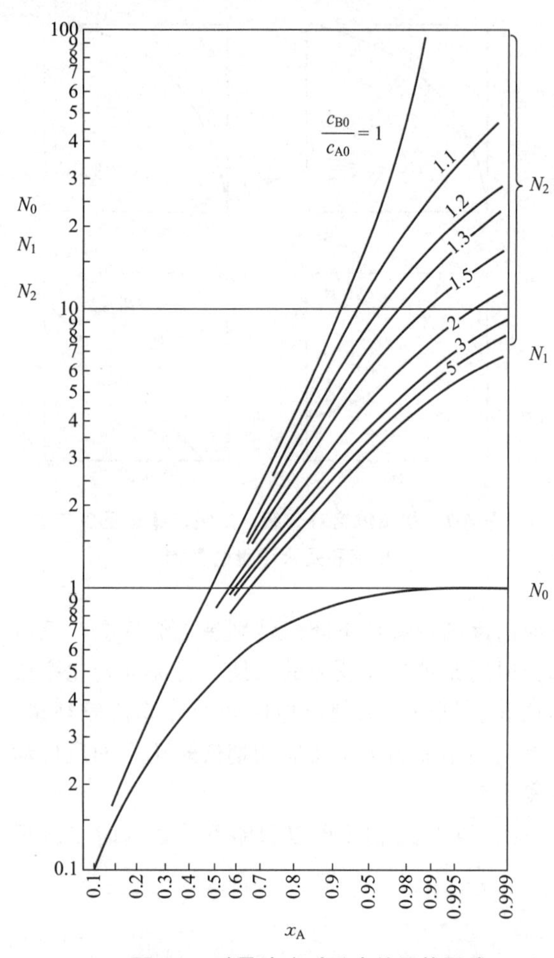

图3-8 过量浓度对反应结果的影响

注：$N_0=kt/c_{A0}=x_A$；$N_1=kt=\ln\frac{1}{1-x_A}$；

$N_2=c_{B0}kt=(M+1)c_{A0}kt=\frac{M+1}{M}\ln\frac{(1+M)-x_A}{(1+M)(1-x_A)}$

将$c_{B0}kt\sim x_A$标绘在坐标系中，如图3-8所示，图中以c_{B0}/c_{A0}作参数。从图可以看出过量比对反应结果的影响：在低转化率时，过量浓度影响不甚明显，在高转化率时，过量浓度的影响明显增大。这是完全可以理解的，因为二级反应后期转化时反应速率极低，若反应物B在初期略有过量，如过量10%，在反应后期，反应物B的浓度将远大于残余浓度c_A，如转化率为0.99时，c_B则为c_A的11倍，此时B可视为大大过量，反应转化为拟一级反应，从而遵循一级反应的规律，减少了后期转化时间占总反应时间的百分比。

【例3-1】 蔗糖在稀水溶液中水解生成葡萄糖和果糖的反应为

$$\underset{\text{蔗糖(A)}}{C_{12}H_{22}O_{11}}+\underset{\text{水(B)}}{H_2O}\xrightarrow{H^+}\underset{\text{葡萄糖(P)}}{C_6H_{12}O_6}+\underset{\text{果糖(S)}}{C_6H_{12}O_6}$$

当水极大过量时，反应遵循一级反应动力学，即 $(-r_A)=kc_A$，在催化剂 HCl 的浓度为 0.01mol/L，反应温度为 48℃时，反应速率常数 $k=0.0193\text{min}^{-1}$。当蔗糖的浓度为 0.1mol/L 和 0.5mol/L 时计算：(1) 反应 20min 后，上述两种初始浓度下反应液中蔗糖、葡萄糖和果糖的浓度分别为多少？(2) 试计算两种初始浓度的溶液中蔗糖的转化率各为多少？(3) 若蔗糖浓度降到 0.01mol/L 时，两种初始浓度条件下所需反应时间各为多少？

解：(1) 一级反应残余浓度积分式为

$$c_A=c_{A0}e^{-kt}$$

将反应物初始浓度 c_{A0}，反应速率常数 k 和反应时间 t 代入上式得

溶液 1 $c_{A1}=0.1e^{-0.0193\times20}=0.068\text{mol/L}$

溶液 2 $c_{A2}=0.5e^{-0.0193\times20}=0.34\text{mol/L}$

按化学计量关系，此时葡萄糖和果糖浓度为

$$c_P=c_S=c_{A0}-c_A$$

溶液 1 $c_{P1}=c_{S1}=0.1-0.068=0.032\text{mol/L}$

溶液 2 $c_{P2}=c_{S2}=0.5-0.34=0.16\text{mol/L}$

(2) 一级反应转化率的积分式为

$$x_A=1-e^{-kt}$$

由上式可知，达到相同转化率所需时间与初始浓度无关。

溶液 1 $x_{A1}=1-e^{-0.0193\times20}=0.32$

溶液 2 $x_{A2}=1-e^{-0.0193\times20}=0.32$

计算结果表明，蔗糖初始浓度为 0.1mol/L 和 0.5mol/L，经历相同的反应时间 20min，具有相同的转化率。

(3) 一级反应的反应时间积分式为

$$kt=\ln\frac{c_{A0}}{c_A}$$

溶液 1 $t_1=\dfrac{1}{0.0193}\ln\dfrac{0.1}{0.01}=120\text{min}$

溶液 2 $t_2=\dfrac{1}{0.0193}\ln\dfrac{0.5}{0.01}=203\text{min}$

溶液 2 比溶液 1 初始浓度提高 5 倍，达到相同的残余浓度 0.01mol/L 时，所需反应时间却不到 2 倍。表明反应的大部分时间花费在反应末期。

【例 3-2】 醋酸与丁醇反应生成醋酸丁酯，反应式为

$$\underset{(A)}{CH_3COOH}+\underset{(B)}{C_4H_9OH}\longrightarrow\underset{(P)}{CH_3COOC_4H_9}+\underset{(S)}{H_2O}$$

当反应温度为 100℃并以硫酸作为催化剂时，动力学方程式为

$$(-r_A)=kc_A^2$$

此时反应速率常数 $k=17.4\times10^{-3}\text{L/(mol}\cdot\text{min)}$。已知反应在一个理想间歇反应器中进行。若进料中醋酸的初始浓度为 0.9mol/L 和 1.8mol/L，试计算：(1) 反应的初始速率；(2) 醋酸转化率 $x_A=0.5$ 所需的反应时间；(3) 若反应釜料液为 100L，则各得多少醋酸丁酯(kg)？

解：(1) 按二级反应速率方程式，初始速率为

$$(-r_A)_{01}=kc_{A,01}^2=17.4\times10^{-3}\times0.9^2=1.4\times10^{-2}\text{mol/(L·min)}$$

$$(-r_A)_{02}=kc_{A,02}^2=17.4\times10^{-3}\times1.8^2=5.6\times10^{-2}\text{mol/(L·min)}$$

可见溶液 2 初始浓度为溶液 1 的 2 倍，其初始速率是溶液 1 的 4 倍。

(2) 二级反应的反应时间积分式为

$$t=\frac{x_A}{c_{A0}k(1-x_A)}$$

溶液 1
$$t_1=\frac{0.5}{0.9\times17.4\times10^{-3}\times(1-0.5)}=64\text{min}$$

溶液 2
$$t_2=\frac{0.5}{1.8\times17.4\times10^{-3}\times(1-0.5)}=32\text{min}$$

可见，对二级反应，初始浓度提高一倍，达到同样转化率所需反应时间减少一半。即 $c_{A0}kt$ 保持常数，反应转化率不变。

(3) 当醋酸转化率为 0.5 时停止反应，醋酸丁酯的浓度分别为

$$c_{P,1}=c_{A,01}x_A=0.9\times0.5=0.45\text{mol/L}$$

$$c_{P,2}=c_{A,02}x_A=1.8\times0.5=0.9\text{mol/L}$$

所以得到的醋酸丁酯的质量分别为

$$W_1=100\times0.45\times116=5.22\text{kg}$$

$$W_2=100\times0.9\times116=10.44\text{kg}$$

计算表明，若初始浓度提高一倍，达到规定转化率要求，不仅反应时间减少一半，而且产品产量增加一倍。

【例 3-3】 设某反应的动力学方程 $(-r_A)=0.35c_A^2\text{mol/(L·s)}$，当 A 的浓度分别为 (1) 1mol/L；(2) 5mol/L，A 的残余浓度要求为 0.01mol/L 时，各需多长反应时间？

解： 由二级反应积分式可知

$$t=\frac{1}{k}\left(\frac{1}{c_A}-\frac{1}{c_{A0}}\right)$$

所以
$$t_1=\frac{1}{0.35}\times\left(\frac{1}{0.01}-\frac{1}{1}\right)=283\text{s}$$

$$t_2=\frac{1}{0.35}\times\left(\frac{1}{0.01}-\frac{1}{5}\right)=285\text{s}$$

由此表明，对于二级反应，若要求残余浓度很低时，尽管初始浓度相差甚大，其所需反应时间相差甚小。

3.2.4 理想间歇反应器的最优反应时间

对简单反应和可逆反应，因为没有副产物生成，优化的目标是单位时间、单位反应器体积的产量最大。在一定操作条件下，间歇反应器中反应物的转化率或产物的数量将随反应时间的延长而增加，但随着反应时间的延长，反应物浓度越来越低，反应速率越来越小，单位时间的反应量不一定增加。另一方面，若反应时间很短，虽然反应速率较大，但由于产物总的生成量小，辅助操作又要花费一定的时间，单位时间的反应量也不一定高。所以，必然存

在一个使单位时间的反应量最大的最优反应时间。

设反应时间为 t 时的产物浓度为 c_P，辅助操作时间为 t_0，则单位时间的产物生成量为

$$F_P=\frac{c_P V}{t+t_0} \tag{3-48}$$

对上式求导

$$\frac{dF_P}{dt}=\frac{V\left[(t+t_0)\frac{dc_P}{dt}-c_P\right]}{(t+t_0)^2} \tag{3-49}$$

当 $\frac{dF_P}{dt}=0$ 时，F_P 将取得最大值。于是，由式(3-49) 可得单位时间反应量最大的条件为

$$\frac{dc_P}{dt}=\frac{c_P}{t+t_0} \tag{3-50}$$

根据式(3-50)，只要知道 c_P 和 t 的关系，即可用解析法或图解法求得最优反应时间。在采用图解法时，可先由实验测定或动力学方程式计算得到反应时间 t 和反应产物浓度 c_P 的关系，然后，以 c_P 为纵坐标，t 为横坐标，标绘 $c_P \sim t$ 的关系，如图 3-9 中的曲线 OMN 所示。再由点 $(-t_0,\ 0)$ 对曲线 OMN 作切线 AM，其斜率 $\frac{dc_P}{dt}=\frac{MD}{AD}$，而 MD 等于 c_P，AD 等于 $t+t_0$，正好满足式(3-50)。所以，切点 M 的横坐标所对应的 t 值即为最优反应时间，纵坐标对应的 c_P 则为最优反应时间时的产物浓度。

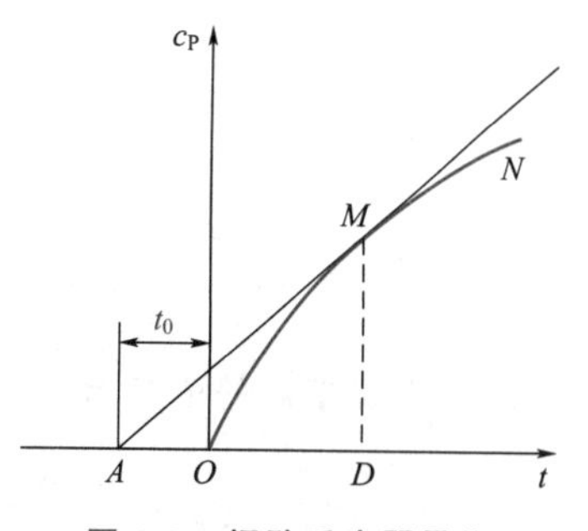

图 3-9　间歇反应器最优反应时间的图解

【例 3-4】 欲用一间歇反应器在反应温度为 100℃，催化剂硫酸的质量分数为 0.032%的条件下，由乙酸和丁醇生产乙酸丁酯

$$CH_3COOH+C_4H_9OH \longrightarrow CH_3COOC_4H_9+H_2O$$

经研究，当丁醇过量时，此反应可视为对乙酸浓度的二级反应，在上述反应条件下，其反应速率方程为 $(-r_A)=kc_A^2$，反应速率常数为 $k=17.4\text{cm}^3/(\text{mol}\cdot\text{min})$。若原料中丁醇和乙酸的质量之比为 5∶1，要求乙酸丁酯的生产速率为 100kg/h，两批反应时间之间装、卸料等辅助操作时间为 30min。请问为完成上述生产任务，反应器的最小容积为多少？

因为丁醇大大过量，反应混合物的密度可视为恒定，等于 0.75g/cm^3。

解：丁醇和乙酸相对分子质量分别为 74g/mol 和60g/mol，所以反应混合物中乙酸的初始浓度为

$$c_{A0}=\frac{0.75}{5\times74+60}=1.74\times10^{-3}\text{mol/cm}^3$$

乙酸丁酯的相对分子质量为 116g/mol，所以要求的生产速率为

$$F_P=100\text{kg/h}=\frac{100\times10^3}{116\times60}=14.37\text{mol/min}$$

对二级反应，转化率和反应时间的关系为

$$x_A=\frac{c_{A0}kt}{1+c_{A0}kt}$$

根据化学计量关系可知，乙酸丁酯浓度和反应时间的关系为

$$c_P=c_{A0}x_A=\frac{c_{A0}^2kt}{1+c_{A0}kt}$$

$$\frac{dc_P}{dt}=\frac{c_{A0}^2k(1+c_{A0}kt)-c_{A0}^3k^2t}{(1+c_{A0}kt)^2}=\frac{c_{A0}^2k}{(1+c_{A0}kt)^2}$$

$$\frac{c_P}{t+t_0}=\frac{c_{A0}^2kt}{(1+c_{A0}kt)(t+t_0)}$$

令上两式相等可得

$$\frac{t}{t+t_0}=\frac{1}{1+c_{A0}kt}$$

化简得

$$t^2=\frac{t_0}{c_{A0}k}$$

$$t=\sqrt{\frac{t_0}{c_{A0}k}}=\sqrt{\frac{30}{0.00174\times 17.4}}=31.5\text{min}$$

此时乙酸丁酯的浓度为

$$c_P=\frac{0.00174^2\times 17.4\times 31.5}{1+0.00174\times 17.4\times 31.5}=8.49\times 10^{-4}\text{mol/cm}^3$$

于是反应器容积为

$$V=\frac{F_P(t+t_0)}{c_P}=\frac{14.37\times(31.5+30)}{8.49\times 10^{-4}}=1.04\times 10^6\text{cm}^3=1.04\text{m}^3$$

即为完成该生产任务所需的反应器最小容积。

3.3 理想间歇反应器中的自催化反应

自催化反应是一类特殊的简单反应，指的是反应产物本身具有催化作用，对反应速率具有加快作用的反应。工业生产上的发酵过程是一类典型的自催化反应过程。在自催化反应中，反应速率既受反应物浓度的影响，又受反应产物浓度的影响。

第 2 章已述及一般自催化反应如 $A+P \longrightarrow P+P$ 的速率表达式为

$$(-r_A)=kc_Ac_P \tag{3-51}$$

从式(3-51) 可以得出，当反应初期产物浓度为零时，反应速率也为零，表明此时不能进行反应。因此自催化反应必须加入微量产物才能发生。反应初期，虽然反应物 A 的浓度很高，但此时产物 P 的浓度很低，故反应速率不会太高。随反应的进行产物 c_P 浓度增大，反应速率也增大。在反应后期，产物 P 的浓度愈来愈大，但因反应消耗了大量反应物 A 而大大降低了反应物 A 的浓度，因而反应速率也下降。由此可知，自催化反应过程中必然会有一个

最大反应速率出现，如图 3-10 所示。

在理想间歇反应器中进行自催化反应，由于 A 和 P 的总物质的量维持不变，因而对任一瞬间，存在下列关系

$$c_{A0}+c_{P0}=c_A+c_P=c_{T0} \tag{3-52}$$

因此，自催化反应动力学方程式为

$$(-r_A)=kc_A(c_{T0}-c_A) \tag{3-53}$$

令 $\dfrac{\partial(-r_A)}{\partial c_A}=0$，即可求出反应速率最大时的 c_A 值为

$$(c_A)_{opt}=\frac{c_{T0}}{2}=\frac{c_{A0}+c_{P0}}{2} \tag{3-54}$$

把式(3-53) 代入式(3-13)，在 $t=0$，$c_A=c_{A0}$，$c_P=c_{P0}$ 初始条件下，等温下积分得

$$c_{T0}kt=(c_{A0}+c_{P0})kt=\ln\frac{c_{A0}(c_{T0}-c_A)}{c_A(c_{T0}-c_{A0})} \tag{3-55}$$

也可用图解法或数值积分，如图 3-11 所示。

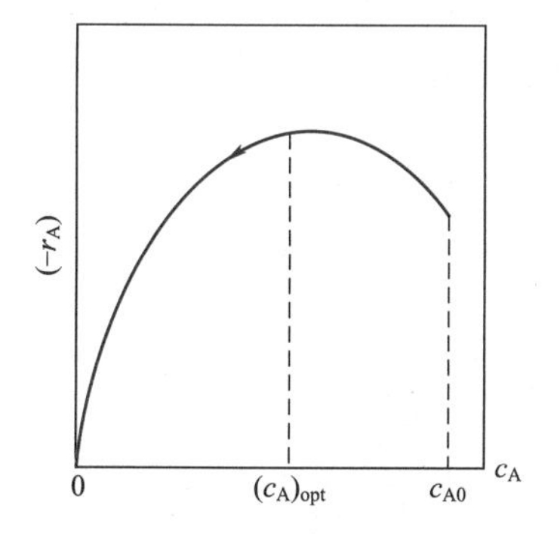

图 3-10　自催化反应的最大反应速率

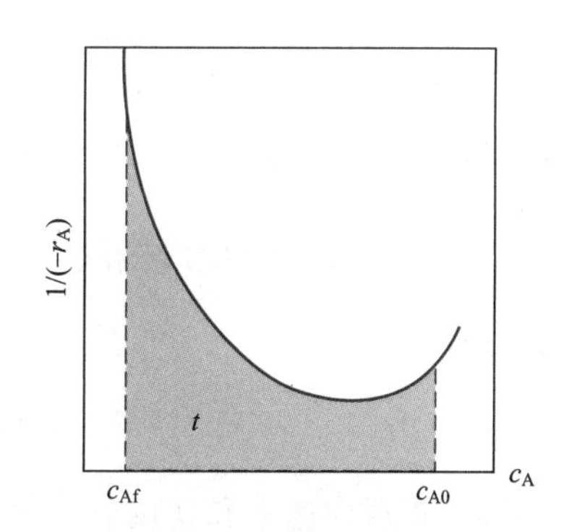

图 3-11　自催化反应的反应时间图解计算

自催化反应与一般不可逆简单反应的根本区别在于反应初始阶段有一个速率由小到大的“启动”过程。如何根据自催化反应的这一特征，采用适当的措施来改善它的性能，将在第 7 章中讨论。

【例 3-5】 自催化反应 A+P⟶P+P，进料中含有 99%的 A 和 1%的 P，要求产物组成含 90%的 P 和 10%的 A，已知 $(-r_A)=kc_Ac_P$，反应速率常数 $k=1.0\text{L}/(\text{mol}\cdot\text{min})$，$c_{A0}+c_{P0}=1\text{mol/L}$，试求在理想间歇反应器中达到要求的产物组成所需的反应时间为多少？

解： 按自催化反应积分式

$$t=\frac{1}{kc_{T0}}\ln\frac{c_{A0}(c_{T0}-c_A)}{c_A(c_{T0}-c_{A0})}$$

$$=\frac{1}{1\times1}\ln\frac{0.99\times(1-0.1)}{0.1\times(1-0.99)}=6.79\text{min}$$

本题也可通过作图法求解（见图 3-12）。先由已知条件计算出表 3-2中的数据，然后在 $\dfrac{1}{(-r_A)}\sim c_A$ 图上积分求解反应时间。

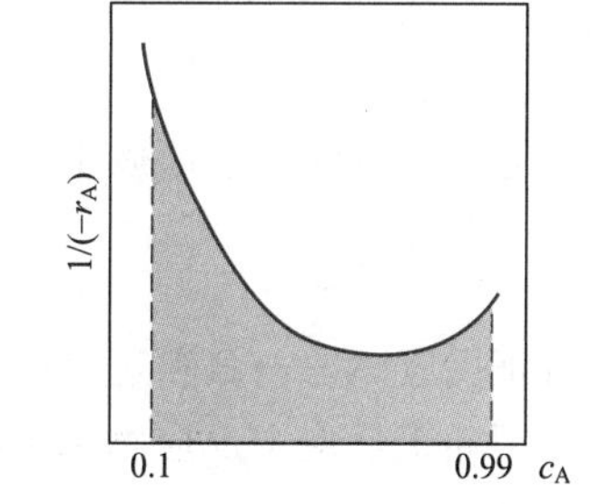

图 3-12　例 3-5 图自催化反应的图解计算

算得反应时间为 6.8min。

表 3-2 例 3-5 计算结果

c_A/(mol/L)	0.99	0.95	0.90	0.70	0.50	0.30	0.10
c_P/(mol/L)	0.01	0.05	0.10	0.30	0.50	0.70	0.90
$(-r_A)=kc_Ac_P$/[mol/(L·min)]	0.0099	0.0475	0.09	0.21	0.25	0.21	0.09
$1/(-r_A)$/(L·min/mol)	101.01	21.05	11.11	4.76	4.0	4.76	11.11

3.4 理想间歇反应器中的均相可逆反应

可逆反应是指正方向和逆方向都以显著速率进行的反应。工业生产中的合成氨、水煤气变换和酯化反应等是常见的可逆反应。上一章已经简单介绍了可逆反应的速率表达式，本节将详细讨论可逆反应的特征及其反应速率。

3.4.1 可逆反应的特点

对于可逆反应

$$aA+bB\underset{k_2}{\overset{k_1}{\rightleftharpoons}}cC \tag{3-56}$$

净反应速率等于正反应速率和逆反应速率之差

$$(-r_A)=k_1c_A^{\alpha}c_B^{\beta}-k_2c_C^{\gamma} \tag{3-57}$$

式中，α、β、γ 分别为正反应和逆反应级数。当反应达到平衡时，净反应速率为零。平衡常数可写成

$$K=\frac{k_1}{k_2}=\frac{c_{Ce}^{\gamma}}{c_{Ae}^{\alpha}c_{Be}^{\beta}} \tag{3-58}$$

下标 e 表示平衡状态。若反应物和产物对正反应速率和逆反应速率都有影响，则反应速率表达式可写成

$$(-r_A)=k_1c_A^{\alpha}c_B^{\beta}c_C^{\gamma}-k_2c_A^{\alpha'}c_B^{\beta'}c_C^{\gamma'} \tag{3-59}$$

因而在平衡时

$$K=\frac{k_1}{k_2}=\frac{c_{Ce}^{\gamma'-\gamma}}{c_{Ae}^{\alpha-\alpha'}c_{Be}^{\beta-\beta'}} \tag{3-60}$$

为讨论方便，下面以正、逆反应均为一级反应（称为 1,1 可逆反应）为例

$$A\underset{k_2}{\overset{k_1}{\rightleftharpoons}}P \tag{3-61}$$

它由正反应 A⟶P 和逆反应 P⟶A 两个反应组成。正、逆反应的速率常数分别为 k_1 和 k_2，因此正反应中反应物 A 的消失速率为

$$(-r_A)_1=k_1c_A \tag{3-62}$$

逆反应中反应物 A 的生成速率为

$$(r_A)_2 = k_2 c_P \tag{3-63}$$

当 $c_{P0}=0$ 时，则反应物 A 的净速率为

$$(-r_A) = k_1 c_A - k_2 (c_{A0} - c_A) \tag{3-64}$$

可逆反应的重要特点是平衡的特性，即当正反应速率等于逆反应速率时，反应过程达到平衡，即净反应速率为零。对于 1，1 可逆反应由式(3-64) 得

$$K = \frac{k_1}{k_2} = \frac{c_{A0} - c_{Ae}}{c_{Ae}} = \frac{x_{Ae}}{1 - x_{Ae}} \tag{3-65}$$

K 为反应平衡常数，是正、逆反应速率常数之比。平衡常数 K 与温度的关系可以采用范德霍夫 (Vant Hoff) 方程表示

$$\frac{\mathrm{d}\ln K}{\mathrm{d}T} = \frac{\Delta H^{\ominus}}{RT^2} \tag{3-66}$$

$\Delta H^{\ominus}$ 是反应的标准焓差，在等压条件下，它等于反应过程热效应 ΔH。因此可写成

$$\frac{\mathrm{d}\ln K}{\mathrm{d}T} = \frac{\Delta H}{RT^2} \tag{3-67}$$

可见，温度对平衡常数的影响与反应热效应性质有关。对可逆吸热反应，$\Delta H > 0$，平衡常数 K 随温度升高而增大，表明温度升高对反应平衡有利，即温度升高，平衡向正方向移动。相反，对可逆放热反应，$\Delta H < 0$，平衡常数 K 随温度升高而降低，表明升高温度对反应平衡不利，使反应平衡向逆方向移动。

由式(3-65) 可得到反应平衡转化率与平衡常数的关系为

$$x_{Ae} = \frac{K}{1+K} \tag{3-68}$$

上式表示 1,1 可逆反应的平衡转化率与温度之间的约束关系。反应的平衡转化率 x_{Ae} 与平衡温度 T 的关系可以用式(3-69) 说明，标绘于图 3-13 中。

$$x_{Ae} = \frac{1}{1 + \frac{k_{20}}{k_{10}} e^{(E_1 - E_2)/RT}} \tag{3-69}$$

由式(3-69) 和图 3-13 可见：可逆吸热反应的平衡转化率随温度升高而升高，当平衡常数 $K \gg 1$ 时，反应的平衡转化率趋近于 1，即实际上能完全转化，可作不可逆反应处理。可逆放热反应的平衡转化率随温度升高而降低，当反应温度很高时，其 $K \ll 1$，此时反应平衡转化率极小，反应难以获得产品。

平衡转化率是反应在该温度下可能达到的极限，说明在可逆反应过程中，反应最终转化率、最终反应温度和初始浓度三者之间不能随意确定，受式(3-68) 的约束。对确定的初始浓度，最终转化率以该温度下的平衡转化率为极限。总之，可逆反应与简单反应的主要区别是可逆反应的反应程度受反应热力学平衡条件的限制。

3.4.2 可逆反应的反应速率

可逆反应的反应速率不但受反应速率常数的影响，而且还受反应平衡常数的约束。仍以 1,1 可逆反应为例，设反应开始时，反应物浓度 $c_A = c_{A0}$，产物 P 的浓度 $c_{P0} = 0$，反应速率

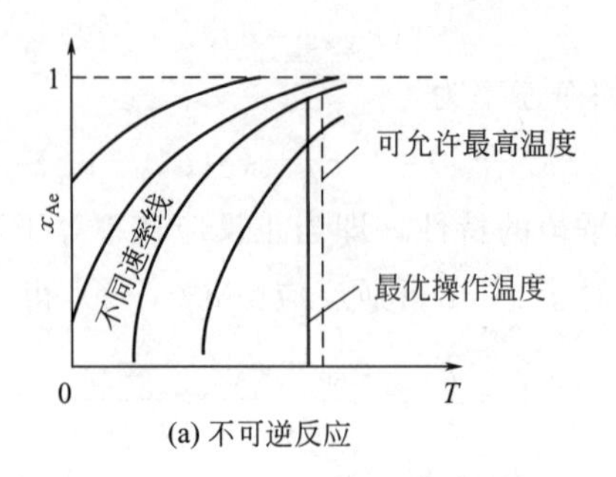

(a) 不可逆反应

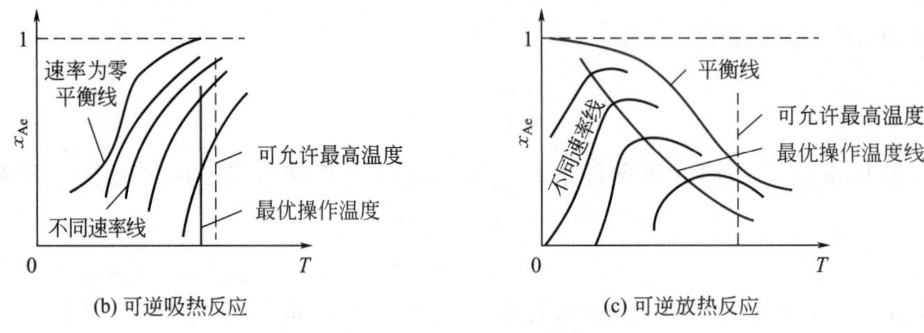

(b) 可逆吸热反应　　(c) 可逆放热反应

图 3-13　不同反应的 x_{Ae}～T 关联图

式可写为

$$(-r_A)=k_1c_A-k_2c_P=k_1c_A-k_2(c_{A0}-c_A) \tag{3-70}$$

平衡时 $(-r_A)=0$

即

$$(-r_A)=k_1c_{Ae}-k_2(c_{A0}-c_{Ae})=0 \tag{3-71}$$

因此，可逆反应速率表达式，结合平衡条件可得

$$(-r_A)=(k_1+k_2)(c_A-c_{Ae}) \tag{3-72}$$

或

$$(-r_A)=(k_1+k_2)c_{A0}(x_{Ae}-x_A) \tag{3-73}$$

上式表明可逆反应速率的浓度效应与简单反应相同，随反应物浓度的增加，反应速率单调上升。

等温条件下，将式(3-72)、式(3-73) 代入间歇反应器基本方程，可得积分式

$$(k_1+k_2)t=\ln\frac{c_{A0}-c_{Ae}}{c_A-c_{Ae}} \tag{3-74}$$

或

$$(k_1+k_2)t=\ln\frac{x_{Ae}}{x_{Ae}-x_A} \tag{3-75}$$

通常，在等温条件下通过实验可以得到不同时间下的浓度或转化率，代入上式，并结合式(3-65) 平衡转化率的关系，可以得到正逆反应速率常数。

可逆反应速率的温度效应则与简单反应的温度效应具有明显差别。在可逆反应中反应速率受反应速率常数和反应平衡常数的双重影响。对不同反应，温度对平衡常数的影响具有不同的特征。

对可逆吸热反应，反应平衡常数随温度升高而增大。反应速率常数也随温度升高而增大。因此反应净速率随温度升高而增大。此时可逆吸热反应与不可逆简单反应相同，以反应速率为优化目标时，应尽可能在高温下反应，例如石脑油热裂解反应。当然，

反应温度的确定也要考虑过程允许温度上限的各种约束条件，如材质、催化剂的耐热温度等。

对可逆放热反应，温度对反应速率的影响与可逆吸热反应不同。随着温度的升高，可逆放热反应的平衡常数降低，而反应速率常数则随温度升高而增大。因此反应速率受两种相互矛盾的因素影响。图3-14是二氧化硫催化氧化的反应速率曲线。由图可知，当转化率不变时，在较低温度范围内，由于平衡常数值也较大，反应在远离平衡状态下进行，反应速率主要受反应动力学影响，反应速率随温度增加而增大。随着反应温度提高，平衡常数降低，反应速率主要受反应热力学平衡影响，此时反应速率将随温度升高而降低。其间，对于一定的反应混合物组成，存在一个具有最大反应速率的温度，称为这个组成的**最优反应温度** T_{opt}。当温度增加到某一值时，反应速率为零，此即为平衡状态。该温度称为该反应的**平衡温度** T_{eq}，一定转化率下的平衡温度可由式(3-69)得到

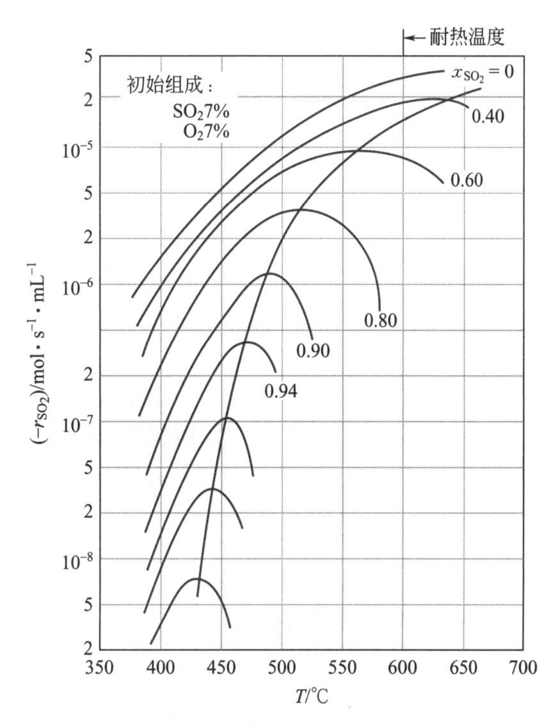

图3-14　二氧化硫催化氧化反应速率与温度关联

$$T_{eq}=\frac{E_2-E_1}{R\ln\left(\frac{k_{20}}{k_{10}}\times\frac{x_A}{1-x_A}\right)} \tag{3-76}$$

可逆放热反应的优化目标是反应速率。在理想间歇反应器操作时，若自始至终按最优温度线操作，即过程的温度随反应转化率（或反应时间）增加而沿最优温度数值降低，形成随转化率（或反应时间）而渐降的温度序列，则反应过程将始终以最大反应速率进行。在实际操作中的实施方法和最优温度的计算将在第7章中论述。

3.5　理想间歇反应器中的均相平行反应

反应物同时进行两个或两个以上的反应称**平行反应**。平行反应优化的目标不仅是反应过程的速率，而且必须考虑反应的选择率。在多数情况下，优化的主要目标是反应选择率。本节将详细讨论平行反应的特征及其反应速率和选择率。

3.5.1　平行反应反应物和产物浓度分布

以单组分的平行反应为例

$$A \begin{cases} \xrightarrow{k_1} P\ (\text{主反应}) \\ \xrightarrow{k_2} S\ (\text{副反应}) \end{cases} \tag{3-77}$$

其主、副反应速率分别为

主反应速率 $$(-r_A)_1=k_1c_A^{n_1}=r_P \tag{3-78}$$

副反应速率 $$(-r_A)_2=k_2c_A^{n_2}=r_S \tag{3-79}$$

反应组分 A 的消失速率（$-r_A$）为

$$(-r_A)=r_P+r_S=k_1c_A^{n_1}+k_2c_A^{n_2} \tag{3-80}$$

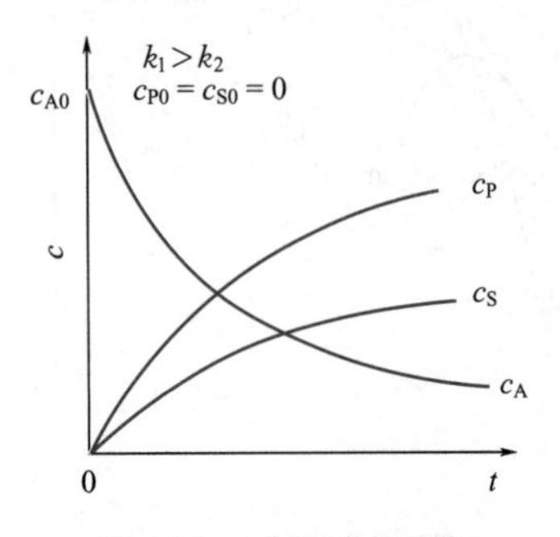

图 3-15 平行反应反应物 A 和产物 P、S 浓度随反应时间 t 的变化关系

反应组分 A 和产物的浓度随时间的变化如图 3-15 所示。反应组分 A 的浓度 c_A 随反应时间增加而下降，产物 P、S 的浓度 c_P、c_S 随反应时间的增加而逐渐上升。图中反应物和产物浓度变化曲线代表了平行反应的基本特征。当主、副反应级数相等时，即 $n_1=n_2=n$，则反应组分 A 的消失速率可表示为

$$(-r_A)=(k_1+k_2)c_A^n \tag{3-81}$$

在等温理想间歇反应器中，当初始条件为 $t=0$，$c_A=c_{A0}$，$c_{P0}=c_{S0}=0$ 时

$$(k_1+k_2)t=-\int_{c_{A0}}^{c_A}\frac{dc_A}{c_A^n} \tag{3-82}$$

反应组分 A 的积分计算与简单反应计算方法相同。

产物 P、S 的生成速率为

$$\frac{dc_P}{dt}=k_1c_A^{n_1} \tag{3-83}$$

$$\frac{dc_S}{dt}=k_2c_A^{n_2} \tag{3-84}$$

当 $n_1=n_2$ 时，可得出产物 P 和 S 的浓度关系为

$$\frac{c_P}{c_S}=\frac{k_1}{k_2} \tag{3-85}$$

即产物 P 和 S 的浓度比唯一由反应速率常数 k_1/k_2 的比值决定，这时只有改变温度才能改变产物分布。

当主、副反应级数不相同时，主、副反应速率之比与反应组分 A 的浓度有关，即

$$\frac{r_P}{r_S}=\frac{dc_P}{dc_S}=\frac{k_1}{k_2}c_A^{n_1-n_2} \tag{3-86}$$

3.5.2 平行反应的选择率和收率

由于平行反应过程中各个时间对应的主、副反应速率不同，导致主副产物浓度也不同，即反应具有选择率问题。选择率 β 定义为反应物总速率中向目的产物转化的百分比，即

$$\beta=\frac{(-r_A)_1}{(-r_A)_1+(-r_A)_2}=\frac{r_P}{r_P+r_S}=\frac{k_1c_A^{n_1}}{k_1c_A^{n_1}+k_2c_A^{n_2}} \tag{3-87}$$

式中，β 为某一浓度、温度条件下的选择率，因此称为瞬时选择率或局部选择率。瞬时选择率也可表示为

$$\beta=\frac{r_{\mathrm{P}}}{(-r_{\mathrm{A}})}=-\frac{\mathrm{d}c_{\mathrm{P}}}{\mathrm{d}c_{\mathrm{A}}} \tag{3-88}$$

假设初始条件为 $t=0$，$c_{\mathrm{A}}=c_{\mathrm{A0}}$，$c_{\mathrm{P}}=c_{\mathrm{P0}}$，分离变量积分可得

$$c_{\mathrm{Pf}}-c_{\mathrm{P0}}=\int_{c_{\mathrm{A0}}}^{c_{\mathrm{Af}}}-\beta\mathrm{d}c_{\mathrm{A}} \tag{3-89}$$

式中，下标 f 表示反应系统的最终状态。

为了对反应结果作出评价，工业上常用平均选择率 $\bar{\beta}$ 表达，其定义为

$$\bar{\beta}=\frac{c_{\mathrm{Pf}}-c_{\mathrm{P0}}}{c_{\mathrm{A0}}-c_{\mathrm{Af}}} \tag{3-90}$$

结合式(3-89)，得

$$\bar{\beta}=\frac{\int_{c_{\mathrm{A0}}}^{c_{\mathrm{Af}}}-\beta\mathrm{d}c_{\mathrm{A}}}{c_{\mathrm{A0}}-c_{\mathrm{Af}}} \tag{3-91}$$

如果已知瞬时选择率 β 与反应物浓度 c_{A} 的变化关系，就能确定它的平均选择率。

3.5.3　选择率的温度效应

选择率定义经化简为

$$\beta=\frac{1}{1+\frac{k_2}{k_1}c_{\mathrm{A}}^{n_2-n_1}} \tag{3-92}$$

式中，k_2/k_1 表示了温度对平行反应选择率的影响。由阿伦尼乌斯方程可知

$$\frac{k_2}{k_1}=\frac{k_{20}}{k_{10}}\mathrm{e}^{-(E_2-E_1)/RT} \tag{3-93}$$

比值 k_2/k_1 的大小随温度的变化取决于主、副反应活化能的相对大小。存在以下三种情况：

① 如 $E_1>E_2$，即主反应活化能大于副反应活化能，则提高温度有利于反应选择率的增加；

② 如 $E_1<E_2$，即主反应活化能小于副反应活化能，则降低温度有利于反应选择率的增加；

③ 如 $E_1=E_2$，即主反应活化能和副反应活化能相等，则选择率与温度无关。

图 3-16 表示了平行反应选择率与反应温度的关系。总之，平行反应选择率的温度效应是：提高温度有利于活化能高的反应；反之，降低温度有利于活化能低的反应。同理，可根据温度对反应选择率的影响结果，作为判断主、副反应活化能相对大小的依据。

3.5.4　选择率的浓度效应

式(3-92) 中 $c_{\mathrm{A}}^{n_2-n_1}$ 项表示了浓度对平行反应选择率的影响。同样存在三种情况：

① 当 $n_1>n_2$，即主反应级数大于副反应级数，选择率随反应物浓度 c_{A} 的升高而增大；

② 当 $n_1<n_2$，即主反应级数小于副反应级数，选择率随反应物浓度 c_{A} 的降低而增大；

③ 当 $n_1=n_2$，即主、副反应级数相等，选择率与浓度无关。

图 3-17 表示了平行反应选择率与反应物浓度的关系。总之，提高反应物浓度 c_{A}，有利于级数高的反应；反之，降低反应物浓度 c_{A}，有利于级数低的反应。

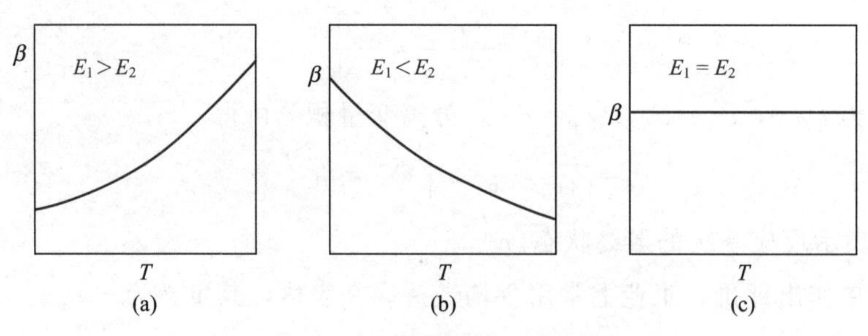

图 3-16　平行反应选择率的温度效应

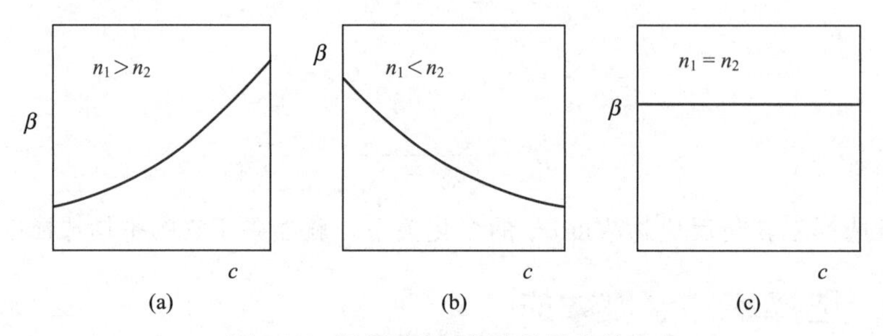

图 3-17　平行反应选择率的浓度效应

3.6　理想间歇反应器中的均相串联反应

微课视频

串联反应是指反应产物能进一步反应生成其他副产物的反应，如卤化、水解反应等。本节将详细讨论均相串联反应的特征及其反应速率和收率。

3.6.1　串联反应反应物和产物浓度分布

以各反应均为一级的串联反应为例

$$A \xrightarrow{k_1} P \xrightarrow{k_2} S$$

三个物料组分的变化速率分别为

$$(-r_A)=k_1c_A \tag{3-94}$$

$$r_P=k_1c_A-k_2c_P \tag{3-95}$$

$$r_S=k_2c_P \tag{3-96}$$

在理想间歇反应器中，若反应开始时反应物浓度为 c_{A0}，产物浓度 $c_{P0}=c_{S0}=0$，则反应组分 A 的浓度 c_A 可积分式(3-94) 得到

$$c_A=c_{A0}e^{-k_1t} \tag{3-97}$$

将式(3-97) 代入式(3-95) 得

$$\frac{dc_P}{dt}+k_2c_P=k_1c_{A0}e^{-k_1t} \tag{3-98}$$

此式为一阶线性微分方程，根据初始条件：$t=0$，$c_{P0}=0$，其解为

$$c_P=\frac{k_1}{k_2-k_1}c_{A0}(e^{-k_1t}-e^{-k_2t}) \tag{3-99}$$

由于总物质的量不变，反应组分在反应前后的浓度关系为

$$c_{A0}=c_A+c_P+c_S \tag{3-100}$$

所以，产物 S 的浓度为

$$c_S=c_{A0}\left[1+\frac{1}{k_1-k_2}(k_2e^{-k_1t}-k_1e^{-k_2t})\right] \tag{3-101}$$

图 3-18 表示了反应组分 A 和产物 P、S 浓度随反应时间的变化关系。不同的 k_1 和 k_2 值的串联反应，其图形虽然各不相同，但有其共同的特点：

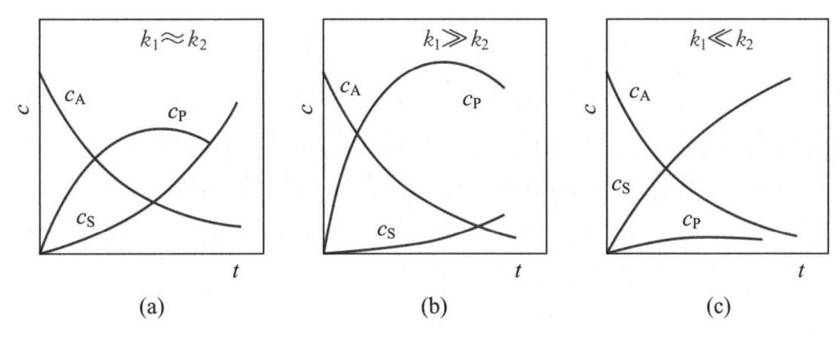

图 3-18　串联反应的浓度与时间关系

① 反应组分 A 的浓度随反应的进行而单调下降；

② 串联副产物 S 的浓度随反应的进行而单调上升；

③ 中间产物 P 的浓度 c_P，在反应初期随反应的进行而上升，在反应后期，当 $k_2c_P>k_1c_A$时，c_P将随反应的进行而下降，其间存在一个最大值 $c_{P,max}$，其大小取决于 k_2/k_1。这是检验串联反应是否存在的重要依据。

3.6.2　串联反应的选择率和收率

根据选择率的定义，串联反应的选择率 β 可表示为

$$\beta=\frac{r_P}{(-r_A)}=1-\frac{k_2c_P}{k_1c_A} \tag{3-102}$$

可见选择率 β 仍然是温度和浓度的函数。

根据收率的定义，当 $c_{P0}=0$ 时，收率 Φ 为

$$\Phi=\frac{c_{Pf}}{c_{A0}}=\frac{k_1}{k_2-k_1}(e^{-k_1t}-e^{-k_2t}) \tag{3-103}$$

上式表示收率 Φ 与反应时间 t 的关系，在反应初期收率随反应进行而上升，在反应后期，收率随反应进行而下降，收率存在一个最大值，其大小取决于 k_2/k_1。

结合式(3-97)，收率 Φ 可表示为

$$\Phi=\frac{c_{Pf}}{c_{A0}}=\frac{1}{\frac{k_2}{k_1}-1}\left[\frac{c_A}{c_{A0}}-\left(\frac{c_A}{c_{A0}}\right)^{k_2/k_1}\right] \tag{3-104}$$

或

$$\Phi=\frac{c_{Pf}}{c_{A0}}=\frac{1}{\frac{k_2}{k_1}-1}[(1-x_A)-(1-x_A)^{k_2/k_1}] \tag{3-105}$$

由式(3-104) 和式(3-105) 可知，目的产物 P 的收率 Φ 为反应组分浓度（或转化率）和反应速率常数的比值 k_2/k_1 的函数。若反应在等温下进行，k_2/k_1 为定值，收率 Φ 只随转化率 x_A 而变化。

3.6.3 选择率的温度效应

串联反应选择率的温度效应决定于比值 k_2/k_1 的大小。因此它的结果与平行反应选择率的温度效应完全相同。选择率的高低取决于主、副反应活化能的相对大小。升高温度对活化能高的反应有利，降低温度则有利于活化能低的反应。活化能相等，则选择率与温度无关。

3.6.4 选择率的浓度效应与最优转化率

串联反应选择率的浓度效应与平行反应不同。从式(3-102) 可知，其选择率和产物与反应物的浓度比值 c_P/c_A 有关。这一比值越大，选择率越小；反之 c_P/c_A 越小，选择率越高。所以，串联反应的选择率随反应过程的进行不断下降，即凡是使 c_P/c_A 增大的因素对串联反应选择率总是不利的。因此对于串联反应，不能盲目追求高转化率。如果将未反应物料分离并循环返回反应系统，那么，转化率的选择将取决于分离费用和物料单耗之间的平衡。如果未反应物不再分离返回反应系统，那么，应当使目的产物达到极值。此时存在一个最优的转化率并获得最大收率 Φ_{max}。求取最优转化率和相应的最优反应时间，可将反应产物 c_P 的计算式(3-99) 对反应时间 t 求导，并令 $\frac{dc_P}{dt}=0$，可得最优反应时间 t_{opt} 为

$$t_{opt}=\frac{\ln\frac{k_2}{k_1}}{k_2-k_1} \tag{3-106}$$

相应的最优转化率 $x_{A,opt}$ 为

$$x_{A,opt}=1-\left(\frac{k_1}{k_2}\right)^{\frac{1}{\frac{k_2}{k_1}-1}} \tag{3-107}$$

相应的有最大收率 Φ_{max} 为

$$\Phi_{max}=\left(\frac{k_1}{k_2}\right)^{\frac{k_2}{k_2-k_1}} \tag{3-108}$$

由式(3-106) ～式(3-108) 可以看出，一级串联反应的最优反应时间及相应的最优转化率、最大收率都与反应物的初始浓度 c_{A0} 无关，而唯一地由该反应速率常数比值 k_2/k_1 所决定。

本章小结

1. 理想间歇反应器属于理想化学反应器，对等容过程，其基本设计方程式为

$$t=c_{A0}\int_{x_{A0}}^{x_{Af}}\frac{dx_A}{(-r_A)}=-\int_{c_{A0}}^{c_{Af}}\frac{dc_A}{(-r_A)}$$

反应器有效体积 $V=v_0t_T=v_0\ (t+t_0)$

其中，v_0 为单位生产时间所处理的物料量，t_T 为每批物料的操作时间，它等于反应时间 t 和辅助时间 t_0 之和。

若间歇操作为非等温过程，则需要结合热量衡算式联立求解。

2. 典型化学反应的反应速率的浓度效应和温度效应，其特征可用图 3-19 表示。

3. 伴有平行副反应和伴有串联副反应的复杂反应，选择率的浓度效应和温度效应特征

可用图 3-20 表示。

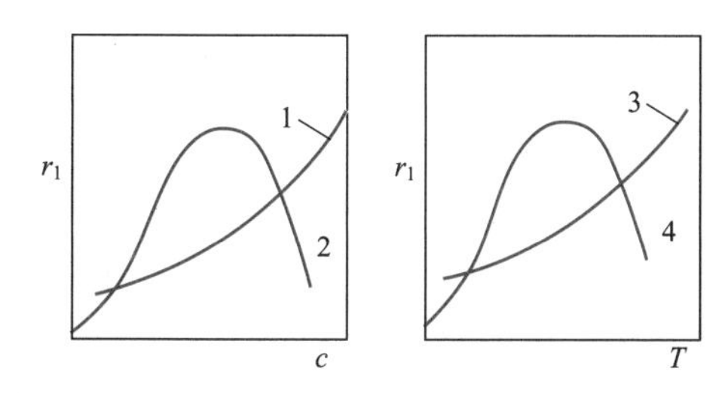

图 3-19　反应速率的浓度效应和温度效应

1—不可逆反应；2—自催化反应；
3—不可逆反应；4—可逆放热反应

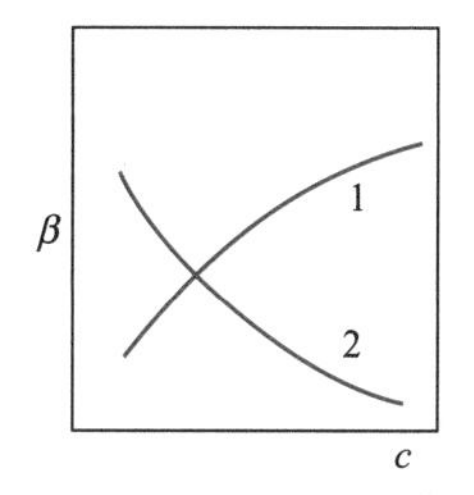

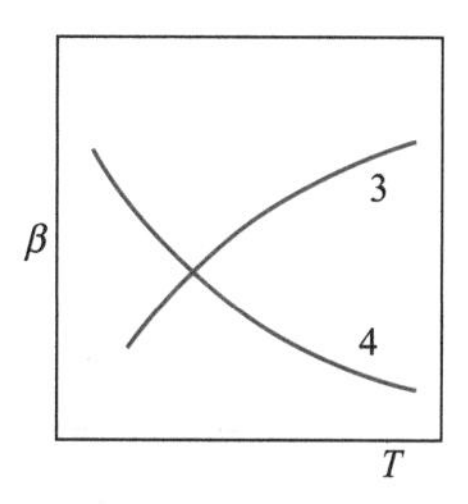

图 3-20　选择率的浓度效应和温度效应

1—平行副反应级数低或串联反应；2—平行副反应级数高；
3—平行或串联副反应活化能低；4—平行或串联副反应活化能高

4. 化学反应特征将随进料浓度和进料配比而变化。掌握典型化学反应的基本特征，有助于就下列各项作出优化的决策：

温度方面：温度水平和温度序列。

浓度方面：进料浓度水平，进料配比，加料方式，最优转化率（或最优反应时间）等。

本书二维码

解题思路

习　题

3-1　醋酸和乙醇的反应为二级反应，在间歇反应器中进行，反应 5min 转化率达 0.5，问转化率为 0.75 需要再反应多少时间？

3-2　证明一级反应在等温条件下转化率达 99.9%所需反应时间为转化率达 50%所需时间的 10 倍。

3-3　有一个 0.5 级反应 $A \longrightarrow P$，在间歇反应器中反应 10min，转化率为 0.75，问反应 30min 时转化率为多少？

3-4　在间歇反应器中进行某反应，初始浓度 $c_{A0}=1mol/L$，反应 8min 后，转化率为 0.8；反应 18min 后，转化率为 0.9，求动力学方程式。

3-5　^{14}C 可以在考古学中测定生物死亡年代，也可作为示踪剂标记化合物，探索化学和生命科学中的微观运动。^{14}C 的蜕变符合一级反应的规律（蜕变速率与放射性同位素的数量成正比）。^{14}C 经 β 蜕变生成稳定的 ^{14}N：$^{14}C \longrightarrow {}^{14}N+\beta$。已知 ^{14}C 的半衰期为 5730 年，试求 ^{14}C 的蜕变速率系数，并计算它蜕变 90%所需要的时间。

3-6　己二醇和己二酸以等分子比用 H_2SO_4 作催化剂进行缩聚反应，生成醇酸树脂，其反应速率方程式为

$$(-r_A)=kc_A^2 \quad c_{A0}=0.004kmol/L$$

现在用间歇反应器进行生产，每批操作的加料、出料和清洗等辅助时间为 1h，若每天处理 2400kg 己二酸（己二酸分子量为 146），己二醇和己二酸的转化率为 80%，反应釜装料系数为 0.75，反应温度为 70℃时，$k=1.97L/(kmol \cdot min)$。试计算反应釜的体积。

3-7　恒温下在一间歇反应器中水解乙酸甲酯，其反应式为

$$CH_3COOCH_3+H_2O = CH_3OH+CH_3COOH$$

在氢离子存在下，正反应速率常数为 $0.000148L/(mol \cdot min)$，化学平衡常数为 0.219。酯的初始浓度为 1.151mol/L，水的初始浓度为 48.76mol/L。计算：（1）酯的平衡转化率；（2）酯的转化率达到 82%时所需的时间；（3）此时反应物系的组成。

3-8 在间歇反应器中进行二级反应 $A \longrightarrow P$，反应速率为

$$(-r_A)=0.01c_A^2 \quad mol/s$$

当 c_{A0} 分别为1，5，10mol/L时，求反应到 $c_A=0.01$mol/L时，所需反应时间。并对计算结果进行讨论。

3-9 在等温间歇反应器中进行液相反应 $A+B \longrightarrow P+R$，$c_{A0}=0.307$kmol/m³，$c_{B0}=0.585$kmol/m³，实验数据如下表：

t/h	0	1.15	2.90	5.35	8.70
c_A/(kmol/m³)	0.307	0.211	0.130	0.073	0.038

试求动力学方程式。

3-10 在间歇反应器中进行液相反应 $A+B \longrightarrow P$，已知反应速率常数 $k=0.615$L/(mol·h)，$c_{A0}=0.307$mol/L，当 $\frac{c_{B0}}{c_{A0}}=1$ 和 5 时，试计算转化率分别为 0.5、0.9 和 0.99 所需的反应时间。

3-11 同习题3-10数据，当 $\frac{c_{B0}}{c_{A0}}=5$ 时，如用拟一级反应进行计算，与按二级反应计算的结果进行比较。

3-12 胰蛋白酶原转化为胰蛋白酶的反应为自催化反应：$A+S \longrightarrow S+S$，在间歇反应器中进行，反应速率方程式为

$$-\frac{dc_A}{dt}=kc_Ac_S$$

式中，c_A 为胰蛋白酶原的浓度；c_S 为胰蛋白酶的浓度。

在不同温度下反应速率最大时的反应时间 t_{max} 如下表所示。试求反应的活化能。

温度 /K	c_{A0}/(kmol/m³)	c_{S0}/(kmol/m³)	t_{max}/h
293	0.65	0.05	2.40
310	0.62	0.08	0.434

3-13 可逆一级液相反应 $A \rightleftharpoons P$，已知 $c_{A0}=0.5$mol/L，$c_{P0}=0$。当此反应在间歇反应器中进行时，经过8min，A的转化率为33%，而此时平衡转化率为66.7%。求此反应的动力学方程。

3-14 可逆反应 $A \rightleftharpoons P$，已知 $(-\Delta H)=130959$J/mol。在210℃时，$k_1=0.2$，$k_2=0.5$。求在该温度下所能达到的最大转化率为多少？若要使 $x_A=0.9$，则需采取何种措施？

3-15 有一简单反应，原料为A，产物为P，实验测得下列数据，已知 $c_{A0}=1.89$mol/L，$c_{P0}=0$。

时间/s	0	180	300	420	1440	∞
A转化量	0	0.20	0.33	0.43	1.05	1.58

试求：平衡转化率 x_{Ae} 和反应速率常数。

3-16 有一双组分可逆反应：

$$A+B \rightleftharpoons P+S(\text{B是廉价原料})$$

已知在某温度 T 时，平衡常数 $K=1$，$c_{A0}=c_{B0}=1$mol/L，求此温度时的平衡转化率为多少？为达到 $x_A=0.9$，可采取B过量的措施，问物料B的进料浓度至少应该是多少？

3-17 在等温间歇釜式反应器中进行下列液相反应：

$$A+B \longrightarrow P \quad r_P=2c_A \quad kmol/(m^3 \cdot h)$$

$$2A \longrightarrow R \quad r_R=0.5c_A^2 \quad kmol/(m^3 \cdot h)$$

A和B的初始浓度均为$2kmol/m^3$，P为目的产物，试计算反应2h时A的转化率和产物P的收率。

3-18 盐酸、辛醇和十二醇的混合液反应式为

$$HCl+CH_3(CH_2)_6CH_2OH \xrightarrow{1} CH_3(CH_2)_6CH_2Cl+H_2O$$

$$HCl+CH_3(CH_2)_{10}CH_2OH \xrightarrow{2} CH_3(CH_2)_{10}CH_2Cl+H_2O$$

是一组平行反应，辛醇（A）和十二醇（B）的反应速率分别为

$$(-r_A)=k_1c_Ac_C, \quad (-r_B)=k_2c_Bc_C$$

式中，c_A、c_B和c_C分别为辛醇、十二醇和盐酸浓度。反应在等温间歇反应器中进行。反应速率常数为

$$k_1=1.6\times10^{-3}L/(mol \cdot min), \quad k_2=1.92\times10^{-3}L/(mol \cdot min)$$

初始浓度分别为：$c_{A0}=2.2mol/L$，$c_{B0}=2mol/L$，$c_{C0}=1.3mol/L$，试计算辛基氯的收率为0.34（以盐酸为基准计算）时，盐酸的转化率和十二基氯的收率。

3-19 反应物A进行如下反应 $A \xrightarrow{1} P$，$A \xrightarrow{2} T$，$A \xrightarrow{3} S$，反应均为一级，反应活化能关系为$E_2<E_1<E_3$，P为所需产物，证明最优反应温度为

$$T_{opt}=(E_3-E_2)/\left[R\ln\left(\frac{k_{03}}{k_{02}}\times\frac{E_3-E_1}{E_1-E_2}\right)\right]$$

3-20 L-2,3-4,6-二丙酮古洛糖酸（$C_{12}H_{18}O$）在酸性溶液中水解产生抗坏血酸（$C_6H_8O_6$）的反应是一级串联反应，即$C_{12}H_{18}O_6 \xrightarrow{k_1} C_6H_8O_6 \xrightarrow{k_2}$分解产物，已知50℃时的$k_1=4.2\times10^{-3}min^{-1}$，$k_2=0.02\times10^{-3}min^{-1}$；60℃时的$k_1=0.01min^{-1}$，$k_2=9.0\times10^{-5}min^{-1}$。(1) 试分别求50℃和60℃下生产抗坏血酸的最适宜反应时间及相应的最大产率。(2) 试通过计算说明反应温度对此反应的影响。

3-21 在间歇釜式反应器中进行如下反应

$$A \xrightarrow{k_1} P+R, \quad A \xrightarrow{k_2} S$$

实验测得50℃时c_P/c_S恒为2，当反应10min后，A的转化率为0.50，反应时间延长一倍，转化率为0.75，求k_1和k_2的值，当温度提高10℃，测得$c_P/c_S=3$，试问哪个反应活化能大？两个反应活化能差多少？

3-22 有一平行-串联反应

$$A+B \xrightarrow{1} P \qquad r_1=k_1c_Ac_B$$

$$B+P \xrightarrow{2} S \qquad r_2=k_2c_Bc_P$$

在间歇反应器中，开始时溶液中A的浓度$c_{A0}=0.1kmol/m^3$B过量，得到如下数据：

时间 t	c_A	c_P
t_1	0.055	0.038
t_2	0.01	0.042

试问：k_2/k_1的比值为多少？间歇反应器中P的最大浓度为多少？并求此时A的转化率。

第4章

理想流动管式反应器

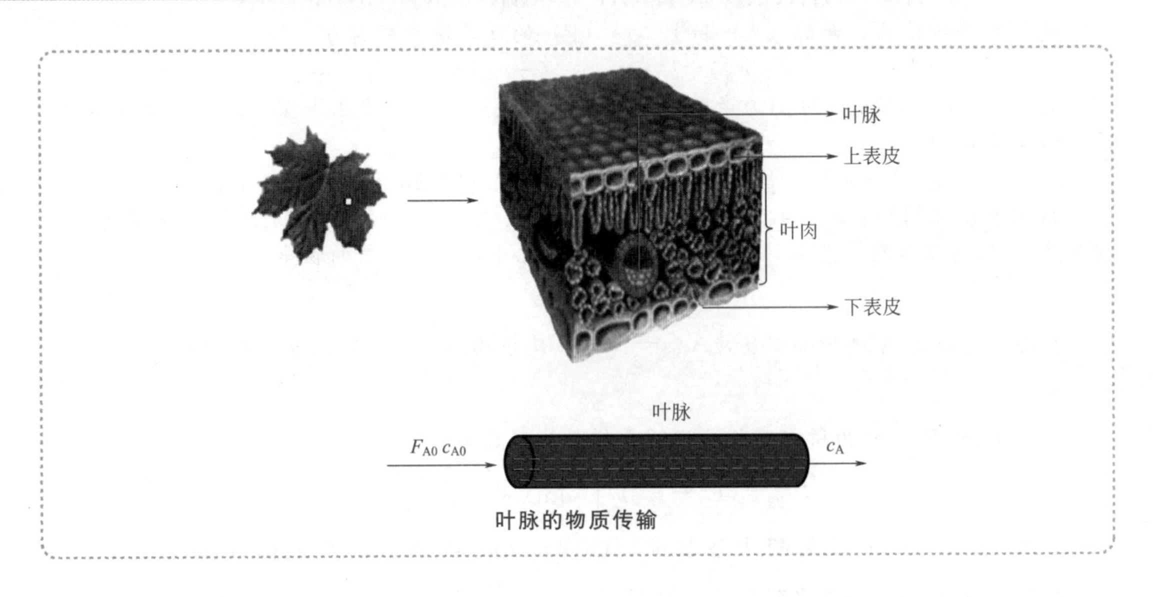

叶脉的物质传输

植物的根在土壤中吸收水分和氮、磷、钾等无机盐养料，然后通过叶脉输送到植物的各个部位，以保障植物生长发育所需要的营养。同时，叶子里的叶绿素和由气孔吸入的二氧化碳共同合作，产生的糖类由叶脉传到叶柄，再到茎，被输送到植物体各处去，该过程类似于一个管式反应器。假设叶脉进口无机物浓度为 c_{A0}，流率为 F_{A0}，轴向没有返混，那么在叶脉中的无机物的浓度分布是什么样的呢？

在第3章中讨论了理想间歇反应器的基本设计方程及各类典型化学反应的计算关系。本章将讨论理想流动管式反应器的基本特征和设计方程。与间歇反应器相比，虽然二者的反应器型式不同，操作方式也不同，但都属于消除了物理过程影响的反应器，即理想化学反应器。另一方面，按照操作方式，通常还把这种反应器称为理想流动反应器。管式反应器常常应用于气相反应，气相体积随气体物质的量变化而变化，属于非等容过程。因此，本章还将讨论变容过程的设计计算问题。

4.1 理想流动管式反应器的特点

在化工连续生产应用的管式反应器中，沿着与物料流动方向相垂直的截面上总是呈现不均匀的速度分布。在流速较大的湍流流动中，虽然速度分布较为均匀，但在边界层中速度仍然因壁面的阻滞而减慢，造成了不均匀的速度分布，使径向和轴向都有一定程度的混合，这种速度分布的不均匀性和径向、轴向的混合给反应器的设计计算带来了许多困难。为此，人们设想了一种理想流动，即假设在反应器内具有严格均匀的速度分布，且轴向没有任何混合，这种流动状态称**活塞流**、**理想排挤或平推流**。这是一种并不存在的理想化流动，作为一种典型的流动模型而被人们研究。实际反应器中的流动状况，只能以不同程度接近于这种理想流动。管式反应器的管长远大于管径时，比较接近这种理想流动，通常称为**理想流动管式反应器**，用**PFR**表示。理想流动管式反应器属分布参数系统。

理想流动管式反应器具有以下特点：

① 在正常情况下，它是连续定态操作，在反应器的各个径向截面上，物料浓度不随时间而变化；

② 反应器内各处的浓度未必相等，反应速率随空间位置而变化；

③ 由于径向具有严格均匀的速度分布，也就是在径向不存在浓度变化，所以反应速率随空间位置的变化将只限于轴向。

由此可见，理想流动管式反应器的反应结果唯一地由化学反应动力学所确定。

4.2 理想流动管式反应器设计基本方程

根据理想流动管式反应器的特点，进行物料衡算时可以沿反应器轴向位置取长度为dl的一个微元管段作为反应器的体积微元，该微元体积$dV=Sdl$，S为径向截面积，如图4-1所示。在微元内的反应速率不随时间而变。

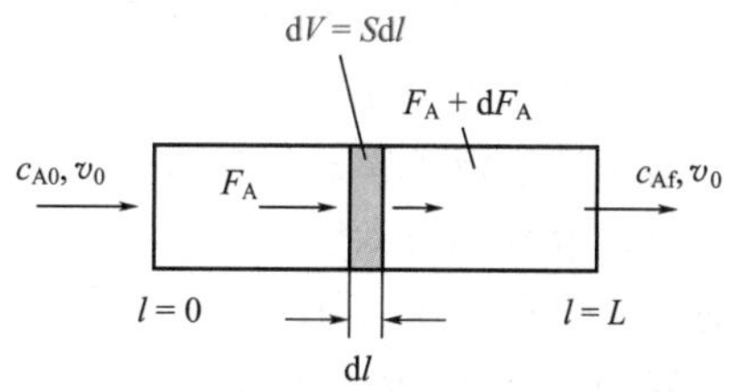

图4-1 理想流动管式反应器示意图

在该微元体积内可取某反应物A作为关键组分进行物料衡算。由于反应器处于定态下操作，故物料衡算式中的累积项等于零。同时假定是等温等容过程，则可得

流入量	=	流出量	+	反应量	+	累积量
F_A		F_A+dF_A		$(-r_A)dV$		0

故

$$F_A=(F_A+dF_A)+(-r_A)dV \tag{4-1}$$

因为 $$F_A=F_{A0}(1-x_A) \tag{4-2}$$

所以 $$F_{A0}\mathrm{d}x_A=(-r_A)\mathrm{d}V \tag{4-3}$$

上式为理想流动管式反应器的**基本方程式**。无论是等温、变温或反应过程中反应物料的总物质的量是否发生变化均适用，只要满足平推流这一假定即可。在反应器分析和计算中应用十分广泛。

对整个反应器而言，将式(4-3) 以初始条件 $l=0$，$x_A=0$ 进行积分，结果为

$$V=F_{A0}\int_0^{x_{Af}}\frac{\mathrm{d}x_A}{(-r_A)} \tag{4-4}$$

上式积分只有在下列两种情况下可以直接进行求解。

① **等温**理想流动管式反应器，即沿反应器长度的温度保持恒定。这时反应速率常数 k 为常数，可移至积分符号外，可采用解析法、数值法或图解法进行求解。

② **绝热**理想流动管式反应器，反应器能有效保证绝热，以致在管径的径向热损失忽略不计。这时反应的热效应全部用作加热或冷却反应物料，反应物料沿反应器长度的温度变化可以用热量衡算与反应转化率关联。这时反应速率常数 k 可转化为转化率的函数。于是积分项可采用数值法或图解法进行积分。

除上述两种情况，对于**非绝热非等温**过程，需结合热量衡算式联立求解。对于反应器压降较大的，如管式裂解反应器，还需要再与动量衡算式联立求解，这些内容可参阅有关专著。

值得指出的是，对装有固体催化剂的固定床反应器，只要满足平推流的基本假定，同样可以适用。如果化学反应速率 $(-r_A)_W$ 是以单位催化剂质量计算的反应速率，则反应体积相应改为催化剂质量，即

$$F_{A0}\mathrm{d}x_A=(-r_A)_W\mathrm{d}W \tag{4-5}$$

实验室中常用管式反应器测定反应速率。为了能准确测定反应速率数据，应该设法使反应物料在管式反应器中的流动状态呈平推流，即为理想流动管式反应器。当一次通过理想流动管式反应器后，反应物料转化率较大时，称为积分反应器。实验时可改变流量，并测转化率。由式(4-3) 可得到理想流动管式反应器的反应速率表达式为

$$(-r_A)=F_{A0}\frac{\mathrm{d}x_A}{\mathrm{d}V} \tag{4-6}$$

若对固定床催化反应器，以催化剂单位质量表示反应速率，即

$$(-r_A)_W=F_{A0}\frac{\mathrm{d}x_A}{\mathrm{d}W}=\frac{\mathrm{d}x_A}{\mathrm{d}(W/F_{A0})} \tag{4-7}$$

由 $x_A\sim W/F_{A0}$ 的关系求 $\mathrm{d}x_A/\mathrm{d}(W/F_{A0})$，可采用图解微分法或拟合计算法。最简单的图解法是以 x_A 对 W/F_{A0} 作图，然后从某一 (W/F_{A0}) 作切线，即求出该 (W/F_{A0}) 值的反应速率，具体内容将在第 8 章讨论。

对于理想流动管式反应器，热量衡算也是一个重要的基本方程式，特别是对于变温管式反应器。设理想流动管式反应器内，垂直于流体流动方向的任意截面上温度均匀，仅随轴向位置变化，如图 4-2 所示。

对如上微元 $\mathrm{d}V$ 作热量衡算，设经过微元 $\mathrm{d}V$ 的温度变化为 $\mathrm{d}T$。忽略物料密度的变化，通过该微元体的物料体积流量为 v_0，密度为 ρ，物料的平均比热容为 c_p。

反应管微元内温度为 T，反应热为 ΔH，径向总传热系数为 U，反应管外换热介质的温度为 T_c，微元与外界径向传热面积为 $\pi d\,\mathrm{d}l$。由于反应器处于定态操作，故热量衡算式中的累积项为零。则微元体积内**热量衡算**关系为

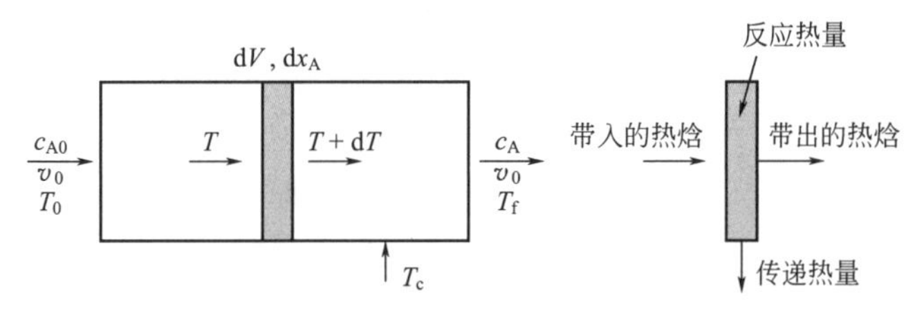

图 4-2　理想流动管式反应器热量衡算

带入的热焓	=	带出的热焓	+	反应热量	+	累积热量	+	传递热量
$v_0\rho c_p T$		$v_0\rho c_p(T+\mathrm{d}T)$		$(-r_A)(\Delta H)\mathrm{d}V$		0		$U(T-T_c)A\mathrm{d}l$

故
$$v_0\rho c_p T=v_0\rho c_p(T+\mathrm{d}T)+(-r_A)(\Delta H)\mathrm{d}V+U(T-T_c)\pi d\,\mathrm{d}l \tag{4-8}$$
即
$$-v_0\rho c_p \mathrm{d}T=(-r_A)(\Delta H)\mathrm{d}V+U(T-T_c)\pi d\,\mathrm{d}l \tag{4-9}$$
结合式(4-3)，且 $F_{A0}=v_0c_{A0}$，代入管式反应器的热量衡算式(4-9)，整理得

$$v_0\rho c_p\frac{\mathrm{d}T}{\mathrm{d}l}=v_0c_{A0}(-\Delta H)\frac{\mathrm{d}x_A}{\mathrm{d}l}-U(T-T_c)\pi d \tag{4-10}$$

这是管式反应器的**轴向温度分布方程**。特别对于绝热反应过程，其传热项为零，即

$$U(T-T_c)\pi d=0 \tag{4-11}$$

故，式(4-10) 可简化为

$$\mathrm{d}T=\frac{c_{A0}(-\Delta H)}{\rho c_p}\mathrm{d}x_A \tag{4-12}$$

令**绝热温升**
$$\Delta T_{ad}=\frac{c_{A0}}{\rho c_p}(-\Delta H) \tag{4-13}$$

根据式(4-12) 可得反应管中任意一点的温度与转化率之间的关系式为

$$T=T_0+\Delta T_{ad}x_A \tag{4-14}$$

式中，T_0 和 T 分别为入口和对应 x_A 处反应器温度。

若绝热温升已知，式(4-14) 表明反应器内温度与转化率呈线性关系，亦称为绝热式反应器的操作线，这是绝热反应器计算非常重要的关系式。对于放热反应，绝热温升大于零，反应器中任何位置的温度随转化率升高而上升，出口温度最高；对于吸热反应，绝热温升小于零，亦称绝热温降，反应器的温度随转化率升高而下降，出口温度最低。为避免反应器内温度过高或过低，或由于反应过程本身的要求，有时需要采用中间多段换热的反应器设计方案和操作方式。

4.3　空时、空速和停留时间

定态操作的理想流动管式反应器，其反应物料浓度和温度不随时间而变化，仅仅沿反应器轴向有浓度和温度分布。因此反应时间概念在连续流动反应器中不适用，反应时间概念仅对间歇反应过程而言。连续流动反应器度量生产强度常采用空时和空速的概念。

“空时” 又称空间时间，其定义为反应器体积 V_R 与流体进反应器的体积流量 v_0 的比值，即

$$\tau=\frac{V_R}{v_0}=\frac{\text{反应器体积}}{\text{进料体积流率}} \tag{4-15}$$

空时的单位是时间，它是度量连续流动反应器生产强度的一个参数。例如空时为 1min，表明每分钟可以处理与反应器体积相等的物料量。显然，空时越大，反应器生产强度越小。

“空速”是空时的倒数，常用符号 SV 表示，其定义为

$$SV=\frac{1}{\tau}=\frac{v_0}{V_R} \tag{4-16}$$

空速的单位为［时间］$^{-1}$，其物理意义是单位时间单位反应器体积所能处理进口物料的体积。例如空速 SV 是 10min^{-1}，表示每分钟能处理进口物料的体积为反应器体积的 10 倍。

停留时间指的是反应物料从进入反应器时算起到离开反应器时为止所经历的时间。在间歇反应器中，所有物料具有相同的停留时间，而且等于反应时间。对于理想流动管式反应器，物料流动状态为平推流，所有物料微团在反应器内的停留时间相同。当流体流动不是平推流时，则物料微团在反应器内停留时间不相同，形成某种分布，这种分布称为停留时间分布，因此常用“平均停留时间”来表达。停留时间定义为

$$t=\int_0^{V_R}\frac{dV}{v}=\frac{\text{反应器体积}}{\text{反应器中物料的体积流率}} \tag{4-17}$$

对于恒容过程，系统物料的密度不随反应转化率而变化，即 $v=v_0$，所以空时和停留时间相等。对于非恒容过程，反应器内物料的体积流率 v 随反应转化率而变化，因此空时和停留时间就有差异，将在下一节讨论。

对于平推流反应器的等温恒容过程，进料摩尔流率 F_{A0} 为

$$F_{A0}=v_0c_{A0} \tag{4-18}$$

因此其空时 τ 为

$$\tau=\frac{V_R}{v_0}=c_{A0}\int_0^{x_{Af}}\frac{dx_A}{(-r_A)} \tag{4-19}$$

把上式与间歇反应器中反应时间积分式作比较，可以发现两者的结果完全相同。由此可见，对于等温恒容过程，只要用理想流动管式反应器空时 τ 代替理想间歇反应器中的反应时间 t，则在理想间歇反应器中的结论完全适用于理想流动管式反应器。

若在理想流动管式反应器中进行简单反应 $A\longrightarrow P$，反应动力学方程式为 $(-r_A)=kc_A^n$，反应级数 n 分别为一级、二级和零级的积分结果列于表 4-1 中，与理想间歇反应器进行该反应的积分结果表 3-1 相比，可以看出两者是完全相同的。

理想流动管式反应器空时 τ 求得后，反应器体积即可按式(4-15) 求得。

表 4-1　等温等容理想流动管式反应器中简单反应的结果

反应级数	反应速率式	设计式	残余浓度	转化率式
零级	$(-r_A)=k$	$\frac{V_R}{F_{A0}}=\frac{x_A}{k}$	$k\tau=c_{A0}-c_A$ $c_A=c_{A0}-k\tau$	$k\tau=c_{A0}x_A$ $x_A=\frac{k\tau}{c_{A0}}$
一级	$(-r_A)=kc_A$	$\frac{V_R}{F_{A0}}=\frac{1}{kc_{A0}}\ln\frac{1}{1-x_A}$	$k\tau=\ln\frac{c_{A0}}{c_A}$ $c_A=c_{A0}e^{-k\tau}$	$k\tau=\ln\frac{1}{1-x_A}$ $x_A=1-e^{-k\tau}$
二级	$(-r_A)=kc_A^2$	$\frac{V_R}{F_{A0}}=\frac{1}{kc_{A0}^2}\times\frac{x_A}{1-x_A}$	$k\tau=\frac{1}{c_A}-\frac{1}{c_{A0}}$ $c_A=\frac{c_{A0}}{1+c_{A0}k\tau}$	$k\tau=\frac{x_A}{c_{A0}(1-x_A)}$ $x_A=\frac{c_{A0}k\tau}{1+c_{A0}k\tau}$

续表

反应级数	反应速率式	设计式	残余浓度	转化率式
二级	$(-r_A)=kc_Ac_B$ $c_{A0}\neq c_{B0}$ $M=\dfrac{c_{B0}-c_{A0}}{c_{A0}}$	$\dfrac{V_R}{F_{A0}}=\dfrac{1}{kc_{A0}^2M}$ $\times\ln\dfrac{1+M-x_A}{(1+M)(1-x_A)}$	$c_{A0}k\tau=$ $\dfrac{1}{M}\ln\dfrac{Mc_{A0}+c_A}{(1+M)c_A}$	$c_{A0}k\tau=$ $\dfrac{1}{M}\ln\dfrac{1+M-x_A}{(1+M)(1-x_A)}$
二级自催化反应	$(-r_A)=kc_Ac_P$ $c_{T0}=c_{A0}+c_{P0}$ $=c_A+c_P$	$\dfrac{V_R}{F_{A0}}=\dfrac{1}{kc_{A0}c_{T0}}\times$ $\ln\dfrac{c_{A0}(c_{T0}-c_A)}{c_A(c_{T0}-c_{A0})}$	$c_{T0}k\tau$ $=\ln\dfrac{c_{A0}(c_{T0}-c_A)}{c_A(c_{T0}-c_{A0})}$	$c_{A0}k\tau$ $=\ln\dfrac{c_{P0}+c_{A0}x_A}{c_{P0}(1-x_A)}$
n 级	$(-r_A)=kc_A^n$	$\dfrac{V_R}{F_{A0}}=\dfrac{1}{kc_{A0}^n(n-1)}\times$ $[(1-x_A)^{1-n}-1]$	$k\tau=\dfrac{1}{n-1}(c_A^{1-n}-c_{A0}^{1-n})$	$c_{A0}^{n-1}k\tau=\dfrac{1}{n-1}$ $\times[(1-x_A)^{1-n}-1]$

【例 4-1】 在理想间歇反应器中进行均相反应

$$A+B\longrightarrow P$$

实验测得反应速率方程式为

$$(-r_A)=kc_Ac_B\quad \text{kmol/(L·s)},\ k=5.2\times10^{14}e^{(-13840/T)}$$

当反应物A和B的初始浓度 $c_{A0}=c_{B0}=4\text{mol/L}$，而A的转化率 $x_A=0.8$ 时，该间歇反应器平均每分钟可处理0.684kmol的反应物A。(1) 若该反应为液相反应，将反应移到一个管内径为125mm的理想流动管式反应器中进行，仍维持348K等温操作，且处理量和所要求转化率相同，求所需反应器的管长；(2) 若该反应在绝热条件下进行，求A的转化率 $x_A=0.8$ 时反应器的出口温度。其中，混合物密度 $\rho=1800\text{kg/m}^3$，比热容为 $c_p=4.2\text{kJ/(kg·K)}$，$\Delta H=-125.6\text{kJ/mol}$。

解：(1) 由于 $c_{A0}=c_{B0}$，且是等摩尔反应，所以反应速率方程为

$$(-r_A)=kc_Ac_B=k_Ac_A^2$$

此反应在理想间歇反应器中达到要求转化率所需反应时间为

$$k=5.2\times10^{14}e^{(-13840/348)}=2.78\times10^{-3}\text{L/(mol·s)}=2.78\text{L/(kmol·s)}$$

$$t=\frac{1}{k}\times\frac{x_A}{c_{A0}(1-x_A)}=\frac{0.8}{2.78\times0.004\times(1-0.8)}=360\text{s}=6\text{min}$$

等容过程此反应时间应等于理想流动管式反应器中的空时，即 $\tau=6\text{min}$。

令 F_{A0} 为摩尔进料流率，按题意可知

$$F_{A0}=0.684\text{kmol/min}$$

$$v_0c_{A0}=F_{A0}$$

$$v_0=\frac{F_{A0}}{c_{A0}}=\frac{0.684}{0.004}=171\text{L/min}$$

反应器体积 V_R 为

$$V_R = v_0\tau = 171\times 6 = 1026\text{L}$$

管长

$$L = \frac{V_R}{\frac{\pi}{4}D_t^2} = \frac{1026\times 10^3}{\frac{\pi}{4}\times 12.5^2} = 8360\text{cm} = 83.6\text{m}$$

(2) 当物料 A 的转化率为 80%时，有

$$\Delta T_{ad} = \frac{(-\Delta H)c_{A0}}{\rho c_p} = \frac{125.6\times 4\times 1000}{1800\times 4.2} = 66.46\text{K}$$

则反应器出口温度

$$T = T_0 + \Delta T_{ad}x_A = 348 + 66.46\times 0.8 = 401.17\text{K}$$

4.4 反应前后分子数变化的气相反应

工业上进行的液相反应一般说来反应前后物料密度变化不明显，通常称为恒容反应系统。

对于气相反应，温度、压力和反应前后分子数不变的反应也属于恒容反应系统。但多数情况是反应前后分子数发生变化。非恒容或变容反应系统的名称由此而产生。在间歇反应器中分子数发生变化的气相反应，由于反应器的容积恒定，其结果使反应系统的总压发生变化，称之为恒容过程。而在理想流动管式反应器中进行的气相反应，反应物料从反应器进口加入，如果忽略物料在管内流动的压力降，则反应器进口和出口系统压力不变，称之为恒压过程。这两种情况中反应速率和转化率的函数关系是不同的。因此同一反应在理想间歇反应器和理想流动管式反应器的反应结果也不相同。

表征反应前后分子数变化程度的方法有膨胀率法和膨胀因子法。

4.4.1 膨胀率法

膨胀率 (ε) 法是表征分子数变化程度的一种比较简便的方法。它是基于物系体积随转化率呈线性关系，即

$$V = V_0(1+\varepsilon_A x_A) \tag{4-20}$$

上式表示反应在等温等压下进行，反应混合物的瞬时体积 V 为起始体积 V_0 加上由于化学反应而引起的反应混合物的体积变化。膨胀率 ε_A 的定义是反应组分 A 全部转化后系统体积变化的百分比，即

$$\varepsilon_A = \frac{V_{x_A=1} - V_{x_A=0}}{V_{x_A=0}} \tag{4-21}$$

例如乙醛分解反应为

$$CH_3CHO \longrightarrow CH_4 + CO$$
$$A \longrightarrow P + S$$

对于纯乙醛进料，则

$$\varepsilon_A = \frac{2-1}{1} = 1$$

若开始时的反应物除 A 以外还有 50%的惰性物质，初始反应混合物的体积为 2，完全

转化后，生成产物的混合物体积则为3，因为在恒压情况下不发生反应的惰性物质体积也不发生变化，所以

$$\varepsilon_A=\frac{3-2}{2}=0.5$$

此例说明以膨胀率表征变容程度时，不但应考虑反应的计量关系，而且还应考虑系统内是否含有惰性物料。而在下面讨论的以膨胀因子 δ 表达时，则与惰性物料是否存在无关。

对于不同转化率，组分A的摩尔流率为

$$F_A=F_{A0}(1-x_A) \tag{4-22}$$

反应物A的浓度为

$$c_A=\frac{F_A}{V}=\frac{F_{A0}(1-x_A)}{V_0(1+\varepsilon_A x_A)}=c_{A0}\frac{1-x_A}{1+\varepsilon_A x_A} \tag{4-23}$$

对于反应

$$aA+bB \longrightarrow pP+sS$$

其他组分浓度为

$$c_B=\frac{F_B}{V}=\frac{c_{B0}-\frac{b}{a}c_{A0}x_A}{1+\varepsilon_A x_A} \tag{4-24}$$

$$c_P=\frac{F_P}{V}=\frac{c_{P0}+\frac{p}{a}c_{A0}x_A}{1+\varepsilon_A x_A} \tag{4-25}$$

$$c_S=\frac{F_S}{V}=\frac{c_{S0}+\frac{s}{a}c_{A0}x_A}{1+\varepsilon_A x_A} \tag{4-26}$$

如用分压表示，对于压力不高时，可作为理想气体，这时可表示为

$$p_A=p_{A0}\left(\frac{1-x_A}{1+\varepsilon_A x_A}\right)=\frac{y_{A0}(1-x_A)}{(1+\varepsilon_A x_A)}p \tag{4-27}$$

$$p_B=\frac{p_{B0}-\frac{b}{a}p_{A0}x_A}{1+\varepsilon_A x_A}=\left(\frac{y_{B0}-\frac{b}{a}y_{A0}x_A}{1+\varepsilon_A x_A}\right)p \tag{4-28}$$

$$p_P=\frac{p_{P0}+\frac{p}{a}p_{A0}x_A}{1+\varepsilon_A x_A}=\left(\frac{y_{P0}+\frac{p}{a}y_{A0}x_A}{1+\varepsilon_A x_A}\right)p \tag{4-29}$$

$$p_S=\frac{p_{S0}+\frac{s}{a}p_{A0}x_A}{1+\varepsilon_A x_A}=\left(\frac{y_{S0}+\frac{s}{a}y_{A0}x_A}{1+\varepsilon_A x_A}\right)p \tag{4-30}$$

需要指出：膨胀率法适用的前提是式(4-20)，对于体积与转化率线性关系不成立的场合，其应用也受到限制。

4.4.2 膨胀因子法

膨胀因子（δ）法是表征分子数变化程度的另一种方法。膨胀因子 δ_A 的定义是原料A消耗1mol时，反应系统总物质的量的变化，对反应

$$aA+bB \longrightarrow pP+sS$$

则
$$\delta_A=\frac{(p+s)-(a+b)}{a} \tag{4-31}$$

反应系统有惰性物料时，因惰性物料在反应前后是不变的，因此膨胀因子 δ_A 值与进料中有无惰性物料无关。$\delta_A>0$ 表示反应后分子数增加；$\delta_A<0$ 表示反应后分子数减少；$\delta_A=0$ 表示反应前后分子数不变。当理想流动管式反应器进口总摩尔流率 F_{T0} 为

$$F_{T0}=F_{A0}+F_{B0}+F_{P0}+F_{S0} \tag{4-32}$$

时，在理想流动管式反应器的某一位置上，A 的转化率为 x_A，各组分的摩尔流率为

$$F_A=F_{A0}(1-x_A)=F_{A0}-F_{A0}x_A \tag{4-33}$$

$$F_B=F_{B0}-\frac{b}{a}F_{A0}x_A \tag{4-34}$$

$$F_P=F_{P0}+\frac{p}{a}F_{A0}x_A \tag{4-35}$$

$$F_S=F_{S0}+\frac{s}{a}F_{A0}x_A \tag{4-36}$$

其总摩尔流率为

$$F_T=F_A+F_B+F_P+F_S \tag{4-37}$$

因而

$$F_T=F_{T0}+\delta_A F_{A0}x_A=F_{T0}(1+\delta_A y_{A0}x_A) \tag{4-38}$$

式中，$y_{A0}=F_{A0}/F_{T0}$，即进料中 A 的摩尔分数。对等压过程

$$\frac{F_T}{F_{T0}}=\frac{V}{V_0}=1+\delta_A y_{A0}x_A=1+\varepsilon_A x_A \tag{4-39}$$

因此膨胀因子 δ_A 和膨胀率 ε_A 的关系为

$$\delta_A y_{A0}=\varepsilon_A \tag{4-40}$$

只要将式(4-40) 代入式(4-23) 和式(4-27)，即可得到用膨胀因子表达的浓度和分压的关系式。

引进了膨胀因子 δ 后，在今后讨论中，可以不必专门指明过程是否为等容过程。因为变容过程大多发生在气相反应中，而在工业上气相反应几乎都在连续流动反应器中进行，在反应动力学方程式中一般都用分压表示，这是由于在总压一定的情况下，组成一定，分压也是定值，不会像浓度那样因温度不同引起体积膨胀而发生变化，如 n 级反应

$$(-r_A)=-\frac{1}{V}\times\frac{\mathrm{d}n_A}{\mathrm{d}t}=k_p p_A^n \tag{4-41}$$

此处速率常数 k_p 与以浓度表示的速率常数 k_c 的绝对值是不相同的，在以后的讨论中，将均采用 k 表示。

对理想气体，某组分的分压 p_A 等于系统的总压 p 乘以该组分的摩尔分数 y_A，即

$$p_A=\frac{n_A}{n_T}p=y_A p \tag{4-42}$$

$$y_A=\frac{n_A}{n_T}=\frac{n_{A0}(1-x_A)}{n_{T0}+\delta_A n_{A0}x_A} \tag{4-43}$$

对反应
$$a\mathrm{A}+b\mathrm{B}\longrightarrow p\mathrm{P}$$

可以同理得到
$$y_B=\frac{n_B}{n_T}=\frac{n_{B0}-\frac{b}{a}n_A}{n_{T0}+\delta_A x_A n_{A0}}=\frac{y_{B0}-\frac{b}{a}y_{A0}x_A}{1+\delta_A y_{A0}x_A} \tag{4-44}$$

所以有

$$p_A=\frac{p_{A0}(1-x_A)}{1+\delta_A y_{A0}x_A} \tag{4-45}$$

$$p_B=\frac{p_{B0}-\frac{b}{a}p_{A0}x_A}{1+\delta_A y_{A0}x_A} \tag{4-46}$$

又由于

$$V=\frac{RT}{p}n_T=V_0(1+\delta_A y_{A0}x_A) \tag{4-47}$$

则

$$c_A=\frac{n_A}{V}=\frac{n_{A0}(1-x_A)}{V_0(1+\delta_A y_{A0}x_A)}=\frac{c_{A0}(1-x_A)}{1+\delta_A y_{A0}x_A} \tag{4-48}$$

$$(-r_A)=-\frac{1}{V}\times\frac{dn_A}{dt}=-\frac{d[n_{A0}(1-x_A)]}{V_0(1+\delta_A y_{A0}x_A)dt}=\frac{c_{A0}}{1+\delta_A y_{A0}x_A}\times\frac{dx_A}{dt} \tag{4-49}$$

上面诸式中若 $\delta_A=0$，即与恒容过程相同。其他各种反应动力学方程式，亦可同样推导得到。

4.4.3　变分子数反应过程的反应器计算

对于理想流动管式反应器中进行变分子气相反应过程，其基本方程式仍为

$$V=F_{A0}\int_0^{x_{Af}}\frac{dx_A}{(-r_A)}$$

只是反应速率表达式 $(-r_A)$ 应把体积变化考虑进去，当用浓度表示反应速率时，$c_A\neq c_{A0}(1-x_A)$。应为

$$c_A=c_{A0}\frac{1-x_A}{1+\varepsilon_A x_A}$$

对 n 级反应，反应速率表达式为

$$(-r_A)=kc_A^n=kc_{A0}^n\left(\frac{1-x_A}{1+\varepsilon_A x_A}\right)^n=kc_{A0}^n\left(\frac{1-x_A}{1+\delta_A y_{A0}x_A}\right)^n \tag{4-50}$$

上式可以通过图解法、数值法或解析法进行求解，对 A ⟶ P 的反应，其积分式列于表 4-2。

表 4-2　等温、变容理想流动管式反应器的积分式（ε_A 法）

反应级数	反应速率式	积分式
零级	$(-r_A)=k$	$\frac{V_R}{F_{A0}}=\frac{x_A}{k}$
一级	$(-r_A)=kc_A$	$\frac{V_R}{F_{A0}}=\frac{1}{kc_{A0}}[-(1+\varepsilon_A)\ln(1-x_A)-\varepsilon_A x_A]$
二级	$(-r_A)=kc_A^2$	$\frac{V_R}{F_{A0}}=\frac{1}{kc_{A0}^2}\left[2\varepsilon_A(1+\varepsilon_A)\ln(1-x_A)+\varepsilon_A^2 x_A+(1+\varepsilon_A)^2\frac{x_A}{1-x_A}\right]$

当用分压表示反应速率式时，对 n 级反应，反应速率式为

$$(-r_A)=k_p p_A^n=k_p\left[\frac{y_{A0}(1-x_A)}{1+\varepsilon_A x_A}p\right]^n \tag{4-51}$$

其积分式列于表 4-3。

表 4-3 等温、变容理想流动管式反应器的积分式(δ_A 法)

反应级数	反应速率式	积分式
一级反应 $A \longrightarrow mP$	$(-r_A)=k_p p_A$	$\frac{V_R}{F_{A0}}=\frac{1}{k_p y_{A0} p}[-(1+\delta_A y_{A0})\ln(1-x_A)-\delta_A y_{A0} x_A]$
二级反应 $2A \longrightarrow mP$	$(-r_A)=k_p p_A^2$	$\frac{V_R}{F_{A0}}=\frac{1}{k_p y_{A0}^2 p^2}\times \left[2\delta_A y_{A0}(1+\delta_A y_{A0})\ln(1-x_A)+\delta_A^2 y_{A0}^2 x_A+(1+\delta_A y_{A0})^2 \frac{x_A}{1-x_A}\right]$
二级反应 $A+B \longrightarrow mP$	$(-r_A)=k_p p_A p_B$	$\frac{V_R}{F_{A0}}=\frac{1}{k_p y_{A0}^2 p^2}\times \left\{\delta_A^2 y_{A0} x_A-\frac{(1+\delta_A y_{A0})^2}{y_{A0}-y_{B0}}\ln\left(\frac{x_A}{1-x_A}\right)+\frac{(1+\delta_A y_{B0})^2}{y_{A0}-y_{B0}}\ln\left[\frac{1}{1-\left(\frac{y_{A0}}{y_{B0}}\right)x_A}\right]\right\}$

对于变分子数气相反应，物料在反应器中的停留时间值与空时值不同，停留时间 t 可按下式计算

$$t=\int_0^{V_R}\frac{dV}{v} \tag{4-52}$$

式中，v 为物料体积流率，它与理想流动管式反应器进口体积流率 v_0 关系为

$$v=v_0(1+\varepsilon_A x_A) \tag{4-53}$$

物料衡算式

$$(-r_A)dV=F_{A0}dx_A \tag{4-54}$$

将式(4-53) 和式(4-54) 代入式(4-52)，平均停留时间 t 为

$$t=\int_0^{x_{Af}}\frac{F_{A0}dx_A}{(-r_A)v_0(1+\varepsilon_A x_A)}=c_{A0}\int_0^{x_{Af}}\frac{dx_A}{(-r_A)(1+\varepsilon_A x_A)} \tag{4-55}$$

上式与空时 τ 计算式(4-19) 相比较，在积分项分母上多一项 $(1+\varepsilon_A x_A)$。对于 n 级反应，以浓度表示变分子反应动力学表达式

$$(-r_A)=kc_A^n=kc_{A0}^n\left(\frac{1-x_A}{1+\varepsilon_A x_A}\right)^n$$

代入式(4-19) 和式(4-55)，则理想流动管式反应器中空时和平均停留时间计算式相应为

$$\tau=\frac{1}{kc_{A0}^{n-1}}\int_0^{x_{Af}}\left(\frac{1+\varepsilon_A x_A}{1-x_A}\right)^n dx_A \tag{4-56}$$

$$t=\frac{1}{kc_{A0}^{n-1}}\int_0^{x_{Af}}\frac{(1+\varepsilon_A x_A)^{n-1}}{(1-x_A)^n}dx_A \tag{4-57}$$

由此可见，只有当反应前后分子数不变时，空时和平均停留时间两者相等。

【例 4-2】 乙醛分解反应，反应式为

$$CH_3CHO \longrightarrow CH_4+CO$$

乙醛在 520℃和 0.1MPa 大气压下以 0.1kg/s 流率进入理想流动管式反应器进行分解反应。已知在该反应条件下反应为不可逆二级反应，反应速率常数 $k=0.43\text{m}^3/(\text{kmol}\cdot\text{s})$。试求进料乙醛分解 35%的反应容积、空时和平均停留时间。

解：由反应式可知膨胀率 ε_A 为

$$\varepsilon_A=\frac{2-1}{1}=1$$

反应速率方程可写成

$$(-r_A)=k\left[\frac{p}{RT}\times\frac{1-x_A}{1+\varepsilon_A x_A}\right]^2$$

反应器容积为

$$\begin{aligned}V&=\frac{F_{A0}}{k}\left(\frac{RT}{p}\right)^2\int_0^{x_{Af}}\left(\frac{1+x_A}{1-x_A}\right)^2\mathrm{d}x_A\\&=\frac{F_{A0}}{k}\left(\frac{RT}{p}\right)^2\left[\frac{4}{1-x_{Af}}-4+4\ln(1-x_{Af})+x_{Af}\right]\\&=\frac{0.1}{44\times0.43}\left[\frac{0.008314\times(520+273)}{0.1}\right]^2\times\left[\frac{4}{1-0.35}-4+4\ln(1-0.35)+0.35\right]\\&=18.0\text{m}^3\end{aligned}$$

根据反应器温度和压力，反应器进料体积流率 v_0 为

$$v_0=F_{A0}\frac{RT}{p}=\frac{0.1}{44}\times\frac{0.008314\times(520+273)}{0.1}=0.150\text{m}^3/\text{s}$$

空时 τ 为

$$\tau=\frac{V}{v_0}=\frac{18.0}{0.150}=120\text{s}$$

平均停留时间 $\bar{t}$ 为

$$\begin{aligned}\bar{t}&=\frac{1}{k}\left(\frac{RT}{p}\right)\int_0^{x_{Af}}\frac{1+x_A}{(1-x_A)^2}\mathrm{d}x_A\\&=\frac{1}{0.43}\left[\frac{0.008314\times(520+273)}{0.1}\right]\times\left[\frac{2\times0.35}{1-0.35}+\ln(1-0.35)\right]\\&=99.1\text{s}\end{aligned}$$

本例空时和平均停留时间的差别是由于反应过程中流体密度降低，所以气体通过反应器时速度将增大。空时计算是以反应器进料体积流量为基准，没有考虑加速的因素。而平均停留时间计算时则考虑了加速影响因素。

对于稳态操作连续流动管式反应器，在反应器中任一部位，其浓度与温度不随时间而变化，只是沿反应器轴向位置上呈稳定的浓度和温度分布。只要考虑这种浓度和温度分布，就可获得整个反应器的性能。所以管式反应器采用以反应器微元作为考察对象的考察方法，而不是着眼于物料在反应器内的停留时间。空时概念可以用于设计反应器和表征反应器生产能力的特性。

空时可以使人们对物料在反应器中的时间有一个数量级概念，尽管这种概念在分子数发生变化的气相反应中会有失真，但当反应动力学方程不知道时，空时是唯一可能计算时间概念的方法。对等容反应过程或流体密度变化可忽略的反应过程，间歇反应过程中反应时间等同于理想流动管式反应器的空时，间歇反应过程的结果和结论同样适用于理想流动管式反应器。因此这里不再重复讨论各类典型反应在理想流动管式反应器中的反应结果。

【例 4-3】 乙烯裂解炉炉管出口产物分布计算

工业裂解炉炉管是长 95m，直径 0.108m 的串联 U 形管，几何结构如图 4-3 所示。现以 C_3H_8 为裂解原料进行气相裂解生产 C_2H_4、C_3H_6 等，进口的 C_3H_8 掺入适量水蒸气以降低分压，提高烯烃收率，具体操作条件如表 4-4 所示。其反应动力学方程如表 4-5 所示。

图 4-3 工业炉管结构示意图

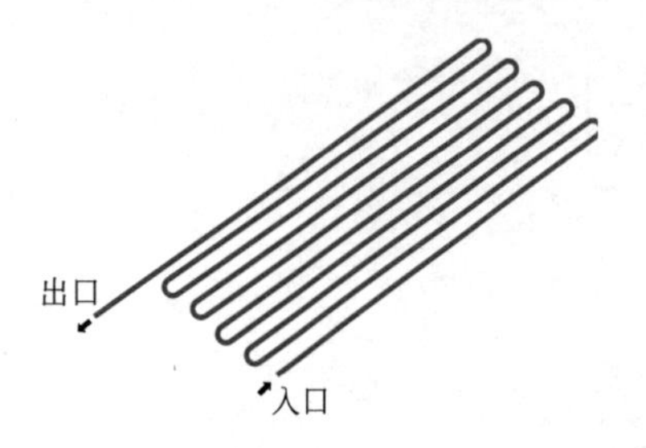

表 4-4 乙烯裂解炉操作条件

操作条件	数量
进口总流量/(kg/s)	0.791
进口温度/K	873
出口压力(表压)/atm	2
出口温度/K	1111
稀释比/(kg H_2O/kg C_3H_8)	0.4

表 4-5 丙烷裂解动力学参数

反应	A/s^{-1} 或 $m^3 \cdot mol^{-1} \cdot s^{-1}$	$E/J \cdot mol^{-1}$
$C_3H_8 \longrightarrow C_2H_4 + CH_4$	4.692×10^{10}	2.115×10^{5}
$C_3H_8 \rightleftharpoons C_3H_6 + H_2$	5.888×10^{10}	2.144×10^{5}
$C_3H_8 + C_2H_4 \longrightarrow C_2H_6 + C_3H_6$	2.536×10^{10}	2.469×10^{5}
$2C_3H_6 \longrightarrow 3C_2H_4$	1.514×10^{11}	2.332×10^{5}
$2C_3H_6 \longrightarrow 0.5C_6 + 3CH_4$	1.423×10^{9}	1.902×10^{5}
$C_3H_6 \rightleftharpoons C_2H_2 + CH_4$	3.794×10^{11}	2.483×10^{5}
$C_3H_6 + C_2H_6 \longrightarrow C_4H_8 + CH_4$	5.553×10^{11}	2.508×10^{5}
$C_2H_6 \rightleftharpoons C_2H_4 + H_2$	4.652×10^{13}	2.725×10^{5}
$C_2H_4 + C_2H_2 \longrightarrow C_4H_6$	1.026×10^{9}	1.725×10^{5}

炉管壁厚 2mm，热导率 25.50W/(m·K)。压力沿管长分布按照以下经验关联式计算：

$$\frac{dp}{dl}=0.0193\times[2f/0.108+1.575/(0.178\pi)\times8314T/mF_{13}]\times(Ft/9.156\times10^{-3})^2$$

其中摩擦系数为：$f=0.00356+0.264/Re^{0.42}$。求 CH_4、C_3H_8 和主要产物 C_2H_4、C_3H_6 浓度沿管长的分布。

解：为了方便问题求解，假定：

① 气体裂解反应是 $Re>10^5$ 的剧烈湍流过程，可认为径向上温度、浓度是均一的，整个炉管可近似为平推流反应器。

② 反应动力学中逆反应的平衡常数按照范特霍夫方程求解

$$\ln K=-\frac{\Delta E}{RT},\text{其中 } K=\frac{k_1}{k_{-1}}$$

③ 为便于编程，将反应动力学方程涉及的 11 种物质 C_3H_8、C_2H_4、CH_4、C_3H_6、H_2、C_2H_6、C_6、C_2H_2、C_4H_8、C_4H_6 分别编号 1～11；用 F_1～F_{11} 表示其摩尔流量，mol/s；用 F_{12} 表示沿程温度，K；F_{13} 表示压力，Pa；m 表示平均摩尔质量。

④ 热量衡算过程查阅 11 种物质的比热容、黏度、热导率、焓、熵。

⑤ 该过程计算涉及常微分方程初值问题，可以借助一些常用的数值计算软件来完成，

此处采用 Matlab 求解。

求解结果见图 4-4。

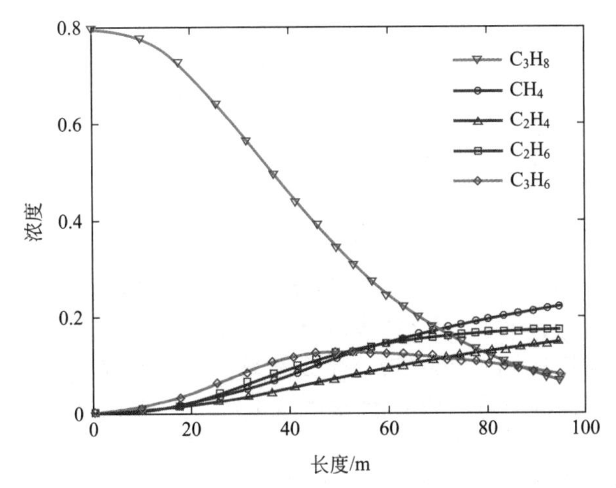

图 4-4　CH_4、C_3H_8、C_2H_4、C_2H_6 和 C_3H_6 相对浓度沿管长的分布

本章小结

1. 平推流是一种无逆向运动、也不存在不均匀流速分布的理想流动状态。满足平推流假定的理想流动管式反应器（PFR），其基本设计方程式为

$$F_{A0}dx_A=(-r_A)dV$$

或

$$V=F_{A0}\int_0^{x_{Af}}\frac{dx_A}{(-r_A)}$$

等温过程可用解析法、数值法和图解法求解；非等温过程应结合热量衡算式联立求解。

2. 在理想流动管式反应器中进行液相反应或反应前后分子数不变的气相反应，其空时 τ 和间歇反应器中的反应时间 t 相对应。空时 τ 和反应时间 t 与残余浓度 c_A 和转化率 x_A 的关系完全相同。

3. 理想流动管式反应器中进行变分子气相反应过程，其基本设计方程式不变。只要把分子数变化因素考虑进去。此时反应物浓度以膨胀率法和膨胀因子法分别表示为

$$c_A=c_{A0}\left(\frac{1-x_A}{1+\varepsilon_A x_A}\right)=c_{A0}\left(\frac{1-x_A}{1+\delta_A y_{A0}x_A}\right)$$

将上式代入基本设计方程式，并进行求解，可以获得变容过程的反应器体积或空时，此时空时与停留时间不相等。

习　题

本书二维码

4-1　丙烷热裂解为乙烯的反应

$$C_3H_8 \longrightarrow C_2H_4+CH_4$$

反应在 772℃ 等温条件下进行，其反应动力学方程式为

$$(-r_A)=kc_A$$

式中，$k=0.4h^{-1}$，若采用理想流动管式反应器，$p=0.1MPa$，进料流量 $v_0=800L/h$，当转化率$x_A=0.5$时，求所需反应器体积。

4-2 四氟乙烯是制造聚四氟乙烯所用的单体，可由一氯二氟甲烷进行热分解得到

$$2CHClF_2 \longrightarrow C_2F_4+2HCl$$

若在0.10133MPa，700℃等温条件下，用直径为100mm的管式反应器分解纯的一氯二氟甲烷，其流量为0.4kmol/min，试计算分解率为0.8时所需的管长。已知反应为一级，700℃时反应速率常数$k=0.97s^{-1}$。

4-3 气相反应$2A \longrightarrow P+2S$，反应在理想流动管式反应器中进行，压力为0.1MPa，温度为700℃，已知反应为一级反应，反应速率常数$k=0.97s^{-1}$，如进料摩尔流率$F_{A0}=0.4kmol/min$，转化率$x_A=0.8$。试计算反应器体积。

4-4 液相反应$A+B \longrightarrow P$，反应动力学方程式$(-r_A)=kc_Ac_B$，25℃时反应速率常数$k=9.92\times10^{-3}m^3/(kmol\cdot s)$，物料初始浓度$c_{A0}=0.1kmol/m^3$，$c_{B0}=0.08kmol/m^3$，求在PFR中反应器出口限制反应物转化率为0.95时所需的空时。

4-5 在理想流动管式反应器中于650℃等温条件下进行丁烯氧化脱氢反应生产丁二烯

$$C_4H_8 \longrightarrow C_4H_6+H_2$$

丁烯的反应速率为

$$(-r_A)=kp_A \quad kmol/(m^3\cdot h)$$

原料气为丁烯（A）和水蒸气的混合物，其物质的量比为0.5。操作压力为0.1MPa，在650℃时$k=106.48kmol/(h\cdot m^3\cdot MPa)$，若要求丁烯转化率$x_A=0.9$，试求空时。

4-6 在555K，0.294MPa条件下，在理想流动管式反应器中进行反应$A \longrightarrow P$，已知进料中含30%A（摩尔分数），其余为惰性物料，加料流率为6.3mol A/s，动力学方程为

$$(-r_A)=kc_A \quad k=0.27s^{-1}$$

为了达到转化率$x_A=0.95$，试求理想流动管式反应器的体积。

4-7 在PFR中进行等温反应$A \longrightarrow P$，原料A的浓度为1.0mol/L，反应器体积为24L，在不同进料速率下测得出口处A的转化率如下

v/(L/s)	1	6	24
x_A	0.96	0.8	0.5

试计算：若$c_{A0}=1mol/L$，$v=2L/s$要达到反应器出口浓度$c_{Af}=0.2mol/L$，则PFR的体积为多大？

4-8 在内径$D=0.126m$的PFR中进行一不可逆反应

$$A \longrightarrow P+S$$

反应速率式为

$$(-r_A)=kc_A \quad k=7.80\times10^9 e^{\left(-\frac{19220}{T}\right)} s^{-1}$$

原料为纯气体A，反应压力为0.5MPa，温度为500℃，在恒温恒压下反应，要求A分解率达到0.90。试求所需反应器管长L、空时τ及停留时间t。已知$F_{A0}=1.55kmol/h$。

4-9 在一活塞流反应器中进行下列反应

$$A \xrightarrow{k_1} P \xrightarrow{k_2} S$$

反应均为一级，已知$k_1=0.30min^{-1}$，$k_2=0.10min^{-1}$。A的进料量为$3m^3/h$，且不含P与S。试计算P的最大收率和总选择率以及达到最大收率时所需反应器体积。

第5章 连续流动釜式反应器

显微镜下的乳酸菌

细胞代谢

在生物反应器中，反应是在细胞内酶的催化作用下实现的。细胞吸收环境中的养分，进行细胞分裂，产生更多的细胞，进而有更多的酶参与催化反应。因此，在催化反应过程中，反应速率先升高达到一个峰值，然后逐渐降低直至养分消耗殆尽时为零。若使用管式反应器培养细胞，由于酶的起始浓度很低，初始反应速率也较低，为提高反应速率，需要在进口端加入一定量的酶，这会增加生产操作的成本，不利于大规模生产。那么为了提高细胞培养的速度，还有其他更好的办法吗？

在第 4 章中讨论了理想流动管式反应器的基本设计方程及各类化学反应的反应结果。与间歇反应器相比，虽然二者的反应器型式不同，操作方式也不同，但对同一反应，在相同的操作条件和反应器的时间或空间条件下，可得到完全相同的反应结果。

本章将讨论另一类基本反应器型式——**连续流动釜式反应器**（简称 CSTR）。这种反应器虽然也是连续流动反应器的一种，但由于其混合状况与上述两种反应器完全不同，从而引起反应器性能的很大变化。本章主要阐述连续流动釜式反应器的特征和设计计算等问题。

5.1 连续流动釜式反应器设计基本方程

5.1.1 全混流假定

第 3 章所讨论的间歇反应器中，由于釜式容器里设置了一定桨叶的机械搅拌装置，并进行强烈搅拌，使釜内物料的温度和浓度达到均一，这个全釜均一的浓度是随着反应的进行而不断变化的，其温度也可改变。本章要讨论的是连续流动釜式反应器，其结构和间歇釜式反应器相同，但进出物料的操作是连续的，即一边连续恒定地向反应器内加入反应物，同时连续不断地把反应产物引出反应器，这样的流动状况称为**全混流**。当然，这种全混流也是一种理想化的假定，它与第 4 章阐述的平推流相对应，是两种理想的流动模型，合称为**理想流动反应器**。实际工业生产中广泛应用的连续釜式搅拌反应器，只要达到足够的搅拌强度，其流型很接近于全混流。

这里要讨论的都限于**定态操作**范围，即假定反应器在稳定操作条件下，任何空间位置处物料浓度、温度和加料速度都不随时间而发生变化的定常状态。

5.1.2 连续流动釜式反应器中的反应速率

前已证明，对间歇搅拌釜式反应器和理想流动管式反应器，当各项操作条件相同时，能够得到完全相同的反应结果。唯一的差别是理想流动管式反应器的空时与间歇反应器的反应时间相当。这就表明，如果不计间歇反应过程中加料、出料、清洗和升降温度等辅助生产时间，则在一定反应时间内达到规定产量和转化率所需间歇反应器的体积和同一反应时间内流过理想流动管式反应器的物料体积相同。也就是说，在理想流动管式反应器中实现反应过程的连续化时，本身并未得到强化。连续化只是节省了辅助生产时间，并提供了操作和控制的方便。

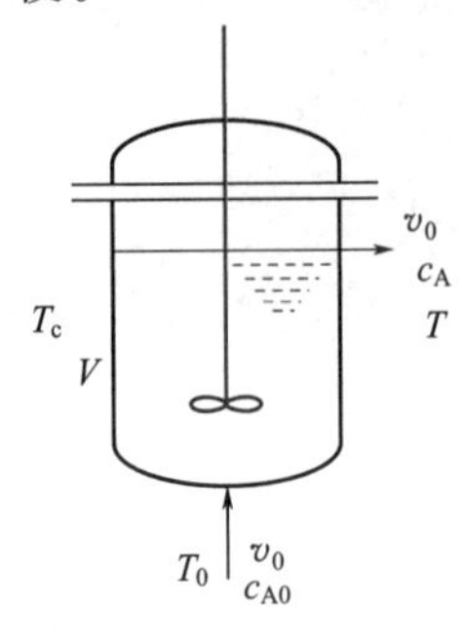

图 5-1 连续流动釜式反应器示意图

现在考察分析连续流动釜式反应器的特点。将间歇搅拌釜改为图 5-1 所示的连续进料和连续出料的连续操作。在连续流动釜式反应器中，反应原料以稳定的流速进入反应器，反应器中的反应物料以同样稳定的流速流出反应器。由于强烈搅拌的作用，刚进入反应器的新鲜物料与已存留在反应器内的物料在瞬间达到完全混合，使釜内物料的浓度和温度处处相等。这种停留时间不同的物料之间的混合，称为**逆向混合或返混**。这是反应器连续化后出现的一个新的宏观动力学因素。这里所说的逆向，是时间概念上的逆向，不同于一般的搅拌混合。在间歇反应器中，由于反应器中的物料的停留时间都是相同的，反应器内各物料组分的搅拌混合，只是反应器内各空间位置上不同浓度物料之间的混合。不存在时间概念上的逆向混合。至于在平推流反应器中，根本不存在轴向混合现象，也就不存在逆向混合。而在连续流动釜式反应器中，逆向混合程度最大。实际生产中的多数连续流动搅拌釜式反应器，由于搅拌充分，可认为属于全混流反应器。

根据全混流的定义，既然釜内物料浓度、温度处处相等，则在反应器出口处即将流出反应器的物料浓度、温度也应该与釜内物料浓度一致。因此，流出反应器的物料浓度、温度应该与反应器内的物料浓度、温度相等。连续流动釜式反应器中的反应速率即由釜内物料的浓度和温度所决定。

连续流动釜式反应器的**特点**，可归结为：

① 反应器中物料浓度和温度处处相等，并且等于反应器出口物料的浓度和温度。

② 物料质点在反应器内停留时间有长有短，存在不同停留时间物料的混合，其返混程度最大。

③ 反应器内所有物料参数，如浓度、温度等都不随时间变化，从而不存在时间这个自变量。

5.1.3 连续流动釜式反应器的基本方程

图 5-1 为一连续流动釜式反应器。因在反应器中物料浓度和温度处处均匀，可以对整个反应器进行物料衡算和热量衡算。假定连续流动釜式反应器在定态条件下进行一个等容反应过程，则可对物料 A 作**物料衡算**

$$v_0 c_{A0} = v_0 c_A + (-r_A)V \tag{5-1}$$

式中，v_0 为进料体积流率；V 为反应器体积；c_{A0}、c_A 分别为进料和出料中反应物 A 的浓度；$(-r_A)$ 为反应物 A 的反应速率。

上式即为连续流动釜式反应器的**基本设计方程式**，它可写成

$$\tau = \frac{V}{v_0} = \frac{c_{A0} - c_A}{(-r_A)} \tag{5-2}$$

这里的 τ 与平推流反应器中的空时完全相同，是表示反应器生产能力的一个参数。

式(5-2) 就是连续流动釜式反应器的基础设计式，与理想流动管式反应器相比，它更简单地关联了 $c_A(x_A)$、$(-r_A)$、V 和 v_0 四个参数，因此，只要知道其中任意三个参数，就可以得到第四个参数值，不必经过积分。连续流动釜式反应器的这种性能，使它在动力学研究中得到广泛应用。

对反应器作**热量衡算**

带入的热焓＝带出的热焓＋反应热＋热量的累积＋传向环境的热量

$$v_0 \rho c_p T_0 = v_0 \rho c_p T + (\Delta H)(-r_A)V + 0 + UA(T - T_c) \tag{5-3}$$

写为

$$v_0 \rho c_p (T - T_0) = (-\Delta H)(-r_A)V - UA(T - T_c) \tag{5-4}$$

式中，ρ 为物料密度；T_0 为进口温度；T 为反应温度；T_c 为冷却（或加热）介质温度；A 为传热面积；U 为器壁总传热系数。

由式(5-1)、式(5-4) 可见，定态操作的全混流反应器中，其物料衡算和能量衡算方程为一组代数方程。对于设计型问题，可以根据进料体积流率、进料浓度和温度、出料浓度和温度，冷却（或加热）介质温度，确定反应器体积和反应器传热面积。对于操作型问题，通

常是已有反应器（即反应器体积、传热面积已定），计算在一定进料流率、浓度、温度和冷却（或加热）介质温度下反应器出口的浓度和温度。也可通过操作型计算进行反应器模拟与优化，分析进料流率、组成、温度和冷却介质温度等参数的变化对出口转化率和出口温度的影响。

在操作型计算中，反应温度（即反应器出口温度）和出口浓度为未知，由于反应速率与温度间的非线性关系，即使对一级反应体系，基本方程也是一组非线性代数方程，必须通过迭代计算联立求解。通用的求解过程是：先假设一反应温度 T，计算该反应温度下的反应速率常数，然后由式(5-1) 求得反应器出口浓度 c_A，再把 c_A 代入式(5-3) 求得反应温度的计算值 T^*，如果 T^* 和 T 足够接近，则计算结束，否则以 T^* 作为新的反应温度假设值，重复上述计算过程。此迭代过程也可应用 Excel、Matlab 等软件工具解决。

当反应过程为绝热操作时，传热项为零。将式(5-1) 代入式(5-4) 可得

$$v_0\rho c_p(T-T_0)=(-\Delta H)v_0(c_{A0}-c_A) \tag{5-5}$$

$$T-T_0=\frac{(-\Delta H)}{\rho c_p}(c_{A0}-c_A)=\Delta T_{ad}x_A \tag{5-6}$$

式中绝热温升 $\Delta T_{ad}=\dfrac{(-\Delta H)c_{A0}}{\rho c_p}$。式(5-6) 表示在绝热条件下，进口温度一定时，全混流反应器内的反应温度（出口温度）与进口温度的差值与转化率呈线性关系，反应物全部转化时达到的最大温差为绝热温升。

由此可见，无论是间歇反应器、管式反应器，还是全混流反应器，绝热温升的表达式都相同，但不同反应器系统的绝热温升含义有所不同。

【例 5-1】 在一容积 $V_R=1m^3$ 的绝热全混流反应器中进行醋酐水解反应

$$(CH_3CO)_2O(A)+H_2O(B)\longrightarrow 2CH_3COOH(P)$$

由于反应混合物中水大大过量，可将此反应看作拟一级反应，醋酐的水解速率为

$$(-r_A)=2.24\times10^7 e^{-\frac{5600}{T}}c_A \quad kmol/(m^3\cdot min)$$

若反应器进料流率为 $5m^3/h$，进料醋酐浓度为 $0.216kmol/m^3$，进料温度为 15℃，试计算反应器出口的醋酐水解分数。已知反应混合物密度 $\rho=1090kg/m^3$，反应混合物比热容 $c_p=3.76kJ/(kg\cdot K)$，反应热 $\Delta H=-209000kJ/kmol$。

解： 反应器平均停留时间

$$\tau=\frac{1\times60}{5}=12min$$

该反应体系的绝热温升为

$$\Delta T_{ad}=\frac{(-\Delta H)c_{A0}}{\rho c_p}=\frac{209000\times0.216}{1090\times3.76}=11.0K$$

由于反应器为绝热操作，设出口转化率为 x_A，则出口温度（即反应温度）为

$$T=T_0+\Delta T_{ad}x_A=288+11x_A$$

对一级反应，式(5-2) 可写为

$$\tau=\frac{c_{A0}-c_A}{kc_A}=\frac{x_A}{k(1-x_A)}$$

即

$$x_A=1-\frac{1}{1+k\tau}$$

将 τ 和 k 代入得

$$x_A = 1 - \frac{1}{1 + 12 \times 2.24 \times 10^7 \exp\left(-\frac{5600}{288 + 11x_A}\right)}$$

上式为一非线性代数方程，可应用 Matlab 求解：

```
function Conversion
    clear all;clc
    global T0
    T0=input('初始温度(K)=')
    xA0=0;    xAA1=fzero(@Conv,xA0);
    xA0=0.5; xAA2=fzero(@Conv,xA0);
    xA0=1;    xAA3=fzero(@Conv,xA0);
    if xAA1==xAA2
        xA1=xAA1;
    else
        xA1=[xAA1 xAA2 xAA3];
    end
    T1=T0+11*xA1;
    if T1(1)==T1(2)
        xA=xAA1
        T=T1(1)
    else
        xA=xA1
        T=T1
    end

    function f=Conv(xA)
    global T0
    f=1-1/(1+12*2.24*10^7*exp(-5600/(T0+11*xA)))-xA;
```

解得，反应器出口的醋酐水解分数约为 60%。

5.2　连续流动釜式反应器中的均相反应

在反应动力学的叙述中已经知道，任何一个反应过程，通常都可用式(5-7) 所示的反应速率动力学方程式表示

$$(-r_A) = kf(c_A) \tag{5-7}$$

如把该动力学函数式代入式(5-2)，即可解得在一定处理量和反应转化率的情况下所需反应器体积大小，或是对某一反应器在确定生产能力条件下所能达到的反应程度等。

5.2.1　解析解

对整级数反应的解析解，如对一级不可逆反应，则有

$$(-r_A)=kc_A \tag{5-8}$$

代入式(5-2) 可解得

$$\frac{c_A}{c_{A0}}=\frac{1}{1+k\tau} \tag{5-9}$$

如为二级反应，同样可求得

$$\frac{c_A}{c_{A0}}=\frac{\sqrt{1+4c_{A0}k\tau}-1}{2c_{A0}k\tau} \tag{5-10}$$

表 5-1 列出了理想流动管式反应器和连续流动釜式反应器在不同反应级数时反应结果的表达式，以资比较。

表 5-1 理想流动管式和连续流动釜式反应器中反应结果比较

反应器型式 / 反应级数	理想流动管式反应器	连续流动釜式反应器
一级	$k\tau=\ln\frac{1}{1-x_A}$ 或 $\frac{c_A}{c_{A0}}=e^{-k\tau}$	$k\tau=\frac{x_A}{1-x_A}$ 或 $\frac{c_A}{c_{A0}}=\frac{1}{1+k\tau}$
二级	$c_{A0}k\tau=\frac{x_A}{1-x_A}$ 或 $\frac{c_A}{c_{A0}}=\frac{1}{1+c_{A0}k\tau}$	$c_{A0}k\tau=\frac{x_A}{(1-x_A)^2}$ 或 $\frac{c_A}{c_{A0}}=\frac{\sqrt{1+4c_{A0}k\tau}-1}{2c_{A0}k\tau}$
零级	$\frac{k\tau}{c_{A0}}=x_A(\leqslant 1)$ 或 $\frac{c_A}{c_{A0}}=1-\frac{k\tau}{c_{A0}}$	$\frac{k\tau}{c_{A0}}=x_A(\leqslant 1)$ 或 $\frac{c_A}{c_{A0}}=1-\frac{k\tau}{c_{A0}}$

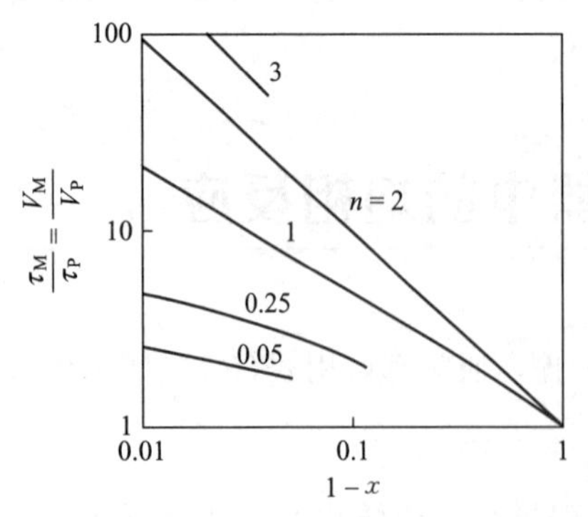

图 5-2 理想流动管式反应器和连续流动釜式反应器不同反应级数不同转化率时的空时比较

对于整级数反应，空时相对大小完全可由表 5-1 的结果标绘成图 5-2 的形式。其中 τ_M 和 τ_P 分别表示连续流动釜式反应器和理想流动管式反应器的空时，V_M 和 V_P 则分别表示它们的反应器体积大小。

由图 5-2 可以看到，在高反应级数和高反应转化率条件下，连续流动釜式反应器的生产能力将会大幅度下降。例如一个二级反应，转化率为 99% 时，它所需的体积与理想流动管式反应器所需体积相差可达 100 倍之多。

对于其他反应，同样可将各类反应的速率表达式代入式(5-2)，得到反应器空时与反应物浓度或者转化率的关系式，从而确定反应器体积。下面以可逆反应为例分析。

【例 5-2】 有液相反应 $A+B \underset{k_2}{\overset{k_1}{\rightleftharpoons}} P+R$，在 120℃ 时，正、逆反应的速率常数分别为 $k_1=8L/(mol \cdot min)$，$k_2=1.7L/(mol \cdot min)$。若反应在连续流动釜式反应器中进行，其中物料容量为 100L。两股进料流同时等量导入反应器，其中一股含 3.0mol A/L，另一股含 2.0mol B/L，求当 B 的转化率为 0.8 时，每股料液的进料流量应为多少？

解：假定在反应过程中物料的密度恒定不变，当 B 的转化率为 0.8 时，在反应器进口流和出口流中各组分的浓度应为

$$c_{A0}=1.5mol/L,\quad c_{B0}=1.0mol/L$$

$$c_B=c_{B0}(1-x_B)=1.0\times0.2=0.2mol/L$$

$$c_A=c_{A0}-c_{B0}x_B=1.5-0.8=0.7mol/L$$

所以

$$c_P=0.8mol/L,\quad c_R=0.8mol/L$$

对于可逆反应，有

$$(-r_A)=(-r_B)=k_1c_Ac_B-k_2c_Pc_R$$
$$=8\times0.7\times0.2-1.7\times0.8\times0.8$$
$$=1.12-1.088=0.032mol/(L \cdot min)$$

对于连续流动釜式反应器

$$\tau=\frac{V}{v_0}=\frac{c_{A0}-c_A}{(-r_A)}=\frac{c_{B0}-c_B}{(-r_B)}$$

$$v_0=\frac{V(-r_A)}{c_{A0}-c_A}=\frac{V(-r_B)}{c_{B0}-c_B}=\frac{100\times0.032}{0.8}=4L/min$$

所以，两股进料流中每一股进料流量应为 2L/min。

5.2.2　图解法

一般来说，只要测得一个反应的动力学关系，都可以把它标绘成 $1/(-r_A) \sim c_A$ 的形式，如图 5-3 中的曲线即为一般简单反应的曲线形状。从式(5-2) 的物料衡算可以知道，在连续流动釜式反应器中进行反应所需的空时为图中带细点的矩形面积大小。第 4 章中已讨论过，对理想流动管式反应器所需的空时大小为图 5-3 中动力学曲线下面的积分面积（即阴影部分的面积）。从图中明显可以看出，矩形面积总比阴影面积大。由此可知，只要反应动力学特征为如图所示的单调递减曲线，则在理想流动管式反应器和连续流动釜式反应器中进行同一反应，在同样的操作条件下，前者所需的空时总比后者要小，或者说理想流动管式反应器所需的体积总比连续流动釜式反应器要小。从反应动力学特征来看，幂函数型的简单反应，除自催化反应外，都符合上述单调递减的规律。

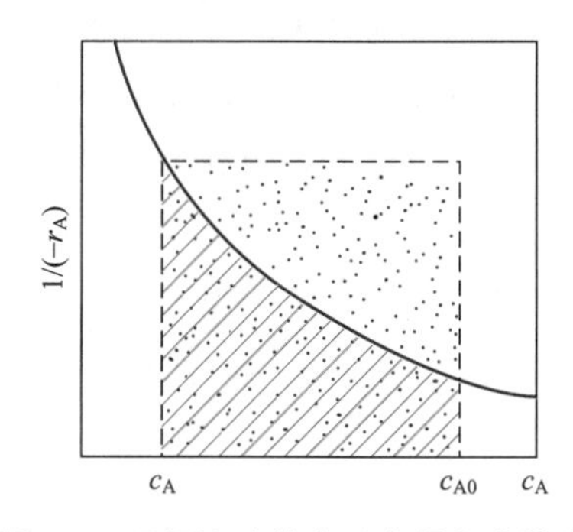

图 5-3　理想流动管式反应器和连续流动釜式反应器的空时比较

从图 5-4 和图 5-5 同样可以推断，在相同的初始浓度下，反应级数愈高，反应转化率愈高，则上述两种连续反

应器的空时，或反应器体积，相差就愈大。

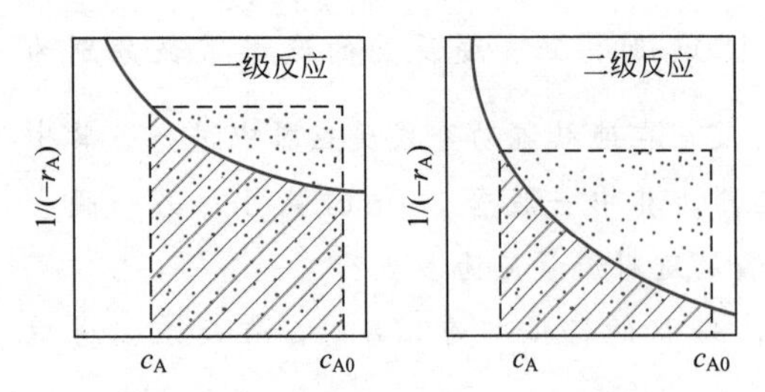

图 5-4 理想流动管式反应器和连续流动釜式反应器对不同级数反应的空时比较

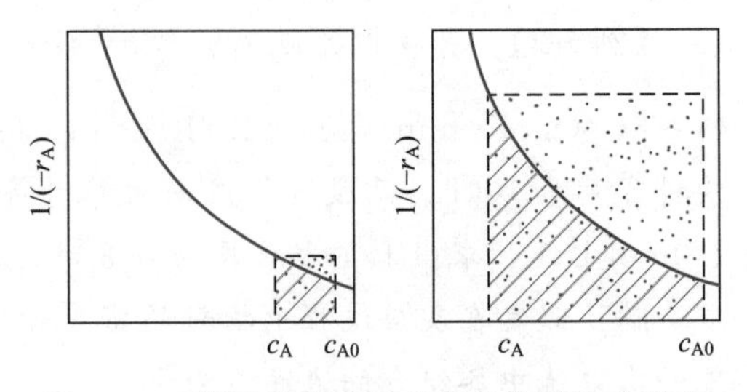

图 5-5 理想流动管式反应器和连续流动釜式反应器在不同转化率时的空时比较

【例 5-3】 例 4-1 的反应如果移至一个连续搅拌釜式反应器中进行，且反应温度、物料初始浓度、反应转化率和物料处理量等都保持不变，求此反应器的体积为多大？又假定该反应在间歇搅拌釜中进行，每两批反应之间还需 20min 用于出料、加料和升温，反应器中物料装填系数为 0.8，此时为达到同样生产能力，间歇釜的体积应为多少？

解：(1) 连续流动釜式反应器的物料衡算式为

$$\tau=\frac{c_{A0}-c_A}{(-r_A)}=\frac{c_{A0}-c_A}{kc_A^2}=\frac{x_A}{kc_{A0}(1-x_A)^2}$$

把已知数据代入可求得

$$\tau=\frac{0.8}{2.78\times4\times10^{-3}\times(1-0.8)^2}=1800\text{s}=30\text{min}$$

由规定的生产能力求取反应器体积

$$V_M=v_0\tau=171\times30=5130\text{L}=5.13\text{m}^3$$

(2) 间歇搅拌釜每批所需时间为 6min，加上生产辅助时间共 26min，为达到上述生产能力，反应器体积应为

$$V=\frac{v_0(t+t')}{0.8}=\frac{171\times26}{0.8}=5.56\text{m}^3$$

由以上计算可以看出，在同样的反应条件下，连续搅拌釜式反应器所需体积要比理想流动管式反应器或间歇搅拌釜大，只有间歇反应器中的辅助生产时间占有相当比例时，连续釜的生产能力才有可能超过间歇釜。

【例 5-4】 某一级反应的速率常数 $k=1.0\text{min}^{-1}$，若要求转化率为 0.9，反应物料为液相，试对比连续流动釜式反应器和间歇釜式反应器的生产能力。若 (1) 间歇操作时每批辅助生产时间 $t'=0$；(2) 间歇操作时每批辅助生产时间 $t'=5\text{min}$；(3) 间歇操作时每批辅助生产时间 $t'=10\text{min}$。

解：生产能力即单位时间所能处理的物料量，对连续系统就是物料进口流率。

间歇釜式反应器的反应时间为

$$t=\frac{1}{k}\ln\frac{1}{1-x_A}$$

每生产一批的总操作时间为 $t+t'=t'+\dfrac{1}{k}\ln\dfrac{1}{1-x_A}$

平均生产能力为
$$v_B=\frac{V}{t'+\frac{1}{k}\ln\frac{1}{1-x_A}}$$

连续流动釜式反应器的平均停留时间为
$$\tau=\frac{V}{v_M}=\frac{c_{A0}-c_A}{(-r_A)}=\frac{x_A}{k(1-x_A)}$$

生产能力为
$$v_M=\frac{Vk(1-x_A)}{x_A}$$

所以
$$\frac{v_B}{v_M}=\frac{x_A}{\left(t'+\frac{1}{k}\ln\frac{1}{1-x_A}\right)[k(1-x_A)]}$$

不同 t' 值下按上式计算结果如下

表 5-2　例 5-4 计算结果

t'	0	5	6.7	10
v_B/v_M	3.9	1.23	1	0.733

由表 5-2 可见，当 $t'>6.7$min 时，采用连续操作的全混釜生产能力较大；当 $t'<6.7$min 时，采用间歇釜操作生产能力较大。所以在考虑不同操作方式时，要注意辅助生产时间对生产能力的影响。

5.3 连续流动釜式反应器中的浓度分布与返混

5.3.1 连续搅拌釜中的浓度分布特征

上一节的结果证明，同一个反应在理想流动管式反应器和连续流动釜式反应器中进行时，其空时、反应转化率都可能相差很大。引起差别的原因是两种反应器中的反应物料浓度存在不同的分布。尽管这两种反应器都是连续的，又都在相同的温度、流量和进出口的浓度条件下操作，但反应物料浓度在不同的反应器内呈现不同的分布。

假定反应器进出口浓度相同，理想流动管式反应器、间歇釜式反应器和连续流动釜式反应器中反应物的浓度分布如图 5-6 所示，产物的浓度分布如图 5-7 所示。

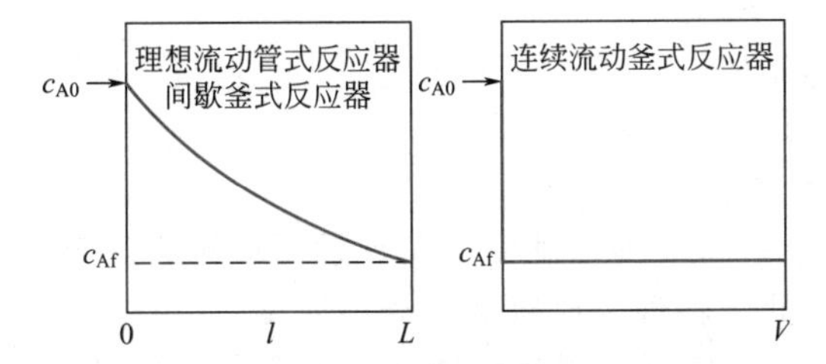

图 5-6　理想流动管式、间歇釜式和连续流动釜式反应器中反应物的浓度分布

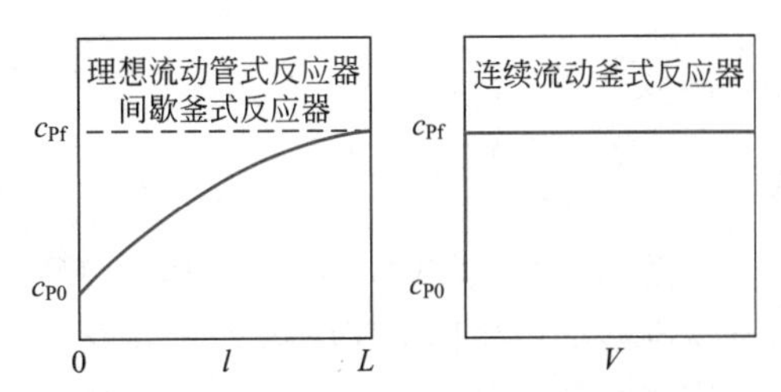

图 5-7　理想流动管式、间歇釜式和连续流动釜式反应器中产物的浓度分布

由图可见，在理想流动管式反应器中反应物料浓度从进口的加料浓度 c_{A0} 沿管长逐渐下降，最后达到出口浓度 c_{Af} 的最低值。间歇釜式反应器的反应物浓度从初期的 c_{A0} 到反应终点的 c_{Af}，其浓度随反应时间的变化与理想流动管式反应器相对应。相反，产物的浓度则由管式反应器的进口加料浓度 c_{P0} 逐渐上升至出口的最大值 c_{Pf}。与之对应的是间歇反应器的产物浓度从初期的 c_{P0} 上升到终点时间的 c_{Pf}。而在连续流动釜式反应器中，釜内的物料浓度与出口物料的浓度相同，因此反应器中反应物的浓度普遍下降，而产物的浓度则普遍上升。

连续流动釜式反应器中这种浓度分布特征必然会产生与理想流动管式反应器不同的反应结果。对简单反应来说，反应器中反应物浓度的普遍下降，必定使反应器内各处反应速率普遍下降。

当反应器进行复杂反应时，过程的技术指标主要是反应选择率的高低。此时，连续釜中浓度分布对反应选择率的影响完全取决于各类反应的动力学特征，即反应速率和选择率的浓度效应。它可能不利，但也可能是有利的。有关这方面的内容将在第 7 章中另行讨论。

5.3.2 管式循环反应器

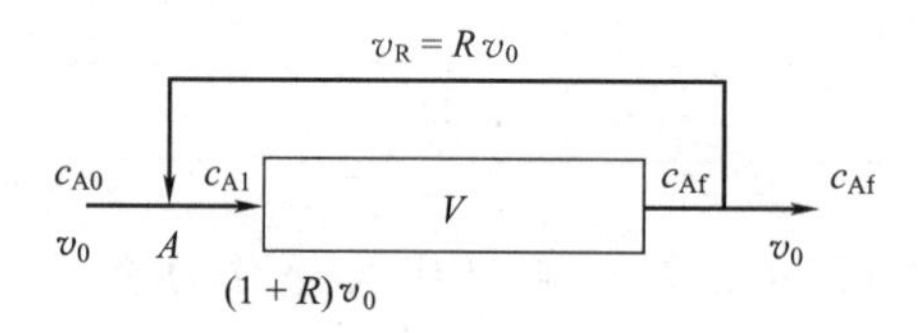

图 5-8 循环反应器示意图

生产中为了维持反应物有一定的浓度，以便控制温度、转化率和收率，同时使物料在反应器内有足够的停留时间并具有一定的线速度，可采用将部分反应过的物料返回到进料中进行循环的操作方法。循环管式反应器形式上是一个管式反应器，只是把反应器出口流中一部分循环返回到反应器的进口，如图 5-8 所示。表征循环反应器特性的一个重要参数是**循环比 *R***，它是表示循环物料的流量与离开反应系统的流量之比，即

$$R=\frac{v_R}{v_0} \tag{5-11}$$

如对反应器进口前的物料汇合点 A 作物料衡算，可得

$$v_0c_{A0}+Rv_0c_{Af}=(1+R)v_0c_{A1} \tag{5-12}$$

式中，v_R 为循环物料体积流量；v_0 为新进入反应器系统的物料体积流量；c_{A0} 为新进入反应器系统物料中反应物 A 的浓度；c_{A1}、c_{Af} 分别为循环反应器进、出口物料中反应物 A 的浓度。上式化简得

$$c_{A1}=\frac{c_{A0}+Rc_{Af}}{1+R} \tag{5-13}$$

或

$$x_{A1}=\frac{R}{1+R}x_{Af} \tag{5-14}$$

当循环比等于零时，从式(5-13) 可得，$c_{A1}=c_{A0}$，显然就是一个理想流动管式反应器。由于反应器出口物料中反应物 A 的浓度总是要低于新进入反应器的物料浓度。因此，把部分反应物料循环返回反应器进口与进料汇合后总要使反应器进口物料浓度降低。循环比愈大，循环返回量愈多，进口浓度的下降就愈厉害。当循环比趋于无穷大时，必然使进口浓度接近于出口浓度，即当 $R\to\infty$ 时，$c_{A1}\to c_{Af}$。这时，循环反应器中各处的反应物浓度接近于

反应器的出口浓度，具有这种浓度分布特征的反应器从本质上讲就是前面所述的连续流动釜式反应器，它的性能当然与连续流动釜式反应器相同。

循环反应器的形式除了循环流外与理想流动管式反应器完全相同，循环流仅仅是影响反应器进口的物料浓度。所以循环反应器的计算完全可以沿用理想流动管式反应器的方法。按式(4-1) 进行物料衡算可解得

$$\frac{V}{(1+R)v_0}=-\int_{c_{A1}}^{c_{Af}}\frac{dc_A}{(-r_A)} \tag{5-15}$$

或写成

$$\tau=\frac{V}{v_0}=-(1+R)\int_{c_{A1}}^{c_{Af}}\frac{dc_A}{(-r_A)} \tag{5-16}$$

由式(5-13) 可推得

$$\frac{c_{A1}-c_{Af}}{c_{A0}-c_{A1}}=\frac{1}{R} \tag{5-17}$$

式(5-16) 可以用图 5-9 的图解方法计算。图中速率曲线下的积分面积，即图中阴影部分就是式(5-16) 中的积分值 $\int_{c_{A1}}^{c_{Af}}\frac{dc_A}{(-r_A)}$ 。而图中带细点的矩形面积即为循环反应器的空时 τ。从图 5-9 的不同循环比结果可知，当循环比 $R=0$ 时，与理想流动管式反应器相同。随着循环比的增大，当循环比足够大时，循环反应器的性能趋近于连续流动釜式反应器的性能。

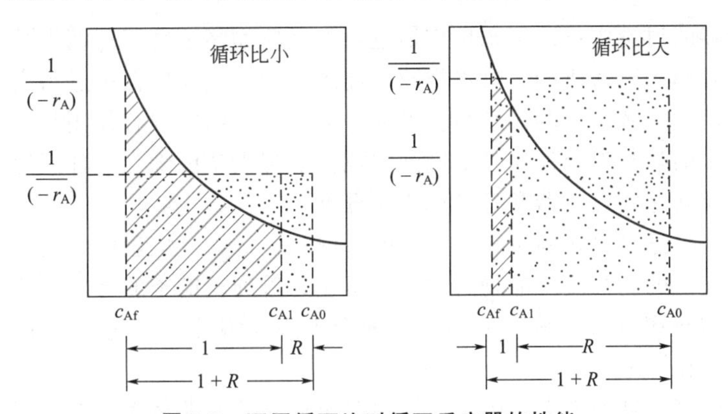

图 5-9　不同循环比时循环反应器的性能

【例 5-5】 有一自催化反应：A＋P ⟶ P＋P。已知 $c_{A0}=1\text{mol/L}$，$c_{P0}=0$，$F_{A0}=1\text{mol/s}$，$k=1\text{L/(mol·s)}$。今在一循环管式反应器中进行此反应，要求达到的转化率为 98%，求：当循环比分别为 $R=0$，$R=3$，$R=\infty$ 时，所需要的反应器体积为多少？

解： 对于自催化反应，其反应动力学方程式为

$$(-r_A)=kc_A(c_{A0}-c_A)=kc_{A0}^2x_A(1-x_A)$$

对任意循环比 R，反应器计算的基础设计式为

$$\frac{V}{F_{A0}}=(R+1)\int_{\left(\frac{R}{R+1}\right)x_{Af}}^{x_{Af}}\frac{dx_A}{(-r_A)}$$

把动力学方程式代入基础设计式，并积分可得

$$\frac{V}{F_{A0}}=(R+1)\int_{\left(\frac{R}{R+1}\right)x_{Af}}^{x_{Af}}\frac{dx_A}{kc_{A0}^2x_A(1-x_A)}$$

$$=\frac{(R+1)}{kc_{A0}^2}\ln\frac{1+R(1-x_{Af})}{R(1-x_{Af})}$$

当 $R=0$ 时，即平推流反应器的情况

$$V=F_{A0}\int_0^{x_{Af}}\frac{dx_A}{kc_{A0}^2x_A(1-x_A)}$$

$$=\frac{F_{A0}}{kc_{A0}^2}\int_0^{0.98}\frac{dx_A}{x_A(1-x_A)}$$

由于进料中没有产物，该反应无法启动，所以 $V=\infty$。

当 $R=3$ 时

$$V=4\ln\frac{1.06}{0.06}=11.5\text{L}$$

当 $R=\infty$时，即连续流动釜式反应器的情况

$$V=F_{A0}\frac{x_{Af}}{kc_{A0}^2x_{Af}(1-x_{Af})}=1\times\frac{0.98}{0.98\times0.02}=50\text{L}$$

5.3.3 连续流动釜式反应器中的返混

从循环反应器的讨论中可以得知反应器进口处反应物高浓度区的消失是由进料和循环返回物料之间的混合作用所造成的。可以推断，连续流动釜式反应器中进料高浓度区的消失也是出于同样的原因。二者唯一的区别是：循环反应器中的物料混合作用是有组织的，而连续流动釜式反应器中的物料混合作用是由剧烈的搅拌引起设备内部强烈环流运动造成的。也正因为如此，连续流动釜式反应器常常又称为**全混釜**。

对连续釜而言，进口物料固然具有高浓度，但一旦进入反应釜内，由于釜内存在剧烈的混合作用，进入釜内的高浓度反应物料立即被迅速分散到反应釜的各个部位，并与原先存留在该处的低浓度物料相混合，从而使高浓度完全消失。因此，在连续釜中由于剧烈搅拌混合，必然不可能存在高浓度区。

既然连续釜内高浓度的消失是由于搅拌混合所造成的，那么为什么在间歇釜中同样存在剧烈搅拌与混合而不会导致高浓度的消失？这是因为混合对象是不同的。在间歇釜中彼此混合的物料是在同一时刻进入反应器的，又在釜内同样条件下经历了相同的反应时间，因此它们具有相同的性质、相同的浓度，这种浓度相同的物料之间的彼此混合，当然不会使原有的高浓度消失。连续釜中则不然，连续釜内存在的都是早先进入反应器并经历了不同反应时间的物料，其浓度已经下降。新进入反应器的高浓度物料一旦与这种已经反应过的物料相混合，会使高浓度消失。因此，间歇釜和连续釜虽然同样存在剧烈的搅拌与混合，但参与混合的物料是不同的。前者是同一时刻进入反应器的物料之间的混合，也就是相同浓度、相同性质的物料之间的混合，并不改变原有的物料浓度；后者则是不同时刻进入反应器的物料之间的混合，也就是不同浓度、不同性质物料之间的混合，这种混合，常称为**返混**，以区别于前一种混合。正是连续釜内存在着的这种返混，改变了反应器内的浓度分布，造成了生产能力的下降。

理想流动管式反应器内显然不存在这种返混，因而它具有与间歇釜式反应器相同的生产能力。

综上所述，可简要归纳为：

① 返混不是一般意义上的混合，它专指不同时刻进入反应器内的物料之间的混合。

② 返混是连续化后才出现的一种混合现象。因此在间歇搅拌釜反应器中不存在返混。理想流动管式反应器是没有返混的一种典型的连续反应器，而连续流动釜式反应器（或称全混釜）则是返混达到极限状态的一种反应器型式。

③ 返混改变了反应器内浓度分布，**返混的结果**使反应器内反应物的浓度下降，反应产物的浓度上升。这种浓度分布的改变对反应的利弊则取决于反应过程的动力学特征——浓度效应。

④ 返混是连续反应器中一个重要的工程因素。任何过程在连续化时，必须充分考虑这个因素的影响，否则不但不能强化生产，反而有可能导致生产能力或反应选择率的下降。在实际工作中，应首先研究清楚反应的动力学特征，然后根据它的浓度效应确定采用何种型式的连续反应器。

5.4　返混的原因与限制返混的措施

5.4.1　返混的原因

返混是不同时刻进入反应器的物料，或者说是具有不同年龄的物料相互之间的混合。造成返混的原因是反应器内物料的环流运动，更一般地说是物料在连续反应器中空间的反向运动。循环反应器的循环流和连续流动釜式反应器中的搅拌作用是引起返混的两个典型例子。

造成返混的另一个原因是反应器中物料不均匀的流速分布。例如当流体以层流流经一管式反应器时，形成抛物线的速度分布，管中心的物料流速最大，愈靠近管壁，流速愈慢。因而在同一时刻进入反应器的物料在不同的径向位置上就有不同的流速，表明物料在反应器内具有不同的停留时间，管中心的物料停留时间最短，壁面上的最长。显然，反应器出口流中的物料有一定的停留时间分布，而在反应器任一截面的径向位置上物料形成一定的浓度分布。又如反应器中存在的死区、沟流、短路等，速度分布极不均匀，都会引起返混。

由此可见，**返混产生的原因**主要有两个：一是设备中存在不同尺度的环流，二是不均匀的速度分布。返混的结果是形成了物料的停留时间分布，在反应器内引起了浓度分布的变化。显然，返混现象不仅存在于反应过程，其他各种化工过程也都伴有返混的问题。如精馏塔中的雾沫夹带，也是返混的一种表现。

5.4.2　限制返混的措施

返混对反应的利弊视具体的反应特征而异。要使反应过程由间歇操作转为连续操作时，若返混对反应结果不利，应当考虑返混可能造成的危害。因而在选择反应器的型式时就应当尽量避免选用可能造成返混的反应器。特别应当注意有些反应器内的返混程度会随其几何尺寸的变化而显著增强。

返混不但对反应过程产生不同程度的影响，也给反应器的工程放大带来问题。由于放大后的反应器中流动状况的改变，导致了返混程度的变化，给反应器的放大设计带来很大的困难。因此，在分析各种类型反应器的特征及选用反应器时都必须把反应器的返混状况作为一项重要特征加以考虑。

限制返混的主要措施是分割。通常有**横向分割**和**纵向分割**之分，其中重要的是横向分割。

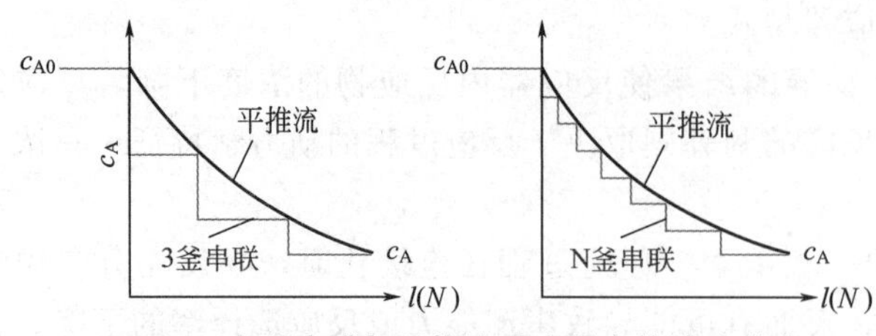

图 5-10 多釜串联与平推流反应器中的浓度分布

连续操作的搅拌釜，其返混程度可达全混流程度。为了减少返混，工业上常采用多釜串联的操作，这是横向分割的典型例子。当串联釜数足够多时，这种连续多釜串联的操作性能就很接近平推流反应器的性能，图 5-10 表示了多釜串联与平推流反应器中的浓度分布。流化床反应器是气固相连续操作的一种工业反应器，流化床中由于气泡运动造成气相和固相都存在严重的返混。为了限制返混，对高径比较大的流化床反应器，常在其内部设置横向挡板以减少返混，此为横向分割。而对高径比较小的，则可设置垂直管作为内部构件，也就是纵向分割。

对于气液鼓泡反应器，由于气泡搅动所造成的液体反向流动，形成很大的液相循环流量，因此其液相流动十分接近于全混流。为了限制气液鼓泡反应器中液相的返混程度，工业上常采用如下措施：放置填料，即填料鼓泡塔，填料不但起分散气泡、增强气液相间传质的作用，而且限制了液相的返混；设置多孔多层横向挡板，把床层分成若干级，尽管在每一级内液相仍达到全混，但对整个床层来说就如多釜串联反应器一样，使级间的返混受到了很大的限制；安置垂直管，既可限制气泡的合并长大，又在一定程度上起到限制液相返混的作用。

5.4.3 多釜串联反应器

连续流动釜式反应器的特点是釜内反应物料浓度降低至出料水平，从而降低了反应速率。采用多釜串联的流程，如采用图 5-11 所示的三个连续流动釜式反应器的串联流程，可看出，如果达到相同的反应程度，则第一釜中的浓度 c_{A1} 和第二釜中的浓度 c_{A2} 都比单釜的出口浓度 c_{Af} 要高，只有第三釜中的浓度才是 c_{Af}。因而采用多釜串联操作时的平均浓度以及相应的平均反应速率都比单釜要高，所需反应器总体积当然就降低了。此外，也可看到，串联的釜数愈多，效果愈好，其结果就愈接近于理想流动管式反应器的情况。当然随着串联釜数的增加，改善返混的效果愈好，但反应器的制造、维修、操作和控制方面的麻烦也相应增加，因而实际生产中串联的釜数通常以 3～4 个为宜。

今取多釜串联流程中某一釜 i 作物料衡算。由图 5-12 可得

$$v_0(c_{A,i-1}-c_{Ai})=(-r_A)_i V_i \tag{5-18}$$

移项得

$$\tau_i=\frac{c_{A,i-1}-c_{Ai}}{(-r_A)_i} \tag{5-19}$$

式中

$$\tau_i=\frac{V_i}{v_0} \tag{5-20}$$

τ_i 代表第 i 釜的空时。

式(5-18) 表明只要知道反应动力学方程就可进行多釜串联操作的计算。如对第一釜

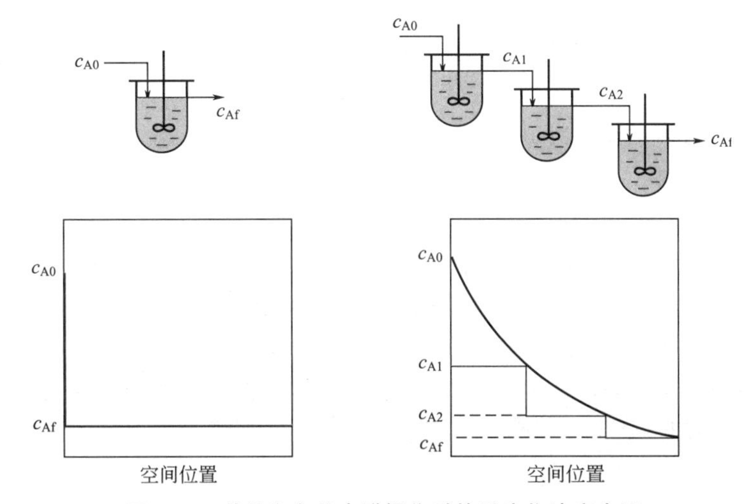

图 5-11　单釜和多釜串联操作时的反应物浓度水平

$$\tau_1=\frac{c_{A0}-c_{A1}}{(-r_A)_1}=\frac{c_{A0}-c_{A1}}{k_1c_{A1}^n} \tag{5-21}$$

从给定条件可求得第一釜的出口浓度 c_{A1}。进而对第二釜有

$$\tau_2=\frac{c_{A1}-c_{A2}}{k_2c_{A2}^n} \tag{5-22}$$

同样可求出第二釜的出口浓度 c_{A2}。以此类推，最终可求得第 N 釜的出口浓度 c_{AN}。

如果反应为一级不可逆反应，且各釜的体积和操作温度都相同，则很容易得到如下结果

$$c_{AN}=\frac{c_{A0}}{(1+k\tau_i)^N} \tag{5-23}$$

以上计算过程还可通过图解法进行。实际上的计算是联立求解反应动力学方程和多釜串联操作方程。如把它们写成

$$(-r_A)_i=kc_{Ai}^n \tag{5-24}$$

$$(-r_A)_i=\frac{c_{A,i-1}}{\tau_i}-\frac{c_{Ai}}{\tau_i} \tag{5-25}$$

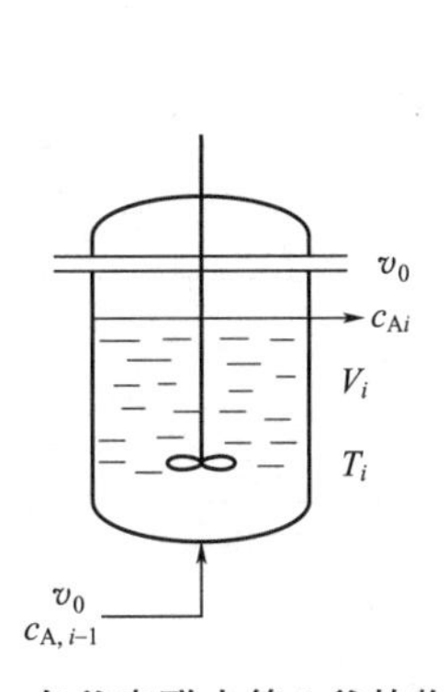

图 5-12　多釜串联中第 i 釜的物料衡算

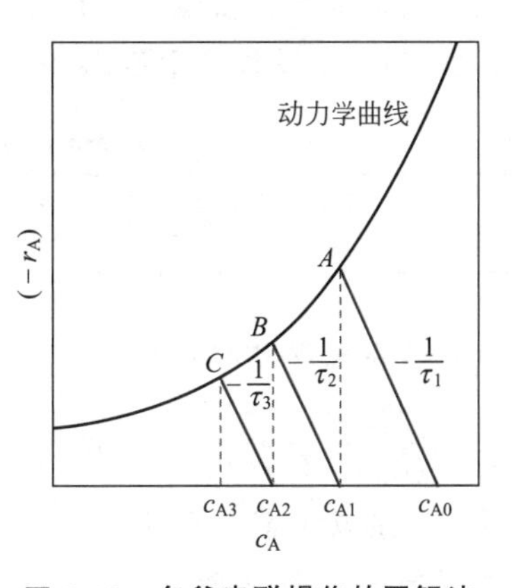

图 5-13　多釜串联操作的图解法

则在图 5-13 中以 $(-r_A) \sim c_A$ 标绘，由式(5-24) 可得动力学曲线。而式(5-25) 是一条操作线，是一条斜率为 $-1/\tau_i$ 的直线。以上两条线的交点即为反应釜中的操作条件。因而只要横坐标上找得初始浓度 c_{A0}，由此作一斜率为 $-1/\tau_1$ 的直线，与动力学曲线相交于 A 点，它所对应的浓度即为第一釜的出口浓度 c_{A1}。再由横轴上的 c_{A1} 出发作一斜率为 $-1/\tau_2$ 的直线，交于 B 点，即为第二釜出口浓度 c_{A2}。以此类推，可得 N 釜的反应结果。

【例 5-6】 一级不可逆反应 A ⟶ P，在 85℃ 时反应速率常数为 3.45h^{-1}。今拟在一容积为 10m^3 的釜式反应器中进行。若最终转化率为 0.95，该反应器处理的物料量可达 $1.82\text{m}^3/\text{h}$。若用两个容积相同的串联釜时的总体积为多少？

解： 设采用两个串联釜时总体积为 $V=2V_1=2V_2$，根据定态操作时连续流动釜式反应器的物料衡算式，可得到

$$k\frac{V_1}{v_0}=\frac{c_{A0}}{c_{A1}}-1, \quad k\frac{V_2}{v_0}=\frac{c_{A1}}{c_{A2}}-1$$

可改写成

$$\frac{V_1}{v_0}=\frac{1}{k}\left(\frac{c_{A0}}{c_{A1}}-1\right), \quad \frac{V_2}{v_0}=\frac{1}{k}\left(\frac{c_{A1}}{c_{A2}}-1\right)$$

消去 c_{A1}，可得

$$\left(1+k\frac{V_1}{v_0}\right)^2=\frac{c_{A0}}{c_{A2}}, \quad \frac{V_1}{v_0}=\frac{1}{k}\left(\sqrt{\frac{c_{A0}}{c_{A2}}}-1\right)$$

$$\frac{V}{v_0}=\frac{2V_1}{v_0}=\frac{2}{k}\left(\sqrt{\frac{c_{A0}}{c_{A2}}}-1\right)=\frac{2}{3.45}(4.47-1)=2$$

$$V=2\times1.82=3.64\text{m}^3$$

【例 5-7】 应用串联全混流釜式反应器进行一级不可逆反应，假设各釜的容积和操作温度相同，已知在该温度下的速率常数为 $k=0.92\text{h}^{-1}$，原料的进料速率 $v_0=10\text{m}^3/\text{h}$，要求最终转化率为 0.90。试计算当串联釜数 N 分别为 1、2、3、4、5、10、50 和 100 时的反应器总体积。如果应用间歇反应器操作，计算不考虑辅助生产时间条件下所需间歇釜的体积。

解： 应用式(5-23) 可得相应于各 N 值下的总体积，其计算结果列于表 5-3：

表 5-3 例 5-7 计算结果

N/个	1	2	3	4	5	10	50	100
V/m^3	97.8	47.0	37.6	33.8	31.8	28.1	25.6	25.3

对间歇操作，所需反应时间 t 为

$$t=\frac{1}{k}\int_0^{x_A}\frac{\mathrm{d}x_A}{1-x_A}=\frac{1}{k}\ln\frac{1}{1-x_A}=\frac{1}{0.92}\ln\frac{1}{1-0.90}=2.503\text{h}$$

根据处理能力要求，其反应器体积为 $2.503\times10=25.03\text{m}^3$。

由计算结果可知：① 串联釜数 N 愈多，所需反应器体积愈小，当 $N>50$ 时，已接近间歇反应器所需的体积；② 在 $N<5$ 时增加反应器数对降低反应器总体积的效果显著，而

当 $N>5$ 后，增加串联釜数的效果不明显，且 N 愈大，效果愈小。

本章小结

1. 全混流反应器与平推流反应器都属于理想流动反应器，但反应器特性有本质区别。满足全混流假定的理想流动釜式反应器（CSTR），其基本设计方程式为

$$\tau=\frac{V}{v_0}=\frac{c_{A0}-c_A}{(-r_A)}$$

上式是一代数方程。

在进行设计型或操作型计算时，有时还需要结合热量衡算式联立求解。

2. 引出了一个重要的宏观动力学因素——返混。

① 返混是不同时刻进入反应器物料间的混合。

② 返混是连续化时伴生的现象。它起因于空间的反向运动和不均匀的速度分布。

3. 返混造成两种孪生的结果：

① 改变了反应器内的浓度分布。对设计型问题（规定出口浓度），它使反应器内各处反应物浓度普遍下降，产物浓度普遍上升。

② 造成物料的停留时间分布。

4. 返混的利弊取决于反应的特征：反应速率的浓度效应和选择率的浓度效应。在反应器选型时，应首先根据反应特征确定应当加强返混还是抑制返混。

5. 限制返混的措施主要是分割——横向分割和纵向分割。本章仅限于讨论无限返混的全混流，有限返混的情况可参阅有关文献。

习　题

本书二维码

解题思路

5-1　已知一级反应在 PFR 中进行时，出口转化率为 0.9。现将该反应移到一个 CSTR 中进行，若两种反应器体积相同，且操作条件不变，问该反应在 CSTR 的出口转化率应为多少？

5-2　一液相反应 $A\longrightarrow P$，其反应速率为 $(-r_A)=kc_A^2$。在 CSTR 中进行反应时，在一定工艺条件下所得转化率为 0.5，今将此反应移到一个比它大 6 倍的 CSTR 中进行，其他条件不变，其能达到的转化率为多少？

5-3　某液相反应 $A\longrightarrow P$ 为一级不可逆反应，反应活化能 $E=83.6$kJ/mol，在 150℃ 等温管式反应器中进行，转化率为 0.6。现改用等体积的 CSTR 反应器，处理量不变，要求达到的转化率为 0.7，问此时的 CSTR 应在什么温度下操作？

5-4　一级反应 $A\longrightarrow P$，反应活化能为 83.7kJ/mol，反应温度为 150℃，在一管式反应器中进行，若其体积为 V_P，如改用 CSTR，其体积为 V_M，说明 V_P/V_M 的表达式，若转化率为 0.6 和 0.9，为使 CSTR 的体积 V_M 和 PFR 的体积相同，则 CSTR 应在什么温度下进行反应？

5-5　某液相反应 $A\longrightarrow P$，实验测得浓度～反应速率数据如下：

c_A/(mol/L)	0.1	0.2	0.4	0.6	0.8	1.0	1.2	1.4	1.6
$(-r_A)$/[mol/(L·min)]	0.625	1	2	2.5	1.5	1.25	0.8	0.7	0.65

若反应在CSTR中进行，进料体积流量为120L/min，进口浓度$c_A=2$mol/L，当出口浓度c_{Af}分别为0.6mol/L、0.8mol/L、1mol/L时，求所需反应器体积，并讨论计算结果。

5-6 在一个体积为300L的反应器中，86℃等温下将浓度为3.2kmol/m^{3}的反应物A分解

$$A \longrightarrow P+S$$

该反应为一级反应，86℃下$k=0.08s^{-1}$。最终转化率为98.9%，试计算A的处理量。(1) 若反应器为间歇操作，且设辅助时间为15min；(2) 若反应器为CSTR，并将结果与(1)比较；(3) 若A的浓度增加一倍，其他条件不变，结果如何？

5-7 在体积为V_R的反应器中进行液相等温反应$A \longrightarrow P$，已知反应速率为$(-r_A)=kc_A^2$，求：(1) 当在CSTR中的$x_{Af}=0.50$时，若将此反应器改为同体积的PFR，反应条件不变，则x_{Af}为多大？(2) 当在CSTR中的$x_{Af}=0.50$时，若将此反应器增大10倍，则x_{Af}又为多大？(3) 若反应为零级时，求(1)、(2)的计算结果。(4) 若反应为一级时，重复(1)、(2)的计算要求。

5-8 在CSTR中进行液相反应$A \longrightarrow 2R$，反应器体积$V=5$L，进口浓度$c_{A0}=1$mol/L，$c_{R0}=0$，实验数据如下表：

No	v_0/(cm^3/s)	T/℃	c_{Rf}/(mol/L)
1	2	13	1.8
2	15	13	1.5
3	15	84	1.8

试求反应动力学方程？

5-9 在全混流反应器中用醋酸和丁醇生产醋酸丁酯，反应式为

$$\underset{(A)}{CH_3COOH}+\underset{(B)}{C_4H_9OH} \longrightarrow \underset{(P)}{CH_3COOC_4H_9}+\underset{(S)}{H_2O}$$

反应在100℃等温下操作，反应动力学方程$(-r_A)=17.4c_A^2$kmol/(L·min)，配料物质的量比为$n(A):n(B)=1:4.97$，以少量硫酸为催化剂，反应物密度为0.75(kg/L)，每天生产2400kg醋酸丁酯，当醋酸转化率为$x_A=0.5$时，求：(1) 用单个全混釜反应器的体积；(2) 用解析法计算两个等体积串联全混釜反应器的体积。

5-10 在一流动循环反应器中进行自催化反应

$$A+P \longrightarrow P+P$$

已知$c_{A0}=1$mol/L，$k=1$L/(mol·s)，进料流率$v=1$L/s。当循环比分别为5，0，∞时，$x_A=0.99$的反应器体积。

5-11 证明对于一级反应，在两釜串联流程中反应，两釜体积大小相同，则其总体积为最小。

第6章

反应器中的混合现象与非理想流动

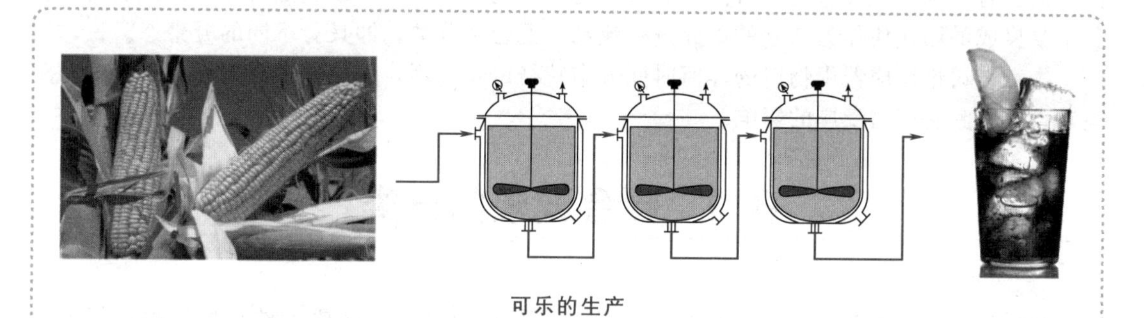

可乐的生产

焦糖是生产可乐所必需的原料。焦糖由较高黏度的玉米糖浆在高温下（154℃）经焦糖化作用制得。但是如果加热时间稍长，焦糖会进一步生成焦炭颗粒，该过程可以看作一个串联反应。实际生产中的主要过程是，首先将玉米糖浆置于大桶中（类似间歇反应器）搅拌并加热至154℃，加热的时间精确控制；达到设定时间后桶内物料被倾倒出并快速冷却；最后彻底清洗大桶并进行下一批次的生产。但是，这种工艺工人劳动强度大，并且产品质量不稳定。如何设计一种反应器既可以实现连续化生产，又可以提高过程收率呢？

前面几章讨论了两种不同流动类型的反应器——平推流和全混流。对平推流反应器，其反应器出口的所有反应物料质点在器内停留了相同的时间，即具有相同的停留时间；而对全混流反应器，其反应器出口的反应物料各质点具有不同的停留时间，即具有停留时间分布，但它具有与反应器内物料相同的停留时间分布。由于反应物料在这两种反应器中具有不同的流动模式，其反应结果具有明显的差异。而在工业反应器中，反应物料的流动往往偏离这两类流动模式，也就是说在反应器出口的反应物料中存在明显的停留时间分布。所有偏离平推流和全混流的流动统称为**非理想流动**。显然，随着这种偏离程度的不同，反应结果也将不同。此外，前面讨论中是把反应器内反应物料视为按分子尺度规模来进行流动、混合和分散，而在有些场合，反应物料可能是具有一定粒径的固体颗粒，或虽是流体，但却以由许多分子凝聚成的团或块作为独立的单元进行流动、混合和分散，即具有不同的凝聚态。

本章将讨论反应器中物料的停留时间分布特征以及应用，讨论非理想流动和反应物料凝集态，并考察它们对反应的影响。

6.1 混合现象的分类

化学反应是不同物质分子间的化学作用，这种反应进行的必要条件是反应物之间的接触。因此任何化学反应的进行都要使反应物料达到充分的混合。

无论是在连续流动釜式反应器还是间歇搅拌釜中，搅拌的目的都是要把釜内的物料混合均匀，搅拌是达到混合的一种手段。然而，"**混合**"只是一种总称，按其性质分类可以有多种不同的情况。

如果按混合对象的年龄可以把混合分为：

① 相同年龄物料之间的混合——**同龄混合**。这里所说的物料年龄就是物料在反应器中已停留的时间。例如，在间歇反应过程中，如果物料是一次投入的，则在反应进行的任何时刻，所有物料都具有相同的停留时间，此时搅拌引起的混合就是同龄混合。

② 不同年龄物料之间的混合——**返混**。在连续流动釜式反应器中，搅拌的结果使先期进入反应器的物料与刚进入反应器的物料相混，这种不同时刻进入反应器的物料的混合，即不同年龄物料之间的混合，称为返混。

此外，对反应物料混合均匀程度的考察，还涉及混合的尺度问题。所谓混合的好坏程度，都是相对一定的尺度而言的。如图 6-1 所示，A 和 B 两种物料进行混合：如果分析其混合程度时取样是以几百上千个小微团为基准物，如图 6-1(a) 所示，则可以明显地判断它们之间的混合是均匀的；但如果取样的尺寸缩小，例如只取到一个小微团［如图 6-1(b) 所示］进行分析，则显然是混合得很不均匀，因为它不是 A 就是 B。

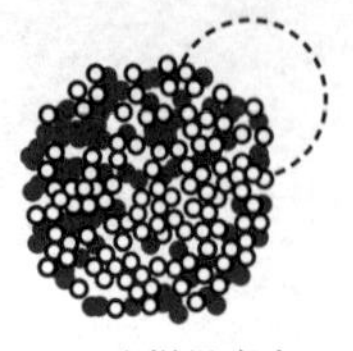

(a) 取样尺度大

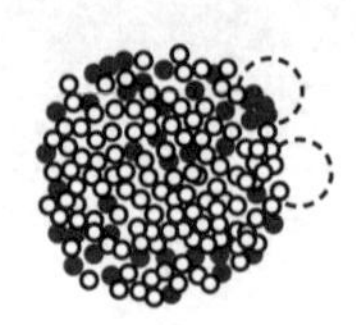

(b) 取样尺度小

图 6-1 取样尺度与混合均匀程度的关系

所谓取样的多少，就是尺度的大小问题。所以，物料的混合现象按混合发生的尺度大小分类可分为两大类：

① **宏观混合**。宏观混合是指设备尺度上的混合现象。如在连续流动釜式反应器中，由于机械搅拌作用，使反应器内的物料产生设备尺度上的环流，从而使物料在设备尺度上得到混合。如果搅拌作用强烈到足以使物料得到充分的混合，使反应器内的物料在设备尺度上达到均一，这就是全混流的状态。相反，如果物料在设备尺度上没有任何混合作用，如平推流反应器，物料自进入反应器后，在流动方向上互不相混，这又是另一种极端的流动状态——平推流。因此，全混流和平推流在宏观混合上是两种极限的流动状态。

② **微观混合**。它是一种物料微团尺度上的混合。所谓微团是指固体颗粒、液滴或气泡等尺度的物料聚集体。在发生混合作用时，各个微团之间可以达到完全相混，也可能完全不混，或是介于二者之间。微团之间达到完全均一的混合状态，就是通常讨论的均相反应过程。微团之间完全不发生混合的典型例子就是进行固相加工反应的情形，而互不相溶的液液反应过程则是介于中间混合状态的例子。

如上所述，在发生均相反应之前，必须使反应物料达到分子尺度均一。这种发生于反应之前的混合过程常称为**预混合过程**。实际上，这一混合过程是分两步进行的：

① 湍流混合。反应物料通常经由机械搅拌或高速流体的射流所造成的湍流流动被撕裂，破碎成物料微团而分散于另一流体中。这种微团的尺寸大小主要取决于湍流的强度和尺度。但是，最强烈的湍动也不可能将两股流体直接混合到分子尺度上的均匀。

② 分子扩散。被湍动所破碎的物料微团，通过与其周围流体之间的分子扩散作用达到分子尺度的均匀，即达到均相状态。

由此可见，这种预混合过程进行的快慢必将对反应过程产生影响。如果化学反应本身的速度很慢，在完成上述两步预混合过程中，化学反应的转化量极其微小，对总的反应影响几乎可以忽略，则该反应可视为均相反应过程。反之，如果化学反应本身进行得极快，甚至在反应物料未达到分子尺度的均匀之前就已完成了反应或是反应掉相当数量，则该反应就不是一个均相反应过程。反应过程的速率主要是由上述预混合过程中的扩散速率所控制。整个过程的速率受影响是问题的一个方面，更为严重的是，在这种情况下，反应系统中原料反应物的配比已失去意义，实际发生反应场所的反应物配比由扩散过程所控制，从而使反应结果严重偏离原先的设想，产生严重的后果。因而，对快速反应过程，预混合是一个值得重视的问题。

6.2 停留时间分布及其性质

在实际工业反应器中，由于物料在反应器内的流动速度不均匀，或因内部构件的影响造成物料与主体流动方向相反的逆向流动，或因在反应器内存在沟流、环流或死区都会导致理想流动的偏离，使在反应器出口的物料中有些在器内停留时间很长，而有些则停留了很短的时间，因而具有不同的反应程度。所以，反应器出口物料是所有具有不同停留时间物料的混合物。而反应的实际转化率是这些物料的平均值。为了定量地确定出口物料的反应转化率或产物的定量分布，必须定量地描述出口物料的停留时间分布。

6.2.1 停留时间分布的表达

物料在反应器内的停留时间分布是随机的，可以用两种概率分布函数来定量描述，这就是停留时间分布密度与停留时间分布函数。

(1) **停留时间分布密度函数**

以 $f(t)$ 来表达。其定义为：在定常条件下的连续流动系统中，对于某一瞬间 $t=0$ 时流入反应器的物料，在反应器出口流体物料中停留时间介于 t 与 $t+\mathrm{d}t$ 之间的物料所占的百分比应为 $f(t)\mathrm{d}t$。据此，它具有归一化的性质，即

$$\int_0^\infty f(t)\mathrm{d}t = 1.0 \tag{6-1}$$

以 $f(t)$ 对 t 作图，得到停留时间分布密度图，简称 $f(t)$ 图，如图 6-2(a) 所示。

(2) **停留时间分布函数**

以 $F(t)$ 表示。其定义为，在定常态下的连续流动系统中，相对于 $t=0$ 瞬间流入反应器内的物料，在反应器出口物料中停留时间小于 t 的物料所占的百分比。图 6-2(b) 为典型的停留时间分布函数曲线，又称 $F(t)$ 图。显然，停留时间小于 t 的物料所占百分比应为图 6-2(a) 中的阴影面积。

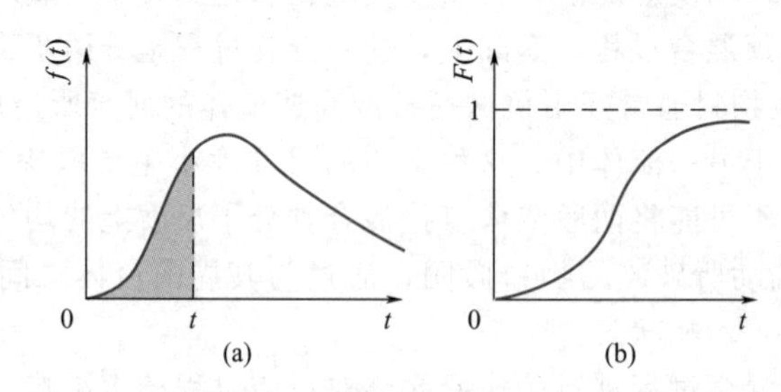

图 6-2 常见的停留时间分布密度与分布函数

$f(t)$ 和 $F(t)$ 的关系，由定义可知

$$F(t) = \int_0^t f(t)\mathrm{d}t \tag{6-2}$$

若时间为无限长，则必有

$$F(\infty) = \int_0^\infty f(t)\mathrm{d}t = 1.0 \tag{6-3}$$

6.2.2 停留时间分布的实验测定

停留时间分布通常由实验测定，主要的方法是应答技术，即用一定的方法将示踪物加入反应器进口，然后在反应器出口物料中检测示踪物的信号，以获得示踪物在反应器中停留时间分布规律的实验数据。可以利用示踪物光学、电学、化学或放射性特点，用相应的测试仪器进行检测。采用何种示踪物，要根据物料的物态、相系，以及反应器的类型等情况而定。示踪物的基本要求是：①示踪物必须与进料具有相同或非常接近的流动性质，两者应具有尽可能相同的物理性质；②示踪物要具有易于检测的特殊性质，而且这种性质的检测愈灵敏、愈简洁，实验结果就愈精确；③示踪物不能与反应物料发生化学反应或被吸附，否则就无法进行示踪物的物料衡算；④用于多相系统检测的示踪物不发生由一相转移到另一相的情况。

示踪物的输入方法有脉冲注入法、阶跃注入法及周期输入法等。脉冲法和阶跃法简便易行，应用广泛。

(1) 脉冲法

脉冲法是当反应器中流体达到定态流动后，在某个极短的时间内，将示踪物脉冲注入进

料中，然后分析出口流体中示踪物浓度随时间的变化，以确定停留时间分布。若在某一瞬间，向定态流动系统的流体中脉冲加入一定量（Q）的示踪物，同时开始计时，并连续分析出口处示踪物浓度 c，当经过足够长时间后，加入系统中的示踪物 Q 一定会全部离开系统，即

$$Q=\int_0^{\infty} vc\,\mathrm{d}t \tag{6-4}$$

式中，v 为反应器进口物料流量。停留时间介于 $t \sim t+\mathrm{d}t$ 的示踪物量为

$$Qf(t)\mathrm{d}t=vc(t)\mathrm{d}t \tag{6-5}$$

所以

$$f(t)=\frac{vc(t)}{Q} \tag{6-6}$$

将式(6-4) 代入式(6-6) 得

$$f(t)=\frac{c(t)}{\int_0^{\infty} c(t)\mathrm{d}t} \tag{6-7}$$

脉冲法的输入信号及输出响应曲线示于图 6-3 中。由此可见，用脉冲法直接测得的是停留时间分布密度函数 $f(t)$。

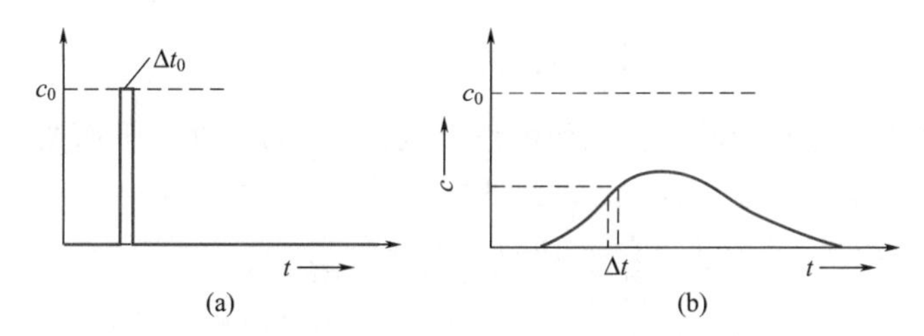

图 6-3　脉冲法测定停留时间分布密度函数

（2）阶跃法

阶跃法是当设备内流体达到定态流动后，自某一瞬间起连续加入示踪物流，然后分析出口流体中示踪物浓度随时间的变化，以确定停留时间分布。若物料以稳定体积流率 v 通过反应器体积 V_R，然后自某一瞬间（$t=0$）起，在入口处连续加入浓度为 c_0 的示踪物，并保持混合物流量 v 不变，在反应器出口处，测得示踪物 c 随时间 t 的变化就是示踪物在反应器内的停留时间分布。阶跃注入与出口应答曲线示于图 6-4 中。

阶跃法测定的停留时间分布曲线代表了物料在反应器中的停留时间分布函数，即 $F(t)$。因为停留时间为 t 时，出口物料中示踪物浓度为 c，混合物流量为 v，所以示踪物流出量为 vc；又因在停留时间 t 时流出的示踪物，也就是在反应器中停留时间小于 t 的示踪物。按定义，物料中小于停留时间 t 的物料所占的百分比为 $F(t)$，因此示踪物入口流入量为 vc_0，示踪物出口流出量为 $vc_0F(t)$，即 $vc_0F(t)=vc$，所以 $F(t)=c/c_0$。由此可见，用阶跃注入法测得的是停留时间分布函数。由图可知，$vc=vc_0\int_0^t f(t)\mathrm{d}t$，因此 $F(t)=\int_0^t f(t)\mathrm{d}t$。

6.2.3　停留时间分布的数字特征

为了对不同流动状态下的停留时间分布进行定量的分析，可以采用随机函数的特征值予以表达，随机函数的特征值最重要的是数学期望和方差。

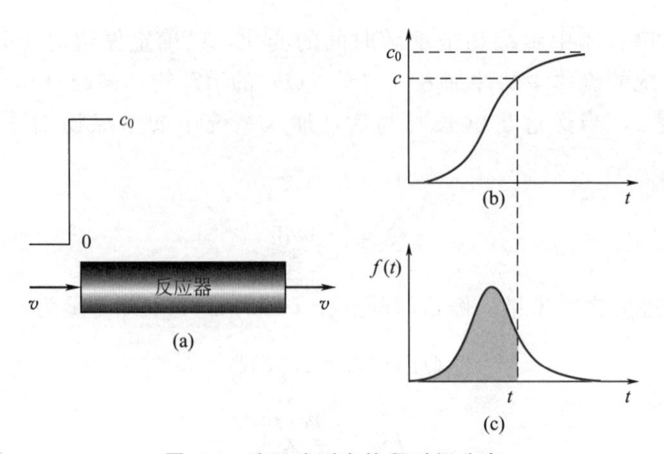

图 6-4　阶跃法测定停留时间分布

(a) 阶跃注入；(b) 出口应答；(c) 停留时间分布密度函数

(1) 数学期望

对停留时间分布密度函数 $f(t)$ 曲线，数学期望 $\bar{t}$ 是对原点的一阶矩，也就是**平均停留时间**。即

$$\bar{t}=\frac{\int_0^{\infty} tf(t)\mathrm{d}t}{\int_0^{\infty} f(t)\mathrm{d}t}=\int_0^{\infty} tf(t)\mathrm{d}t \tag{6-8}$$

数学期望为随机变量的分布中心，在几何图形上也就是 $f(t)$ 曲线下面图形的重心在横轴上的投影。由 $F(t)$ 和 $f(t)$ 的关系，上式也可写为

$$\bar{t}=\int_0^{\infty} t\frac{\mathrm{d}F(t)}{\mathrm{d}t}\mathrm{d}t=\int_0^1 t\mathrm{d}F(t) \tag{6-9}$$

对离散测定值，此时数学期望由下式计算

$$\bar{t}=\frac{\sum tf(t)\Delta t}{\sum f(t)\Delta t}=\frac{\sum tf(t)}{\sum f(t)} \tag{6-10}$$

可用式(6-10) 由实验数据求出平均停留时间。

(2) 方差

方差是停留时间分布对于数学期望的二阶矩，也称离散度，是用来度量随机变量与其均值的偏离程度，以 σ_t^2 表示。

$$\sigma_t^2=\frac{\int_0^{\infty}(t-\bar{t})^2 f(t)\mathrm{d}t}{\int_0^{\infty} f(t)\mathrm{d}t}=\int_0^{\infty}(t-\bar{t})^2 f(t)\mathrm{d}t=\int_0^{\infty} t^2 f(t)\mathrm{d}t-\bar{t}^2 \tag{6-11}$$

方差是停留时间分布分散程度的量度，σ_t^2 愈小，则流动状况愈接近于平推流，对平推流，物料在系统中停留时间相等，且等于 V_R/v，$t=\bar{t}$，故 $\sigma_t^2=0$。

对离散型分布则为

$$\sigma_t^2=\frac{\sum t^2 f(t)}{\sum f(t)}-\bar{t}^2 \tag{6-12}$$

用式(6-12) 可由实验数据求出方差。

(3) 对比时间

为了消除由于时间单位不同而使平均停留时间和方差之值发生变化所带来的不便，可采

用无量纲对比时间 $\theta=t/\bar{t}$ 来表示停留时间分布的数字特征。当以无量纲对比时间 θ 为自变量时，由于时标的改变引起了下列变化。

$$平均对比停留时间\ \bar{\theta}=\frac{\bar{t}}{\bar{t}}=1 \tag{6-13}$$

在对应的时标处，即 θ 和 $\theta\bar{t}=t$，其停留时间分布函数值相等，即 $F(\theta)=F(t)$，这里 $F(\theta)$ 代表对比时间为 θ 时的停留时间分布函数。

停留时间分布密度函数 $f(t)$ 的量纲为 [时间]$^{-1}$，根据

$$f(t)\mathrm{d}t=f(\theta)\mathrm{d}\theta$$

得

$$f(\theta)=\frac{f(t)\mathrm{d}t}{\mathrm{d}\theta}=\frac{f(t)\mathrm{d}t}{\mathrm{d}\frac{t}{\bar{t}}}=\bar{t}f(t) \tag{6-14}$$

此式表明，以 θ 为自变量时，停留时间分布密度的数值比以 t 为自变量时大 $\bar{t}$ 倍。$f(\theta)$ 仍具有归一性。

$$\int_0^{\infty}f(\theta)\mathrm{d}\theta=1 \tag{6-15}$$

若 σ^2 表示以 θ 为时标时的方差，则根据定义

$$\sigma^2=\int_0^{\infty}(\theta-1)^2f(\theta)\mathrm{d}\theta=\int_0^{\infty}(\theta-1)^2f(t)\,\bar{t}\mathrm{d}\theta$$

$$=\frac{1}{\bar{t}^2}\int_0^{\infty}(t-\bar{t})^2f(t)\mathrm{d}t=\frac{\sigma_t^2}{\bar{t}^2} \tag{6-16}$$

可以推知，对平推流反应器，$\sigma_t^2=\sigma^2=0$；对全混流反应器，$\sigma_t^2=\bar{t}^2$，$\sigma^2=1$。

对于一般流型反应器，$0\leqslant\sigma^2\leqslant1$，当 σ^2 接近于零时，可作平推流处理；接近于1时，可作全混流处理。

【例 6-1】 应用脉冲示踪法测定一容积为12L的反应装置，进入反应器的流体速度 $v=0.8\mathrm{L/min}$，在定常态下脉冲输入80g示踪剂A，并同时在反应器出口处记录流出物中示踪剂A的浓度 c_A 随时间的变化，其实测数据列于表6-1。

表 6-1　例 6-1 原始数据表

t/min	0	5	10	15	20	25	30	35
c_A/(g/L)	0	3	5	5	4	2	1	0

试根据表6-1中实验数据确定 $f(t)$ 和 $F(t)$ 曲线，并计算 $f(t)$ 曲线的 σ_t^2 和 σ^2。

解： 首先对实验数据进行一致性检验，此时应满足

$$\int_0^{\infty}c_A\mathrm{d}t=\frac{M}{v}=c_{A0}=\frac{80}{0.8}=100$$

利用辛普森积分公式

$$\int_a^{\infty}f(x)\mathrm{d}x\approx\frac{h}{3}\left[f(x_0)+2\sum_{j=1}^{n/2-1}f(x_{2j})+4\sum_{j=1}^{n/2}f(x_{2j-1})+f(x_n)\right]$$

其中，$x_j=a+jh$；$j=0,1,\cdots,n-1,n$；$h=(b-a)/n$。

应用辛普森数值积分法和表列数据求积分

$$\int_0^{\infty}c_A\mathrm{d}t=\frac{5}{3}[0+2\times(5+4+1)+4\times(3+5+2+0)]=100$$

所以，实验数据的一致性检验是满足的。

然后应用 $f(t)=\dfrac{c_A(t)}{\int_0^{\infty} c_A(t)\mathrm{d}t}$ 和 $F(t)=\int_0^t f(t)\mathrm{d}t$ 和表列数据来计算 $f(t)$、$F(t)$、$tf(t)$、$t^2f(t)$ 的值，计算结果列于表 6-2 中。

表 6-2 例 6-1 计算结果

序号	1	2	3	4	5	6	7	8
t/min	0	5	10	15	20	25	30	35
$f(t)$	0	0.03	0.05	0.05	0.04	0.02	0.01	0
$F(t)$	0	0.075	0.275	0.525	0.750	0.900	0.975	1.0
$tf(t)$	0	0.15	0.50	0.75	0.80	0.50	0.30	0
$t^2f(t)$	0	0.75	5	11.25	16	12.5	9	0

应用表 6-2 数据作 $f(t)$、$F(t)$ 曲线，如图 6-5 所示。

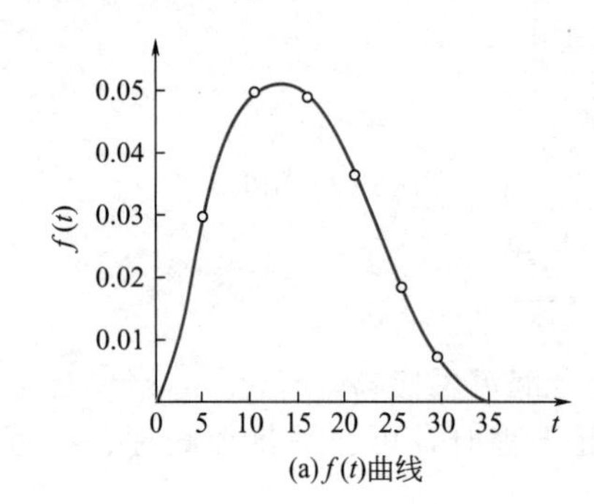

(a) $f(t)$曲线

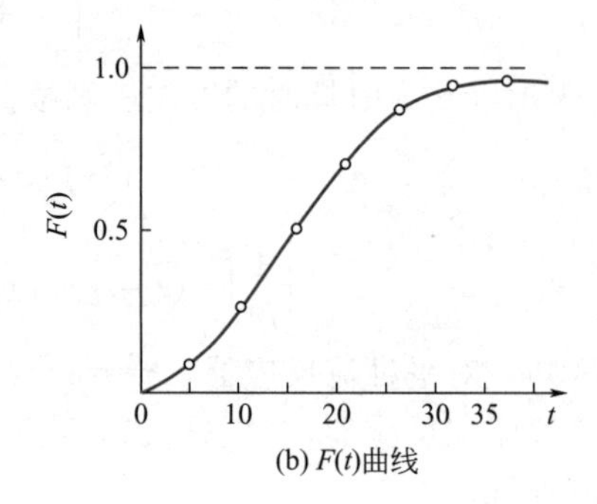

(b) $F(t)$曲线

图 6-5 例 6-1 图 $f(t)$、$F(t)$ 曲线

方差 σ_t^2 和 σ^2 的计算

因 $$\sigma_t^2=\int_0^{\infty} t^2 f(t)\mathrm{d}t-\bar{t}^2$$

其中 $$\bar{t}=\frac{V_R}{v}=\frac{12}{0.8}=15\mathrm{min}$$

$$\sigma_t^2=\frac{\sum t^2 f(t)}{\sum f(t)}-\bar{t}^2=47.5\mathrm{min}^2$$

$$\sigma^2=\frac{\sigma_t^2}{\bar{t}^2}=\frac{47.5}{15^2}=0.211$$

6.2.4 平推流反应器和全混流反应器的停留时间分布

(1) 平推流反应器的停留时间分布

平推流反应器中所有流体的停留时间都是 $\bar{t}=V_R/v$，其 $f(t)$ 和 $F(t)$ 曲线如图 6-6 所示，由图可见：

$t\neq\bar{t}$ 时，$f(t)=0$；$t=\bar{t}$ 时，$f(t)=\infty$

$t<\bar{t}$ 时，$F(t)=0$；$t\geqslant\bar{t}$ 时，$F(t)=1$

$\sigma_t^2=0$，$\sigma^2=0$

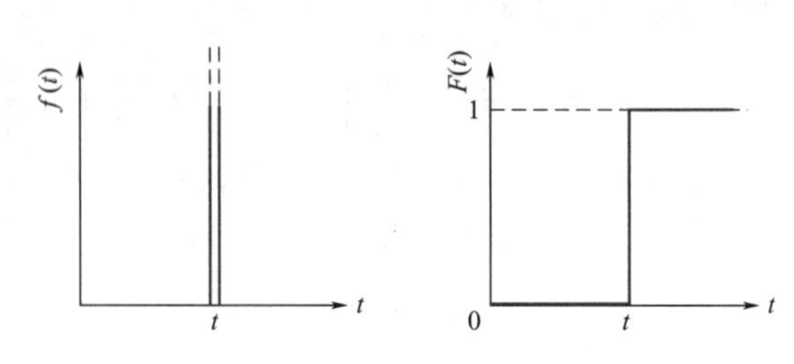

图 6-6 平推流反应器的 $f(t)$ 与 $F(t)$ 曲线

平推流的 $f(t)$ 和 $F(t)$ 可表达为

$$f(t)=\begin{cases}0 & (t\neq\bar{t})\\ \infty & (t=\bar{t})\end{cases}\tag{6-17}$$

$$F(t)=\begin{cases}0 & (t<\bar{t})\\ 1 & (t\geqslant\bar{t})\end{cases}\tag{6-18}$$

(2) 全混流反应器的停留时间分布

全混流反应器的停留时间分布可通过对示踪物作物料衡算求得。此处采用阶跃示踪法。假设在某一瞬间即 $t=0$ 时，用示踪物 B 切换原来的物料 A，并同时测定出口物流中示踪物所占的百分比 $c(t)/c(0)$，即为不同时间的 $F(t)$。在时间 t 至 $t+\mathrm{d}t$ 间隔内作示踪物 B 的物料衡算，即

B 加入量：$vc(0)\mathrm{d}t=v\mathrm{d}t\quad [c(0)=1]$

B 流出量：$vc(t)\mathrm{d}t$

存留于反应器中的量：$V_R\mathrm{d}c(t)$

稳定流动时：$v\mathrm{d}t=vc(t)\mathrm{d}t+V_R\mathrm{d}c(t)$

$$\frac{\mathrm{d}c(t)}{\mathrm{d}t}=\frac{v}{V_R}[1-c(t)]=\frac{1}{\bar{t}}[1-c(t)]$$

分离变量在边界条件 $t=0$，$c(t)=0$ 时，积分得

$$-\ln[1-c(t)]=\frac{1}{\bar{t}}$$

所以

$$1-c(t)=e^{-t/\bar{t}}$$

即

$$c(t)=F(t)=1-e^{-t/\bar{t}}\tag{6-19}$$

$$f(t)=\frac{\mathrm{d}F(t)}{\mathrm{d}t}=\frac{1}{\bar{t}}e^{-t/\bar{t}}\tag{6-20}$$

$$f(\theta)=e^{-\theta}\tag{6-21}$$

用式(6-19) 和式(6-20) 作图，如图 6-7 所示。

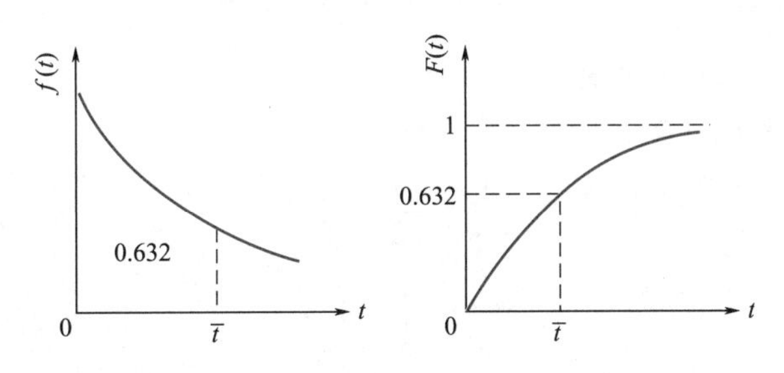

图 6-7　全混流时的 $f(t)$、$F(t)$ 图

由式(6-21) 可计算得，当 $\theta=1$ 时，即 $t=\bar{t}$ 时，全混流反应器的 $F(\bar{t})=0.632$，说明有 63.2%的物料在反应器中的停留时间小于平均停留时间。由此可见，全混流反应器中物料停留时间分布是很不集中的。

全混流反应器的方差为

$$\sigma_t^2=\int_0^\infty (t-\bar{t})^2 f(t)\mathrm{d}t=\int_0^\infty t^2 f(t)\mathrm{d}t-\bar{t}^2=\int_0^\infty t^2\ \frac{1}{\bar{t}}e^{-t/\bar{t}}\mathrm{d}t-\bar{t}^2=\bar{t}^2$$

$$\sigma^2=\frac{\sigma_t^2}{\bar{t}^2}=1$$

可见，对两种极端的流动状况，其无量纲方差分别为0和1，实际工业反应器的方差，必然介于0与1之间，其σ^2的大小，直观地反映了反应器的返混程度。

【例 6-2】 在两个包含两个反应器且反应器以不同方式串联的系统中进行二级液相反应，两个反应器系统为（1）CSTR和PFR串联，CSTR在前，PFR在后；（2）CSTR和PFR串联，PFR在前，CSTR在后。令CSTR的停留时间τ_M和PFR的停留时间τ_P相等，且$\tau_M=\tau_P=1\text{min}$，反应速率常数为$k=1.0\text{m}^3/(\text{kmol}\cdot\text{min})$，液相反应物进料浓度为$c_{A0}=1\text{kmol/m}^3$，计算不同串联顺序的转化率。

解： 假设c_{A1}为第一个反应器的出口浓度，c_{Af}为第二个反应器的出口浓度。

（1）CSTR在前，PFR在后的情况

在CSTR中二级反应有

$$\tau_M=\frac{c_{A0}-c_{A1}}{kc_{A1}^2}$$

求解得
$$c_{A1}=\frac{-1+\sqrt{1+4\tau_M kc_{A0}}}{2\tau_M k}=\frac{-1+\sqrt{1+4}}{2}=0.618\text{kmol/m}^3$$

对于PFR的计算，由二级反应的计算关系得

$$\frac{1}{c_{Af}}-\frac{1}{c_{A1}}=\tau_P k$$

所以
$$\frac{1}{c_{Af}}-\frac{1}{0.618}=1$$

解得PFR的出口浓度c_{Af}为

$$c_{Af}=0.382\text{kmol/m}^3$$

因此转化率为

$$x_A=\frac{1-0.382}{1}=0.618$$

（2）PFR在前，CSTR在后的情况

PFR的出料c_{A1}是CSTR的进料，c_{A1}为

$$\frac{1}{c_{A1}}-\frac{1}{c_{A0}}=\tau_P k$$

所以
$$\frac{1}{c_{A1}}-\frac{1}{1}=1$$

解得PFR的出口浓度c_{A1}为

$$c_{A1}=0.5\text{kmol/m}^3$$

对CSTR进行计算

$$\tau_M=\frac{c_{A1}-c_{Af}}{kc_{Af}^2}$$

求解得
$$c_{Af}=\frac{-1+\sqrt{1+4\tau_M kc_{A1}}}{2\tau_M k}=\frac{-1+\sqrt{1+2}}{2}=0.366\text{kmol/m}^3$$

相应的转化率为0.634。

从本例可以看出，CSTR 和 PFR 串联的方式不同，最后得到的转化率是不同的，但是，其停留时间分布曲线是相同的，如图 6-8 所示。

由此可见，停留时间分布并不是对一个反应器或反应器系统的完整描述，在这个串联系统中，返混出现的先后对反应结果产生影响。对二级反应，CSTR 在前，意味着返混使得高的初始浓度区域消失了，总的转化率会比较低。如果是小于一级的反应，则结果相反。因此，对于特定的反应器系统，即使停留时间分布是唯一的，但与特定的停留时间分布相对应的反应器系统并不一定是唯一的。对非理想反应器进行分析时，仅仅使用停留时间分布并不充分，还需要很多其他信息。后面将要说明除停留时间分布外，选取合适的流体流动模型、混合和扩散的程度，都是对反应器进行正确分析时的必要因素。

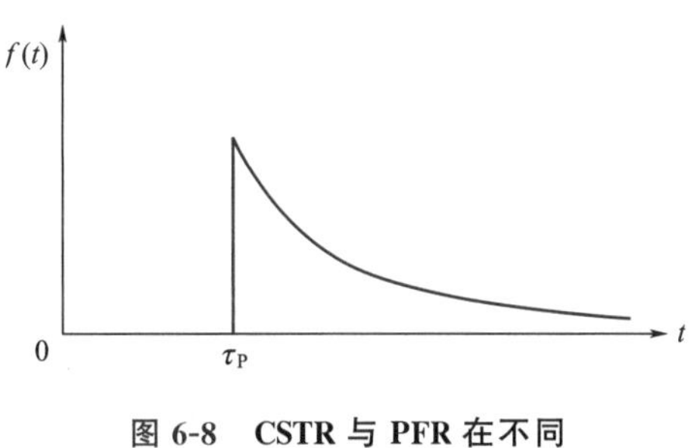

图 6-8 CSTR 与 PFR 在不同串联顺序下的 $f(t)$ 图

6.2.5 停留时间分布曲线的应用

根据停留时间分布曲线的形状可以判断反应器中的流动状况是更接近于平推流还是全混流，利用本章第 5 节，第 6 节讨论的非理想流动反应器的数学模型，或停留时间分布将实际反应器的流动状况与理想反应器的偏差定量化。对微观完全离析系统，停留时间分布可直接用于反应器计算，这个问题将在第 3 节中讨论。

此外，停留时间分布曲线可用于诊断反应器中是否存在不良流动，以便针对存在的问题改进反应器的结构。图 6-9 为接近平推流反应器的几种停留时间分布曲线，图中横坐标上 $\bar{t}$ 表示根据反应器实际容积计算的平均停留时间。(a) 为正常的停留时间分布曲线，曲线的峰形和位置均与预期相符；(b) 的出峰时间过早，表明反应器内可能存在静止区（“死区”），使反应器有效容积小于实际容积，平均停留时间缩短；(c) 出现几个递降的峰，表明反应器内可能存在循环流；(d) 的出峰时间太晚，可能是计算上的误差，或因为示踪剂被器壁或填充物吸附；(e) 出现两个峰，表明反应器内有两股平行流，例如存在短路或沟流。对接近全混流的反应器，也可通过测定停留时间分布判断是否存在上述各种不良流动。

又如图 6-10 是接近于全混流反应器的几种停留时间分布曲线，也同样有 (a) 正常状、(b) 早出峰、(c) 内循环、(d) 晚出峰、(e) 时间滞后。

从停留时间分布曲线形状进行分析后，就可以针对存在的问题，设法克服或加以改进，比如用增加反应管的长径比、加入横向挡板或将一釜改为多釜串联等手段，可使流动状况更接近于平推流。反之，设法加强返混，亦可使流动状况接近于全混流。

总之，测定停留时间分布曲线的目的，在于可以对反应器内的流动状况作出定性判断，以确定是否符合工艺要求或提出相应的改善方案；另外，通过求取数学期望和方差，以作为返混的度量，进而求取模型参数；对某些反应，则可直接运用 $f(t)$ 函数进行定量的计算。

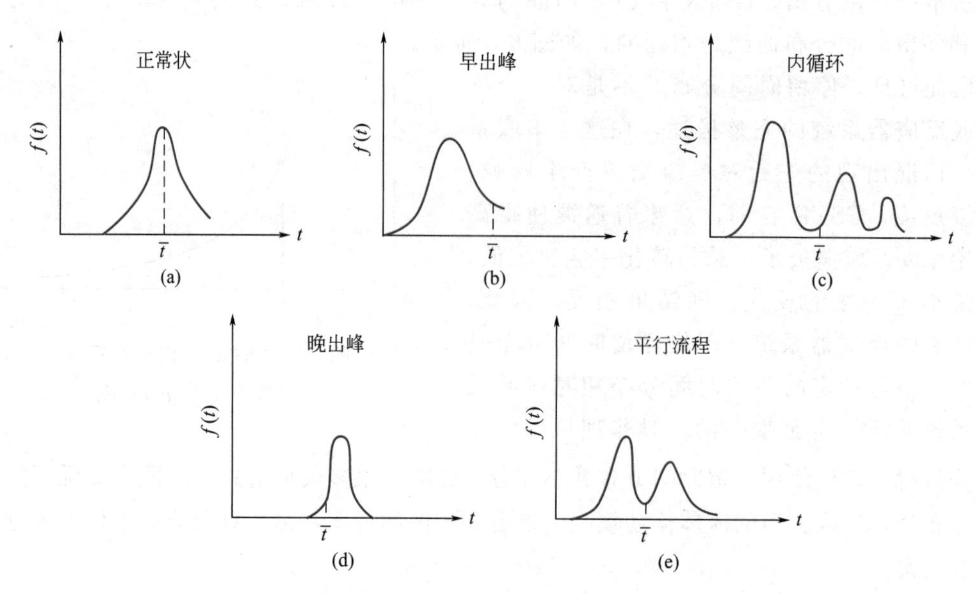

图 6-9 接近平推流反应器的几种停留时间分布曲线

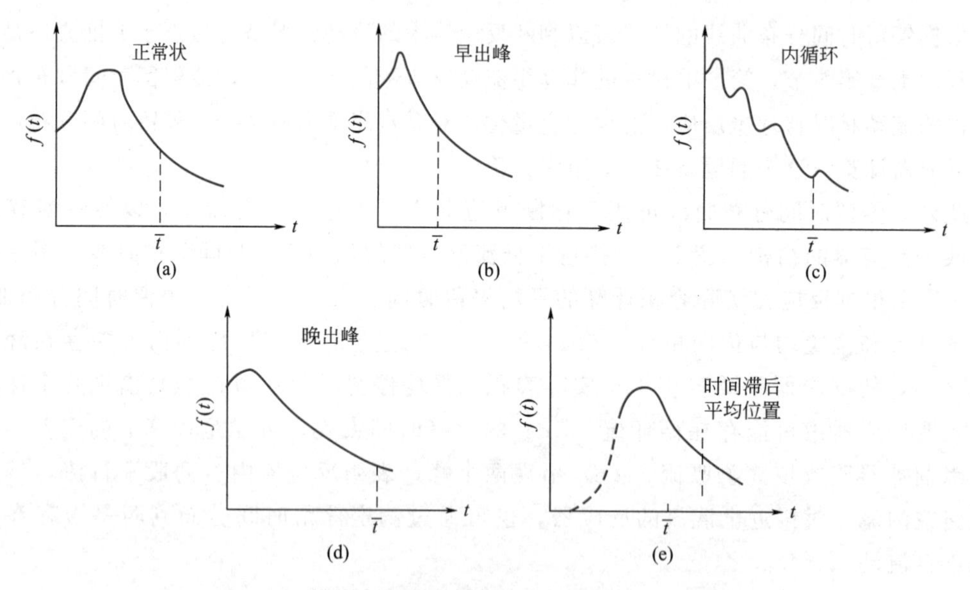

图 6-10 接近全混流反应器的几种停留时间分布曲线

6.3 连续流动釜式反应器中的固相反应

6.3.1 流固相非催化反应动力学

流固相反应除了气固相催化反应之外，还有流固相非催化反应，简称流固相反应。在工业反应过程中的实例有很多，例如：

$$C(s)+H_2O(g) \longrightarrow CO(g)+H_2(g) \quad 煤的气化$$
$$2C(s)+3/2O_2(g) \longrightarrow CO(g)+CO_2(g) \quad 煤的燃烧$$
$$4FeS_2(s)+11O_2(g) \longrightarrow 8SO_2(g)+2Fe_2O_3(s) \quad 硫铁矿焙烧$$
$$CaCO_3(s) \longrightarrow CaO(s)+CO_2(g) \quad 石灰窑$$

流固相反应与气固相催化反应的最大区别在于：催化反应中固体催化剂虽然参与反应，但从理论上讲催化剂并不消耗或变化；而在流固相反应中，固体物料则直接参与反应，并转化为产物。流固相反应不但常见于气固相反应，还大量应用于液固相反应过程中，如硫及亚硫酸钠制备硫代硫酸钠等。

根据反应产物的相态，一般分为三种情况：

无固体产物产生，产物为流体或能溶解在流体中的物质，如煤的气化燃烧、硫代硫酸钠制取等。反应式可写成

$$aA(流)+bB(固) \longrightarrow 流体产物$$

反应产物为固体，如金属表面处理、石灰氮制备等，反应式可写成

$$aA(流)+bB(固) \longrightarrow 固体产物$$

反应产物是流体与固体，如硫铁矿焙烧、氧化锌脱硫等。这种反应形式最多，反应式可写成

$$aA(流)+bB(固) \longrightarrow pP(流)+sS(固)$$

因此流固相反应中固体变化的形式有两种，一种是固体颗粒大小保持不变，只是一种固体变为另一种固体；另一种是固体颗粒随反应进行而变小，最终消失并转变为流体产物。

根据流固相反应的特征，经过合理简化，有两种常用而简单的流固相反应模型：

（1）整体反应模型

整体反应模型设想流体同时进入整个颗粒，并在颗粒内部各处同时进行反应，因此在反应过程中，整个固体颗粒连续发生变化，反应终了时，固体颗粒全部消失或变为新的固相产物。反应过程如图 6-11 所示。

（2）**收缩未反应芯模型**

简称缩芯模型。即流体在固体表面发生反应，然后由表及里，反应面不断由颗粒外表面移至中心，未反应芯逐渐缩小，反应终了，如产物仅为流体，则固体颗粒消失；若产物为固体或残留惰性物料，则固体颗粒大小不变。反应过程如图 6-12 所示。大多数流固相反应比较接近缩芯模型，尤其是在固体反应物无孔或孔径很小、反应速率很快而扩散相对较慢时，这一模型更适用。

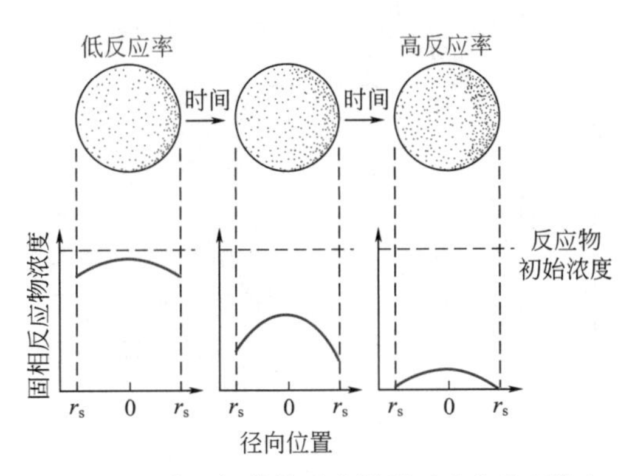

图 6-11　流固相整体反应模型（产物为固体）

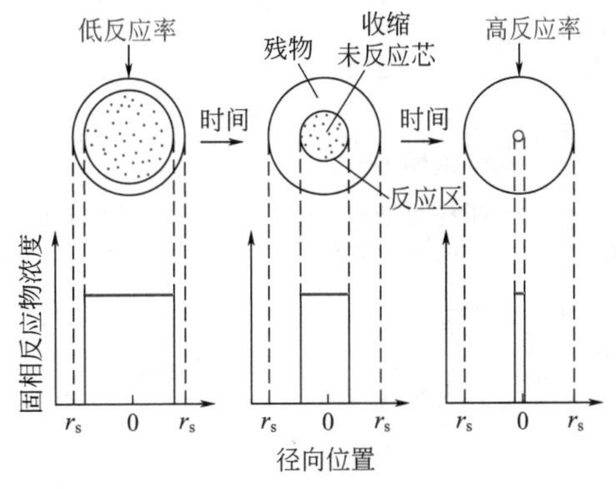

图 6-12　流固相收缩未反应芯模型

上述两种模型是流固相非催化反应的两种理想情况，实际过程往往介于两者之间，固体结构等因素会影响反应与扩散相对速率的大小，因此固体颗粒内的反应过程变得复杂化，已有一些模型可以更好地描述实际反应过程，例如：有限厚度反应模型、微粒模型、单孔模型等。

收缩未反应芯模型是流固相反应最基本的模型，数学处理也比较简单，许多流固相反应都可近似地用此模型描述。下面将根据此模型，简单讨论流固相非催化反应的宏观动力学。

对流固相反应

$$aA\,(气)+bB\,(固)\longrightarrow fF\,(气)+sS\,(固)$$

由于有固体产物，所以固体颗粒大小在反应过程中不变。假定符合收缩未反应芯模型，反应过程按如下步骤进行：

① 气体反应物 A 由气流主体通过气膜扩散到固体颗粒外表面；

② 反应物 A 由颗粒外表面通过产物层扩散到收缩未反应芯的表面；

③ 反应物 A 与固体反应物 B 进行化学反应；

④ 气体产物 F 通过固体产物层内孔扩散到颗粒外表面；

⑤ 气体产物 F 由颗粒外表面通过气膜扩散到气流主体。

上述步骤与气固相催化反应过程相似。当没有固体产物或惰性残留物时，则没有②、④两步，颗粒随反应进行不断缩小；当没有气体产物时，则不存在④、⑤两步。

根据收缩未反应芯模型，反应界面随反应进行由表及里不断变化，因而是非稳定过程。在推导宏观动力学方程时，假定：反应界面移动速率远远小于气相反应物通过产物层的扩散速率，反应过程可作拟稳定过程处理；颗粒内部温度是均匀的。

与流固相催化反应一样，上述流固相反应过程是由一系列串联步骤组成，在稳态下各步骤速率相等。对于一级不可逆反应，按初始条件求解，可以得到固体转化率 x_B 与反应时间的关系，如表6-3所示。反应时间和固相转化率 x_B 或颗粒半径比值 R_C/R_S 的关系，如图6-13和图 6-14 所示，这也可作为判定流固相反应控制步骤的依据，反应过程可分为**气膜扩散控制、化学反应控制和固膜扩散控制**三种情况。由表 6-3 和图 6-13、图 6-14 可以看出，固

表 6-3　颗粒大小不变与颗粒缩小时，固体转化率与反应时间关系

<table>
<tr><th colspan="2">类型</th><th>气膜扩散控制</th><th>固体产物层扩散控制</th><th>化学反应控制</th></tr>
<tr><td>颗粒大小不变</td><td>球形
$x_B=1-\left(\frac{R_C}{R_S}\right)^3$</td><td>$x_B=\frac{t}{t_f}$
$t_f=\frac{\rho_B R_S}{3bk_g c_A M_B}$</td><td>$\frac{t}{t_f}=1-3(1-x_B)^{2/3}+2(1-x_B)$
$t_f=\frac{\rho_B R_S^2}{6bD_e c_A M_B}$</td><td>$\frac{t}{t_f}=1-(1-x_B)^{1/3}$
$t_f=\frac{\rho_B R_S}{bkc_A M_B}$</td></tr>
<tr><td rowspan="2">颗粒缩小</td><td>小颗粒
斯托克斯区</td><td>$\frac{t}{t_f}=1-(1-x_B)^{2/3}$
$t_f=\frac{\rho_B y_i R_S^2}{2bD_e c_A M_B}$</td><td></td><td rowspan="2">$\frac{t}{t_f}=1-(1-x_B)^{1/3}$
$t_f=\frac{\rho_B R_S}{bkc_A M_B}$</td></tr>
<tr><td>大颗粒
$u=$常数</td><td>$\frac{t}{t_f}=1-(1-x_B)^{1/2}$
$t_f=(常数)\left(\frac{R_S^{3/2}}{c_A}\right)$</td><td></td></tr>
</table>

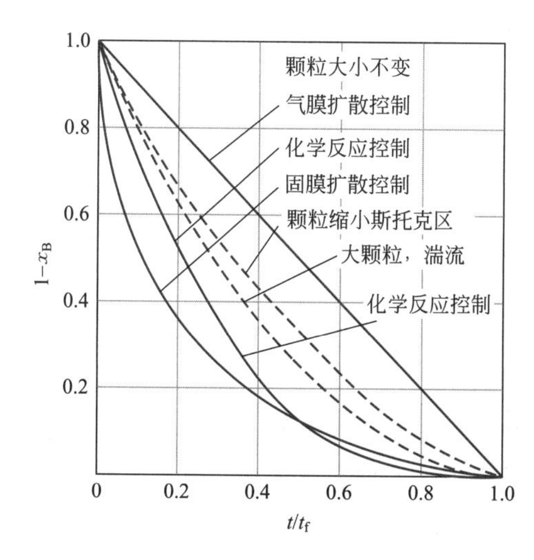

图 6-13 反应时间比值 t/t_f 与固相转化率关系

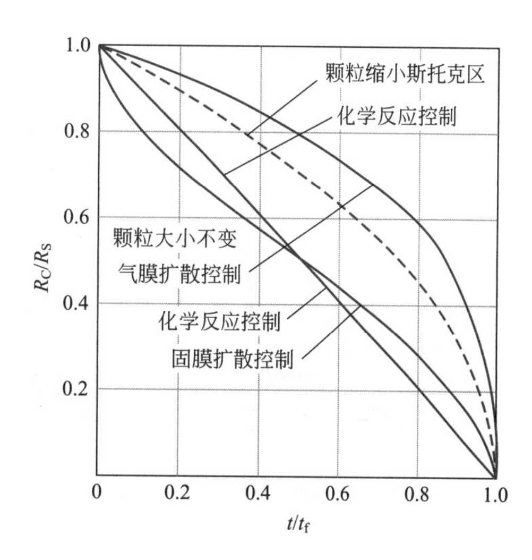

图 6-14 反应时间比值 t/t_f 与 R_C/R_S 关系

体转化率 x_B 仅仅是反应时间 t 与完全反应时间 t_f 比值的函数。

对流固相反应来说，固体颗粒在整个反应过程中始终保持着它的个体，因而可以把每一个颗粒看作一个间歇的小反应器。固体颗粒在规定的浓度（分压）和温度条件下，其反应转化率必定由反应时间决定，可以实际测定固体转化率 x_B 或残余浓度 $(c_b)_j$ 与反应时间之间的关系，得到

$$(c_b)_j = f(t) \tag{6-22}$$

或

$$x_B = \varphi(t) \tag{6-23}$$

式中，$(c_b)_j$ 为组分 j 在流体主体中的浓度；t 为反应时间；x_B 为固体转化率，$x_B = 1 - \left(\dfrac{R_C}{R_S}\right)^3$；$R_C$ 为颗粒未反应芯半径；R_S 为固体颗粒反应前半径。

式(6-22) 和式(6-23) 实际上是宏观动力学方程的积分式，如将上式进行数值微分，则可以得到微分形式的动力学方程式，即

$$R_i = f[T_b, (c_b)_j] \tag{6-24}$$

这就是流固相反应的表观动力学方程。

6.3.2 连续流动釜式反应器中固相反应过程的特殊性

在工业生产中连续流动釜式反应器大多数用于均相反应，特别是液相反应过程。但是它也有用于固相加工反应的某些形式，例如在流化床内焙烧硫铁矿。图 6-15 给出了它的示意图。空气从流化床反应器底部通入，经过分布板上的喷嘴，均匀进入床层。硫铁矿细粉颗粒自流化床侧壁的加料口连续加入。矿石中所含硫化铁与空气中的氧燃烧生成二氧化硫随尾气自床层顶部排出。反应生成的固体产物氧化铁和杂质一起形成固体矿渣，其中部分被气流夹带出床层，剩余部分自床侧壁的排渣口溢流排出。这样便完成了流化床反应器的连续定态操作。

固体硫铁矿颗粒在流化床内进行着剧烈的混乱运动，结果当然是造成固体颗粒的充分混合。这里所指的固体颗粒的充分混合是从宏观观点来分析，在整个流化床内各处浓度是均匀

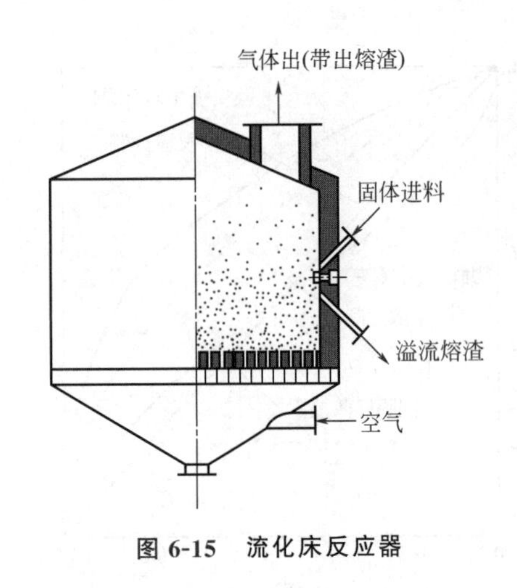

图 6-15　流化床反应器

的。也就是说如果在流化床内任意一处取样分析的话，固相的含硫量在各处是相同的，且等于流化床出口的固相含硫量。这一特征表明此时流化床反应器相当于全混釜。上述取样分析是指含大量颗粒的样品，而不是指单个固体颗粒的取样。

但是，如果再对样品的每个颗粒进行分析，就可发现它们的含硫量不相等。取样分析得出的结果仅是样品中各个颗粒含硫量的平均值。这一点与进行均相反应过程的全混釜完全不同，均相反应的全混釜中只有一个浓度。

连续流动釜式反应器中的固相反应过程，似乎也可以像均相反应一样处理。用下式进行物料衡算可得

$$G(\overline{y}_0-\overline{y}_f)=\overline{r}_i W_t \tag{6-25}$$

式中，$\overline{y}_0$、$\overline{y}_f$ 分别为反应器进、出口样品中各个颗粒内固体反应物质量分数的平均值；$\overline{r}_i$ 为反应器内各个颗粒反应速率的平均值；G 为固体颗粒的质量流率；W_t 为反应器中固体颗粒的质量。

如上所述，流化床内每个固体颗粒的含硫量彼此不等，因而每个颗粒反应速率也不会相等。这样式(6-25) 的物料衡算式中整个反应器中的反应速率应取所有颗粒速率的平均值。如果以 r_i 表示每一个颗粒的反应速率，即

$$r_i=kf(y_i) \tag{6-26}$$

此处 y_i 为颗粒 i 的含硫量。由此，反应器中的平均反应速率为

$$\overline{r}_i=k\overline{f(y_i)} \tag{6-27}$$

显然 $f(\overline{y}_i)$ 与 $\overline{f(y_i)}$ 在一般情况下不会相等。这样式(6-25) 的物料衡算就无法直接求解。要利用此式，就需要知道反应器中各个颗粒的浓度分布。因而对固相加工反应过程就不能沿用均相反应中的考察方法，而需寻求其他适合于固相加工过程的处理方法。

6.3.3　连续反应过程的考察方法

综上所述，在同一个连续流动釜式反应器中分别进行均相反应和固相反应采用的是完全不同的两种分析方法。两种方法的根本区别在于**考察对象**的不同：均相反应是以反应器作为考察对象；而固相反应则以反应物料为考察对象。不同的反应系统要求采用不同的考察方法。

(1) 以反应器为对象的考察方法

在均相反应过程中描述连续流动釜式反应器的行为时，把反应器容积作为控制体，然后运用物料衡算而得到计算方程式。此时即以整个反应器作为考察对象，而反应物料因连续进料和出料是不断变换的。这里能用整个反应器容积作为控制体是因为釜内有剧烈的搅拌作用进而保证釜内的浓度和温度处处均匀。

如果在反应器中不能确保处处达到均一的浓度和温度，而是有浓度和温度分布存在，则在利用上述方法时应取反应器的微元作为考察对象。所谓反应器的微元是指反应容积的一小部分，其中的浓度和温度可以近似地视为均一。在推导理想流动管式反应器的计算式时就是采用取反应器微元的方法。如图 4-1 所示，在其轴向取一微元段，然后考察物料的变化得出

式(4-3) 的结果。这里能取这样的微元是因为假定理想流动管式反应器的径向不存在浓度或温度分布，只存在轴向的浓度或温度分布。

那么对流动反应器中的均相反应过程能不能以反应物料作为考察对象呢？试作如下的分析。

若取反应物料中的某个分子来考察的话，以前所有的反应动力学方程就不复存在。因为对单个分子而言，没有反应速率的问题，对单个分子实际上只能有两种状态：反应物或产物。因此，单个分子也就没有转化率、选择率等动力学概念。

倘若选择一个物料微团作为考察对象，如果该微团足够大，使其中包含的分子数目足以具有统计性质，此时浓度、转化率和反应速率等概念就有意义了。但是，以这样的物料微团进行考察时，对于均相反应，会出现以下严重问题。

试从微团进入反应器开始跟踪，观察它的变化过程。若该微团与其周围物料不发生任何物质的交换作用，那么它的浓度变化遵循反应动力学规律，并由此可以进行定量的数学描述。然而，实际上由于强烈的搅拌作用，该微团中的物料必将与周围其他微团的物料发生混合。此时，如果该微团的物料被分散到其他微团中去，对于这一微团的考察就此中止；如果有其他微团的物料混入该微团则需知道混入物料的数量、浓度。显然，这时该微团内的浓度变化不仅仅决定于反应动力学规律，而且还与微团间混合规律有关，而这种混合过程完全是随机的，极为复杂的，难以用简便的方法表达出来。因而对均相流体来说，采用考察微团的方法是难以奏效的。

由此可知，连续流动釜式反应器中的均相反应过程通常以反应容积的微元作为考察对象，而不以反应物料作为考察对象。但是，应当注意的是，采用反应容积微元进行考察时，必须确保该微元内所有微团之间是充分混合的，浓度是均一的，即采用这种考察方法是以微团间的充分混合为前提。

此外，对于连续定态过程，由于各个参数都不随时间而发生变化，因此，在时间上应当是无始无终的。对于这样的过程，采用上述的考察方法，应当不存在“反应时间”这一概念。惟一有意义的是所考察反应容积微元中的浓度和温度。

(2) 以反应物料为对象的考察方法

与均相反应的情况不同，在连续反应器中进行固相加工反应过程时就采用以反应物料为对象的考察方法。进行固相加工反应时，每一个固体颗粒就是一个“**微团**”。与均相反应相对照，固相加工反应是“微团”间完全不混合的另一种极端状况。这时如果仍旧采用以反应容积微元为对象的考察方法，则在每一个反应容积微元中可能存在着浓度不完全相同的各种固体颗粒微团。正如本节中所述此时微元内单位时间反应量就不能用微元内物料平均浓度去计算，而应该以微元内各个颗粒反应速率的平均值表示。此时，反应速率应以单位固体质量为基准，则微元内反应速率平均值应等于

$$\overline{r}_i = k\,\overline{f(c)} = \frac{k\sum f(c)\delta W}{\mathrm{d}W} \tag{6-28}$$

式中，$\mathrm{d}W$ 为微元中固体颗粒总质量；δW 为微元中每一个固体颗粒质量。

而微元内单位时间的反应量为

$$\overline{r}_i\,\mathrm{d}W = k\sum f(c)\delta W \tag{6-29}$$

上式表明，要计算单位时间内的反应量，就必须先得知每一微元内各个颗粒的浓度分布情况，这样就变得很麻烦了。

然而对固相加工反应过程，作为另一极端状态就有其方便之处。固体颗粒微团之间既然

完全不混合，就使跟踪物料的考察方法变得可能而且更为合理了。此时唯一需要知道的是物料在反应器中的停留时间分布以及反应动力学。

总之，微团之间不能混合（如固体颗粒）或微团间不混合的过程都宜采用以物料作为对象的考察方法。

6.3.4 停留时间分布对固相加工反应结果的影响

在理想流动管式反应器（如移动床）中进行固相加工反应时，由于每个固体颗粒在反应器中的停留时间都是相等的，因此，反应的总结果（平均浓度或平均转化率）就等于每个颗粒的反应结果，且完全由化学反应动力学特性决定。然而在连续流动釜式反应器中出现了一种特殊的混合现象——返混，使得进入反应器的固体颗粒在反应器中停留时间不同，形成一定的分布。这样每个颗粒的反应结果各不相同，反应总结果当然受停留时间分布的影响。一般说来，在一个连续过程中，某个变量的不均匀性是工业生产过程中经常出现的现象。除了上述的停留时间具有不均匀性，即具有一定的分布外，还有速度分布、温度分布和浓度分布等。作为一个工程工作者应能正确判断这种变量的不均匀性在什么情况下对过程是有利的，在什么情况下是不利的，这样便能采取适当措施去强化或消除这种不均匀性。

变量的不均匀性产生的影响与过程的特性密切相关。假定目标函数 y 与某个变量 x 的关系为

$$y=f(x) \tag{6-30}$$

且假设它们是单调的，则有以下三种可能的情况：①上凹曲线；②下凹曲线；③线性关系。

如果变量具有分布性质，例如有 x_1 和 x_2 两个值，相应的函数值为 y_1 和 y_2，则其函数值的平均值为

$$(\overline{y})_D=\overline{f(x)}=\frac{f(x_1)+f(x_2)}{2}=\frac{y_1+y_2}{2} \tag{6-31}$$

下标 D 表示变量具有分布时的函数值。如果变量是均一的，不形成分布，此时它的函数平均值 $(\overline{y})_e$ 等于

$$(\overline{y})_e=f(x) \tag{6-32}$$

在变量等于平均值的情况下，即当 $x=\frac{1}{2}(x_1+x_2)$ 时

$$(\overline{y})_e=f\left(\frac{x_1+x_2}{2}\right) \tag{6-33}$$

从图 6-16 中可看出

$$(\overline{y})_e=y_1+\Delta y_1=y_2-\Delta y_2 \tag{6-34}$$

所以

$$(\overline{y})_e=\frac{(y_1+\Delta y_1)+(y_2-\Delta y_2)}{2}=\frac{y_1+y_2}{2}-\frac{\Delta y_2-\Delta y_1}{2} \tag{6-35}$$

从式(6-31) 和式(6-35) 的比较中可以得出以下结论：

① 曲线上凹时，见图 6-16(a)，$\Delta y_2>\Delta y_1$，因而$(\overline{y})_D>(\overline{y})_e$，表明变量具有分布性质时的函数值大于均一时的值；

② 曲线下凹时，见图 6-16(b)，$\Delta y_2<\Delta y_1$，因而$(\overline{y})_D<(\overline{y})_e$，表明变量具有分布性质时的函数值小于均一时的值；

③ 线性关系时，见图 6-16(c)，$\Delta y_2=\Delta y_1$，此时两种情况的函数值相等。

从图 6-16 的比较中可以直观地得出以上结论。上述结论是对一般的函数和变量关系来

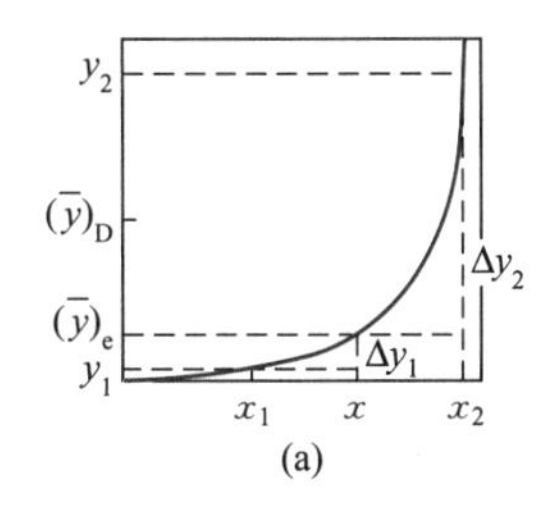

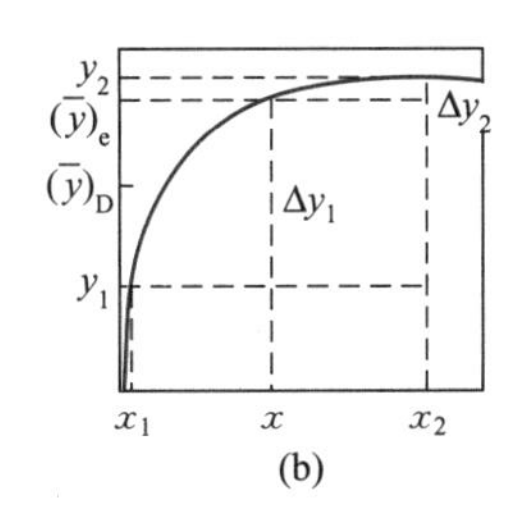

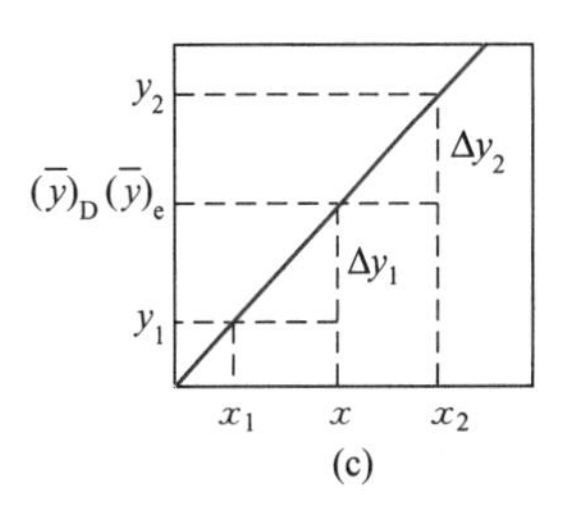

图 6-16　不同函数特征时变时不均匀性的影响

说的。其实质是分布变量函数值的平均值与分布变量平均值的函数值之间的相对关系。对于固相加工反应过程，颗粒停留时间分布对反应结果的影响取决于反应过程的特征，即反应结果与停留时间的关系。

现考察停留时间分布对反应转化程度（反应的残余浓度或转化率）的影响。在前面所讨论的各类反应中（除自催化反应外），转化率随反应时间的变化都呈如图 6-17 所示的渐升渐近曲线，显然它属于下凹的。对于残余浓度来说，则是呈渐降渐近曲线，因而是上凹的。因此，就反应转化程度而言，停留时间分布对它是有害的，这就是为什么返混对反应速率来说总是不利因素的根本原因。

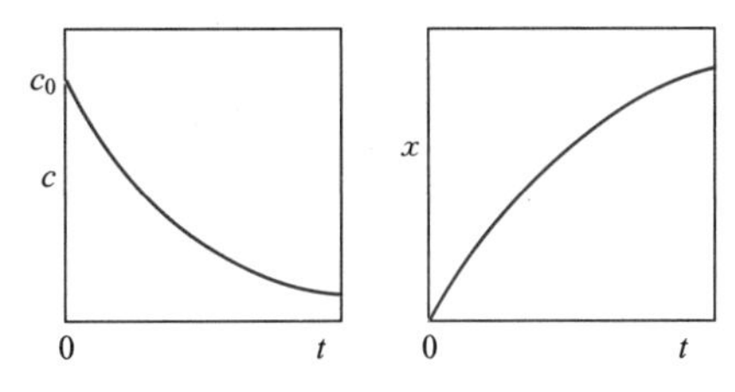

图 6-17　化学反应的浓度和转化率曲线特征

6.3.5　固相加工反应过程的计算

以上介绍了停留时间分布对反应结果影响的定性分析，下面则阐明利用停留时间分布计算固相反应结果的方法。

固相反应的转化程度仅与反应动力学和反应时间有关。对一定的反应，转化率和残余浓度都是时间的函数，即

$$x=x(t) \tag{6-36}$$

$$\frac{c}{c_0}=\frac{c(t)}{c_0} \tag{6-37}$$

由停留时间分布密度函数的定义可知，在停留时间为 t 到 $t+\Delta t$ 这一时间间隔内的物料相对分率为 $f(t)\Delta t$。因而在这一时间间隔内的物料对反应总转化量或未转化量的贡献分别为

$$x(t)f(t)\Delta t \tag{6-38}$$

$$\frac{c(t)}{c_0}f(t)\Delta t \tag{6-39}$$

所以，总的反应结果应该是不同停留时间的各部分物料作出贡献的总和，即

$$\bar{x}=\sum x(t)f(t)\Delta t \tag{6-40}$$

$$\frac{\bar{c}}{c_0}=\sum\frac{c(t)}{c_0}f(t)\Delta t \tag{6-41}$$

写成积分形式为

$$\bar{x}=\int_0^{\infty}x(t)f(t)\mathrm{d}t \tag{6-42}$$

$$\frac{\bar{c}}{c_0}=\int_0^{\infty}\frac{c(t)}{c_0}f(t)\mathrm{d}t \tag{6-43}$$

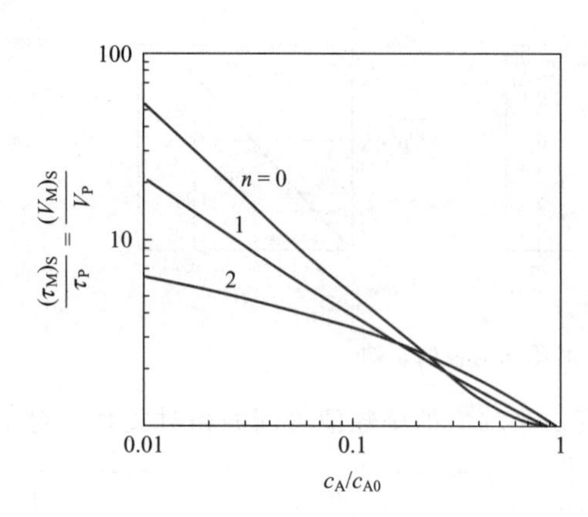

图 6-18 理想流动管式反应器和连续流动釜式反应器中的固相反应空时比较

若固相加工反应是在连续流动釜式反应器中进行，则它的停留时间分布密度函数已知为

$$f(t)=\frac{1}{\bar{t}}e^{-t/\bar{t}} \tag{6-44}$$

代入式(6-42)和式(6-43)就可解出它们的转化率和残余浓度。一些简单反应的结果列于表6-4中，表中还分别列出了在理想流动管式反应器和连续流动釜式反应器中均相反应的结果。固相反应在不同转化率时的结果如图6-18所示。

表6-4中 ei 代表指数积分函数，其定义为

$$ei(\alpha)=\int_{\alpha}^{\infty}\frac{e^{-x}}{x}dx \tag{6-45}$$

x 是任意一个参数，$ei(\alpha)$ 有时也可记作 $-E_i(\alpha)$，其值可以从数学函数表中查到。

表 6-4 固相反应与均相反应的比较

反应器型式 / 反应级数	均相反应		固相反应（连续流动釜式反应器）
	理想流动管式反应器	连续流动釜式反应器	
一级	$\frac{c}{c_0}=e^{-k\tau}$	$\frac{c}{c_0}=\frac{1}{1+k\tau}$	$\frac{\bar{c}}{c_0}=\frac{1}{1+k\tau}$
二级	$\frac{c}{c_0}=\frac{1}{1+c_0k\tau}$	$\frac{c}{c_0}=\frac{\sqrt{1+4c_0k\tau}-1}{2c_0k\tau}$	$\frac{\bar{c}}{c_0}=\frac{1}{c_0k\tau}\times\exp\left(\frac{1}{c_0k\tau}\right)\times ei\left(\frac{1}{c_0k\tau}\right)$
零级	$\frac{c}{c_0}=1-\frac{k\tau}{c_0}\left(\frac{k\tau}{c_0}\leqslant 1\right)$	$\frac{c}{c_0}=1-\frac{k\tau}{c_0}\left(\frac{k\tau}{c_0}\leqslant 1\right)$	$\frac{c}{c_0}=1-\frac{k\tau}{c_0}+\frac{k\tau}{c_0}\exp[-c_0/(k\tau)]$

6.4 微观混合及其对反应结果的影响

微课视频

6.4.1 流体的混合态

迄今为止，我们所进行的讨论，都是物料呈分子状均匀分散或物料呈颗粒状的两种极端情况。然而在生产实际中还存在着各种各样的中间状态。例如把两种黏度相差很大的液体搅

拌在一起，在没有达到充分的均匀之前，一部分流体常成块、成团地存在于系统之中，即使采用搅拌等措施，也可能无法达到分子状态的均匀分散；进一步讲，即使是外观均一的一种流体，其中不同的分子也可能是部分凝集（segregation）成微小的集团而存在着的，至于极限情况，比如油滴悬浮在水中，两者互不相溶，这就是完全凝集的流体，这种凝集流体的流动，称**凝集式流动**。

如果流体中所有分子都以分子状态均匀分散，这种流体称为**微观流体**，即达到完全的微观混合；反之，如果全部以凝集态存在，即只有宏观混合，称为**宏观流体**。我们前面所讨论的返混，是在微观流体与宏观流体中均存在的，它是指不同停留时间的流体之间的混合问题，与表征流体分散均匀尺度的混合态，是两个不同的概念，千万不能混淆。

6.4.2 宏观流体反应过程的计算

宏观流体的各个流体分子团块组成的微元在反应器中就如同一个个独立的间歇反应器。每个微元内反应物A的浓度变化和间歇反应器的变化规律一样。所以对于宏观流体只要知道了反应动力学方程式和停留时间分布密度函数就可以直接计算转化率。实际上，上一节中讨论的固相加工反应中固体颗粒的流动是宏观流体的一个典型特例。所以宏观流体反应过程的计算都可按式(6-42）和式(6-43）计算。

【例 6-3】 试证明在一连续流动釜式反应器中进行的均相反应和宏观流体反应，当反应为一级不可逆时，其反应结果相同。

解： 连续流动釜式反应器中进行一级均相反应的反应结果，已由式(5-9）给出

$$\frac{c}{c_0}=\frac{1}{1+k\bar{t}}$$

如果进行的是宏观流体反应过程，则由式(6-43）可得反应结果为

$$\frac{\bar{c}}{c_0}=\int_0^{\infty}\frac{c(t)}{c_0}f(t)\mathrm{d}t$$

由一级反应动力学可知

$$\frac{c(t)}{c_0}=\mathrm{e}^{-kt}$$

连续流动釜式反应器中的停留时间分布密度函数为

$$f(t)=\frac{1}{\bar{t}}\mathrm{e}^{-t/\bar{t}}$$

所以

$$\frac{\bar{c}}{c_0}=\int_0^{\infty}\mathrm{e}^{-kt}\,\frac{1}{\bar{t}}\mathrm{e}^{-t/\bar{t}}\mathrm{d}t=\int_0^{\infty}\exp\left[-(1+kt)\frac{t}{\bar{t}}\right]\mathrm{d}\left(\frac{1}{\bar{t}}\right)=\frac{1}{1+k\bar{t}}$$

这就证明了上述反应结果与均相反应结果完全相同。

至于非一级反应，即使具有相同的停留时间分布函数，微观流体和宏观流体的反应结果也是不相同的。

综上所述，可得如下结论：

① 流体的混合态对一级反应不发生影响；

② 在间歇操作的反应器和平推流反应器中，混合状态对反应结果没有影响，因为此时所有物料的停留时间相同；

③ 宏观流体无论进行何级反应，都可直接利用停留时间分布密度函数和反应动力学方程按下式计算反应结果

$$\frac{c_A}{c_{A0}}=\int_0^{\infty}\frac{c_A(t)}{c_{A0}}f(t)\mathrm{d}t$$

④ 微观流体应按流动模型来计算反应结果。

6.4.3 微观混合对反应结果的影响

由于微观混合导致浓度的变化，应力图消除流体微团间的浓度差异。我们已经阐述了连续反应过程中两种微团间混合极限状况的不同考察方法，即

① 微团间充分混合——以反应容积微元为考察对象；

② 微团间完全不混合——以物料微团为考察对象。

而在实际生产中还存在各种中间状态，例如在连续流动釜式反应器中进行的液液相反应。假设在一连续流动釜式反应器中进行一互不相溶的液液相反应，两个不互溶的液体在搅拌作用下，其中一相将被破碎成液滴而分散于另一相中。前者称为分散相，后者称为连续相，如图 6-19 所示。现假设：

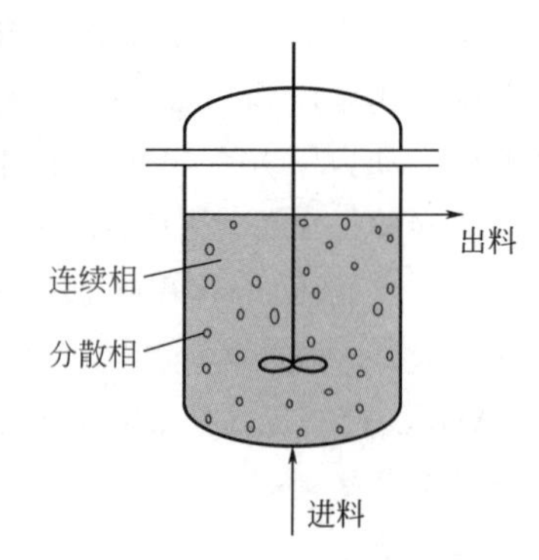

图 6-19 连续流动釜式反应器中的液液相反应

① 反应为双组分系统。反应物 A 在分散相内，反应物 B 在连续相内。

② 反应在分散相中进行。反应物 B 需通过扩散溶解进入分散相后才与反应物 A 作用。

③ 连续相内反应物 B 的浓度 c_B 由于剧烈的搅拌作用而达到均一。

④ 反应物 c_B 的扩散溶解过程相对于反应来说要快得多，因而分散相内反应物 B 的浓度始终与 c_B 相平衡，即

$$c_B^*=f_e(c_B)$$

式中，c_B^* 为反应物 B 在分散相内的平衡浓度；f_e 为相平衡函数。

在上述简化假设条件下，就能考察分散相液滴之间的混合过程对化学反应的影响程度。

两个液滴由于表面张力的作用，在相互碰撞时可能合并成一个大液滴。而一个大液滴在湍流作用的影响下又可能破裂成小液滴。即分散液滴经历着合并-再分散的过程。这种合并-再分散过程起到了液滴之间的相互混合的作用，称为**滴际混合**。

若由于某种表面活性物质的作用使液滴在相互碰撞时极难凝并，则可认为滴际混合不会发生。此时每一个液滴就恰似一个固体颗粒，完全可以按照上述以物料为考察对象的方法处理。反之，若滴际混合非常频繁，以致使液滴间几乎无浓度差异，则其情况恰似上述的均相反应过程，同样可按以反应容积为对象进行考察。

进行互不相溶的液液相反应时，微团间混合（滴际混合）状态介于均相反应和固相加工反应之间。因为一般情况下液滴间会有一定程度的混合，然而又不大会达到均匀一致的浓度水平，此时各个液滴的浓度就可能存在差别。这样就既不能按均相反应过程处理，又不能按固相加工反应过程进行考察。而要弄清分散液滴的浓度分布状况又必须得知滴际混合的实际过程和情况。遗憾的是至今尚未有简单而又足够准确的理论和方法来

描述滴际混合过程。为了实际工作的需要，在此把滴际混合对反应过程的影响作一定性的判断和估计。

实际上，可以把滴际混合对反应过程的影响归结为如下的命题：分散相液滴浓度的不均匀性对反应结果是否有利？变量的不均匀分布对函数值的影响已在上节作过讨论。因而滴际混合问题可以按照停留时间分布对反应结果的影响去分析。

滴际混合程度改变的是各个液滴的浓度水平，因此考察的变量就应是反应物的浓度。若以反应速率为考察的目标函数，则根据反应速率与反应物浓度关系的特征，可能有三种不同的情况：

① 上凹曲线，是大于一级的反应特征；

② 下凹曲线，是小于一级的反应特征；

③ 线性关系，是一级反应的情况。

以上三种情况示于图 6-20 中。根据第 3 节的结论可知：滴际混合对于一级反应过程没有影响；对大于一级的反应过程是不利的；而对小于一级的反应过程是有利的。同理，如果考察滴际混合对反应选择率的影响，仍然只需求得选择率与反应物浓度的函数曲线形状，就能作出判断。而选择率与反应物浓度的函数关系完全取决于反应的动力学性质。

滴际混合对化学反应速率的影响程度，可以把全混釜中的固相加工反应结果与全混釜中的均相反应结果归并在一起而作成图 6-21 的形式。$(V_M)_S/(V_M)_e$ 表示在相同返混程度下，两种滴际混合极限状况时反应器体积之比。其中，V_M 表示全混釜反应器体积；下标 S 为滴际完全不混的情况，如固相反应；下标 e 则表示滴际完全混合的情况，如均相反应。对于一级反应，该比值等于 1，表明滴际混合没有影响；反应级数小于一级时，比值大于 1，表明滴际混合时所需体积比滴际不混时要小；反应级数大于一级，情况恰好相反。

从以上讨论可以得出如下结论：

① 滴际混合或微团间混合状态只有在返混存在情况下，才会对化学反应的结果产生影响。

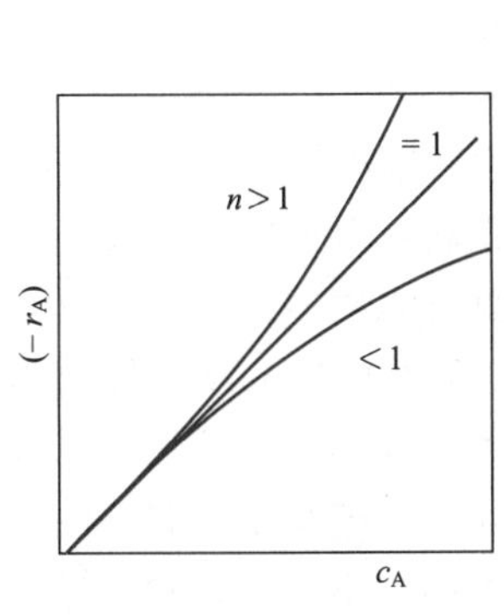

图 6-20　不同级数时的反应速率～浓度曲线的特征

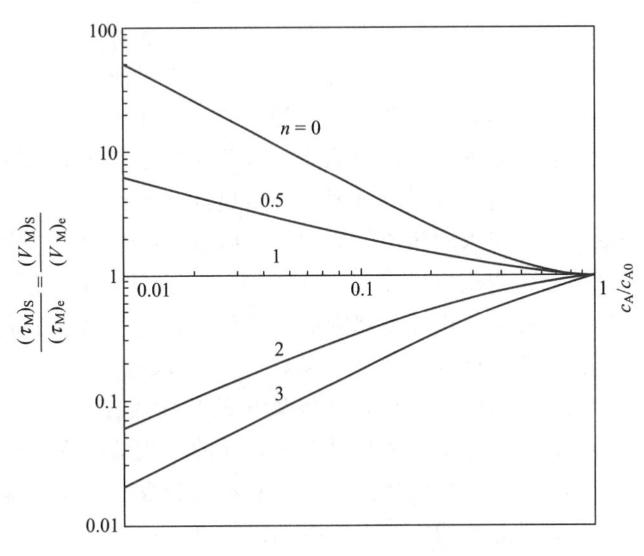

图 6-21　连续流动釜式反应器中滴际混合对化学反应速率的影响

② 对一级反应而言，滴际混合的程度对反应速率没有影响。反应级数大于一级，滴际混合对反应速率不利；反应级数小于一级，滴际混合对反应速率有利。而且反应级数偏离一级愈远，其影响愈大。

③ 反应转化程度愈高，滴际混合的影响程度也愈大。

从以上的讨论可以知道，对微团混合介于均相反应和固相反应这两个极限状态之间的实际过程，在未确切弄清楚滴际混合的情况下，需根据它对反应过程的利弊，从确保安全的角度出发进行设计，可按两种极限状态中的下限情况处理。

6.5 非理想流动模型

工业生产上的反应器总是存在一定程度的返混，从而产生不同的停留时间分布，影响反应的结果。返混程度的大小，一般难以直接测定，总是设法用停留时间分布来加以描述。但是，由于停留时间分布与返混之间不一定存在对应的关系，也就是说，一定的返混必然会造成确定的停留时间分布，但是，同样的停留时间分布可以由不同的返混造成。因此，不能直接把测定的停留时间分布用于描述返混的程度，而要借助于模型方法。

在实际工业反应器计算中，为了考虑非理想流动的影响，一般总是基于对一个反应过程的初步认识，首先分析其实际流动状况，从而选择一个较切合实际的合理简化的流动模型，并用数学方法关联返混与停留时间分布的定量关系，然后通过停留时间分布的实验测定，来检验所假设模型的正确程度，确定在假设模型时所引入的模型参数，最后结合反应动力学数据来估计反应结果。

6.5.1 数学模型方法

所谓**模型法**，就是通过对复杂过程的分析，进行合理的简化，用一定的数学方法予以描述，使其符合实际过程的规律性，然后加以求解。前面几节已阐明微观混合的两个极限状况可分别利用停留时间分布和反应器微元的物料衡算计算反应结果。在第 4 章和第 5 章中也列出了返混程度达到极限状态的两种反应器的计算方法。然而实际工业反应器中的返混程度，与平推流和全混流有一定的偏离，因而我们总是期望能够通过对返混的数学描述并结合反应动力学关系，达到对反应过程进行定量计算的目的。但是，要严格而精确地描述返混是极为困难的，这里仅以均相流体通过填充床这一简单情况作为例子加以剖析。

在填充床内流体只能在填料的空隙间流动，流体通过空隙时，会发生不断的分流、汇合、撞击与绕流，这种不规则的流动势必造成返混。如果我们试图将这种不规则的流动加以数学描述，并从此入手解决返混对反应过程的影响问题，就会遇到难以克服的困难。其困难之一首先在于流动的边界是乱堆填料的几何表面，这种复杂的边界本身就难以进行数学描述；其次是由于化工的物料是多种多样的，流动过程所涉及的各种物料的物性数据，一般未必都能具备。所以尽管描述流动的基本微分方程——奈维·斯托克斯定律是早已确立的，但是用这种数学解析的方法求解有返混的反应过程，仍然是无能为力的。很明显，对这样一种在复杂的几何边界中进行的随机过程作出如实的描述是极为困难的。人们研究数学模型方法就是考虑如何将这一复杂过程简化。可以设想，既然这种流动状况的后果是造成一定程度的轴向混合，或称返混。是否可以借用费克扩散定律去描述这一现象？也就是说，把实际上的分流和汇合所造成的轴向混合看作是某种当量的轴向扩散所造成的，即把一个随机分流和汇合过程用一个等效的轴向扩散过程来替代。如果实验证明两者是等效的，则过程的数学描述就可以大为简化，流体通过乱堆催化剂颗粒层的流动过程就可以被看成是在流体的平移运动上再叠加一个轴向扩散，此时，实际上颗粒层还是存在的，仍然有其影响。用费克定律描述这个等效的轴向扩散过程时出现了一个**有效扩散系数 D_e**。它综合地反映了乱堆颗粒层的特性、流动特性和流体特性，所以被称为有效扩散系数。这一简化了的模型称扩散模型，有效扩散系数是该模型的一个参数。模型中引入的模型参数需要由实验测定。实践证明，当返混不大时，用这样的简化模型描述填料床内的返混是有效的，是符合实际情况的。

通过上述例子的剖析，可以看出数学模型方法的**基本精神**是：

① 简化。把一个复杂的实际过程简化为物理图像简单的物理模型。这里的简化，不是数学方程式上的某些简化，而是将考察的对象本身加以简化，简化到能作简单的数学描述。如上述例子中复杂的分流、汇合、混合等，简化成平推流和轴向扩散的某种叠加。

② 等效性。所得的简化模型必须基本上等效于考察对象，否则就失真了。但是这种等效性不是全面的，而是服从于某一特定的目的。扩散模型在返混方面与原型是等效的，而在流动阻力方面却肯定与原型不等效。正是由于只要求服从某一特定目的的等效性，使我们可以不拘泥于细枝末节，不需要逼真地描述考察对象，而可以大刀阔斧地进行过程的简化。

③ 模型简化的程度体现在模型参数的个数。一般地说，在保证足够等效性的前提下，模型参数愈少愈有效。上述的扩散模型只有一个模型参数 D_e，所以是单参数模型。

以下就广泛应用的扩散模型和多级全混流模型作简要的阐述。

6.5.2 扩散模型

扩散模型是一种适合于返混程度较小的非理想流动的流动模型。扩散模型即仿照一般的分子扩散系数来表征反应器内的质量传递，用一个轴向有效扩散系数 D_e 来表征一维的返混。也就是把具有一定返混的流动简化为在一个平推流流动上叠加一个轴向的扩散。它是基于如下的基本假定：

① 沿着与流体流动方向垂直的每一个截面上具有均匀的径向浓度；

② 在每一个截面上和沿流体流动方向，流体速度和扩散系数均为一恒定值；

③ 物料浓度是流体流动距离的连续函数。

扩散模型是描述非理想流动的主要模型之一，特别适用于返混程度不大的系统，如管式反应器、塔式反应器以及其他非均相体系。如图6-22所示，考虑一流体以 u(m/s) 的表观速度通过无限长管子中的一段，流体进入管子的截面位置 $l=0$，离开管子的位置 $l=L$，管子的直径为 D_t，从 $l=0$ 到 $l=L$ 这一段的体积为 V_R，在没有化学反应时，取 dl 微元段作物料衡算，可有：

单位时间进入微元段的量

$$\left[uc+D_e\frac{\partial}{\partial l}\left(c+\frac{\partial c}{\partial l}dl\right)\right]\pi D_t^2/4 \tag{6-46}$$

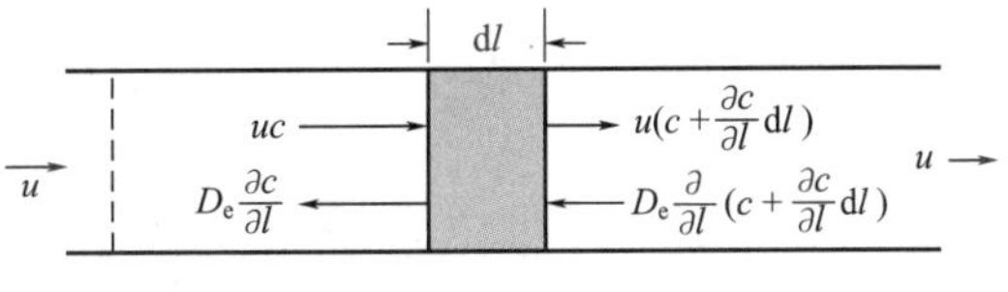

单位时间离开微元段的量

图 6-22　扩散模型示意图

$$\left[u\left(c+\frac{\partial c}{\partial l}\mathrm{d}l\right)+D_{\mathrm{e}}\frac{\partial c}{\partial l}\right]\pi D_{\mathrm{t}}^{2}/4 \tag{6-47}$$

单位时间在微元段内累积量

$$\frac{\partial c}{\partial t}(\pi D_{\mathrm{t}}^{2}/4)\mathrm{d}l \tag{6-48}$$

整理得

$$\frac{\partial c}{\partial t}=D_{\mathrm{e}}\frac{\partial^{2}c}{\partial l^{2}}-u\frac{\partial c}{\partial l} \tag{6-49}$$

如写成无量纲的形式，利用

$$c^{*}=\frac{c}{c_{0}},\quad \theta=\frac{t}{\bar{t}},\quad Z=\frac{l}{L} \tag{6-50}$$

则

$$\frac{\partial c^{*}}{\partial\theta}=\left(\frac{D_{\mathrm{e}}}{uL}\right)\frac{\partial^{2}c^{*}}{\partial Z^{2}}-\frac{\partial c^{*}}{\partial Z}=\left(\frac{1}{Pe}\right)\frac{\partial^{2}c^{*}}{\partial Z^{2}}-\frac{\partial c^{*}}{\partial Z} \tag{6-51}$$

式中，c_0 为在 $l\leqslant 0$ 处组分的浓度；$Pe=uL/D_{\mathrm{e}}$，称贝克来（Peclet）数，它包含了模型参数 D_{e}。Pe 数是衡量轴向返混程度的一个参数，其物理意义是轴向对流流动与轴向扩散流动的相对大小，其数值愈大轴向返混程度愈小。当

$Pe=uL/D_{\mathrm{e}}\to\infty$ 或 $\frac{D_{\mathrm{e}}}{uL}=\frac{1}{Pe}\to 0$ 时，轴向返混可忽略，为平推流；

$Pe=uL/D_{\mathrm{e}}\to 0$ 或 $\frac{D_{\mathrm{e}}}{uL}=\frac{1}{Pe}\to\infty$ 时，轴向返混无穷大，为全混流。

所以理论上轴向混合模型可描述返混量介于零和无穷大之间的任何非理想流动，但实际上该模型主要用于描述与平推流偏离不大的非理想流动，如固定床反应器和管式反应器中的流动状况。

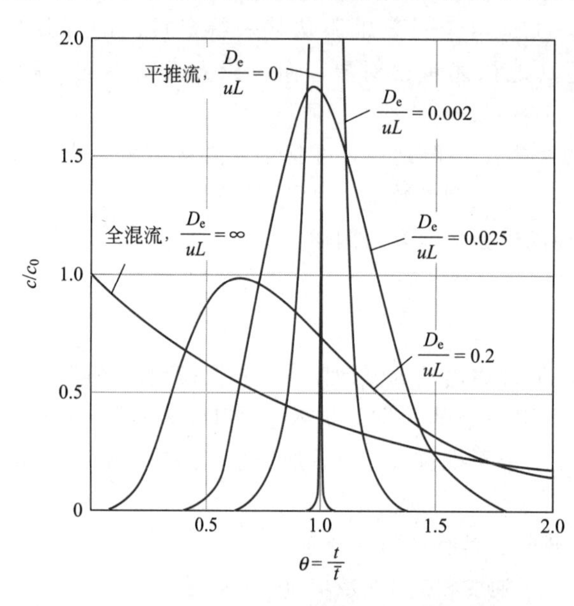

图 6-23 扩散模型的停留时间分布密度曲线

对脉冲信号，式(6-51) 的解如图 6-23 的曲线族所示，由图可见，当$\frac{D_{\mathrm{e}}}{uL}$较小时，曲线形态对称，流动状况接近于平推流。随着$\frac{D_{\mathrm{e}}}{uL}$增大，曲线状态逐渐向负指数曲线过渡，流动状况逐渐趋近于全混流。

偏微分方程式(6-51) 的初始条件和边界条件取决于采用示踪剂的输入方式、管内的流动状态及检测位置的情况。如果在设备进口处输入一个脉冲示踪物讯号时，利用解析法或曲线拟合法可求得无量纲停留时间分布的无量纲方差 σ^2 与参数$\frac{D_{\mathrm{e}}}{uL}$的关系

$$\begin{aligned}\sigma^{2}&=2\left(\frac{D_{\mathrm{e}}}{uL}\right)-2\left(\frac{D_{\mathrm{e}}}{uL}\right)^{2}\left[1-\exp\left(-\frac{uL}{D_{\mathrm{e}}}\right)\right]\\&=\frac{2}{Pe}-2\left(\frac{1}{Pe}\right)^{2}(1-\mathrm{e}^{-Pe})\end{aligned} \tag{6-52}$$

当返混程度较小时（通常认为$\dfrac{D_e}{uL}$应小于 0.01），其数学期望为 $\bar{\theta}=1$，方差为

$$\sigma^2=\frac{\sigma_t^2}{\bar{t}^2}=\frac{2}{Pe} \tag{6-53}$$

最大浓度值为

$$c_{max}^*=\frac{1}{2}\sqrt{\frac{\pi D_e}{uL}} \tag{6-54}$$

由式(6-53) 可见，如果已经测得了停留时间分布曲线，就可以获得表征该曲线的数字特征 σ^2 的值，从而求得 Pe，也就可以求得模型参数 D_e。由此可以看到停留时间分布测定的作用，即它可用于求取模型参数。同时也表明，当流动模型确定后，停留时间分布和模型参数之间存在一一对应的关系。

此外，在返混较小时，停留时间分布曲线的形状受边界条件的影响很小。根据统计理论，方差具有加和性，如图 6-24 所示，可以有

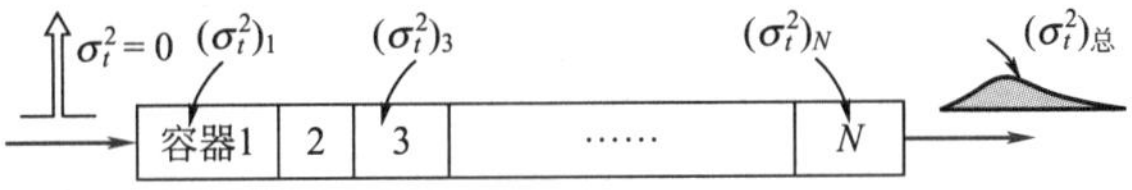

图 6-24 具有方差加和性的 f 曲线

$$\sigma_{总}^2=\sigma_1^2+\sigma_2^2+\cdots+\sigma_i^2+\cdots+\sigma_N^2 \tag{6-55}$$

利用方差的加和性，只要测出进出口示踪物的浓度分布，计算其方差，就可以求出所测定装置的方差。即

$$\Delta\sigma^2=\sigma_{出}^2-\sigma_{入}^2=\frac{2}{Pe} \tag{6-56}$$

6.5.3 多级全混流模型

多级全混流模型是假设一个实际设备中的返混情况等效于若干级全混釜串联时的返混。当然，这里串联釜的级数 N 是虚拟的，该模型也是单参数模型。

多级全混流模型，是假设用 N 个等体积的全混釜串联来模拟实际反应器。因为 N 个串联反应器的总体积与实际反应器体积相等，因此其总的平均停留时间 t_N 是相同的，每一级的平均停留时间为 $t_i=t_N/N$。模型的参数是串联级数 N，希望找到恰当的级数 N，使 N 个等体积全混流反应器串联的停留时间分布与实际反应器相符。这样，可由实测反应器的停留时间分布规律，求其方差 σ^2，计算模型参数 N，就可进行实际反应器的设计计算。

根据多级全混流模型中示踪物的物料衡算，可推导得到多级全混流模型的停留时间分布函数为

$$F(t)=1-\exp\left(-\frac{t}{\bar{t}_i}\right)\left[1+\frac{t}{\bar{t}_i}+\frac{1}{2!}\left(\frac{t}{\bar{t}_i}\right)^2+\cdots+\frac{1}{(N-1)!}\left(\frac{t}{\bar{t}_i}\right)^{(N-1)}\right] \tag{6-57}$$

式中，$\bar{t}_i=V_i/v_0$ 为每一个釜的平均停留时间。

停留时间分布密度函数为

$$f(t)=\frac{N^N}{(N-1)!\ \tau}\left(\frac{t}{\tau}\right)^{N-1}e^{-Nt/\tau} \tag{6-58}$$

式中，$\tau=N\tau_i$ 代表整个系统的平均停留时间。换算成无量纲停留时间分布密度函数为

$$f(\theta)=\frac{N^N}{(N-1)!}\theta^{N-1}e^{-N\theta} \tag{6-59}$$

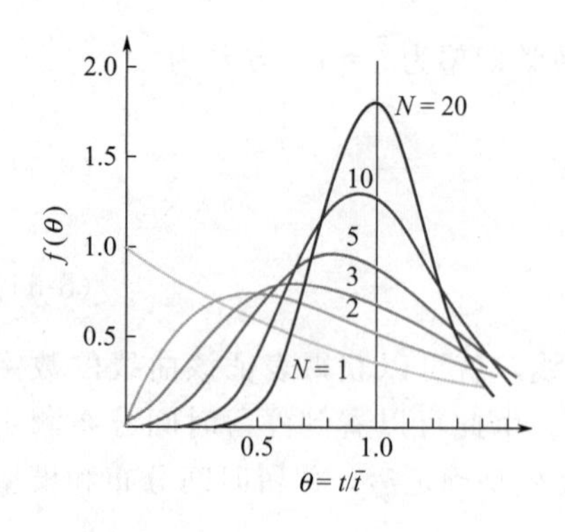

图 6-25 多级全混釜的停留时间分布曲线

不同 N 值的计算结果如图 6-25 所示。由图可知，多级全混流模型在 $N=1$ 时，即与全混流相同；而 $N=\infty$ 时，即与平推流相同。

方差 σ^2 可由下式求得

$$\sigma^2=\frac{\int_0^\infty(\theta-1)^2f(\theta)\mathrm{d}\theta}{\int_0^\infty f(\theta)\mathrm{d}\theta}=\int_0^\infty\theta^2f(\theta)\mathrm{d}\theta$$

$$=\int_0^\infty\frac{\theta^2N^N\theta^{N-1}}{(N-1)!}\mathrm{e}^{-N\theta}\mathrm{d}\theta-1=\frac{1}{N} \tag{6-60}$$

由停留时间分布曲线，可求得方差 σ^2，从而确定模型参数 N，即可按多级串联的全混流反应器规律计算实际反应器的转化率。

【例 6-4】 有一固定床反应器，已知管径为 2.54cm，长为 150cm，管数为 1320 根。管内充填 ϕ0.6cm 的催化剂颗粒。为了测定轴向扩散系数，今以同样大小的一根管子进行示踪实验，气流自管子上部向下通过催化剂颗粒床层，今在距离示踪剂进口 40cm 处，设置第一个检测点，在距离第一个检测点 80cm 处设置第二个检测点。根据检测点所得示踪物浓度变化的实验数据，求得 $\sigma_{t,1}^2=42\mathrm{s}^2$，$\sigma_{t,2}^2=68\mathrm{s}^2$，若床层空隙率为 0.42，气流空塔速度为 1.4cm/s，求 D_e/uL 值。

解： 根据研究结果，当返混较小时停留时间分布曲线形状受边界条件的影响较小，此时方差具有加和性

$$\bar{t}=\bar{t}_1+\bar{t}_2+\cdots$$

$$\sigma_t^2=\sigma_{t,1}^2+\sigma_{t,2}^2+\cdots$$

$$\Delta\sigma^2=\frac{\Delta\sigma_t^2}{\bar{t}^2}=2\frac{D_e}{uL}$$

依题所给条件

$$\Delta\sigma_t^2=68-42=26\mathrm{s}^2$$

$$\bar{t}=\frac{V}{v}=\frac{80\times0.42}{1.4}=24\mathrm{s}$$

$$\frac{D_e}{uL}=\frac{\Delta\sigma^2}{2}=\frac{1}{2}\times\frac{26}{24^2}=0.0225$$

6.6 非理想流动反应器的计算

实际流动反应器的计算，是根据生产任务和要求达到的转化率，确定反应器体积；或根据反应器体积和规定的生产条件计算平均转化率。实际反应器中，由于流动情况复杂，返混情况不同，流体在反应器中停留时间的分布不同，都会影响反应的转化率。本章已讨论了宏观流体反应过程的计算和微观混合对反应过程的影响。本节主要讨论反应器内微团之间充分混合，且存在一定程度的设备尺度上的混合，即存在一定返混的反应器计算。对这类反应器的计算，可以结合流动模型，通过实验测得的停留时间分布，求

得模型参数，然后再计算反应的结果。

6.6.1 多级全混流模型反应器的计算

前已推导，在多级全混流串联反应器中进行一级不可逆反应的计算，对各釜体积相同、停留时间相同和反应温度相同时，可有

$$\frac{c_A}{c_{A0}}=\frac{1}{(1+k\bar{t})^N} \tag{6-61}$$

而串联的级数可由停留时间分布的测定数据用式(6-60）计算

$$N=\frac{1}{\sigma^2} \tag{6-62}$$

6.6.2 轴向扩散模型反应器的计算

采用轴向扩散模型时，可对微元段作物料衡算求得

$$D_e\frac{d^2c_A}{dl^2}-u\frac{dc_A}{dl}-kc_A^n=0 \tag{6-63}$$

若用无量纲参数表示，则

$$c_A=c_{A0}(1-x_A)$$
$$Z=l/L=l/u\bar{t}$$

式(6-63）变为

$$\frac{1}{Pe}\times\frac{d^2x_A}{dZ^2}-\frac{dx_A}{dZ}-k\bar{t}c_{A0}^{n-1}(1-x_A)^n=0 \tag{6-64}$$

式(6-64）的边界条件为

$$l=0,\quad Z=0\quad uc_{A0}=u(c_A)_{+0}-D_e\left(\frac{dc_A}{dl}\right)_{+0} \tag{6-65}$$

$$l=L,\quad Z=1,\quad \left(\frac{dc_A}{dl}\right)_L=0$$

对一级反应可得显式解

$$\frac{c_A}{c_{A0}}=1-x_A=\frac{4\alpha e^{(Pe/2)}}{(1+\alpha)^2\exp\left(\frac{\alpha}{2}Pe\right)-(1-\alpha)^2\exp\left(-\frac{\alpha}{2}Pe\right)} \tag{6-66}$$

其中

$$\alpha=\sqrt{1+4k\bar{t}(1/Pe)} \tag{6-67}$$

图 6-26 即为式(6-66）的标绘，只要确定了 Pe 值，可方便地按图查得反应结果。二级反应的数值解结果，如图 6-27 所示。

由图可见，对相同的 $k\bar{t}$，随着$\frac{D_e}{uL}$的增加，转化率 x_A 逐渐减小。当与平推流的偏差较小，即$\frac{D_e}{uL}$较小时，将式(6-66）中的指数函数展开并略去高次项，简化为

$$1-x_A=\exp\left[-k\bar{t}+(k\bar{t})^2\frac{D_e}{uL}\right] \tag{6-68}$$

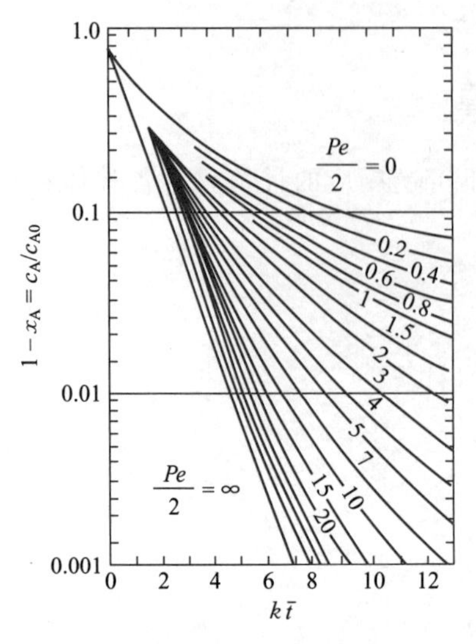

图 6-26 扩散模型的一级反应计算线图

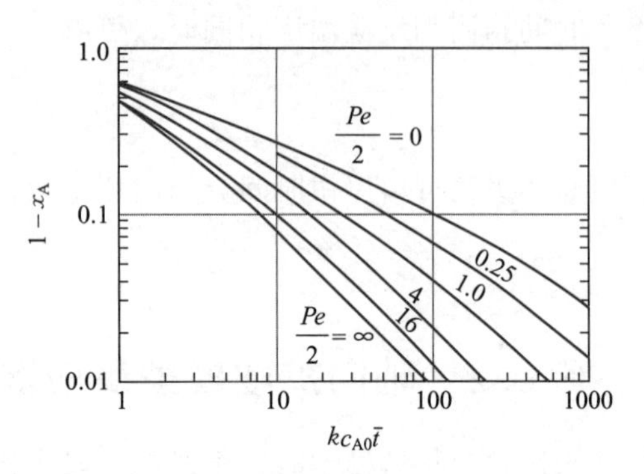

图 6-27 扩散模型的二级反应计算线图

上式可用于比较返混较小的实际反应器和平推流反应器的性能，为达到相同转化率，两者的体积比为

$$\frac{V_R}{V_P}=1+(k\bar{t})\frac{D_e}{uL} \quad (相同转化率) \tag{6-69}$$

式中，V_R 为实际反应器体积；V_P 为平推流反应器体积。

而对同样的反应器体积，两者的出口浓度比为

$$\frac{c_A}{c_{A,P}}=1+(k\bar{t})^2\frac{D_e}{uL} \quad (相同反应器体积) \tag{6-70}$$

式中，$c_{A,P}$为平推流反应器的出口浓度。

对非一级反应，则需用数值解。所以可采用另一种标绘，纵坐标为 V/V_P，其中 V 为具有一定返混的反应器达到规定转化率 x_A 时所需的反应器体积，V_P 为平推流时所需的体积；横坐标为 $1-x_A=c_A/c_{A0}$，一级反应与二级反应的标绘结果如图 6-28 和图 6-29 所示。

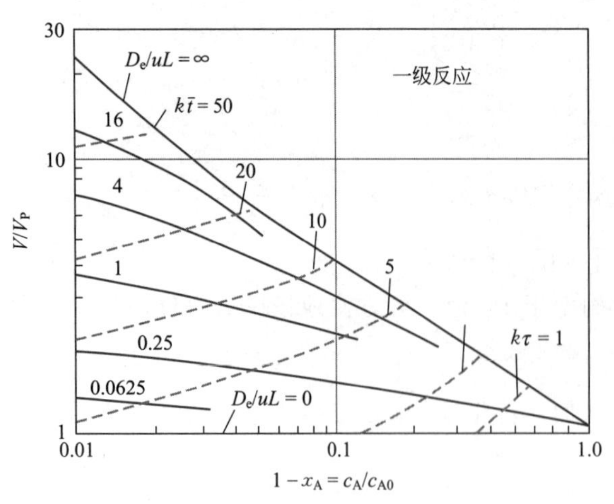

图 6-28 扩散模型的一级反应结果

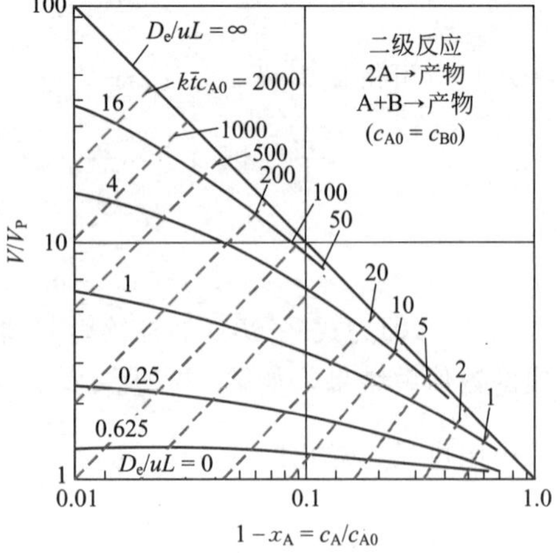

图 6-29 扩散模型的二级反应结果

一般来说，扩散模型多用于返混较小时的反应器，如管式反应器、固定床反应器等。而

多级全混流模型多用于返混较大的设备。

【例 6-5】 如例 6-1 的流动反应器，用于进行某液相分解反应，若已知其反应动力学为 $(-r_A)=kc_A$，$k=0.307\text{min}^{-1}$，当平均停留时间为 15min 时，试求：(1) 当采用多级全混流模型时，其最终转化率为多少？(2) 若扩散模型可近似以 $\sigma^2=2/Pe$ 结果关联，最终转化率为多少？

解：(1) 多级全混流模型

$$N=\frac{1}{\sigma^2}=\frac{1}{0.211}=4.76$$

$$\frac{c_A}{c_{A0}}=1-x_A=\frac{1}{(1+k\bar{t})^N}=\frac{1}{\left[1+0.307\times\left(\frac{15}{4.76}\right)\right]^{4.76}}=0.040$$

所以 $$x_A=1-0.040=0.96$$

(2) 扩散模型

$$\sigma^2=\frac{2}{Pe},\quad Pe=9.5,\quad k\bar{t}=0.307\times 15=4.6$$

由图 6-26 可求得 $$\frac{c_A}{c_{A0}}=0.032$$

所以 $$x_A=1-0.032=0.968$$

6.6.3 数学模型方法的应用

本章所介绍的停留时间分布测定和流动模型及其应用，只是最基本和最简单的，实际上还有多种模型，如“多级全混流、级间有限混合”模型，“带有死角与短路的全混流”模型以及其他各种组合模型等。而测定停留时间分布也有阶跃法或呈周期变化形式加入示踪物的方法等，各有专著或论文可供参阅。

本章的讨论，主要在于说明化学反应工程的基本研究方法与化学工程学传统的研究方法具有显著的不同，前者是以模型方法为基点的，而后者则是以经验归纳法为主。数学模型方法作为一个放大的方法与传统的逐级经验放大也有根本的区别。逐级经验方法立足于经验，一切凭借于实验结果行事，并不需要理解过程的本质、机理或内在规律。而数学模型方法则立足于对过程的深刻理解，不仅要求对过程有深刻的定性的理解，而且要求有足够准确的定量的理解。数学模型方法是将过程分解为化学反应和传递过程两部分，流动模型也是一种传递模型。如果通过实验室的小试测得了反应动力学，又具有描述各种大型设备中传递现象的数学模型，则大型反应器的设计就可以根据反应的动力学模型和大型装置中的传递模型相结合而进行。本章的有关例题即为动力学模型和设备的流动模型相结合而进行的反应器计算。由此可见，数学模型方法本身并不提供什么放大规律，它只是一种解决问题的方法，能否可靠地实现高倍数的放大，关键就在于是否有确实可靠的大型设备的传递模型。否则，数学模型放大仍然只是纸上谈兵。

数学模型方法重要的工作内容是研究模型的建立和模型参数的求取方法，至于各种特定的大型设备究竟属何种模型，具有怎样的模型参数，需要专门的测定和数据的积累。至今，在工程放大中，最缺少的还是这方面的数据。放大中最重要的问题，就是过程的传递模型。对尚未弄清其中传递模型的大型装置，即使提供了数学模型方法，对工程放大仍然是无所助益的。

最后要提及的是**中间试验**，它仍然是数学模型方法的一个重要环节。与逐级经验放大不同的是，中试的目的不再是实验搜索放大的规律。对于数学模型方法，中试是为了对模型化的结果作出检验。如果模型计算与中试结果有分歧，则必须检查是中试的原因，还是模型所反映的规律与实际不符。如属后者，则应修正模型和参数。

本章小结

1. 物料的混合现象按混合尺度可分为宏观混合和微观混合。宏观混合是指设备尺度上的混合现象；微观混合是指微团尺度的混合现象。

在反应器中的预混合指的是物料在进行反应之前能否达到分子尺度上的均匀问题。对于极快的反应，预混合过程中的反应量已有相当部分，实际反应场所（微团内和微团外）的反应物配比与原料中反应物配比大为不同，因而对反应结果，特别是对选择率会产生显著影响，应予以充分重视。

2. 返混是指不同时刻进入反应器的物料间的混合，是连续过程伴生的现象，它起因于空间的反向运动和不均匀的速度分布。返混是化学反应器中的一个重要的宏观动力学因素。

返混造成两种后果：改变反应器内物料的浓度分布和造成物料停留时间分布。返混与停留时间分布是因果关系，而停留时间分布只能反映设备尺度上的混合，不能反映微团尺度上的混合。

停留时间分布与返混之间不一定存在对应的关系，也就是说，一定的返混必然会造成确定的停留时间分布，但是，同样的停留时间分布可能由不同的返混造成。因此，不能直接把测定的停留时间分布用于描述返混的程度，而要借助于模型方法。

3. 在实际工业反应器计算中，往往存在非理想流动的影响，一般总是基于一个反应过程的初步认识，首先分析其实际流动状况，从而选择一较为切合实际的合理简化的流动模型，并用数学模型方法关联返混与停留时间分布的定量关系，然后通过停留时间分布的实验测定来检验所假设模型的正确程度，确定在假设模型时所引入的模型参数，最后结合反应动力学数据和物料衡算式来估计反应结果。

4. 固相加工反应过程（微团之间完全不混）的固体颗粒转化程度仅与反应动力学和反应时间有关。因而在连续流动反应器中，只要测得物料在反应器中的停留时间分布，总的反应结果是不同停留时间各部分物料作出贡献的总和，即

$$\overline{x}_A = \int_0^\infty x_A(t) f(t)\,dt$$

或

$$\frac{\overline{c}_A}{c_{A0}} = \int_0^\infty \frac{c_A(t)}{c_{A0}} f(t)\,dt$$

习　题

6-1 有一全混釜反应器，已知反应器体积为 100L，流量为 10L/min，试估计离开反应器的物料中，停留时间为 0～1min，2～10min 和大于 30min 的物料所占的百分比。

6-2　用脉冲法测定一反应系统的停留时间分布，得到如下的数据：

t/min	0	2	4	6	8	10	12	14	16	18
$c(t)/(\mathrm{g/m^3})$	0	6.5	12.5	12.5	10.0	5.0	2.5	1.0	0	0

试确定平均停留时间 $\bar{t}$ 与方差 σ_t^2，σ^2。

6-3　有一容积为100L，流量为50L/min的反应器系统，为考察其流动状态，采用脉冲示踪实验，测得如下数据：

t/min	0	0.25	0.5	0.75	1.0	1.25	1.75	2.0
$f(t)/\mathrm{min^{-1}}$	0	0	0	0	0.368	0.287	0.174	0.135
t/min	2.25	2.5	2.75	3.0	3.25	3.5	3.75	4.0
$f(t)/\mathrm{min^{-1}}$	0.105	0.082	0.063	0.049	0.038	0.030	0.023	0.018

试求合适的流动模型及模型参数。

6-4　在CSTR中分别进行均相反应和固相反应，反应为二级，若其他条件相同，$k=10^{-2}\mathrm{m^3/(mol\cdot s)}$，$c_{A0}=1\mathrm{mol/m^3}$，$\bar{t}=5\mathrm{min}$，试计算两种反应结果有何差别？

6-5　设 $f(\theta)$ 及 $F(\theta)$ 分别为某流动反应器的停留时间分布密度函数和停留时间分布函数，θ 为对比时间。

(1) 若该反应器为活塞流反应器，试求：

(a) $F(1)$；(b) $f(1)$；(c) $F(0.8)$；(d) $f(0.8)$；(e) $f(1.2)$

(2) 若该反应器为全混流反应器，试求：

(a) $F(1)$；(b) $f(1)$；(c) $F(0.8)$；(d) $f(0.8)$；(e) $f(1.2)$

(3) 若该反应器为一非理想流动反应器，试求：

(a) $F(\infty)$；(b) $F(0)$；(c) $f(\infty)$；(d) $\int_0^\infty f(\theta)\mathrm{d}\theta$；(e) $\int_0^\infty \theta f(\theta)\mathrm{d}\theta$

6-6　有一固相反应 A$\longrightarrow$P，测得停留时间分布如习题6-6图所示。已知 $c_{A0}=1\mathrm{mol/L}$，$(-r_A)=kc_A^{1/2}$，$k=2(\mathrm{mol/L})^{1/2}\cdot\mathrm{min}$，求转化率 x_A 为多少？

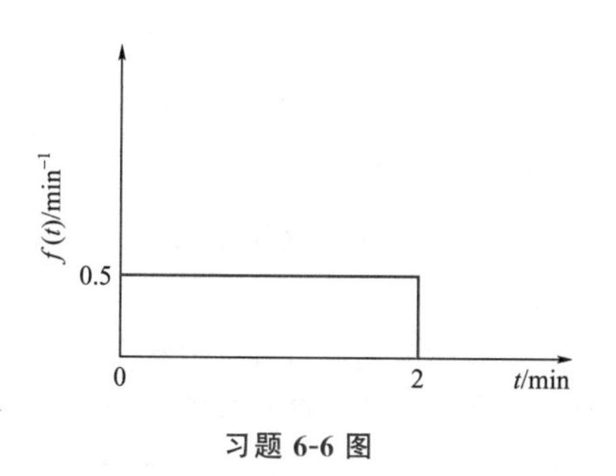

习题6-6图

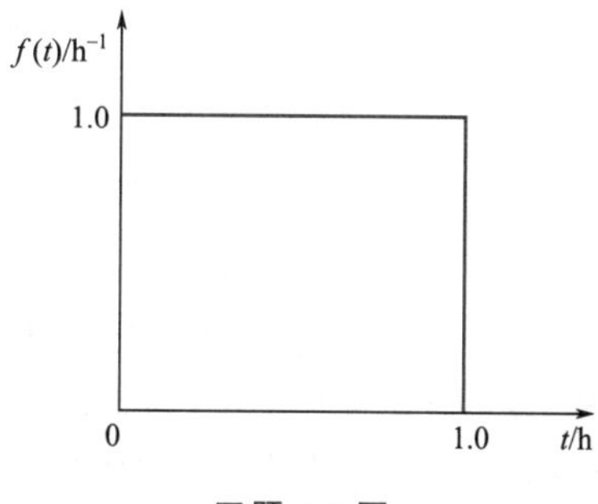

习题6-7图

6-7　今有硫铁矿焙烧反应，已知该反应为动力学控制，

$$1-x_A=\left(1-\frac{t}{\tau}\right)^3$$

x_A 为转化率，t 为反应时间，τ 为全部反应所需时间，$\tau=1\mathrm{h}$。

设反应过程中气相组成不变，粒子的停留时间分布如习题6-7图所示，求平均转化率 x_A 为多少？

6-8 在CSTR中进行液固相反应，产物为固相，反应为一级，已知$k=0.02\text{min}^{-1}$，固体颗粒平均停留时间为100min，求：(1) 平均转化率？(2) 若转化率低于30%为不合格，试估计不合格产品所占百分数？(3) 若改用两个等体积的CSTR串联（总体积不变），试估算不合格产品的百分数？

6-9 有一中间试验反应器，其停留时间分布函数式为：

$$F(t)=0 \qquad 0\leqslant t\leqslant 0.4\text{ 千秒}$$

$$F(t)=1-e^{[-1.25(t-0.4)]} \qquad t>0.4\text{ 千秒}$$

试计算：(1) 平均停留时间$\bar{t}$；(2) $A\longrightarrow P$，$k=0.8$千秒$^{-1}$，等温操作，若进行固相颗粒反应时，其转化率为多少？(3) 若用PFR，停留时间为0.4千秒，其后接一个平均停留时间为0.8千秒的CSTR，问此时反应转化率是多少？

6-10 用脉冲示踪法测得示踪物浓度如下：

t/s	0	48	96	144	192	240	288	336	384	432
示踪物浓度c/(g/m³)	0	0	0	0.1	5.0	10.0	8.0	4.0	0	0

试计算平均停留时间。如在反应器中进行一级反应$A\longrightarrow P$，$k=7.5\text{s}^{-1}$，求平均转化率。如分别采用CSTR和PFR，其平均停留时间相同，则反应结果分别为多少？

6-11 用脉冲示踪法测得实验反应器的停留时间分布关系如下表所示：

t/s	1	2	3	4	5	6	8	10	15	20	30	41	52	67
$c(t)$	9	57	81	90	90	86	77	67	47	32	15	7	3	1

今有一液相反应，$A+B\longrightarrow P$，已知$c_{A0}\ll c_{B0}$，若此反应在具有相同平均停留时间的PFR中进行，转化率可达0.99，计算：(1) 该反应器的平均停留时间及方差？(2) 若实验反应器以多釜串联模型描述，则可达到的转化率为多大？(3) 若用扩散模型描述，则转化率又为多少？

6-12 在直径为10cm，长为6.36cm的管式反应器中进行一级反应$A\longrightarrow P$，已知反应速率常数$k=0.25\text{s}^{-1}$，反应器的示踪实验结果列于下表：

t/s	0	1	2	3	4	5	6	7	8	9	10	12	14
c/(mg/L)	0	1	5	8	10	8	6	4	3	2.2	1.5	0.6	0

求分别用 (1) 轴向混合模型；(2) 平推流模型；(3) 多级串联全混流模型；(4) 单个CSTR模型，计算转化率，并对计算结果进行讨论。

6-13 在一特殊设计的容器中进行一级液相反应。为判断反应器内的流动状况与理想流动状况的偏离情况，用脉冲法进行示踪实验，在容器出口处测得不同时刻的示踪剂浓度如下所列：

t/s	10	20	30	40	50	60	70	80
c/(mg/L)	0	3	5	5	4	2	1	0

假定在平均停留时间相同的全混流反应器中的转化率为82.18%，试估计该反应器的实际转化率。

第 7 章

反应器选型与操作优化

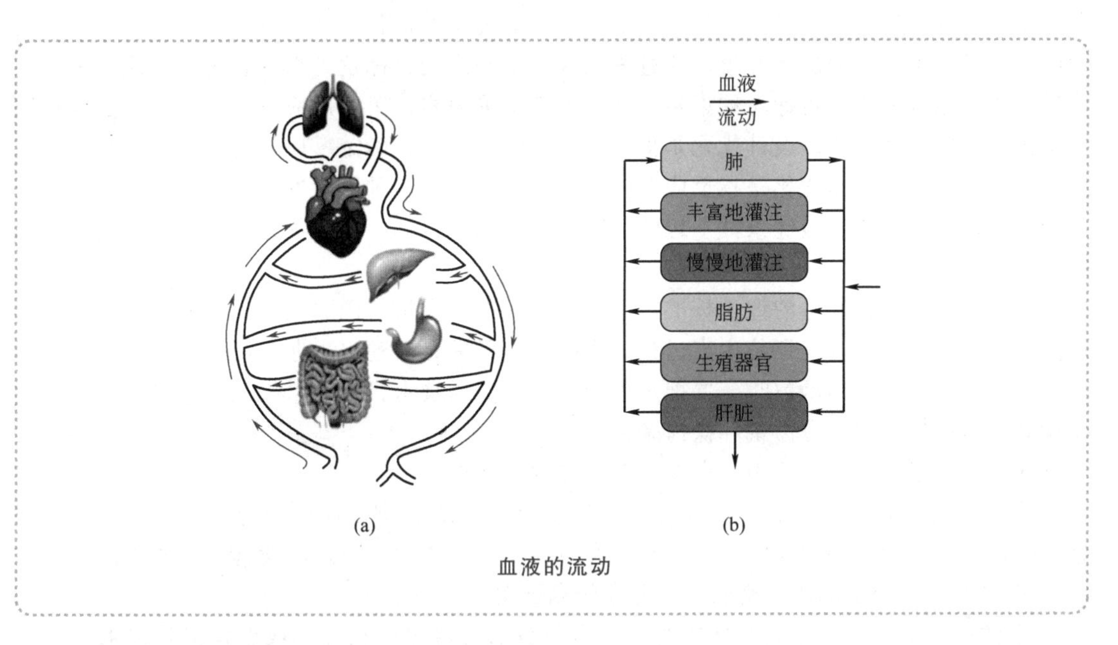

血液的流动

人体内的物质，如营养元素、药物以及有害物质等都是通过血液的流动到达各个器官（如肝脏、肌肉等）内，并被消化、吸收和排泄的。人体内的组织器官可以看作是一个个独立单元，血液以一定的流率流入或者流出每个器官，完成物质在不同组织内的交换。一些具有一定流动阻力的身体部位（如皮肤等）也可以被视为一个单元。在这些单元中，肝脏可以被看作是PFR模型，而其他则可以看作是完全混合的CSTR模型。基于以上认识，利用化学反应工程常用的各类反应器模型，可以定量计算药物在人体内的释放和吸收过程。

本章以均相反应为例，阐述各类典型化学反应的浓度效应和温度效应，结合前面几章介绍的理想间歇反应器、理想流动管式反应器和连续流动釜式反应器，讨论反应器选型、操作条件与操作方式等对反应结果的影响。对于反应器设计和操作中的复杂工程问题，考虑反应特征和反应器特性的匹配，综合运用计算机软件工具，实现工业反应过程的优化。

7.1 概 述

化学反应工程研究的目的是实现工业化学反应过程的优化。所谓**优化**，就是在一定的范围内，选择一组优化的决策变量，使过程系统对于确定的目标达到最优状态。因此，工业反应过程的优化涉及优化目标、约束条件和决策变量等内容。工业反应过程的优化包括设计优化和操作优化两种类型。设计优化是根据给定的生产能力，确定反应器型式、结构和适宜的尺寸及操作条件。操作优化是指反应器的操作，必须根据各种因素的变化对操作条件作出相应的调整，使反应器在最优条件下运转，以达到优化的目标。设计优化是工业反应过程优化的基础。

优化目标是过程优劣的评价标准，一般表达为决策变量的函数关系，构成目标函数。工业反应过程的经济收益是评价生产过程的主要优化目标。在建立工业反应过程优化目标的定量关系，即优化的目标函数时，要把过程的经济目标和技术目标联系起来，再进行过程的优化计算以确定最优的反应设备和操作条件。

在优化过程的实际处理中，存在三个方面的复杂性：

① 多目标。这些目标有时可以转化为经济收益，从而使多目标变为单目标。但有时却难以转化为单目标，例如安全因素就是这类目标，它是难以定量地转化为经济收益的。

② 多变量。变量的相互交联组成复杂的函数关系。

③ 约束条件。每个独立变量的变化范围一般都有特定的约束，或者是工艺技术因素的限制，如爆炸极限、材质耐温极限等，或者是前后工序规定的限制。

总之，复杂性在于多目标、多变量、有约束。这样的优化问题，涉及一系列数学模型的建立及寻优搜索方法等问题，已超出本书的范围。但是优化的基础，仍然是各独立变量对目标所产生影响的物理、化学本质。所以本章将以均相反应为例，讨论工业反应过程的优化目标及各独立变量的影响。

就每个独立变量而言，如果它对目标产生彼此相反而又相当的两种效果，必然存在一个最优值兼顾两者，此时最优值将落在约束条件允许的可行域之内，反之，则落在约束条件值规定的边界上。

对工业反应过程的**技术目标**有：

反应速率——涉及设备尺寸，即设备投资费用。

选择率——涉及生产过程的原料消耗费用。

能量消耗——生产过程操作费用的重要组成部分。

由于能量消耗是将整个车间甚至整个工厂作为一个系统加以考虑，所以下面仅以反应速率和选择率两个目标加以讨论。对于简单反应过程，不存在选择率问题，唯一的目标是反应速率。为了获得最大反应速率，要求高的温度和浓度，其最优温度和最优浓度在过程约束条件的规定值上限。对于复杂反应过程，选择率是优化的主要目标。选择率决定了产品中原料的消耗程度。根据现代工业发展统计表明，原料费用在产品成本中占极大比重，可达 70%

以上，而反应器设备和催化剂一般在产品成本中仅占很少份额，约2%～5%。因此对于复杂反应过程选择率将比反应速率重要得多，选择率是主要技术目标。选择率的本质是反应生成目的产物的主反应速率与生成副产物的副反应速率的相对比值。所以影响主副反应速率的因素也是影响选择率的主要因素，即反应物浓度和反应温度。对于复杂反应，应根据选择率要求确定优化的温度和浓度条件。

对于均相反应过程而言，涉及的独立变量只有温度和浓度。反应速率已如前述，它取决于温度和浓度，而选择率，取决于主反应速率和副反应速率的相对比值，因而仍然是温度和浓度的函数。

对于不同的反应，温度和浓度将产生不同的影响。对于简单反应，为了获得最大的反应速率，当然要求温度高、浓度高，因此最优温度和最优浓度落在约束条件规定的限值上。对于复杂反应，就不是那么简单了。本章将对简单反应、自催化反应、可逆反应、平行反应和串联反应的优化进行分析。更为复杂的反应无非是这些反应的组合，本章所得的结论将能定性地推广到更为复杂的反应系统中。

从工程角度看，优化就是如何进行反应器型式、操作方式和操作条件的选择并从工程上予以实施，以实现温度和浓度的优化，提高反应过程的速率和选择率。反应器的型式包括管式和釜式反应器及返混特性；操作条件包括反应物系的初始浓度、转化率（即最终浓度）、反应温度或温度序列；操作方式则包括间歇操作、连续操作、半连续操作以及加料方式的分批或分段加料等。

化学反应工程**优化的核心**是化学因素和工程因素的最优结合。化学因素包括反应类型及动力学特性。工程因素包括反应器类型、操作方式和操作条件。化学反应工程研究者需要考虑反应器内传递过程影响化学反应的各种因素，以便有效、正确地利用反应器特征，并和传递过程规律相结合以解决反应过程的优化问题。本章将着重讨论浓度对各种类型反应的反应速率和选择率的影响，为反应器选型、操作方式和操作条件等的优化作出选择。

7.2　影响反应场所浓度的工程因素

反应结果优劣的技术指标主要是反应速率和选择率。由反应动力学分析可以知道，反应选择率取决于主、副反应速率的相对关系。因此，选择率问题仍然是反应速率问题。反应速率只与温度和反应物浓度有关，而且只与反应实际进行场所的温度和浓度有关。反应实际进行场所，指的是反应器内化学反应实际进行的某些部位。反应过程中任何工程因素对反应结果的影响只能通过反应器内反应实际进行场所的温度和浓度，然后由反应的动力学规律影响反应结果——反应速率和选择率。

前面已经分析了几类基本反应过程的浓度效应。不同反应过程对反应物浓度有不同要求，这是动力学因素的研究内容。另一方面还必须掌握造成反应器中浓度状态改变的工程因素，这是工程因素研究的内容。把两者结合起来可以对反应器选型与操作方式作出判断和决策。反应器选型与操作方式是反应过程优化的重要内容。由图7-1可以看到，反应器型式、操作条件和操作方式实际上是通过有关工程因素来实现反应场所浓度的变化。同时可以看到，尽管反应器型式和操作条件千差万别，只要工程因素对反应场所的浓度造成的变化相同，就得到相同的反应结果。也就是说，各种工程因素只能通过浓度效应这唯一的途径影响反应结果。同样可以理解，各种对反应场所浓度产生相同影响的工程因素必定具有等效性。

例如，如果某反应的浓度要求是原料浓度低对反应过程有利，则只要造成反应场所浓度低的工程因素都对反应有利。如从反应器型式上具有返混是有利的；从加料方式上采用间歇过程的分批加料或连续过程的分段加料是有利的；或从操作条件上，降低进料浓度是有利的。可见这三者——返混、分批或分段加料、降低进料浓度都能达到降低反应场所浓度这一要求，也就是说这三个工程措施是等效的。

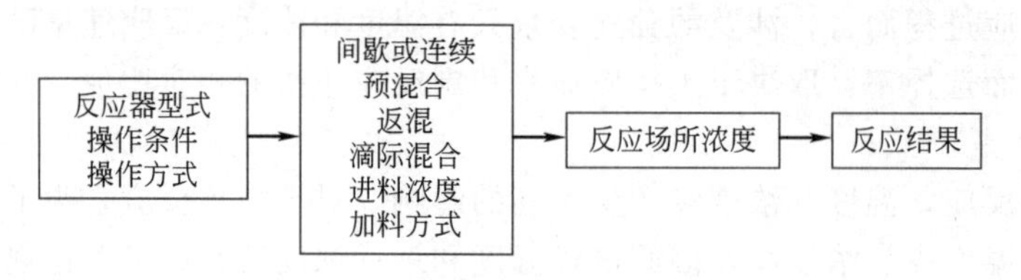

图 7-1 工程因素与反应结果

工程措施等效性的认识可以把反应器及其操作特征概括为几个工程因素对反应物浓度影响的实际作用，结合反应动力学特征决定反应物浓度要求，选定反应器型式和操作要求。相反，也可以由已知反应器型式及其操作条件所造成反应场所反应物浓度变化而得到的反应结果，定性或半定量地判断反应的浓度效应特征，以认识反应过程。

7.3 简单反应过程反应器型式的比较

简单反应是只有一个方向的反应过程，其优化目标只需考虑反应速率。温度是影响反应结果的一个极为敏感的因素，对于简单反应，为了获得最大反应速率，要求采用尽可能高的温度。其最优温度应落在该反应过程有关约束条件所规定的边界极值上，这些约束条件包括催化剂的耐热温度、反应物或产物热分解温度等。本节将主要讨论简单反应过程反应器型式的比较。

前面几章已经讨论了三种基本反应器类型：间歇反应器、平推流反应器和全混流反应器。在三种不同类型反应器中进行简单反应时表现出不同的结果。尽管工业反应器结构千差万别。然而可以根据这三种基本反应器的返混特征进行分析。不同返混程度的反应器，在工程上总设法使其返混状态接近于返混极大或返混极小两种极端状态。间歇反应器和平推流反应器，在操作方式上虽然一个是间歇操作，另一个是连续操作，但它们具有相同的返混特征——不存在返混。对于确定的反应过程，在这类反应器中的反应结果唯一地由反应动力学所确定。平推流反应器和全混流反应器，虽然在操作方式上都是连续操作，但具有完全不同的返混特征。全混流反应器返混最大，反应器中的物料浓度与反应器出口相同，即整个反应过程始终处于出口状态的浓度（或转化率）条件下操作。所以对同一简单反应，在相同操作条件下，为达到相同转化率，平推流反应器所需体积最小，而全混流反应器所需体积最大。换句话说，若反应器体积相同，则平推流反应器所达到的转化率比全混流反应器要高。

为比较平推流反应器与全混流反应器中进行简单反应过程的反应结果，以 n 级简单反应 A $\longrightarrow$P 为例，其反应速率方程为

$$(-r_A)=kc_A^n \tag{7-1}$$

若初始浓度和反应温度相同，则为达到相同转化率时平推流反应器所需空时 τ_P 与全混流反应器所需空时 τ_M 的关系为

$$\tau_P = c_{A0}\int_0^{x_A}\frac{dx_A}{(-r_A)} = \frac{1}{kc_{A0}^{n-1}}\int_0^{x_A}\left(\frac{1+\varepsilon_A x_A}{1-x_A}\right)^n dx_A \tag{7-2}$$

$$\tau_M = \frac{c_{A0}x_A}{(-r_A)} = \frac{1}{kc_{A0}^{n-1}} \times \frac{x_A(1+\varepsilon_A x_A)^n}{(1-x_A)^n} \tag{7-3}$$

式中，ε_A 为反应组分 A 的膨胀率，与膨胀因子 δ_A 的关系为

$$\varepsilon_A = \delta_A y_{A0} \tag{7-4}$$

对恒容系统，$\varepsilon_A=0$，若初始进料浓度相同，则式(7-2) 和式(7-3) 得

$$\frac{\tau_M}{\tau_P} = \frac{\dfrac{x_A}{(1-x_A)^n}}{\dfrac{(1-x_A)^{1-n}-1}{n-1}} \quad (n\neq 1) \tag{7-5}$$

或

$$\frac{\tau_M}{\tau_P} = \frac{\dfrac{x_A}{1-x_A}}{-\ln(1-x_A)} \quad (n=1) \tag{7-6}$$

式(7-5) 和式(7-6) 可以表示达到一定转化率所需全混流反应器和平推流反应器体积之比。

由图 7-2 可以看到：平推流反应器与全混流反应器中反应结果的差别与反应级数和反应过程转化率有关。当转化率很低时，反应物浓度变化较小，因此反应结果受返混影响也较小，达到同样转化率的两类反应器体积差别也不大。随反应转化率增加，返混影响也增大，两类反应器体积比相应增大。因此，对高转化率反应过程，应选用返混小的反应器。

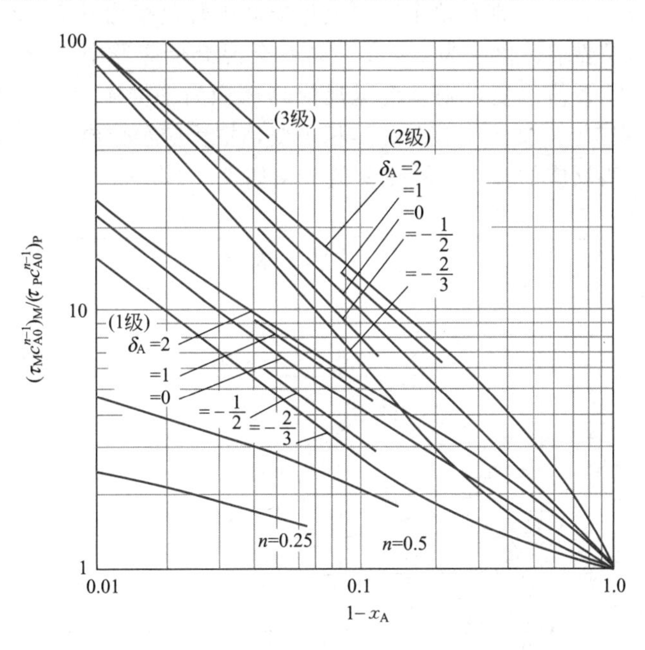

图 7-2　n 级反应在两种不同反应器中的性能比较

图 7-3 则用图解法显示了两类反应器的差别：随反应级数提高，达到相同转化率，全混流反应器与平推流反应器所需体积比也增大。对于零级反应，反应速率只取决于反应温度，而与浓度无关，因此两类反应器的结果相同。对于非零级反应，级数愈高，反应物浓度变化对反应速率影响越敏感，为达到同样转化率，两类反应器所需体积差别越大。以转化率 0.9 为例，一级反应的两类反应器体积差 4 倍，而二级反应则差 10 倍。实际工业生产采用返混

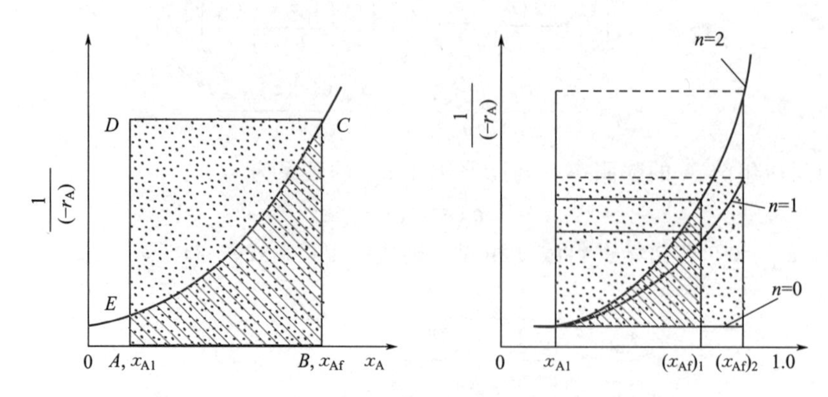

图 7-3　对任意反应动力学的两种流动反应器性能比较

面积＝$\frac{\tau_P}{c_{A0}}$；面积＝$\frac{\tau_M}{c_{A0}}$

极大或极小的反应器，受到各种因素限制。即使是简单反应，为了确定反应器型式，不仅要考虑反应级数，而且要考虑合适的转化率。对反应级数高，要求转化率也高的反应过程，主要采用平推流反应器。可是若反应要求较长的停留时间，采用管式反应器会造成结构或操作的困难，可采用连续流动釜式反应器串联组合的型式，既可降低返混的影响，又可保证足够的停留时间。图 7-4 和图 7-5 表示了一级和二级简单反应采用多釜串联反应器和平推流反应器的比较。当串联釜数趋于无穷多时，其反应器性能接近于平推流反应器。下面考虑一个一级不可逆反应，若 $k\tau=2$ 时，则在单个全混流反应器中转化率为 0.667；在平推流反应器中转化率为 0.865。如果要求转化率为 0.865，则在全混流反应器中进行时，其 $k\tau$ 应为 6.5。即在反应温度不变时，k 值不变，则全混流反应器体积为平推流反应器体积的 3.25 倍。若根据限制返混的分割措施，要使反应器总体积不变，把反应器分成 N 个全混釜反应器串联，在 $Nk\tau=2$ 时，其一级反应的釜数与转化率的关系如表 7-1 所示。

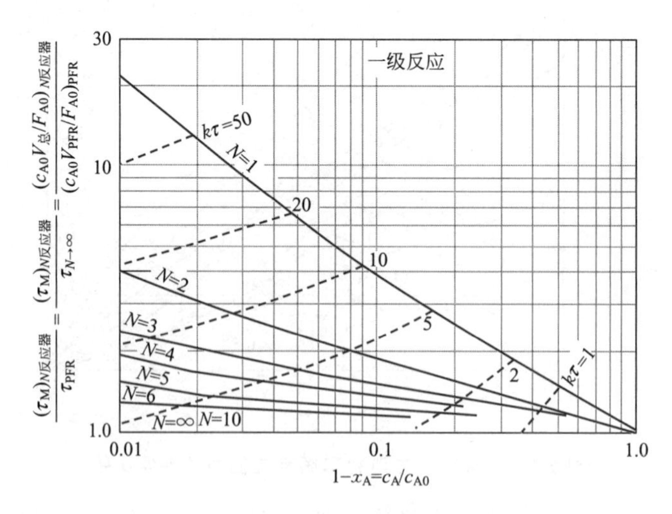

图 7-4　N 个相同体积的 CSTR 串联的反应器组与 PFR 的性能比较（一级反应）

表 7-1　串联釜数 N 与转化率 x_A 的关系

串联釜数 N	1	2	3	5	∞
转化率 x_A	0.67(CSTR)	0.75	0.78	0.81	0.87(PFR)

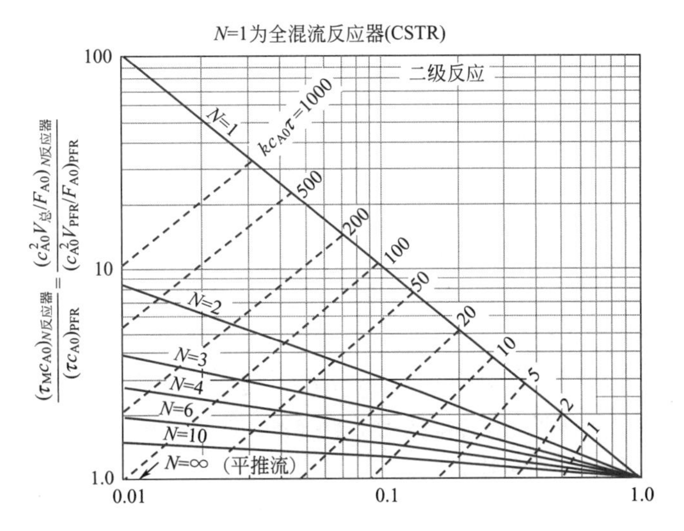

图 7-5　N 个相同体积的 CSTR 串联的反应器组与 PFR 的性能比较（二级反应）

在采用多釜串联时，其串联釜数的确定取决于经济指标。达到指定转化率所要求的反应器总体积 $\sum V_R$ 随釜数 N 增加而减小。然而由于单个反应器费用与 $V_R^{0.6}$ 成正比，所以和 $NV_R^{0.6}$ 成正比的总费用在图 7-6 上呈现一个最小值，最小值约在 $N=4\sim5$ 之间。在 $N<5$ 的范围内总体积出现明显的减少。随着釜数 N 增加，由图 7-4 和图 7-5 可见，当串联釜数大于 5 时，继续增大釜数 N，对返混限制的效果已不甚明显。而当釜数增加时，在生产操作上困难也随之增加。因此串联釜数的最优选择一般不超过 4 个。

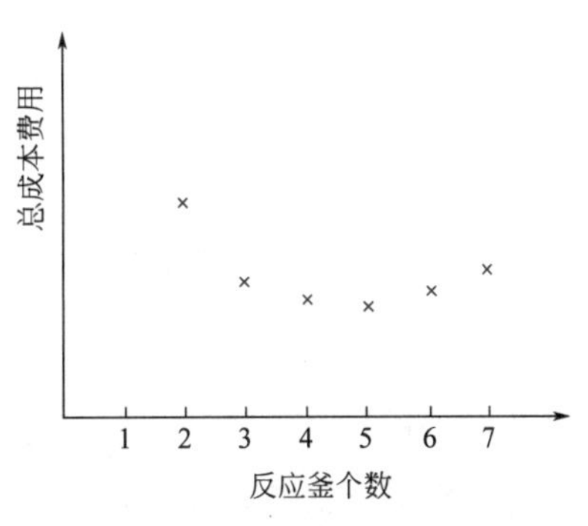

图 7-6　反应釜个数对总费用的影响

【例 7-1】　反应器性能比较

生产氯丁橡胶的单体 2-氯-1,3 丁二烯是 3,4-二氯丁烯在乙醇中用碱脱氯化氢而得，反应方程式为

$$\mathrm{H{-}\underset{}{\overset{H}{C}}{=}\overset{H}{C}{-}\underset{Cl}{\overset{H}{C}}{-}\underset{Cl}{\overset{H}{C}}{-}H \xrightarrow[\mathrm{C_2H_5OH}]{\mathrm{NaOH}} H{-}\overset{H}{C}{=}\underset{Cl}{C}{-}\overset{H}{C}{=}\overset{H}{C}{-}H + HCl}$$

3,4-二氯丁烯　　　　2-氯-1,3 丁二烯

简写成

$$A+B \longrightarrow P+R \qquad (B\ 为\ NaOH)$$

当 $\dfrac{c_{B0}-c_{A0}}{c_{A0}}=M$ 时，由下述计算式计算间歇反应器的转化率

$$\ln\frac{1+M-x_A}{(1+M)(1-x_A)}=c_{A0}Mkt$$

已知 40℃ 时，$k=0.07\mathrm{L/(mol\cdot min)}$，试计算：（1）间歇反应器工艺条件为：$c_{A0}=$

2.2mol/L，$M=0.25$，$T=40℃$，$t=50\text{min}$，求转化率为多大？要使转化率为0.98，则需多长反应时间？(2) 保持 (1) 的工艺条件，反应器为全混流反应器，求达到 (1) 的转化率和0.98的转化率所需的空时。(3) 用两个等体积全混流反应器串联操作，工艺条件同 (1)，计算转化率为0.98所需的空时。

解：(1) 间歇反应器

已知：$c_{A0}=2.2\text{mol/L}$，$T=40℃$，$k=0.07\text{L/(mol·min)}$，$M=0.25$，$t=50\text{min}$

$$\ln\frac{1+M-x_A}{(1+M)(1-x_A)}=c_{A0}Mkt$$

$$\ln\frac{1+0.25-x_A}{(1+0.25)(1-x_A)}=2.2\times0.25\times0.07\times50$$

求得$x_A=0.967$。同理计算得$x_A=0.98$时，$t=62\text{min}$。

(2) 单个全混流反应器的空时τ

$$\tau=\frac{c_{A0}-c_A}{(-r_A)}=\frac{c_{A0}-c_A}{kc_A(c_A+Mc_{A0})}$$

当$x_A=0.967$时，计算得$\tau=673\text{min}$；$x_A=0.98$时，$\tau=1179\text{min}$。

(3) 两个等体积全混流反应器串联

第一个全混流反应器的空时

$$\tau_1=\frac{c_{A0}-c_{A1}}{kc_{A1}(c_{A1}+Mc_{A0})}$$

第二个全混流反应器的空时

$$\tau_2=\frac{c_{A1}-c_{A2}}{kc_{A2}(c_{A2}+Mc_{A0})}$$

$$c_{A2}=2.2\times(1-0.98)=0.044\text{mol/L}$$

因两釜体积相等，所以$\tau_1=\tau_2$，即

$$\frac{2.2-c_{A1}}{0.07c_{A1}(c_{A1}+0.25\times2.2)}=\frac{c_{A1}-0.044}{0.07\times0.044\times(0.044+0.25\times2.2)}$$

注：计算上式中的c_{A1}属于非线性方程求解，下面给出不同的计算方法。

解法一：Excel单变量求解

令 $$f(c_{A1})=\frac{2.2-c_{A1}}{0.07c_{A1}(c_{A1}+0.25\times2.2)}-\frac{c_{A1}-0.044}{0.07\times0.044\times(0.044+0.25\times2.2)}$$

目标函数为$f(c_{A1})=0$。首先设置单元格A1值为0.1，单元格B1的公式为(2.2－A1)/0.07/A1/(A1＋0.25*2.2)－(A1－0.044)/0.07/0.044/(0.044＋0.25*2.2)

选中菜单栏中“数据”，下载“模拟分析”模块，选择“单变量求解”。

设置目标单元格为“B1”，目标值为“0”，可变单元格为“A1”，单击确定后，单元格A1显示c_{A1}的数值，单元格B1显示$f(c_{A1})$的数值。

迭代计算后得 $$c_{A1}=0.2708\text{mol/L}$$

解法二：Matlab模块求解

令 $$f(c_{A1})=\frac{2.2-c_{A1}}{0.07c_{A1}(c_{A1}+0.25\times2.2)}-\frac{c_{A1}-0.044}{0.07\times0.044\times(0.044+0.25\times2.2)}$$

目标函数为$f(c_{A1})=0$。

程序如下：

```
function Problem71
    clear all; clc;                                      % 清空变量及内存,清屏
    cA0=0.1;                                             % 浓度变量赋初值
    cA=fsolve(@Equation3,cA0)                            % 调用 fsolve 函数求解非线性方程
    %-----------------------------------------------------------------------------------
    function f=Equation3(cA0)
    f=(2.2-cA0)/0.07/cA0/(cA0+0.25*2.2)-(cA0-0.044)/0.07/(0.044+0.25*2.2)/
0.044;  % 目标函数
```

计算得 $c_{A1}=0.2708\text{mol/L}$

解法三：牛顿迭代法编程求解（以 Matlab 为例）

令 $f(c_{A1})=\dfrac{2.2-c_{A1}}{0.07c_{A1}(c_{A1}+0.25\times 2.2)}-\dfrac{c_{A1}-0.044}{0.07\times 0.044\times(0.044+0.25\times 2.2)}$

构建牛顿迭代法公式 $x_{n+1}=x_n-\dfrac{f(x_n)}{f'(x_n)}$

程序如下：

```
function Problem71
    clear all; clc;                                      % 清空变量及内存,清屏
    x0=0.1;                                              % 浓度变量赋初值
    format long                                          % 数值采用长实型
    f1=(2.2-x0)/0.07/x0/(x0+0.25*2.2)-(x0-0.044)/0.07/(0.044+0.25*2.2)/0.044; %
目标函数
    f2=(x0^2-4.4*x0-2.2^2*0.25)/(x0*(x0+0.25*2.2))^2/0.07;
                                                            % 目标函数的导数
    x1=x0-f1/f2;
    while abs(x1-x0)>0.00001                             % 设置求解精度
        x0=x1;
        f1=(2.2-x0)/0.07/x0/(x0+0.25*2.2)-(x0-0.044)/0.07/(0.044+0.25*2.2)/0.044;
        f2=(x0^2-4.4*x0-2.2^2*0.25)/(x0*(x0+0.25*2.2))^2/0.07;
        x1=x0-f1/f2;
    end
    disp('cA1=')                                            % 格式化显示结果
    disp(x1)
```

计算得 $c_{A1}=0.2708\text{mol/L}$

停留时间计算得 $\tau=\tau_1+\tau_2=248\text{min}$

7.4 自催化反应过程的优化

自催化反应是指反应产物本身具有催化作用，加快反应速率的反应过程。如生化反应中

的发酵过程，废水生化处理都具有自催化反应特征。自催化反应表示为

$$A+P \longrightarrow P+P \tag{7-7}$$

其反应速率方程为

$$(-r_A)=kc_Ac_P \tag{7-8}$$

严格地讲，对于自催化反应，如果原料中不存在产物时，反应速率应为零，反应不能进行。通常情况下将少量反应产物加入原料中。

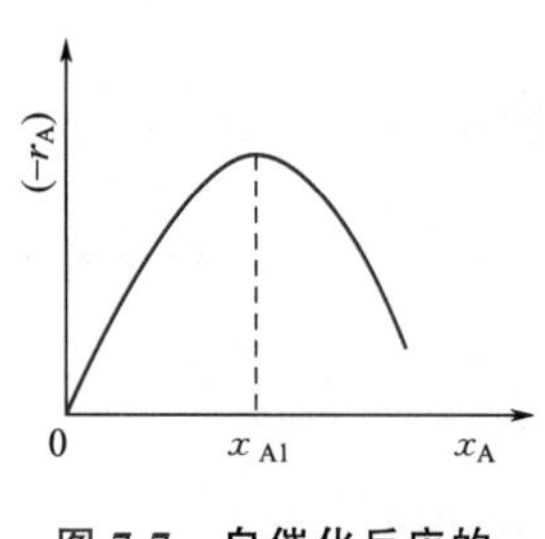

图 7-7 自催化反应的速率曲线

在反应初期，虽然反应物 A 的浓度高，但此时作为催化剂的反应产物 P 的浓度很低，所以反应速率较低。随着反应的进行，反应产物 P 的浓度逐渐增加，反应速率加快。在反应后期时，虽然产物 P 的浓度很高，但因反应物 A 的消耗，其浓度大大降低，此时反应速率又下降。由此可见，自催化反应过程的**基本特征**是存在一个最大反应速率，如图 7-7 所示。自催化反应虽然有其独特的反应速率特征，但它在反应器中的反应结果仍然可以用简单反应的处理方法进行计算。

根据自催化反应存在最大反应速率的特征，在反应器选型时，根据不同转化率的要求，选用不同的反应器及其组合型式，以减小反应器体积。下面以图解法进行讨论。如图 7-8 所示，以 $x_A \sim 1/(-r_A)$ 作图。如果自催化反应所要求的转化率小于或等于 x_{A1} [见图 7-8(c)]，为达到相同转化率，全混流反应器显然比平推流反应器体积小，表明返混是有利因素。因为返混导致反应器内产物和原料相混合，使低转化率时反应器内也有较高的产物浓度，得到较高的反应速率。相反，当要求的最终转化率较高时 [见图 7-8(a)]，返混则导致整个反应器处于低的原料浓度，反应速率很低，所以为达到相同转化率，全混流反应器所需体积将大于平推流反应器。当反应处于中等转化率时 [见图 7-8(b)]，两类反应器无太大差别。总之，应根据反应转化率要求选用合适的反应器。

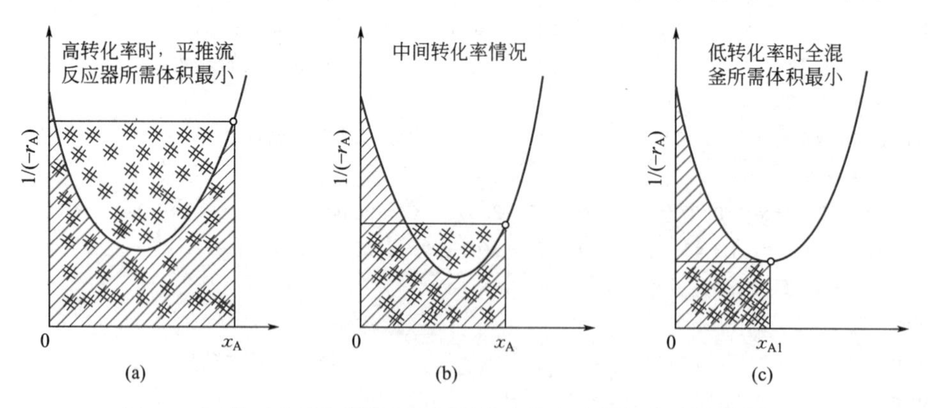

图 7-8 两种理想反应器用于不同转化率的自催化反应时的性能比较

为了使反应器总体积最小，可选用一个全混流反应器，使反应器保持在最高速率点处进行反应。为了使反应原料得到充分利用，达到较高的转化率，可以在全混流反应器后串联一个平推流反应器来达到高转化率要求。这里的**最优反应器组合**是先用一个全混流反应器，控制在最大速率点处操作，然后接一个平推流反应器，达到高转化率以充分利用原料，其组合如图 7-9(a) 所示。也可以在全混流反应器出口接一个分离装置，分离反应器出口物料中的产物与原料，并将原料送回反应器，其最优组合为一个全混流反应器后接一个分离装置，全混流反应器控制在最大速率点处操作，如图 7-9(b) 所示。

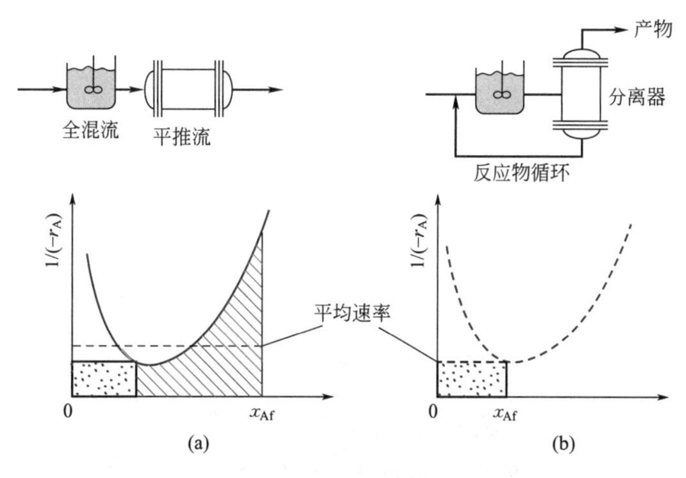

图7-9　反应器组的最优组合

根据自催化反应的动力学特征，在反应的初始阶段有一个速率由低到高的启动过程，产物的存在有利于这个启动过程，因此适当的返混是有利的。在工程上可以采用循环反应器，为达到指定的转化率，必有一个最适宜的循环比，使反应器体积最小。最适宜循环比 R_{opt} 可由循环反应器计算关系，求取反应器体积对循环比 R 极值的方法，即 $\frac{dV_R}{dR}=0$ 求得。

【例7-2】　不同类型反应器中进行自催化反应的比较

自催化反应 $A+P \longrightarrow P+P$ 是一个等密度反应过程，反应速率为

$$(-r_A)=kc_Ac_P$$

已知：$k=10^{-3}m^3/(kmol \cdot s)$，进料流量为 $v=0.002m^3/s$，$c_{A0}=2kmol/m^3$，$c_{P0}=0$，转化率 $x_A=0.98$，试计算下列反应器的体积。

(1) 全混流反应器（CSTR）；(2) 两个等体积全混流反应器串联的组合反应器；(3) 平推流反应器；(4) 循环比 $R=1$ 的循环反应器；(5) 具有最小体积的循环反应器。

解：

$$c_A=c_{A0}(1-x_A)$$

$$(-r_A)=kc_{A0}^2(1-x_A)x_A$$

(1) CSTR

$$V_R=\frac{v(c_{A0}-c_{Af})}{kc_{Af}c_{Pf}}=\frac{v}{kc_{A0}(1-x_{Af})}=\frac{0.002}{10^{-3}\times 2\times(1-0.98)}=50m^3$$

(2) 两个等体积CSTR串联

设第一个CSTR出口浓度为 c_{A1}，则

$$\frac{c_{A0}-c_{A1}}{kc_{A1}c_{P1}}=\frac{c_{A1}-c_{A2}}{kc_{A2}c_{P2}}$$

即

$$\frac{1}{1-x_{A1}}=\frac{x_{A2}-x_{A1}}{(1-x_{A2})x_{A2}}$$

当 $x_{A2}=0.98$ 时，代入上式，解得 $x_{A1}=0.8496$，所以两个全混流反应器总体积为

$$V_R=2V_{R1}=2\frac{v}{kc_{A0}(1-x_{A1})}=\frac{2\times 0.002}{10^{-3}\times 2\times(1-0.8496)}=13.3m^3$$

(3) PFR

因为进口处 $c_{P0}=0$，即 $(-r_A)=0$，无法引起反应，所以反应器体积为无穷大。

(4) $R=1$ 的循环反应器

根据循环反应器计算公式

$$V_R=\frac{v(1+R)}{kc_{A0}}\int_{\frac{R}{1+R}x_{Af}}^{x_{Af}}\frac{dx_A}{x_A(1-x_A)}=\frac{v(1+R)}{kc_{A0}}\ln\left[\frac{1+R(1-x_{Af})}{R(1-x_{Af})}\right]$$

$$=\frac{0.002\times(1+1)}{10^{-3}\times 2}\ln\left[\frac{1+(1-0.98)}{1-0.98}\right]=7.86\text{m}^3$$

(5) 具有最小体积的循环反应器

根据循环反应器计算公式，求 $\frac{dV_R}{dR}=0$，得

$$\ln\left[\frac{1+R(1-x_{Af})}{R(1-x_{Af})}\right]=\frac{R+1}{R[1+R(1-x_{Af})]}$$

将 $x_{Af}=0.98$ 代入上式，用例 7-1 的计算方法求得 $R_{opt}=0.226$，代入循环反应器计算式得

$$V_R=6.62\text{m}^3$$

计算结果如表 7-2 所示。

表 7-2 例 7-2 计算结果

反应器类型	全混流反应器	两个全混流反应器串联	平推流反应器	$R=1$ 的循环反应器	$R=0.226$ 的循环反应器
反应器体积/m^3	50	13.3	∞	7.86	6.62

【例 7-3】 自催化反应工业实例

Co-Mn-Br 催化剂催化下的对二甲苯（PX）液相氧化（也称 AMOCO/MC 催化）是典型的自由基链式反应，符合自催化反应的特征。由于 AMOCO/MC 催化具有极其重要的工业价值，它的催化机理已经得到了深入的研究，反应路径如下所示：

$$\left.\begin{aligned}
&\text{PX}+\text{O}_2\xrightarrow[\text{Initiation}]{k_1}[\text{O}]_{\text{PX}}\\
&\text{TALD}+\text{O}_2\xrightarrow[\text{Initiation}]{k_1}[\text{O}]_{\text{TALD}}\\
&p\text{-TA}+\text{O}_2\xrightarrow[\text{Initiation}]{k_1}[\text{O}]_{p\text{-TA}}\\
&\text{4-CBA}+\text{O}_2\xrightarrow[\text{Initiation}]{k_1}[\text{O}]_{\text{4-CBA}}
\end{aligned}\right\}$$

$$\left.\begin{matrix}[\text{O}]_{\text{PX}}\\ [\text{O}]_{\text{TALD}}\\ [\text{O}]_{p\text{-TA}}\\ [\text{O}]_{\text{4-CBA}}\end{matrix}\right\}+\text{PX}+\text{O}_2\xrightarrow{k_2}\left.\begin{matrix}\text{TALD}\\ p\text{-TA}\\ \text{4-CBA}\\ \text{TPA}\end{matrix}\right\}+[\text{O}]_{\text{PX}}$$

$$\left.\begin{matrix}[\text{O}]_{\text{PX}}\\ [\text{O}]_{\text{TALD}}\\ [\text{O}]_{p\text{-TA}}\\ [\text{O}]_{\text{4-CBA}}\end{matrix}\right\}+\text{TALD}+\text{O}_2\xrightarrow{k_3}\left.\begin{matrix}\text{TALD}\\ p\text{-TA}\\ \text{4-CBA}\\ \text{TPA}\end{matrix}\right\}+[\text{O}]_{\text{TALD}}$$

$$\left.\begin{array}{l}[O]_{PX}\\ [O]_{TALD}\\ [O]_{p\text{-}TA}\\ [O]_{4\text{-}CBA}\end{array}\right\}+p\text{-}TA+O_2\xrightarrow{k_4}\left.\begin{array}{l}TALD\\ p\text{-}TA\\ 4\text{-}CBA\\ TPA\end{array}\right\}+[O]_{p\text{-}TA}$$

$$\left.\begin{array}{l}[O]_{PX}\\ [O]_{TALD}\\ [O]_{p\text{-}TA}\\ [O]_{4\text{-}CBA}\end{array}\right\}+4\text{-}CBA+O_2\xrightarrow{k_5}\left.\begin{array}{l}TALD\\ p\text{-}TA\\ 4\text{-}CBA\\ TPA\end{array}\right\}+[O]_{4\text{-}CBA}$$

$$\text{i-OO}^{\cdot}+\text{j-OO}^{\cdot}\xrightarrow{k_6}\text{i-O}_4\text{-j}$$

式中，TALD为对甲基苯甲醛；p-TA为对甲基苯甲酸；4-CBA为对羧基苯甲醛；TPA为对苯二甲酸。

研究证明，当氧的分压超过某个门槛值（13.3kPa）时，氧浓度对反应没有影响，此时反应对氧气为零级。实验条件下一般都排除了传质的影响，因此可以不考虑氧浓度影响。按照这个假定，PX氧化的动力学方程表示如下：

$$\frac{dc_{PX}}{dt}=-k_1c_{PX}-k_2c_{[O]}c_{PX}$$

$$\frac{dc_{TALD}}{dt}=cc_{[O]_{PX}}-k_1c_{TALD}-k_3c_{[O]}c_{TALD}$$

$$\frac{dc_{p\text{-}TA}}{dt}=cc_{[O]_{TALD}}-k_1c_{p\text{-}TA}-k_4c_{[O]}c_{p\text{-}TA}$$

$$\frac{dc_{4\text{-}CBA}}{dt}=cc_{[O]_{p\text{-}TA}}-k_1c_{4\text{-}CBA}-k_5c_{[O]}c_{4\text{-}CBA}$$

$$\frac{dc_{TPA}}{dt}=cc_{[O]_{4\text{-}CBA}}$$

$$\frac{dc_{[O]_{PX}}}{dt}=k_1c_{PX}+k_2c_{[O]}c_{PX}-cc_{[O]_{PX}}-k_6c_{[O]_{PX}}(c_{[O]}+c_{[O]_{PX}})$$

$$\frac{dc_{[O]_{TALD}}}{dt}=k_1c_{TALD}+k_3c_{[O]}c_{TALD}-cc_{[O]_{TALD}}-k_6c_{[O]_{TALD}}(c_{[O]}+c_{[O]_{TALD}})$$

$$\frac{dc_{[O]_{p\text{-}TA}}}{dt}=k_1c_{p\text{-}TA}+k_4c_{[O]}c_{p\text{-}TA}-cc_{[O]_{p\text{-}TA}}-k_6c_{[O]_{p\text{-}TA}}(c_{[O]}+c_{[O]_{p\text{-}TA}})$$

$$\frac{dc_{[O]_{4\text{-}CBA}}}{dt}=k_1c_{4\text{-}CBA}+k_5c_{[O]}c_{4\text{-}CBA}-cc_{[O]_{4\text{-}CBA}}-k_6c_{[O]_{4\text{-}CBA}}(c_{[O]}+c_{[O]_{4\text{-}CBA}})$$

$$\frac{dc_{i\text{-}O_4\text{-}j}}{dt}=k_6(c_{[O]}^2-c_{[O]_{PX}}c_{[O]_{TALD}}-c_{[O]_{PX}}c_{[O]_{p\text{-}TA}}-c_{[O]_{PX}}c_{[O]_{4\text{-}CBA}}-c_{[O]_{TALD}}c_{[O]_{p\text{-}TA}}-c_{[O]_{TALD}}c_{[O]_{4\text{-}CBA}}-c_{[O]_{p\text{-}TA}}c_{[O]_{4\text{-}CBA}})$$

式中，$c_{[O]}=c_{[O]_{PX}}+c_{[O]_{TALD}}+c_{[O]_{p\text{-}TA}}+c_{[O]_{4\text{-}CBA}}$；$c=(k_2c_{PX}+k_3c_{TALD}+k_4c_{p\text{-}TA}+k_5c_{4\text{-}CBA})$。

动力学方程的初始条件为

$t=0$，$c_{PX}=0.5\text{mol/kg}$，$c_{TALD}=0$，$c_{p\text{-}TA}=0$，$c_{4\text{-}CBA}=0$，$c_{TA}=0$，$c_{[O]_{PX}}=0$，$c_{[O]_{TALD}}=0$，$c_{[O]_{p\text{-}TA}}=0$，$c_{[O]_{4\text{-}CBA}}=0$，$c_{i\text{-}O_4\text{-}j}=0$

动力学模型参数如表 7-3 所示。

表 7-3 例 7-3 动力学模型参数表

[Co]∶[Mn]∶[Br]/ppm	800∶400∶1200
$k_1\times10^5/\text{min}^{-1}$	6.21
$k_2\times10^{-3}/\text{kg}\cdot\text{mol}^{-1}\cdot\text{min}^{-1}$	15.88
$k_3\times10^{-3}/\text{kg}\cdot\text{mol}^{-1}\cdot\text{min}^{-1}$	17.09
$k_4\times10^{-3}/\text{kg}\cdot\text{mol}^{-1}\cdot\text{min}^{-1}$	3.28
$k_5\times10^{-3}/\text{kg}\cdot\text{mol}^{-1}\cdot\text{min}^{-1}$	9.81
$k_6/\text{kg}\cdot\text{mol}^{-1}\cdot\text{min}^{-1}$	0.54

PX 液相氧化反应在上述条件下进行，进料流量 $q_V=100\text{cm}^3/\text{min}$。试问：(1) 用一个 5L 的 CSTR 与用两个 2.5L 的 CSTR 串联操作，哪一个方案 TPA 的收率大？(2) 用两个 2.5L 的 CSTR 并联能否提高 TPA 的收率？(3) 若用一个 5L 的 PFR 进行反应，所得 TPA 的收率为多少？

解： (1) 5L 的 CSTR 停留时间 $\tau=5000/100=50\text{min}$，通过 Matlab 编程求解全混流模型方程可得 TPA 收率 $\varphi=0.9195$。

2.5L 的 CSTR 停留时间 $\tau=2500/100=25\text{min}$，同样地，通过 Matlab 求解全混流模型方程可得：第一个 CSTR 的 TPA 收率 $\varphi_1=0.8440$；第二个 CSTR 的 TPA 收率 $\varphi_2=0.9838$。

因此，两个 2.5L 的 CSTR 串联操作所得 TPA 的收率更大。

(2) 两个 2.5L 的 CSTR 并联的停留时间 $\tau=2500/50=50\text{min}$，其结果与单个 CSTR 相同。因此，并联并不能提高收率。

(3) 5L 的 PFR 停留时间 $\tau=5000/100=50\text{min}$，通过 Matlab 编程求解平推流模型方程可得 TPA 收率 $\varphi=0.9996$。

7.5 可逆反应过程的优化

由第 3 章可知，可逆反应的反应速率不但受动力学常数的影响，而且受化学平衡常数的约束，其基本特征是反应受动力学因素和热力学因素的双重影响。以一级可逆反应为例

$$\text{A}\underset{k_2}{\overset{k_1}{\rightleftharpoons}}\text{P} \tag{7-9}$$

反应速率为

$$(-r_\text{A})=(k_1+k_2)(c_\text{A}-c_\text{Ae}) \tag{7-10}$$

或

$$(-r_\text{A})=(k_1+k_2)c_\text{A0}(x_\text{Ae}-x_\text{A}) \tag{7-11}$$

当 $(-r_\text{A})=0$ 时，反应过程达到平衡。平衡转化率是在该反应温度下反应可能达到的限度。由式(7-11) 可计算得到平衡转化率。

$$x_\text{Ae}=\frac{K}{1+K} \tag{7-12}$$

式中，c_{Ae}和x_{Ae}分别表示物料A的平衡浓度和平衡转化率。K为可逆反应平衡常数。

$$K=\frac{k_1}{k_2} \tag{7-13}$$

7.5.1　可逆反应过程的浓度效应

由式(7-10)和式(7-11)表明：可逆反应速率的浓度效应和简单反应相同，随反应物的浓度增加，反应速率单调增加。因此，在设计和操作中，任何使反应器中反应物浓度降低的工程因素都是不利的，应该避免。

由式(7-10)和式(7-11)可知，为提高反应速率，可通过改变可逆反应的平衡状态实现，即从反应混合物中不断移去产物，使反应向有利于生成产物的方向进行。如果产物是易挥发的，则可以从反应器中将产物蒸出。

对双组分可逆反应

$$A+B \underset{k_2}{\overset{k_1}{\rightleftharpoons}} P+S \tag{7-14}$$

如果A是比B更贵重的物料，鉴于可逆反应速率和反应转化率受平衡限制，为提高物料A的利用率和加快反应速率，可以采用物料B过量的措施。若该反应的平衡常数为1，在A和B的初始浓度均为1mol/L时，反应的平衡转化率为0.5，而同样反应条件下，把B的初始浓度提高为2mol/L，此时物料A的平衡转化率提高至0.67。

7.5.2　可逆反应过程的最优反应温度和最优温度序列

可逆反应速率的温度效应与简单反应速率的温度效应具有明显差别。

对可逆吸热反应，反应平衡常数和反应速率常数都随温度升高而增大，即反应净速率随温度升高而增大。所以可逆吸热反应与不可逆简单反应具有相同的反应速率温度效应。为提高反应速率，应尽可能在高温下反应。当然，反应温度的确定要考虑允许温度上限的各种约束条件。

对于可逆放热反应，温度对反应速率的影响与可逆吸热反应不同。随着温度升高，可逆放热反应的动力学常数和平衡常数变化恰恰相反。即随温度升高，反应速率常数增大，而平衡常数则降低，平衡转化率减小。因此，反应速率受两种相互矛盾因素的影响。当反应物组成不变时，在较低温度范围内，$\left[\frac{\partial(-r_A)}{\partial T}\right]_{x_A}>0$，且其值随温度升高而逐渐减小；当温度增加到某一定值时，$\left[\frac{\partial(-r_A)}{\partial T}\right]_{x_A}=0$，此时反应速率达到最大值；再提高温度，则$\left[\frac{\partial(-r_A)}{\partial T}\right]_{x_A}<0$，且其绝对值随温度升高而逐渐增大。对于一定的反应物组成，具有最大反应速率的温度，称为相应于这个组成的最优反应温度T_{opt}。不同反应物组成时相应的最优温度为**最优温度线**，也称最优操作温度线。根据求极值原理，将可逆反应速率方程式对温度求导并使导数等于零，即

$$(-r_A)=k_1c_A-k_2c_P=k_1c_{A0}(1-x_A)-k_2c_{A0}x_A \tag{7-15}$$

$$\left[\frac{\partial(-r_A)}{\partial T}\right]_{x_A}=k_1\frac{E_1}{RT^2}c_{A0}(1-x_A)-k_2\frac{E_2}{RT^2}c_{A0}x_A \tag{7-16}$$

$$\left[\frac{\partial(-r_A)}{\partial T}\right]_{c_{A0},x_A}=0 \tag{7-17}$$

可求得最优反应温度 T_{opt}

$$T_{opt}=\frac{E_2-E_1}{R\ln\left(\frac{E_2}{E_1}\times\frac{k_{20}}{k_{10}}\times\frac{x_A}{1-x_A}\right)} \tag{7-18}$$

另外，当可逆放热反应速率为零时，过程处于平衡状态。相应于平衡状态的温度为平衡温度 T_{eq}。

$$T_{eq}=\frac{E_2-E_1}{R\ln\left(\frac{k_{20}}{k_{10}}\times\frac{x_A}{1-x_A}\right)} \tag{7-19}$$

根据式(7-18）和式(7-19）作最优温度与平衡温度示意图，见图 7-10。图中 1 为平衡温度线，2 为最优温度线。比较式(7-18）和式(7-19）可得

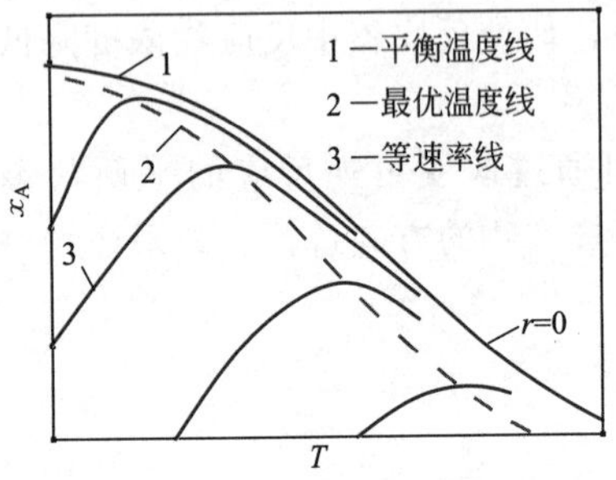

图 7-10　最优温度与平衡温度示意图

$$T_{opt}=\frac{T_{eq}}{1+\frac{RT_{eq}}{E_2-E_1}\ln\frac{E_2}{E_1}} \tag{7-20}$$

在反应器中，为得到一定的产品，要使反应器体积最小，此时管式反应器或管式固定床反应器沿长度的温度分布应满足从反应器进口到出口的每一微元上的可逆反应净速率最大。反应器计算方程式为

$$\frac{V_R}{F_{A0}}=\int_0^{x_A}\frac{dx_A}{(-r_A)} \tag{7-21}$$

式中，$(-r_A)$ 是在一定操作条件及一定物料组成下的反应速率，是组成和温度的函数。设 T_{opt}是对特定转化率 x_A 使（$-r_A$）具有最大值时的温度，这样的计算，可以使系统中各个微元的反应速率最大，使反应器体积最小。因此，沿反应器长度，即从反应器进口到出口，最优操作温度 T_{opt}是一个由高温到低温的温度序列。

由此可见，对于可逆放热反应，反应器中的温度控制应按最优温度序列要求实施，然而在实际应用时受到很多限制。其一是催化剂的活性变化，其结果使最优温度序列不能恒定。而且，一般来说，温度愈高，催化剂活性变化愈快。所以从最高生产量要求得到的温度序列，不一定满足工业用催化剂活性稳定对温度的要求。其二要沿反应器长度调节热交换量以获得最优温度序列，显然要从反应器进口到出口通过器壁按这种数量级实现连续改变的热量交换，这几乎是不可能的。所以理想的最优温度序列在工业上无法实现，但最优温度的某些近似处理是能够实现的。

【例 7-4】 已知气相可逆反应 $A+B \rightleftharpoons P$，反应动力学方程为

$$(-r_A)=k_1\left(p_Ap_B-\frac{p_P}{K}\right)\quad mol/(h\cdot m^3)$$

式中，$k_1=k_{10}e^{-E/(RT)}$，$k_{10}=1.26\times10^{-4}$，$E=91211J/mol$，K 为平衡常数，$K=7.18\times10^{-7}e^{123846/(RT)}$。

已知：$p_{A0}=p_{B0}=0.5MPa$，$p_{P0}=0$，$p=1MPa$，求最优温度与转化率的关系。

解： 根据已知条件，$p=1MPa$，$p_{A0}=p_{B0}=0.5MPa$，求得 $y_{A0}=0.5$。

从反应式可知 $\delta_A=\frac{1-2}{1}=-1$，且 $p_A=p_B$，所以

$$p_A=p_B=\frac{py_{A0}(1-x_A)}{1+\delta_A y_{A0}x_A}=\frac{1-x_A}{2-x_A}$$

$$p_P=\frac{p_{P0}+py_{A0}x_A}{1+\delta_A y_{A0}x_A}=\frac{x_A}{2-x_A}$$

$$\begin{aligned}(-r_A)&=k\left[\left(\frac{1-x_A}{2-x_A}\right)^2-\left(\frac{x_A}{2-x_A}\right)/K\right]\\&=1.26\times10^{-4}e^{-91211/(RT)}\left[\left(\frac{1-x_A}{2-x_A}\right)^2-\frac{x_A/(2-x_A)}{7.18\times10^{-7}e^{123864/(RT)}}\right]\\&=1.26\times10^{-4}e^{-91211/(RT)}\left(\frac{1-x_A}{2-x_A}\right)^2-1.75\times10^2e^{-215057/(RT)}\left(\frac{x_A}{2-x_A}\right)\end{aligned}$$

当反应在最优温度下进行时有

$$\frac{\partial(-r_A)}{\partial T}=0$$

即可得

$$1.26\times10^{-4}e^{-91211/(RT)}\frac{91211}{RT^2}\left(\frac{1-x_A}{2-x_A}\right)^2=1.75\times10^2e^{-215057/(RT)}\frac{215057}{RT^2}\left(\frac{x_A}{2-x_A}\right)$$

化简得到

$$e^{123846/(RT)}=3.27\times10^6\frac{x_A(2-x_A)}{(1-x_A)^2}$$

或

$$\frac{123846}{RT}=\ln\left[3.27\times10^6\frac{x_A(2-x_A)}{(1-x_A)^2}\right]=15+\ln\frac{x_A(2-x_A)}{(1-x_A)^2}$$

由此可得到最优温度 T_{opt} 与转化率 x_A 的关系为

$$T_{opt}=\frac{123846}{R\left[15+\ln\frac{x_A(2-x_A)}{(1-x_A)^2}\right]}$$

7.5.3　可逆反应过程最优温度条件的实施

工业上要使反应器温度沿反应管长所要求的最优温度序列变化，在具体实施上有一定的困难，只能采用近似趋于这种最优条件的各种实施方案。工业上常采用绝热操作的方式来实现反应器轴向温度的优化序列。

绝热反应器的基本特征是在绝热条件下进行化学反应，无论是催化剂还是反应物料，在反应过程中都不与外界环境进行换热。对于绝热反应器，应用于吸热反应时，床层温度形成渐降的序列；反之，应用于放热反应时，则形成渐升的温度序列。

若采用绝热操作，则管式反应器中径向浓度、温度均一，反应器内温度和浓度是轴向位置的函数，即 $T, c=f(Z)$。

取微元 dV_R，则物料衡算

$$V_0c_{A0}dx_A=RdV \tag{7-22}$$

热量衡算

$$v_0 \rho c_p \mathrm{d}T = R\mathrm{d}V(-\Delta H) \tag{7-23}$$

将式(7-22) 代入式(7-23)，得

$$\rho c_p \mathrm{d}T = (-\Delta H) c_{A0} \mathrm{d}x_A \tag{7-24}$$

两边积分，得

$$T - T_0 = \Delta T_{ad}(x_A - x_{A0}) \tag{7-25}$$

其中绝热温升 $\Delta T_{ad} = \dfrac{(-\Delta H)c_{A0}}{\rho c_p}$。

式(7-25) 称为绝热式反应器的操作线，说明反应器内任何位置的温度与相应转化率呈线性关系，其斜率为绝热温升。

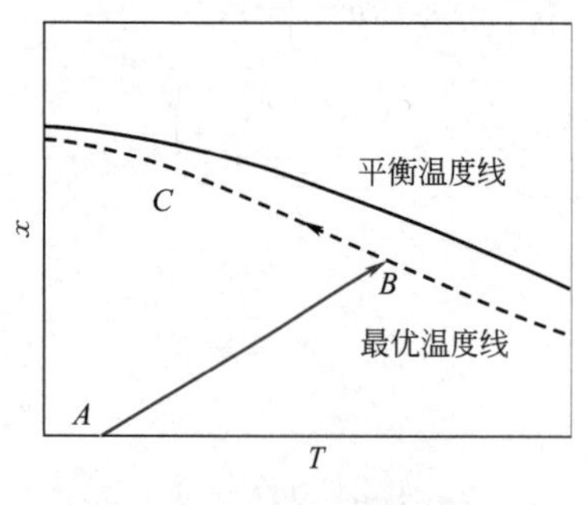

图 7-11 连续换热反应器的 $T \sim x$ 图

对可逆放热反应，为使整个反应始终在最大反应速率下操作，应当有一个沿反应管长呈前高后低的最优温度序列。按照这种最优温度曲线，在反应器进口端要求极高的温度，在生产一开始就把物料加热到很高温度，不但浪费热能，而且也没有必要。因为这时反应物浓度很高，反应速率快。为了合理利用热量，可以先进行绝热反应，使物料由绝热温升升高到最优温度曲线，然后以边反应边换热的方式使反应沿最优温度曲线进行到所要求的转化率，如图 7-11 中沿线 ABC 的温度序列进行。

实际上，要将反应器温度控制在最优温度线（如 BC 段）上操作是不可能的。工业上采用多段绝热的方法实施。一种方法是采用多段绝热、段间冷却的方法进行操作。如二氧化硫氧化的多段串联绝热反应器采用的就是这种操作方法。图 7-12 表示的是中间换热式多段绝热反应器的 $T \sim x$ 图。图中 AB、CD、EF、GH 分别表示第一、二、三、四段反应器温度和转化率变化的关系，是各段反应器的绝热操作线；水平线 BC、DE、FG、HK 分别表示段间换热时气体温度的变化情况，在换热过程中，不发生反应，所以转化率不变。这几条水平线称为冷却线。这种方案可以使反应始终在接近最优温度线附近操作。另一种方法是采用原料气冷激式多段绝热反应器进行操作，即段间用原料气冷激降温，如图 7-13 所示。因为在冷激过程中加入了低温的原料气，从而使气体中转化率降低，所以图中冷激线不与横轴平行。随着原料气的加入，混合物的温度及转化率均降低了。因此，原料气冷激换热过程在图上显示为一条不过原点的倾斜直线。反应与原料气冷激换热交替进行，图中显示为折线。

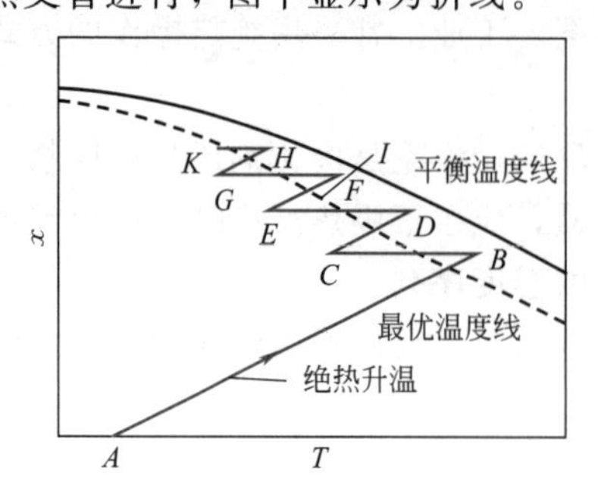

图 7-12 中间换热式多段绝热反应器的 $T \sim x$ 图

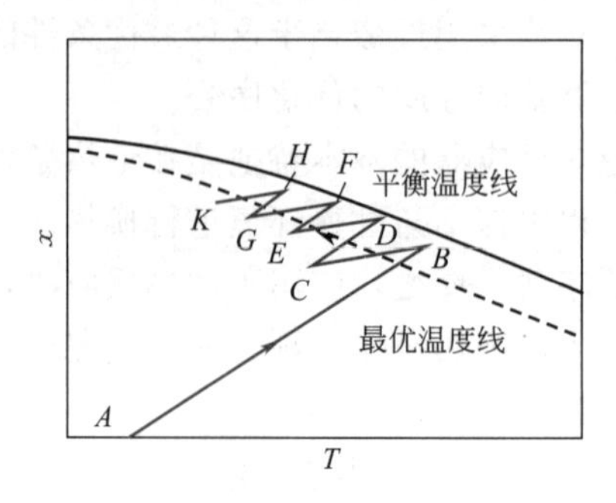

图 7-13 中间冷激式多段绝热反应器的 $T \sim x$ 图

对于可逆吸热反应，温度升高既有利于平衡又有利于提高反应速率，所以只要工艺条件许可，总是将反应温度控制得尽可能高。

对可逆反应的优化，除了力求趋近于最优温度分布操作外，还可采取控制浓度的一些措施。例如对平衡常数较小的反应，为降低反应产物浓度，提高反应物浓度，在反应过程中可以不断地从反应器中将产物分离出来，以减小逆反应速率，从而大大加快整个反应的速率。但这时必然增加了分离费用，过程的总经济效益将取决于另一类优化问题。

7.6　平行反应过程的优化

反应物同时独立地进行两个或两个以上的反应称平行反应。许多取代反应、加成反应和分解反应常常伴有平行副反应。平行反应的模型可表示为

$$\mathrm{A}\begin{cases}\xrightarrow{k_1}\mathrm{P}\ (\text{主反应,生成产物P})\\ \xrightarrow{k_2}\mathrm{S}\ (\text{副反应,生成副产物S})\end{cases}\tag{7-26}$$

或

$$\mathrm{A+B}\begin{cases}\xrightarrow{k_1}\mathrm{P}\ (\text{主反应})\\ \xrightarrow{k_2}\mathrm{S}\ (\text{副反应})\end{cases}\tag{7-27}$$

平行反应优化目标不仅是反应过程速率，还包括反应的选择率。如果两个优化目标的方向一致时，操作条件容易确定。如果两个优化目标的操作条件矛盾时，存在两个优化目标的协调问题。在多数情况下，矛盾的主要方面在于反应的选择率。这里也着重讨论选择率的优化问题。

7.6.1　平行反应的选择率和收率

以单组分物料的平行反应为例

$$\mathrm{A}\begin{cases}\xrightarrow{k_1}\mathrm{P}\ (\text{主反应}),\ r_\mathrm{P}=k_1c_\mathrm{A}^{n_1}\\ \xrightarrow{k_2}\mathrm{S}\ (\text{副反应}),\ r_\mathrm{S}=k_2c_\mathrm{A}^{n_2}\end{cases}\tag{7-28}$$

为简化讨论，各反应物的化学计量系数均为 1，且反应开始前无产物。若主、副反应级数分别为 n_1 和 n_2，则平行反应的选择率为

$$\beta=\frac{r_\mathrm{P}}{r_\mathrm{P}+r_\mathrm{S}}=\frac{k_1c_\mathrm{A}^{n_1}}{k_1c_\mathrm{A}^{n_1}+k_2c_\mathrm{A}^{n_2}}=\frac{1}{1+\dfrac{k_2}{k_1}c_\mathrm{A}^{n_2-n_1}}\tag{7-29}$$

式中，$c_\mathrm{A}^{n_2-n_1}$ 是选择率的浓度效应；k_2/k_1 为选择率的温度效应。在反应过程中各个时间或反应器中各处物料浓度不同，选择率也不一定相等，因此，式(7-29) 定义的选择率 β 称瞬时选择率或局部选择率。平均选择率 $\bar{\beta}$ 为

$$\bar{\beta}=\frac{c_\mathrm{Pf}}{c_\mathrm{A0}-c_\mathrm{Af}}\tag{7-30}$$

式中，下标 f 表示反应系统的最终状态。根据平均选择率定义，它应是反应过程瞬时选择率

的平均值，因而有

$$\bar{\beta}=\frac{-\int_{c_{A0}}^{c_{Af}}\beta \mathrm{d}c_{A}}{c_{A0}-c_{Af}} \tag{7-31}$$

在工业反应器的实际操作中，有两种不同方案，一种是将未反应的物料经分离后再循环返回反应系统；另一种是不分离和不循环返回反应系统。两种不同的操作方案，适用于不同反应过程的不同要求，选择哪一种操作方案，取决于物料的单价、分离的难易和分离费用之间的平衡。为了评价这两种不同的操作方案，又引出了**收率** φ 的概念，其定义为

$$\varphi=\frac{c_{Pf}}{c_{A0}} \tag{7-32}$$

对于反应物不分离又不循环返回反应系统的流程

$$\varphi=\bar{\beta}x_{A} \tag{7-33}$$

φ 称**单程收率**。对于反应物经分离循环返回反应系统流程的收率称**总收率** Φ，其单程收率仍为 $\varphi=\bar{\beta}x_{A}$，总收率为

$$\Phi=\bar{\beta} \tag{7-34}$$

收率可以用摩尔分数或质量分数来表示。

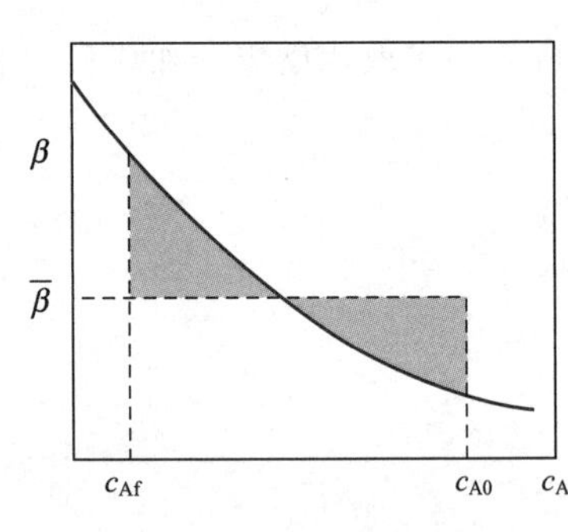

图 7-14 平均选择率的图解表示

如已知瞬时选择率 β 与反应物浓度 c_A 的变化关系，就能确定该反应过程的平均选择率。图 7-14 中 $c_{A0}\sim c_{Af}$ 区域的平均选择率应在两个阴影面积相等处。

7.6.2 选择率的温度效应

由式(7-29) 可知，k_2/k_1 为**选择率的温度效应**。

$$\frac{k_1}{k_2}=\frac{k_{10}}{k_{20}}\mathrm{e}^{(E_2-E_1)/RT} \tag{7-35}$$

比值 k_1/k_2 的大小随温度的变化取决于主、副反应活化能的相对值。当 $E_1>E_2$，即主反应活化能大于副反应活化能，提高温度有利于反应过程选择率的提高；反之，$E_1<E_2$ 时，降低温度能使选择率提高。总之，以选择率为目标时，最优反应温度在过程约束条件的极值上。若最优温度取低温时，反应速率必然很低，在这种情况下，反应温度的确定需要在选择率和反应速率这两项目标之间进行协调。

当平行反应为两个以上时，例如

$$\mathrm{A}\begin{cases}\xrightarrow{k_1}\mathrm{P}\ (主反应)\\ \xrightarrow{k_2}\mathrm{S}\ (副反应)\\ \xrightarrow{k_3}\mathrm{R}\ (副反应)\end{cases}$$

反应过程选择率由三个反应活化能的相对关系确定。当主反应活化能 E_1 为最大或最小时，最优温度容易确定，分别是过程约束条件的最高或最低温度。当主反应活化能 E_1 处于中间值时，如 $E_2<E_1<E_3$，根据求极值的原理，可以证明最适宜的反应温度 T_{opt} 为

$$T_{opt}=\frac{E_3-E_2}{R\ln\left[\frac{k_{30}(E_3-E_1)}{k_{20}(E_1-E_2)}\right]} \tag{7-36}$$

7.6.3　选择率的浓度效应

式(7-29)中 $c_A^{n_2-n_1}$ 项表示了反应物浓度对于平行反应选择率的影响。当 $n_1>n_2$ 时，即主反应级数大于副反应级数，选择率随反应物浓度 c_A 的升高而增大；反之，若 $n_1<n_2$，即主反应级数小于副反应级数，则选择率将随反应物浓度 c_A 的升高而降低；同理，主、副反应级数相等时，选择率与反应物浓度无关。第3章的图3-17表示了平行反应选择率 β 和反应物浓度 c_A 的关系。总之，提高反应物浓度 c_A，有利于级数高的反应的选择率提高。

以上讨论的浓度效应是相对于瞬时选择率而言的。工业反应所要求的是反应的总结果，希望平均选择率达到最大。从选择率的浓度效应分析可知，如果主反应级数高于副反应级数，则提高整个反应过程或反应器的反应物浓度，其平均选择率增加。要提高整个反应过程或反应器的反应物浓度水平，可以采用提高反应物初始浓度或降低转化率的办法。如图7-15(a)所示，如果反应物初始浓度为 c_{A0}，残余浓度为 c_{Af}，此时的平均选择率为 $\bar{\beta}$。若把反应物初始浓度提高到 c'_{A0}，则显然可使平均选择率增大到 $\bar{\beta}'$。与此相似，在一定初始浓度下，降低转化率，即提高残余浓度，也能得到提高平均选择率的结果。如果平行反应的副反应级数比主反应级数高，情况就恰恰相反，此时需要降低反应物初始浓度或提高转化率，才能提高反应过程的平均选择率，如图7-15(b)所示。

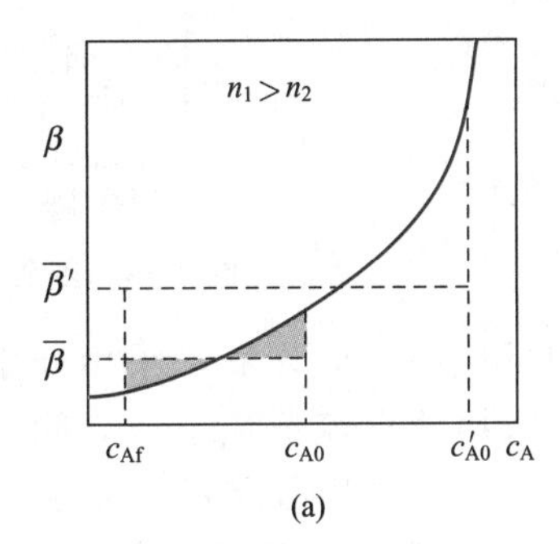

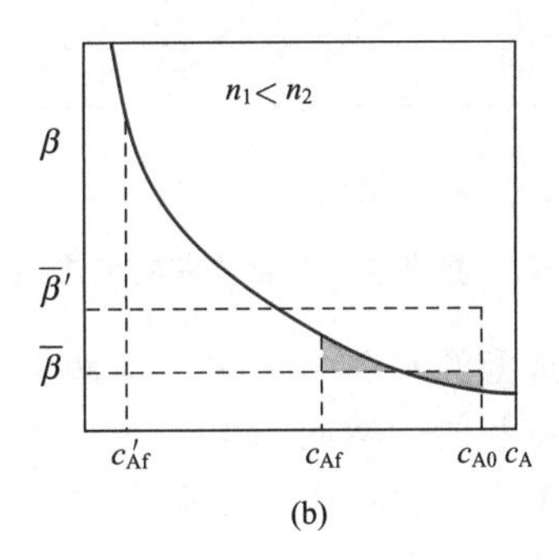

图7-15　平行反应的平均选择率

7.6.4　反应器选型

为了提高平行反应的平均选择率 $\bar{\beta}$ 和产物浓度 c_{Pf}，应根据平行反应选择率的浓度效应，选择合适的反应器。

对于平推流反应器，反应器出口产物浓度 c_{Pf} 为

$$c_{Pf}=-\int_{c_{A0}}^{c_{Af}}\beta \mathrm{d}c_A=\bar{\beta}(c_{A0}-c_{Af}) \tag{7-37}$$

它相当于图7-16的 $\beta \sim c_A$ 曲线下在 c_{A0} 和 c_{Af} 之间的面积（图中斜线阴影部分）。

对于全混流反应器，由于反应器内各处浓度相等，而且等于反应器出口浓度，所以反应器各处的选择率也相等，且等于反应器出口的选择率 β_f，也就是反应器的平均选择率 $\bar{\beta}$。即在全混流反应器中

$$\beta=\bar{\beta}=\beta_f=\frac{c_{Pf}}{c_{A0}-c_{Af}} \tag{7-38}$$

因此 $$c_{\mathrm{Pf}}=\beta_{\mathrm{f}}(c_{\mathrm{A0}}-c_{\mathrm{Af}}) \tag{7-39}$$

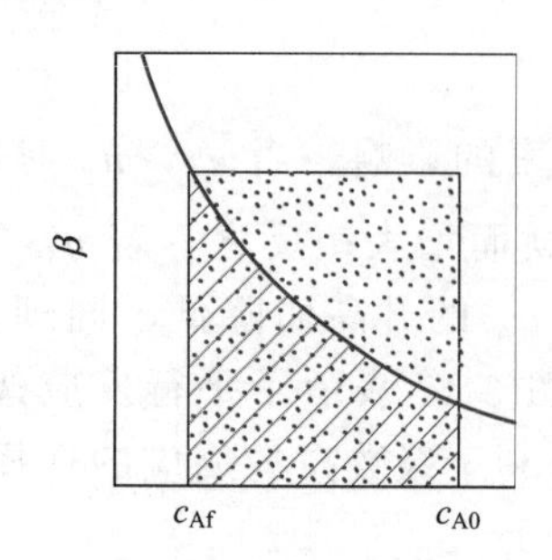

图 7-16 平推流反应器和全混流反应器的产物比较

它相当于图 7-16 中 $\beta\sim c_{\mathrm{A}}$ 曲线图细点表示的矩形面积。

为了获得最大的平均选择率 $\bar{\beta}$ 和最大的产物浓度 c_{Pf}，由图 7-17(a) 可见，当 $n_1>n_2$ 时，平推流反应器优于全混流反应器。在不可能采用平推流反应器时，可选用多级串联全混流反应器，如图 7-18 所示。当 $n_1<n_2$ 时，则全混流反应器优于平推流反应器，如图 7-17(b) 所示。如果主、副反应级数的相对大小随反应物浓度 c_{A} 的大小而变化，如图 7-17(c) 所示，则可以在反应的前期采用全混流反应器，后期采用平推流反应器。这样的组合是容易理解的，因为对于选择率 β 随反应物浓度 c_{A} 降低而增加的过程，全混流反应器的返混使反应器内反应物浓度下降，避免了高浓度区域，充分利用了返混的作用。在反应后期，选择率 β 随反应物浓度 c_{A} 的减小而下降，则应该选用平推流反应器。

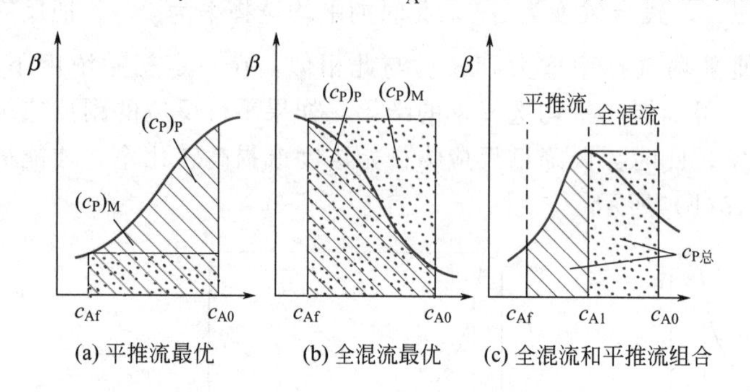

图 7-17 具有最大产物浓度的反应器形式

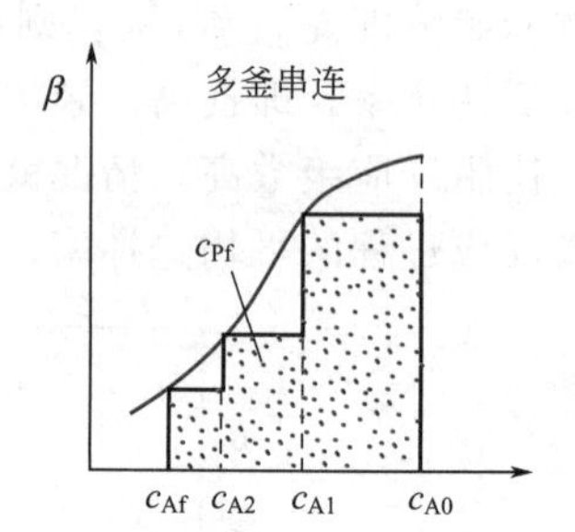

图 7-18 多个 CSTR 的串联

在反应器选型的判断中，主反应级数高于副反应级数时，显然采用间歇反应器或平推流反应器是有利的。然而当由于各种因素必须采用全混流反应器时，除了增加串联釜数以提高选择率外，也可固定串联全混流反应器个数，采用各釜的体积从第一个起逐渐增大的措施，如图 7-19(a) 所示。在主反应级数比较低时，则要求反应物的浓度尽可能低，此时可采用与上述相反的串联顺序，即体积大的釜在前而体积小的釜在后，如图 7-19(b) 所示。

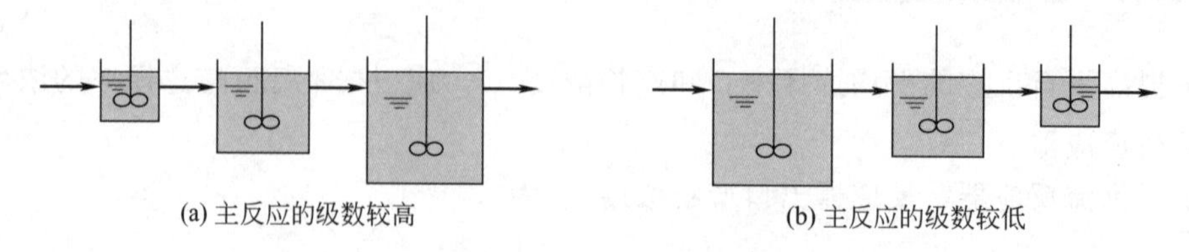

图 7-19 在釜的数目一定时各釜的最优尺寸组合

在上述反应器选型讨论中，都是在确定的转化率下进行的。然而，无论是平推流反应器还是全混流反应器，其反应转化率的变化，都会导致反应平均选择率的改变。正如前述，反应过程中对未反应物不进行回收循环时，过程的经济效益取决于收率的大小。由于收率是选择率和转化率的乘积，所以为获得最大收率，必须合理选择反应进行的程度。在一定的初始浓度下，c_{Pf}的大小代表了反应过程收率的大小。在 $\beta\sim c_{\mathrm{A}}$ 曲线图中，要使 c_{Pf}最大，对平推流反应器是使曲线下面积最大；而对全混流反应器，是使反应器出口选择率决定的矩形面积最大。当然，这时两种反应器的出口转化率不一定相等。如图7-20所示，如在平推流反应器中进行，显然使反应转化到$c_{Af}=0$可达到最大产物浓度（图7-20中斜线阴影面积）。而在全混流反应器中，可以通过求极值的方法得到最优的出口浓度$c_{A,opt}$，在此浓度下可获得最大产物浓度（图中带点的矩形面积）。根据数学分析，矩形对角线与曲线上M点切线的斜率相等时所对应的浓度为$c_{A,opt}$。

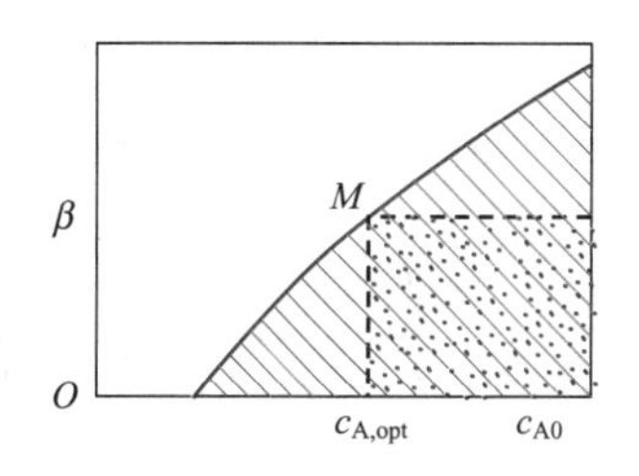

图7-20　理想流动管式反应器和连续流动釜式反应器的最大收率

通过上述讨论可以看到，反应器选型取决于平行反应选择率的浓度特征，即取决于$\beta \sim c_A$曲线的特征。以上仅阐述了两种基本的$\beta \sim c_A$曲线及其相应特征，对于更为复杂的反应，可能得到各种不同的$\beta \sim c_A$曲线，但只要掌握了上述这些基本分析方法就不难处理这些问题。

【例7-5】　平行反应的最大收率

有一平行反应

$$A \begin{cases} \xrightarrow{k_1} P\ (\text{主反应}) & r_P=k_1c_A \\ \xrightarrow{k_2} R & r_R=k_2 \\ \xrightarrow{k_3} S & r_S=k_3c_A^2 \end{cases}$$

已知：$k_1=2\text{min}^{-1}$；$k_2=1\text{mol/(L·min)}$；$k_3=1\text{L/(mol·min)}$；$c_{A0}=2\text{mol/L}$。P为目的产物，R、S为副产物。如果不考虑未反应物料回收，试在等温条件下求：(1) 在全混流反应器中所能得到的最大产物收率；(2) 在平推流反应器中所能得到的最大产物收率；(3) 若对未反应物料加以回收，采用何种反应器型式较为合理？

解：该反应为一组平行反应，根据选择率定义

$$\beta=\frac{r_P}{(-r_A)}=\frac{2c_A}{2c_A+1+c_A^2}=\frac{2c_A}{(1+c_A)^2}$$

(1) 在全混流反应器中所能获得的最大产物收率

$$\varphi=\frac{c_{Pf}}{c_{A0}},\qquad c_{Pf}=\frac{2c_A(2-c_A)}{(1+c_A)^2}$$

当$\dfrac{dc_{Pf}}{dc_A}=0$时，c_{Pf}最大，解得

$$c_{Af}=\frac{1}{2}\text{mol/L},\qquad \beta=\frac{4}{9}$$

$$c_{Pf}=\frac{2}{3}\text{mol/L},\qquad \varphi=\frac{c_{Pf}}{c_{A0}}=\frac{1}{3}$$

(2) 在平推流反应器中所能获得的最大产物收率

按题意标绘的$\beta \sim c_A$曲线如图7-21所示，可以看到在$c_A=1\text{mol/L}$时β存在最大值，此时$\beta=1/2$。对于平推流反应器，只有当反应物全部转化时，曲线下的面积才最大，所以

$$c_{Pf}=-\int_{c_{A0}}^{c_{Af}}\beta dc_A=\int_0^2\frac{2c_A}{(1+c_A)^2}dc_A=2\left[\ln(1+c_A)+\frac{1}{1+c_A}\right]\Bigg|_0^2=0.864\text{mol/L}$$

$$\varphi=\frac{c_{Pf}}{c_{A0}}=0.432$$

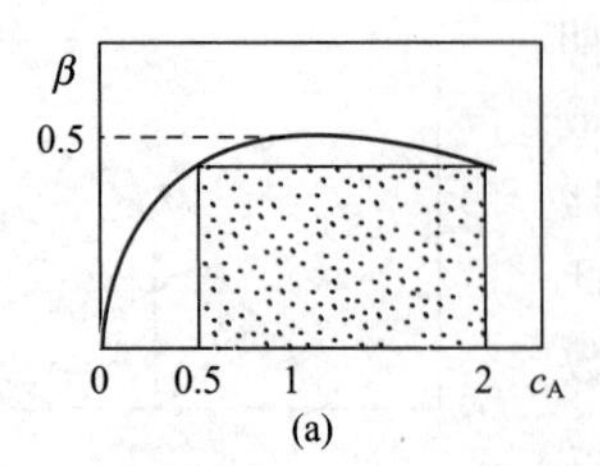

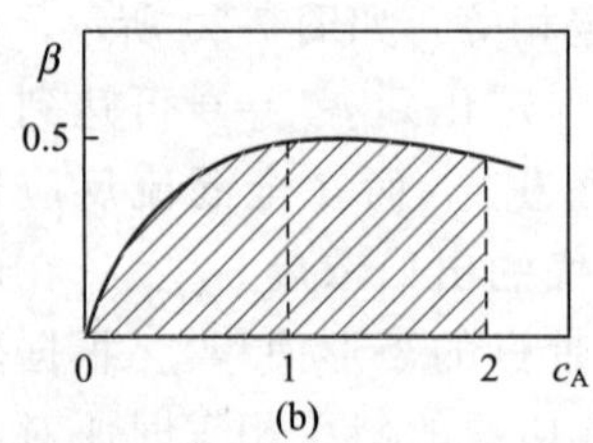

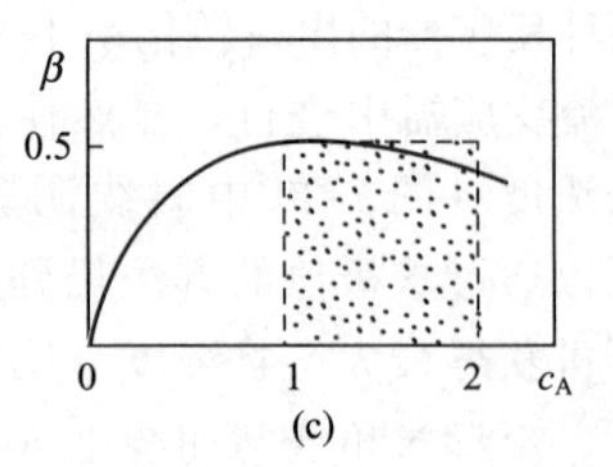

图 7-21 例 7-5 图 $\beta \sim c_A$ 图

(3) 根据 $\beta \sim c_A$ 曲线关系，由 $\frac{d\beta}{dc_A}=0$ 求得 $c_A=1\text{mol/L}$ 时选择率最大，$\beta_{max}=0.5$，所以可设想一个流程：选用一个全混流反应器，在 $c_{Af}=1\text{mol/L}$ 处操作，将未反应的反应物经分离后再返回反应器，并保持 $c_{A0}=2\text{mol/L}$，此时 $\varphi=\beta=\beta_{max}=0.5$。可见，采用全混流反应器并将未反应物经分离后循环返回反应器的流程为最优。平推流反应器的最大收率为 0.43，而全混流反应器的最大收率为 0.33。

【例 7-6】 在某温度下反应物 A 的平行反应

$$A \xrightarrow{k_1} R \qquad r_1=2.0c_A \qquad \text{kmol/(m}^3\cdot\text{h)}$$

$$2A \xrightarrow{k_2} S \qquad r_2=0.2c_A^2 \qquad \text{kmol/(m}^3\cdot\text{h)}$$

若 R 为主产物，S 为副产物，反应原料中只含纯反应组分 A，初始浓度为 10kmol/m^3。

(1) 要求反应器出口 A 的转化率为 80%，当上述过程在 CSTR 和 PFR 中分别进行时，主产物 R 的选择率、收率以及反应物的停留时间有什么差别？(2) 当反应原料在 CSTR 中的停留时间为 PFR 中的 2 倍时，出口处反应组分 A 的浓度相等，此时主产物 R 的收率为多少？

解：反应器出口 A 的转化率均为 80%

$$c_A=c_{A0}(1-x_A)=10\times(1-0.8)=2\text{kmol/m}^3$$

CSTR 中主产物 R 的选择率 $\beta=\frac{r_1}{r_1+2r_2}=\frac{2.0c_A}{2.0c_A+2\times0.2c_A^2}=0.7143$

CSTR 中主产物 R 的收率 $\varphi=\beta x_A=0.5714$

CSTR 中反应物的停留时间 $\tau_M=\frac{c_{A0}-c_A}{r_1+2r_2}=\frac{c_{A0}-c_A}{2.0c_A+2\times0.2c_A^2}=1.4286\text{h}$

PFR 中主产物 R 的选择率 $\bar{\beta}=\frac{\int_{c_{A0}}^{c_A}-\frac{2.0c_A}{2.0c_A+2\times0.2c_A^2}dc_A}{c_{A0}-c_A}=0.4763$

PFR 中主产物 R 的收率 $\varphi=\bar{\beta}x_A=0.3810$

PFR 中反应物的停留时间

$$(-r_A)=r_1+2r_2=2c_A+2\times0.2c_A^2$$

$$\tau_P=-\int_{c_{A0}}^{c_A}\frac{dc_A}{2c_A+2\times0.2c_A^2}$$

$$\tau_P=0.5\ln\frac{c_A}{c_A+5}\bigg|_{c_A}^{c_{A0}}=0.4236\text{h}$$

(2) 当 $\tau_M=2\tau_P$，则

$$\frac{c_{A0}-c_A}{r_1+2r_2}=2\int_{c_A}^{c_{A0}}\frac{dc_A}{r_1+2r_2}$$

$$\frac{c_{A0}-c_A}{2.0c_A+2\times 0.2c_A^2}=2\int_{c_A}^{c_{A0}}\frac{dc_A}{2.0c_A+2\times 0.2c_A^2}$$

$$\frac{c_{A0}-c_A}{2.0c_A+2\times 0.2c_A^2}=\ln\frac{c_{A0}}{c_{A0}+5}-\ln\frac{c_A}{c_A+5}$$

求解上述非线性方程采用 Matlab 模块 fsolve 函数求解

定义目标函数：$f(c_{A0})=\dfrac{c_{A0}-c_A}{2.0c_A+2\times 0.2c_A^2}-\left(\ln\dfrac{c_{A0}}{c_{A0}+5}-\ln\dfrac{c_A}{c_A+5}\right)=0$

```
function problem76
clear all; clc;                                % 清空变量及内存,清屏
format long;                                   % 数值采用长实型
x0=4.5;                                        % 浓度变量赋初值
x1=fsolve(@problem761,x0)                      % 调用 fsolve 函数求解非线性方程
%---------------------------------------------------------------------------------------
function f=problem761(x)
f=(10-x)/(2*x+0.4*x^2)-(log(10/15)-log(x/(x+5)));        % 目标函数
```

解得

$$c_A=4.1495\text{kmol/m}^3$$

$$x_A=(c_{A0}-c_A)/c_{A0}=0.58505$$

$$\beta=\frac{2.0c_A}{2.0c_A+2\times 0.2c_A^2}=0.5465$$

则主产物 R 的收率 $\varphi=\beta x_A=0.3197$。

7.6.5 反应器的操作方式

平行反应主、副反应级数的相对大小，决定反应物浓度水平的高低。工程上可以通过改变物料初始浓度、控制转化率以及选择合适的**加料方式**等措施来调节反应器的浓度水平。前面已讨论过改变物料初始浓度和控制转化率的措施。对于单组分的平行反应，当需要提高反应过程中反应物料浓度水平以提高平均选择率时，在间歇反应器操作中可以采用一次投料，而在平推流反应器中反应物全部由反应器入口加入。相反，当副反应级数高于主反应级数时，则可采用间歇操作的分批加料或平推流反应器的分段加料的方式以降低整个反应过程或反应器中反应物的浓度水平，提高反应过程的平均选择率。

上述加料方式的选择原则，同样适用于多组分的平行反应过程。下面以双组分平行反应为例

$$A+B\begin{cases}\xrightarrow{k_1} P\ (\text{主反应})\\ \xrightarrow{k_2} S\ (\text{副反应})\end{cases}$$

其反应速率方程为

$$r_P=k_1c_A^{n_1}c_B^{m_1} \tag{7-40}$$

$$r_S=k_2c_A^{n_2}c_B^{m_2} \tag{7-41}$$

其选择率为

$$\beta=\frac{r_{\mathrm{P}}}{(-r_{\mathrm{A}})}=\frac{1}{1+\frac{k_2}{k_1}c_{\mathrm{A}}^{n_2-n_1}c_{\mathrm{B}}^{m_2-m_1}} \tag{7-42}$$

式中，n_1、n_2、m_1 和 m_2 分别为反应物 c_{A}、c_{B} 在主、副反应中的反应级数。与单组分平行反应分析方法相同，只要知道反应物在主、副反应中级数的相对大小，就能根据反应过程对各反应物浓度高低的要求，选择反应器并决定各组分的加料方式。表 7-4 和表 7-5 分别表示双组分物料平行反应在间歇和连续操作时控制反应物浓度使之适应竞争动力学要求，提高平均选择率的操作方式。

表 7-4　间歇操作时不同竞争反应动力学的接触模型

$$\mathrm{A+B}\xrightarrow{k_1}\mathrm{P}\quad r_{\mathrm{P}}=k_1c_{\mathrm{A}}^{n_1}c_{\mathrm{B}}^{m_1}\text{；}\mathrm{A+B}\xrightarrow{k_2}\mathrm{S}\quad r_{\mathrm{S}}=k_2c_{\mathrm{A}}^{n_2}c_{\mathrm{B}}^{m_2}$$

动力学特点	$n_1>n_2,m_1>m_2$	$n_1<n_2,m_1<m_2$	$n_1>n_2,m_1<m_2$
浓度控制要求	应使 $c_{\mathrm{A}},c_{\mathrm{B}}$ 都高	应使 $c_{\mathrm{A}},c_{\mathrm{B}}$ 都低	应使 c_{A} 高，c_{B} 低
操作示意图	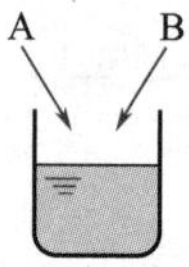	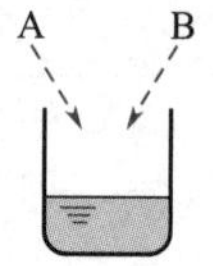	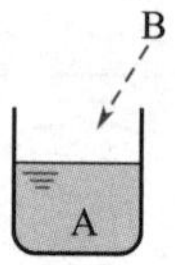
加料方式	瞬时加入所有 A 和 B	缓慢加入 A 和 B	先把 A 全部加入然后缓慢加入 B

表 7-5　连续操作时不同竞争反应动力学的接触模型

$$\mathrm{A+B}\xrightarrow{k_1}\mathrm{P}\quad r_{\mathrm{P}}=k_1c_{\mathrm{A}}^{n_1}c_{\mathrm{B}}^{m_1}\text{；}\mathrm{A+B}\xrightarrow{k_2}\mathrm{S}\quad r_{\mathrm{S}}=k_2c_{\mathrm{A}}^{n_2}c_{\mathrm{B}}^{m_2}$$

动力学特点	$n_1>n_2,m_1>m_2$	$n_1<n_2,m_1<m_2$	$n_1>n_2,m_1<m_2$
浓度控制要求	应使 $c_{\mathrm{A}},c_{\mathrm{B}}$ 都高	应使 $c_{\mathrm{A}},c_{\mathrm{B}}$ 都低	应使 c_{A} 高，c_{B} 低
操作示意图	A B PFR；A B	A B	B A PFR；B A；A A B 分离器 B,P,S

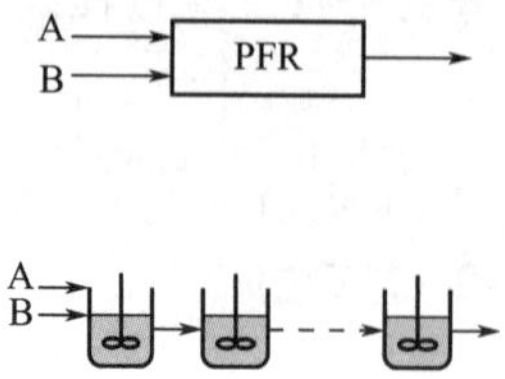

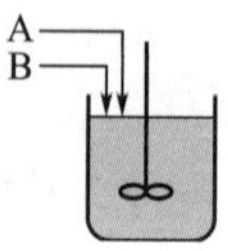

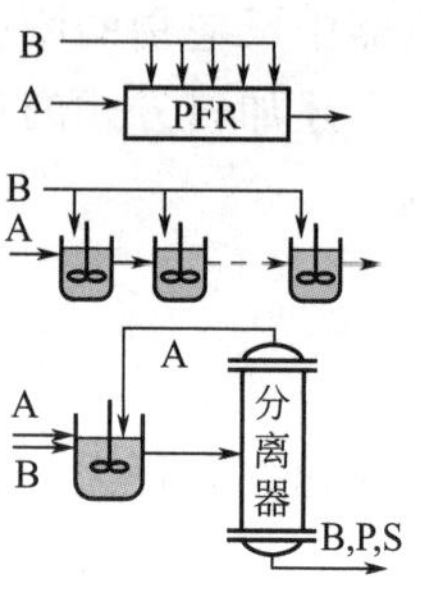

【例 7-7】 操作方式的选择

有如下平行反应

$$A+B \begin{cases} \xrightarrow{k_1} P\ (\text{主反应}) \\ \xrightarrow{k_2} S\ (\text{副反应}) \end{cases}$$

其动力学方程为

$$r_P=k_1c_Ac_B^{0.3}$$
$$r_S=k_2c_A^{0.5}c_B^{1.8}$$

已知：$k_1=k_2=1$，A 和 B 的初始浓度为 $c_{A0}=c_{B0}=20\text{mol/L}$，分别从反应器进口加入，反应转化率为 0.9，计算它们在平推流反应器中的选择率和收率。并请选择合理的操作方式以提高该反应过程的平均选择率和收率。

解：根据瞬时选择率定义

$$\beta=\frac{r_P}{(-r_A)}=\frac{1}{1+c_A^{-0.5}c_B^{1.5}}$$

A 和 B 两股物料初始浓度均为 20mol/L，分别从反应器入口加入，当两股物料体积流率相等时，其在反应器入口处浓度则为 10mol/L，因是等分子反应，所以反应器内各处的 A 和 B 浓度始终相同，即 $c_A=c_B$。上式可写成

$$\beta=\frac{1}{1+c_A}$$

当转化率为 0.9 时，反应器出口浓度 $c_{Af}=1\text{mol/L}$，其平均选择率为

$$\bar{\beta}=\frac{\int_{c_{A0}}^{c_{Af}}-\beta \text{d}c_A}{c_{A0}-c_{Af}}=\frac{\int_1^{10}\frac{\text{d}c_A}{1+c_A}}{10-1}=0.189$$

反应收率为

$$\varphi=\bar{\beta}x_A=0.189\times0.9=0.17$$

根据选择率的浓度效应分析，为提高反应过程平均选择率，应采用反应物料 B 分段加料，而物料 A 从进口加入的操作方式，并使反应器中物料 B 的浓度维持在 1mol/L 的水平。即将物料 B 分为 20 股分段加入反应器，如图 7-22 所示，则此时物料 A 的进口浓度约为 19mol/L，其瞬时选择率为

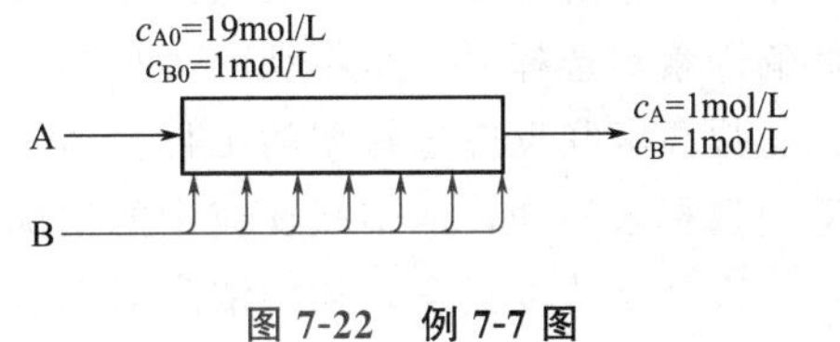

图 7-22　例 7-7 图

$$\beta=\frac{1}{1+c_A^{-0.5}}$$

平均选择率为

$$\bar{\beta}=\frac{1}{c_{A0}-c_A}\int_{c_{A0}}^{c_{Af}}\frac{-\text{d}c_A}{1+c_A^{-0.5}}=\frac{1}{19-1}[c_A-2c_A^{0.5}+2\ln(1+c_A^{0.5})]\Big|_1^{19}=0.736$$

收率为

$$\varphi=\bar{\beta}x_A=0.736\times0.9=0.662$$

7.7 串联反应过程的优化

串联反应是指反应产物能进一步反应生成其他副产物的反应过程。

7.7.1 串联反应的选择率

以一级不可逆串联反应为例

$$A \xrightarrow{k_1} P \xrightarrow{k_2} S \tag{7-43}$$

其反应产物 P 的选择率为

$$\beta=\frac{r_P}{(-r_A)}=1-\frac{k_2 c_P}{k_1 c_A}=1-\frac{k_{20}}{k_{10}}e^{\frac{(E1-E2)}{RT}}\frac{c_P}{c_A} \tag{7-44}$$

可见串联反应选择率的温度效应由 k_2/k_1 所确定，与平行反应相同，如图 7-23 所示。当 $E_1>E_2$ 时，即主反应活化能大于副反应活化能时，提高温度有利于产物 P 的选择率提高，而当 $E_1<E_2$ 时，则降低温度有利于选择率的提高。

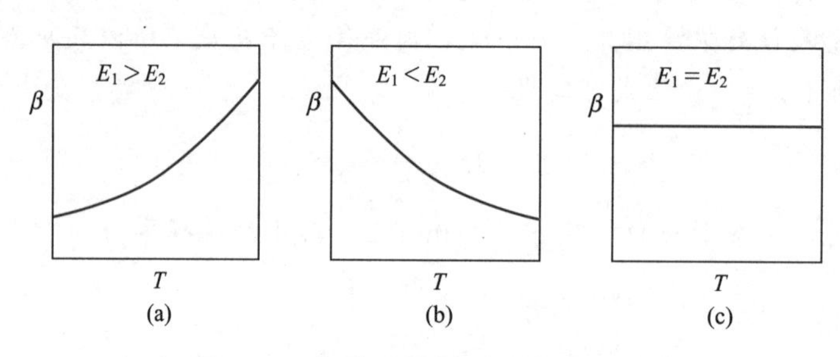

图 7-23 串联反应选择率的温度效应

串联反应选择率的浓度效应与平行反应不同。由式(7-44) 可以知道，其选择率和产物浓度与反应物浓度的比值 c_P/c_A 有关。该比值越大，选择率越小；反之 c_P/c_A 越小，选择率越高。总之，串联反应的选择率随反应过程的进行不断下降，即凡是使 c_P 增大和 c_A 降低的因素对选择率总是不利的。显然对串联反应过程，返混对选择率总是不利的。

提高串联反应选择率的工程措施与平行反应相仿。可以通过反应物初始浓度和转化率的适当选择来实现，但串联反应中的情况要比平行反应复杂。

以初始浓度而言，初始浓度对串联反应选择率的影响也取决于主、副反应级数的相对大小。初始浓度和选择率的关系如图 7-24 所示。主反应级数高时，增加初始浓度才能提高选择率；反之，副反应级数高时，降低初始浓度可以提高选择率；主、副反应级数相等时，初

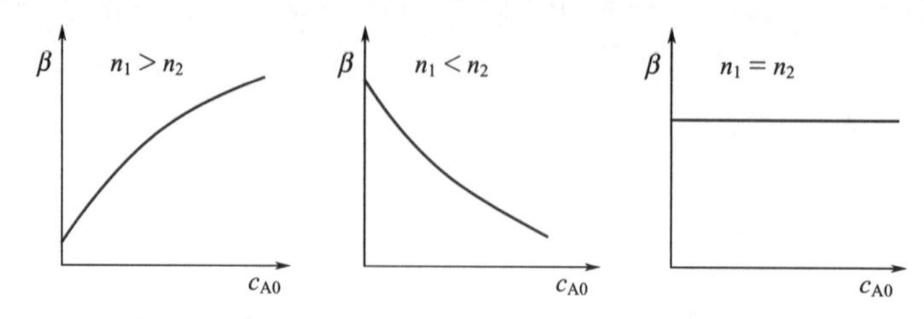

图 7-24 串联反应选择率与反应物初始浓度关系

始浓度对选择率没有影响。

为定量分析串联反应平均选择率，将平推流反应器与全混流反应器中进行一级不可逆串联反应的浓度计算归纳如下：

平推流反应器

$$c_A = c_{A0} e^{-k_1 \tau} \tag{7-45}$$

$$c_P = \left(\frac{k_1}{k_2 - k_1}\right) c_{A0} (e^{-k_1 \tau} - e^{-k_2 \tau}) \tag{7-46}$$

全混流反应器

$$c_A = \frac{c_{A0}}{1 + k_1 \tau} \tag{7-47}$$

$$c_P = \frac{c_{A0} k_1 \tau}{(1 + k_1 \tau)(1 + k_2 \tau)} \tag{7-48}$$

平均选择率按下式计算

$$\bar{\beta} = \frac{c_P}{c_{A0} - c_{Af}} \tag{7-49}$$

现将几种不同 k_1/k_2 值代入式(7-45)～式(7-49)，可以求得不同条件下的平均选择率，将其结果标绘于图 7-25。图中实线为间歇反应器或平推流反应器中的平均选择率与转化率的关系；虚线为全混流反应器中的平均选择率与转化率的关系。由图 7-25 可以看到：

① 平推流反应器的平均选择率高于全混流反应器；

② 串联反应的平均选择率随反应转化率的增大而减小；

③ 选择率与主、副反应的速率常数比值 k_2/k_1 密切相关，比值 k_2/k_1 越大，其平均选择率随转化率的增加而减小的趋势越严重。

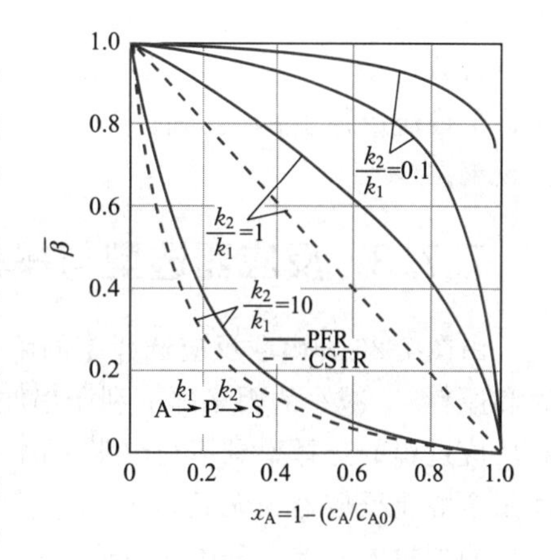

图 7-25　PFR 与 CSTR 中串联一级反应平均选择率的比较

根据以上分析可以知道，串联反应转化率的控制十分重要，不能盲目追求反应的高转化率。在工业生产上经常使反应在低转化率下操作，以获得较高的平均选择率。而把未转化的原料经分离后返回反应器循环使用。此时应以反应-分离系统的优化经济目标来确定最适宜的反应转化率。

7.7.2　串联反应的收率

由于串联反应的平均选择率随转化率增加而降低，因此可以采用低转化率操作，并将未反应原料回收循环使用，以提高原料利用率，降低单耗。但是在某些工艺过程中，反应物和产物之间的分离可能由于存在技术上的困难或经济上的不合理，而必须以反应过程收率高低来评价这一过程的优劣。根据串联反应动力学分析，串联反应的收率存在极值。平推流反应器和全混流反应器中进行的串联反应具有不同的**最大收率**。根据求极值的原理，分别对式(7-46) 和式(7-48) 求导，令 $\frac{dc_P}{d\tau}=0$，可分别求得平推流反应器和全混流反应器的**最大收率** φ_{max} **及相应的最适宜平均停留时间** τ_{opt}。

平推流反应器

$$\varphi_{max}=\frac{c_{P,max}}{c_{A0}}=\left(\frac{k_1}{k_2}\right)^{\frac{k_2}{k_2-k_1}} \tag{7-50}$$

$$\tau_{opt}=\frac{\ln\frac{k_2}{k_1}}{k_2-k_1} \tag{7-51}$$

全混流反应器

$$\varphi_{max}=\frac{c_{P,max}}{c_{A0}}=\frac{1}{\left[\left(\frac{k_2}{k_1}\right)^{1/2}+1\right]^2} \tag{7-52}$$

$$\tau_{opt}=\frac{1}{\sqrt{k_1k_2}} \tag{7-53}$$

由式(7-50)～式(7-53) 可以看到，一级串联反应的最大收率及其相应的最适宜停留时间都与反应物初始浓度无关，而唯一地由该反应速率常数比值 k_2/k_1 所决定。图 7-26 表示了两类反应器中最大收率与反应速率常数比值 k_2/k_1 的关系。显然，对于同一串联反应，平推流反应器的最大收率高于全混流反应器的最大收率。

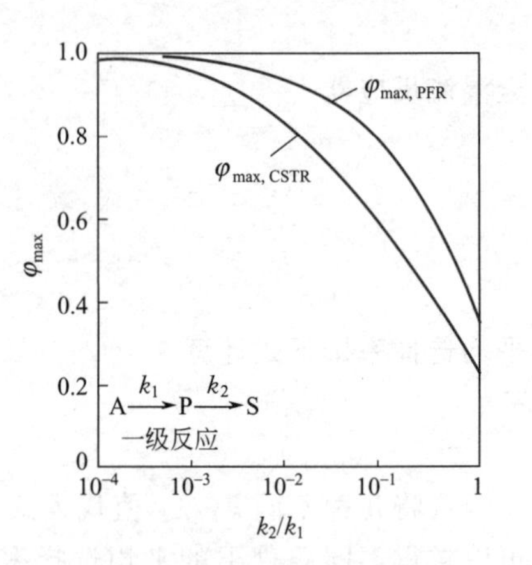

图 7-26 串联反应的最大收率 φ_{max} 与 k_2/k_1 的关系

7.7.3 反应器选型与操作方式

由图 7-26 和串联反应选择率的浓度效应分析可以知道：任何使反应器内反应产物 c_P 增大和原料 c_A 减小的因素都不利于串联反应过程选择率的提高。由此得出结论：返混对于串联反应过程的选择率是不利因素，因而平推流反应器或多级串联全混流反应器的选择率总是优于全混流反应器。尤其是 k_2/k_1 值较大的反应，应特别注意限制返混。不难理解，在反应器的加料方式上，分段加料或分批加料将使反应器中原料浓度 c_A 降低，也不利于选择率的提高。

在反应器操作中，转化率的确定应根据 k_2/k_1 的比值而定。以单程收率为目标的串联反应过程可根据 k_2/k_1 值，由图 7-26 确定所选反应器中获得最大收率所对应的反应时间，计算求得应该控制的转化率。

7.7.4 双组分串联反应中过量浓度的影响

上述讨论了单组分物料的串联反应，实际工业生产中却存在大量双组分反应物的串联反应。例如甲醇氧化生成甲醛的反应过程中，甲醛又进一步氧化生成二氧化碳，此过程就是双组分反应物串联反应。还有如氯代、加成、硝化等反应。**双组分串联反应**的基本特征与单组分串联反应相同，但也有它的特殊性。以双组分串联反应为例

$$A\xrightarrow{+B}P\xrightarrow{+B}S$$

在这个反应过程中，反应物 B 对选择率的影响同样取决于主、副反应对反应物级数的相对大小。对于反应物 B 而言，如果主反应对物料 B 的反应级数比副反应对物料 B 的级数高，当然希望提高物料 B 的浓度来增大反应的瞬时选择率。但是作为串联反应，随着反

应转化率的提高，瞬时选择率总是下降的，特别是当转化率很高时，反应物 A 的浓度相对较小，此时选择率很低。在双组分物料串联反应中可以充分利用组分浓度过量来改善反应过程的选择率。以上述双组分物料串联反应为例，若反应均为一级，则其瞬时选择率可表示为

$$\beta=1-\frac{k_2}{k_1}\times\frac{c_P c_B}{c_A c_B} \tag{7-54}$$

若使反应物 A 和 B 的配比大大超过化学计量关系的需要，即让物料 A 大大过量，则随着转化率的提高，物料 A 的浓度不会继续下降，而是趋于一个定值，这样就大大提高了反应过程后期的瞬时选择率，也就提高了反应的平均选择率。如丁二烯氯化生成二氯丁烯，二氯丁烯又进一步氯化生成副产物多氯化合物。为提高二氯丁烯的选择率，反应过程中采用丁二烯过量的措施，抑制多氯化合物的生成。

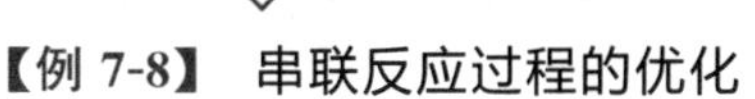

【例 7-8】 串联反应过程的优化

物料 A 初始浓度 $c_{A0}=1\text{mol/L}$，在全混流反应器中进行反应，生成 P 和 S，所得实验数据如表 7-6 所示：$c_{P0}=c_{S0}=0$。

表 7-6　例 7-8 原始数据表

No	c_A	c_P	c_S
1	1/2	1/6	1/3
2	1/3	2/15	8/15

试问：(1) 反应动力学特征；(2) 应该选用什么反应器；(3) 在所选用反应器中，产物 P 的最大浓度是多少？此时物料 A 的转化率为多大？

解： (1) 根据实验数据分析，当物料 A 的转化率提高时，产物 P 反而降低了，即 2/15＜1/6，所以该反应为串联反应。先假设各反应均为一级，按全混流反应器计算关系

$$\frac{c_A}{c_{A0}}=\frac{1}{1+k_1\tau}$$

$$\frac{c_P}{c_{A0}}=\frac{k_1\tau}{(1+k_1\tau)(1+k_2\tau)}$$

将数据 No. 1 代入得

$$k_1\tau=1,\qquad k_2\tau=2,\qquad \frac{k_1}{k_2}=\frac{1}{2}$$

所以

由数据 No. 2 代入得

$$k_1\tau=2,\qquad k_2\tau=4,\qquad \frac{k_1}{k_2}=\frac{1}{2}$$

所以假设一级串联反应正确，且 $\frac{k_1}{k_2}=\frac{1}{2}$。

(2) 因为是串联反应，应选用平推流反应器。

(3) 按式(7-50) 计算 $c_{P,\max}$

$$c_{P,\max}=c_{A0}\left(\frac{k_1}{k_2}\right)^{\frac{k_2}{k_2-k_1}}=0.25\text{mol/L}$$

按式(7-51) 计算 τ_{opt}

$$\tau_{opt}=\frac{\ln\frac{k_2}{k_1}}{k_2-k_1}=\frac{\ln 2}{k_1}$$

$$k_1\tau_{opt}=0.693$$

按式(7-45) 计算 c_A

$$c_A=c_{A0}e^{-k_1\tau}=0.5\text{mol/L}$$

所以达到最大产物浓度 $c_{P,max}$ 时物料 A 的转化率 x_A 为

$$x_A=1-0.5=0.5$$

7.8 复合反应过程的温度条件

7.8.1 处理方法

工业反应过程往往是由平行反应、串联反应和可逆反应组合而成的复合反应，如苯氧化生产顺丁烯二酸酐的简化模型为

$$C_6H_6\xrightarrow[k_1]{+O_2}C_4H_2O_3\xrightarrow[k_2]{+O_2}CO,\ CO_2,\ H_2O$$
$$C_6H_6\xrightarrow[k_3]{+O_2}CO,\ CO_2,\ H_2O$$

此反应是一个由平行反应和串联反应组成的复合反应。三个反应活化能分别为 $E_1=96.56\text{kJ/mol}$，$E_2=147.14\text{kJ/mol}$，$E_3=67.72\text{kJ/mol}$，显然，平行主反应活化能大于平行副反应活化能，即 $E_1>E_3$；而串联副反应，即顺丁烯二酸酐深度氧化成碳的氧化物的反应活化能最大。因此在考虑温度优化时，在固定床反应器的进口部位，由于原料浓度较高，其平行副反应是影响反应选择率的主要因素。而在反应器的后部，由于产物顺酐的生成和原料中苯浓度的减少，这时串联副反应是造成选择率降低的主要因素。根据 $E_1>E_3$，反应器进口处应取高温；而 $E_1<E_2$，为降低反应产物顺酐深度氧化反应的程度，反应器后部应取低温。整个反应过程要求沿反应器长度呈前高后低的温度序列。

又如反应

$$A+B\xrightarrow{k_1}P\begin{cases}\xrightarrow{k_2}R\\\xrightarrow{k_3}S\end{cases}$$

若产品 P 是所需产物，且各反应均为一级。为了获得最大收率，该反应不仅需要最优温度，而且需要最优反应时间。如其活化能相对关系为 $E_2<E_1<E_3$，表明该反应在低温下有利于副反应 $P\longrightarrow R$；而高温时，则有利于副反应 $P\longrightarrow S$。所以应该在高温与低温之间存在一个特定的温度，此时收率为最高。

总之，复合反应实际上可分解为基本反应的组合。以反应速率或反应选择率为技术目标，根据反应的动力学特征，计算反应过程所需要的优化温度条件或温度序列。当不具备反应过程动力学数据时，可根据实验中温度条件对应的反应结果，以得到反应系统特征的定性知识，对反应过程温度条件作出选择。

7.8.2 选择率与反应速率

在前述讨论优化温度条件时，仅以选择率或收率为优化目标，不涉及反应速率，即只考虑了原料的利用率，不考虑反应器体积或催化剂体积的大小。例如在平行反应或串联反应中，如果主反应活化能小于副反应活化能，按选择率为优化目标时，应选用低温操作。温度越低，反应过程选择率越高，但是低温必然导致反应速率迅速下降，其结果使反应器体积或催化剂体积增大，即相应设备投资增加。因此在实际工业操作中，需同时考虑选择率和反应速率这两类目标，进行操作条件优化讨论。

在评价工业反应过程的两个技术目标中，其一是选择率，即反应物转化为目的产物的百分比。可通过反应动力学分析，由反应器选择及优化操作条件来提高选择率。这是与时间无关的问题，即只要选择率达到足够大，可以给予充裕的反应时间。其二是反应速率，使单位反应器体积（或单位催化剂体积）单位时间所得到的产品量达到最大，显然这是涉及反应时间的速率问题。在工业上考虑选择率的同时涉及反应速率是问题的实质。当反应温度对选择率和反应速率的影响存在矛盾时，应以反应选择率为主兼顾反应速率。对于不同的反应动力学特征，可以采用**最优温度序列**。

前面已经讨论，对可逆放热反应，如乙烯水合反应

$$C_2H_4 + H_2O \rightleftharpoons C_2H_5OH$$

是一个可逆放热反应。提高温度可以提高正方向反应速率，但降低了平衡常数，从而减小了可能达到的最大收率，降低了原料的利用率。因此，在反应器进口处，由于反应气体组成远离平衡，为提高反应速率，采用较高的温度是有利的。在反应器出口处应降低温度，以提高所能达到的平衡转化率。实际上，在管式反应器的每一截面处都存在一定的最优温度。如果整个反应器都能达到最优温度要求，其结果就能使整个反应器产量达到最大。

对复合反应，当选择率和反应速率两个目标出现矛盾时，需要考虑收率和产量的协调。如串联反应 $A \xrightarrow{1} P \xrightarrow{2} S$，其中P是目的产物，如果该反应的主反应活化能小于副反应活化能，从选择率目标出发，整个反应过程要尽可能在低温下操作。此时为达到一定处理量所要求的反应器体积必然很大。为了考虑产量目标，必须考虑反应速率。为了加速第一个反应——主反应速率，在反应前期可以提高温度，此时产物P浓度较低，副反应影响较小。随着反应的进行，产物P不断增加，为减少产物P的深度反应，应逐渐降低反应温度。所以从兼顾选择率和反应速率出发，反应过程存在一个从高温到低温的温度序列。如果只考虑选择率，不考虑产量，即不考虑时间因素，则整个反应器温度应尽可能低。这就清楚地表明了两类问题的区别。对于平行反应，如果主反应活化能小于副反应活化能，也可作类似的分析，得到一个由低到高的温度序列，以适应产量要求的条件。

以上简要分析了以选择率和反应速率为目标，反应系统的最优温度或最优温度序列，可作为分析问题的依据。至于最优值可以根据反应动力学数据，参阅有关文献进行计算。

7.9 反应器组合优化实例

在连续流动反应系统中，流体流动的两个极端状态分别是全混流反应器（CSTR）和活

塞流反应器（PFR），这两种反应器统称为**理想流动反应器**。其中，CSTR 反应器内的流体可以在宏观上得到最大程度的返混并且有一定的停留时间分布（RTD）；而 PFR 的情况是流体在轴向上没有任何返混且具有相同的停留时间。

这里对例 7-3 自催化反应作图解分析，以对比分析采用不同反应器时的空时。

PX 氧化反应体系在两种反应器内达到相同转化率时所需空时分别如图 7-27 和图 7-28 所示。可以发现，采用单个 CSTR 时，反应器内物料全混，所需空时 τ 很大（阴影面积$=\tau/c_{PX,0}$）；而采用单个 PFR，则流型为平推流，所需空时 τ（阴影面积$=\tau/c_{PX,0}$）可以大大减少。然而，半个世纪以来 PX 氧化反应器仍然采用 CSTR 的反应器模式。其主要原因在于：PX 氧化反应是强放热反应，只有将反应热及时移除才能使反应器保持稳定操作，而在一个直径较大的 PFR 反应器里是很难做到将反应热快速移出的。此外，从空时（生产强度）的角度看，单个 PFR 确实优于单个 CSTR，但是达到相同转化率所需时间并不是最短。如果采用 CSTR 后串联 PFR 的反应器组合模式，所需空时还可以更小，如图 7-29 所示。这种反应器或流型组合方式的优点还体现在：在大量放热的反应前期 CSTR 有助于将反应器内的热点消除，后期采用 PFR 可以大大缩短反应时间。因此，采用 CSTR 后串联 PFR 的反应器组合模式将是一个很好的选择。前面为全混流操作，使反应器保持在高反应速率点处进行操作，而在后期采用平推流的模式可以使原料得到充分利用，达到高转化率。从传热的角度来讲，这样的组合明显优于全部采用平推流的情况，因为反应前期放热剧烈，此时原料呈全混流状态有利于热量传递；后期由于反应放热较为缓和，则可以采用平推流。

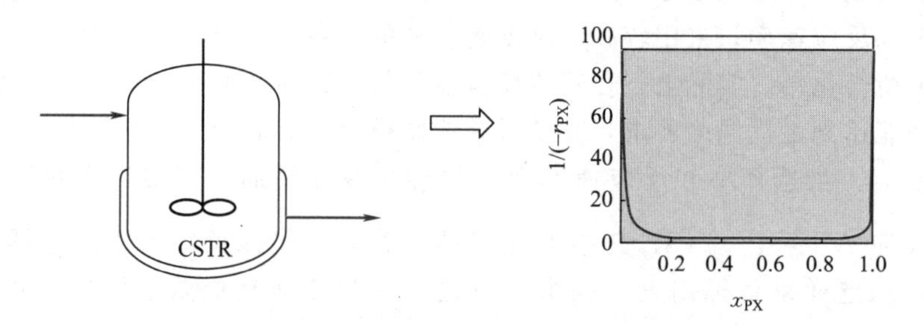

图 7-27 CSTR 流型时高转化率下的 PX 氧化所需空时

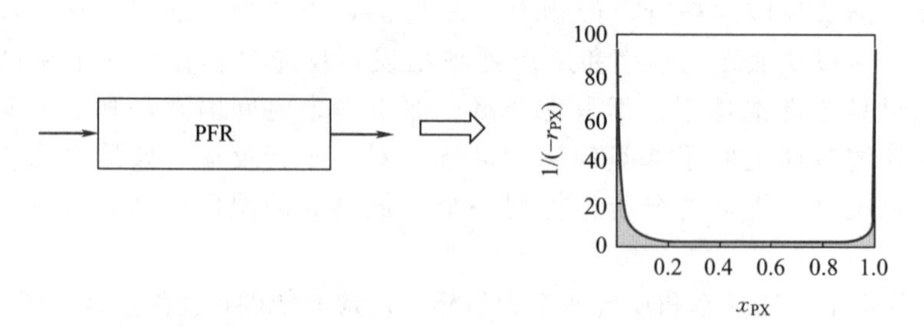

图 7-28 PFR 流型时高转化率下的 PX 氧化所需空时

实际上，图 7-29 所示的组合方式可以有两种实施方法：一是采用双反应器的模式，即前面是 CSTR 反应器，后面串联一个 PFR 反应器；二是采用单一反应器，通过结构设计，使物料进入反应器后先呈全混流状态，使反应在最高速率点进行的同时热量得到很好的分散，随后使物料在反应器内呈平推流状态，进一步提高产物收率。实际上，无论哪一种情况

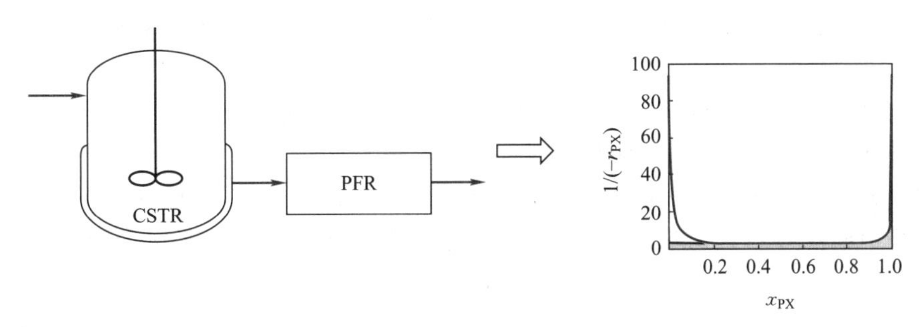

图 7-29　采用组合流型时高转化率下的 PX 氧化所需空时

都存在一个两种流型之间的体积分配问题，这需要结合工艺条件来进行权衡。当然，对于PX氧化这样一个气液固三相反应体系，保持固体物料的悬浮是新的组合方式需要考虑的工程问题。

【例 7-9】　PX 氧化过程优化

PX 液相氧化在例 7-3 所述的条件下进行，若用一个 2.5L CSTR 后串联一个 2.5L PFR，TPA 的收率可达多少？

解： 前半段 2.5L 的 CSTR 的停留时间 $\tau=2500/100=25\text{min}$，后半段 2.5L 的 PFR 的停留时间 $\tau=2500/100=25\text{min}$，通过 Matlab 编程求解，可分别解得前后段反应结果为

TPA 中间收率 $\varphi=0.8440$

TPA 最终收率 $\varphi=0.9997$

程序如下：

```
function KineticsPX180
clear all; clc;                                          % 清空变量及内存,清屏
format long                                              % 数值采用长实型
tao=25;                                                  % 停留时间
tspan=[0:5:25];
C0=[0.5 0 0 0 0 0 0 0 0 0];                              % 物料初始浓度
CA0=[0.0025 0.0023 0.0117 0.0039 0.4795 0 0 0 0 0];      % 出口浓度赋予初值
beta0=[0.0000621 15880 17090 3280 9810 0.54];            % 模型参数
CA1=fsolve(@KineticsEqs1,CA0,[],C0,tao,beta0)            % fsolve 函数求解 CSTR 出口浓度
[t CAc]=ode45(@KineticsEqs2,tspan,CA1,[],beta0)          % ode45 函数求解 PFR 出口浓度
```

本章小结

1. 反应过程优化的主要内容是化学反应器的选型、确定操作条件和操作方式。优化的基本技术指标是反应速率和选择率，工业反应过程多数是复杂反应，其反应选择率更为重要。优化过程必须综合考虑反应的动力学特性和反应器的返混特性。

2. 平行或串联反应活化能的相对大小，决定了反应过程优化的温度水平或温度序列。

3. 化学反应速率的浓度效应决定了反应过程对浓度的要求及转化率水平。反应器的返混特征则决定了反应器型式。

4. 根据反应过程浓度效应，对反应器的优化作出下列优化决策：反应器型式、进料浓度水平、进料配比、加料方式及转化率要求等。

5. 复合反应过程实际上是由五种基本反应——简单反应、自催化反应、可逆反应、平行反应和串联反应组合而成。所以本章讨论的基本原则亦可用于复合反应过程的优化分析。

解题思路

本书二维码

习　题

7-1　两个等体积的PFR和CSTR构成以下三种组合方式，在等温条件下进行一级不可逆反应，反应速率 $(-r_A)=kc_A$，$k=1\text{min}^{-1}$，$c_{A0}=1\text{kmol/m}^3$，PFR和CSTR体积均为1L，进入反应器组合系统的流量为1L/min，计算不同组合方式的最终转化率。(1) CSTR串联PFR；(2) PFR串联CSTR；(3) CSTR与PFR并联。

7-2　一级反应 $A \longrightarrow P$，反应活化能为83.6kJ/mol，反应温度为150℃，在平推流反应器中进行，其体积为 V_P，如改用全混流反应器，其体积为 V_M，试求 V_P/V_M 的表达式。若转化率为0.6和0.9，为使 $V_P/V_M=1$，则全混流反应器在什么温度下操作？

7-3　在两个串联反应釜中 $(V_{R1} \neq V_{R2})$ 进行均相液相反应，问对不同级数的反应，如何串联可以得到高的转化率。

7-4　反应 $A+B \longrightarrow P$，其反应热为 $(\Delta H)=125.4\text{kJ/mol A}$，在总压为0.1MPa，$T=325℃$下，用8%A和92%B摩尔分数的原料气，以40kmol/h的流率通过反应器，若采用多段绝热操作，已知流体的平均比热容为1.0kJ/(kg·℃)，密度为 0.5kg/m^3，问：(1) 若每段允许温升为50℃，要达到 $x_A=0.8$ 所需的段数？(2) 若段数为4，则为了保持最终转化率为0.8，应采取什么措施？

7-5　有一醋酐水溶液，在25℃条件下进行水解反应，在该温度下速率方程为

$$(-r_A)=0.158c_A \quad \text{mol/(min·cm}^3)$$

醋酐初始浓度为 $c_{A0}=1.5\times10^{-4}\text{mol/cm}^3$，进料流量为 $500\text{cm}^3/\text{min}$，现有两个2.5L和一个5L的全混流反应器，试回答下列问题：(1) 用一个5L的全混流反应器与用两个2.5L全混流反应器串联操作，哪一个转化率大？转化率各为多少？(2) 若用两个2.5L的全混流反应器并联操作，能否提高转化率？(3) 若用一个5L的平推流反应器所得转化率是多少？(4) 若在一个2.5L的全混流反应器后串联一个2.5L的平推流反应器，其转化率是多少？

7-6　己二酸和己二醇以等摩尔反应生成醇酸树脂，在70℃时以硫酸作催化剂进行缩聚反应，实验测得速率方程为

$$(-r_A)=kc_A^2 \text{mol} \quad \text{己二酸/(L·min)}$$

$$k=1.97\text{L/(min·kmol)}, \quad c_{A0}=0.004\text{kmol 己二酸/L}$$

若每天处理2400kg己二酸，每批操作的非生产时间为1h，设反应器装料系数为0.75，求：(1) 在间歇反应器中，己二酸转化率分别为0.8和0.9时，所需反应器体积？(2) 在平推流反应器中，己二酸转化率分别为0.8和0.9时，所需反应器体积？(3) 在全混流反应器中，己二酸转化率分别为0.8和0.9时，所需反应器体积？(4) 对计算结果进行讨论。

7-7　有一液相反应 $A+B \longrightarrow P+S$，其反应速率为

$$(-r_A)=kc_A c_B$$

已知：$k=20L/(min \cdot mol)$，等摩尔反应，$c_{A0}=2mol/m^3$，$v=20L/min$，现有CSTR和PFR各一个，体积均为$0.7m^3$，试问下列三个方案中，哪一个方案更好？为什么？（1）CSTR后串联PFR；（2）PFR后串联CSTR；（3）CSTR和PFR并联。

7-8　自催化反应 $A+P \longrightarrow P+P$，其反应速率方程为

$$(-r_A)=kc_A c_P$$

进料A的初始浓度$c_{A0}=1kmol/m^3$，要求达到最终转化率为0.99，为使反应器体积最小，拟用一个CSTR和PFR进行组合，若进料流量$v=10m^3/h$，速率常数$k=4.2\times10^{-4} m^3/(kmol \cdot s)$，问：应如何组合两个反应器，哪个反应器在前？控制中间转化率为多少？反应器总体积为多大？

7-9　有一自催化反应 $A+P \longrightarrow P+P$，其反应速率方程为

$$(-r_A)=kc_A c_P$$

已知：$k=1.512m^3/(kmol \cdot min)$，体积流量$v=10m^3/h$，$c_{A0}=0.99kmol/m^3$，$c_{P0}=0.01kmol/m^3$，要求$c_{Af}=0.01kmol/m^3$，求：（1）反应速率最大时的$c_A$是多少？（2）采用全混流反应器的反应器体积是多大？（3）采用平推流反应器的反应器体积是多少？（4）为使反应器体积最小，将CSTR和PFR组合使用，如何组合？其最小反应器体积为多少？

7-10　等温一级串联反应 $A \longrightarrow P \longrightarrow S$ 在CSTR中进行，已知$(-r_A)=k_1c_A$，$r_P=k_1c_A-k_2c_P$，进口浓度$c_A=c_{A0}$。试推导反应器出口各组分浓度表达关系，并导出最优空时和最大收率表达式。

7-11　已知物料$c_{A0}=100$，在CSTR中进行下列反应

$$A \xrightarrow{1} P \qquad (-r_1)=k_1c_A^{n_1}$$
$$A \xrightarrow{2} S \qquad (-r_2)=k_2c_A^{n_2}$$

测得反应器出口浓度为：

No	c_A	c_P	c_S
1	75	15	10
2	25	25	50

求：（1）确定动力学关系。（2）应该选用什么反应器？（3）在所选用反应器中可得产物P的最大收率是多少？

7-12　已知分解反应为

$$A \xrightarrow{1} P,\quad A \xrightarrow{2} S,\quad A \xrightarrow{3} T$$

在25℃时反应速率分别为：$r_P=1.5$，$r_S=3c_A$，$r_T=1.5c_A^2$，若$c_{A0}=2mol/L$，$c_{P0}=c_{S0}=c_{T0}=0$，求：（1）在该反应温度下，为使产物P的收率最大，应选用什么反应器？（2）在所选用反应器中，$c_{P,max}$为多大？

7-13　液相反应为

$$A \begin{cases} \xrightarrow{k_1} P & r_P=k_1c_A \\ \xrightarrow{k_2} S & r_S=k_2c_A^2 \end{cases}$$

进料浓度为 c_{A0}，证明：当平推流反应器中进行等温反应时，P 的收率为 $F^{-1}\ln(1+F)$，$F=\dfrac{k_2}{k_1}c_{A0}$。

7-14　反应物 A 进行不可逆一级反应 $A \begin{cases} \xrightarrow{1} P \\ \xrightarrow{2} S \\ \xrightarrow{3} T \end{cases}$，得到主反应产物 P 和副反应产物 S、T，各反应活化能关系为 $E_2<E_1<E_3$，为提高产物 P 的选择率，证明最优温度为

$$\tau_{opt}=\frac{E_3-E_2}{R\ln\left[\dfrac{k_{03}(E_3-E_1)}{k_{02}(E_1-E_2)}\right]}$$

7-15　对下述反应

$$2A \longrightarrow P \qquad r_P=k_1c_A^2$$

$$A+B \longrightarrow S \qquad r_S=k_2c_Ac_B$$

$$2B \longrightarrow T \qquad r_T=k_3c_B^2$$

证明：(1) 要使产物 S 选择率最大，在 CSTR 中物料 A 和 B 的浓度比为：$\dfrac{c_A}{c_B}=\sqrt{\dfrac{k_3}{k_1}}$；(2) 要使产物 P 选择率最大，在 CSTR 中物料 A 和 B 的浓度比为：$\dfrac{c_A}{c_B}=\infty$；(3) 要使产物 T 选择率最大，在 CSTR 中物料 A 和 B 的浓度比为：$\dfrac{c_A}{c_B}=0$。

7-16　对平行反应

$$A \begin{cases} \longrightarrow P & r_P=1 \\ \longrightarrow S & r_S=2c_A \\ \longrightarrow T & r_T=c_A^2 \end{cases}$$

其中 P 为目的产物，在等温操作中证明：(1) 采用 CSTR，则 $c_{P,max}=c_{A0}$；(2) 采用 PFR，则 $c_{P,max}=\dfrac{c_{A0}}{1+c_{A0}}$。

7-17　以纯组分 A 为原料在全混流反应器中生成产物 P，反应为平行反应 $A \begin{cases} \longrightarrow P \\ \longrightarrow T \end{cases}$，$r_P=k_1c_A$，$r_T=k_2c_A$，已知 $k_{10}=4.368\times10^5\text{h}^{-1}$，$E_1=41.7\text{kJ/(mol}\cdot\text{K)}$，$k_{20}=3.533\times10^{18}\text{h}^{-1}$，$E_2=140.8\text{kJ/(mol}\cdot\text{K)}$，若空时为 1h，试问在什么温度下操作 P 的收率最大？

7-18　在一定的反应温度下 A 发生下述平行反应

$$A \xrightarrow{k_1} R \quad r_1=2.0c_A \quad \text{kmol/(m}^3\cdot\text{h)}$$

$$2A \xrightarrow{k_2} S \quad r_2=0.2c_A^2 \quad \text{kmol/(m}^3\cdot\text{h)}$$

其中 R 是主产物，S 是副产物。反应原料为纯的反应物 A，其初始浓度为 10kmol/m^3。在反应器出口 A 的转化率为 80%。请比较当上述反应在连续搅拌釜和管式连续流动反应器中

进行时，A 转化为 R 的选择率、R 的收率以及反应物的停留时间有什么不同。在反应过程中体积的变化可以忽略不计。

7-19　一级不可逆液相反应

$$A \xrightarrow{k_1} P \xrightarrow{k_2} S$$

已知：$k_1=0.15\text{min}^{-1}$，$k_2=0.05\text{min}^{-1}$，反应系统进料体积流量为 $0.142\text{m}^3/\text{min}$，进料组成为 $c_A=c_{A0}$，$c_{P0}=c_{S0}=0$，为使产物 P 的收率最大，下列反应器中哪个比较好？请计算说明。

(1) 单个 CSTR，体积为 $V_R=0.284\text{m}^3$；(2) 两个 CSTR 串联，每个体积为 0.142m^3；(3) 两个 CSTR 并联，每个体积为 0.142m^3；(4) 单个 PFR，体积为 0.284m^3。

7-20　一级串联反应 $A \xrightarrow{k_1} P \xrightarrow{k_2} S$，组分 A 的初始浓度 $c_{A0}=10\text{kmol/m}^3$，以 3kmol/h 进入等温反应器。

已知：$k_{10}=1.7\times10^8\exp\left(-\dfrac{6341.2}{T}\right)\text{h}^{-1}$，$k_{20}=6.9\times10^{14}\exp\left(-\dfrac{15098.1}{T}\right)\text{h}^{-1}$，要求 $x_A=0.9$，而目的产物 P 的浓度 c_P 为最大，试按 CSTR 和 PFR 两种情况计算，反应器应在什么温度下进行？

7-21　苯的氯化反应是串联反应

$$\underset{(A)}{C_6H_6} \xrightarrow[+Cl_2]{k_1} \underset{(P)}{C_6H_5Cl} \xrightarrow[+Cl_2]{k_2} \underset{(S)}{C_6H_4Cl_2}$$

反应全按一级反应进行

$$-\frac{dc_A}{dt}=k_1c_A,\qquad \frac{dc_P}{dt}=k_1c_A-k_2c_P$$

已知：$k_1=1$，$k_2=0.2$，$c_{A0}=1\text{mol/L}$，$c_{P0}=c_{S0}=0$，试计算下列情况下，最终产物中一氯苯与二氯苯的分子比各为多少？(1) 平推流反应器，空时 $\tau=1$；(2) 单个全混流反应器，空时 $\tau=1$；(3) 两个全混流反应器，$\tau_1=\tau_2=1$。

7-22　在 PFR 中进行下列反应

$$A \begin{cases} \xrightarrow{k_1} P \xrightarrow{k_2} S \\ \xrightarrow{k_3} T \end{cases}$$

已知 $k_2=k_1+k_3$，求 $\dfrac{c_{P,\max}}{c_{A0}}$ 及相应的 τ_{opt} 的数值为多少？

7-23　在 CSTR 反应器中，进行复杂反应动力学测定，已知 $c_{A0}=1\text{mol/L}$，$c_{P0}=c_{S0}=0$，反应器体积 $V_R=0.8\text{L}$，进料体积流量 v 和出口浓度如下：

序号	v/(L/h)	c_A/(mol/L)	c_P/(mol/L)	c_S/(mol/L)
1	100	0.50	0.40	0.10
2	16.7	0.25	0.60	0.15
3	2.22	0.10	0.72	0.18

求：(1) 判断该反应类型？(2) 求动力学方程式？

7-24　试讨论下列反应过程应选用什么反应器及操作温度条件？

(1)

$$A+B \begin{cases} \xrightarrow{1} P\ (\text{主反应}) \\ \xrightarrow{2} S+T \end{cases}$$

$$r_1=k_{10}\exp\left(-\frac{20131}{T}\right)c_A c_B^{0.9}, \qquad r_2=k_{20}\exp\left(-\frac{10065}{T}\right)c_A^{0.5}c_B^{1.8}$$

(2) $A \xrightarrow{1} P \xrightarrow{2} S$　P 为目的产物

$$r_1=k_{10}\exp\left(-\frac{8052}{T}\right)c_A, \qquad r_2=k_{20}\exp\left(-\frac{12582}{T}\right)c_P^2$$

(3) $A+B \xrightarrow{1} P$，　$B+P \xrightarrow{2} S$，P 为目的产物

$$r_1=k_{10}\exp\left(-\frac{15098}{T}\right)c_A^2 c_B, \qquad r_2=k_{20}\exp\left(-\frac{20131}{T}\right)c_P c_B$$

7-25　醋酸甲酯的水解反应如下

$$CH_3COOCH_3+H_2O \longrightarrow CH_3COOH+CH_3OH$$

产物 CH_3COOH 在反应中起催化剂作用。已知反应速率与醋酸甲酯和醋酸的浓度积成正比。

(1) 在间歇反应器中进行上述反应。醋酸甲酯和醋酸初始浓度分别为 $500mol/m^3$ 和 $50mol/m^3$。实验测得当反应时间为 5400s 时，醋酸甲酯的转化率为 70%，求反应速率常数和最大反应速率。

(2) 如果反应改在连续搅拌釜中进行，那么要使醋酸甲酯的转化率达到 80%，停留时间应为多少？

(3) 如果采用管式流动反应器，醋酸甲酯要达到 80%的转化率，停留时间为多少？

(4) 如果采用连续搅拌釜和管式流动反应器的串联体系，要使醋酸甲酯的总转化率达到 80%，总停留时间应为多少？在各反应器中的停留时间分别为多少？

(5) 如果采用循环流动反应器，进入反应器的原料为纯的醋酸甲酯，初始浓度仍为 $500mol/m^3$，在反应器的出口处醋酸甲酯的转化率为 80%，那么要使停留时间最小，循环比应为多少？最小停留时间为多少？

第 8 章

气固相催化反应动力学

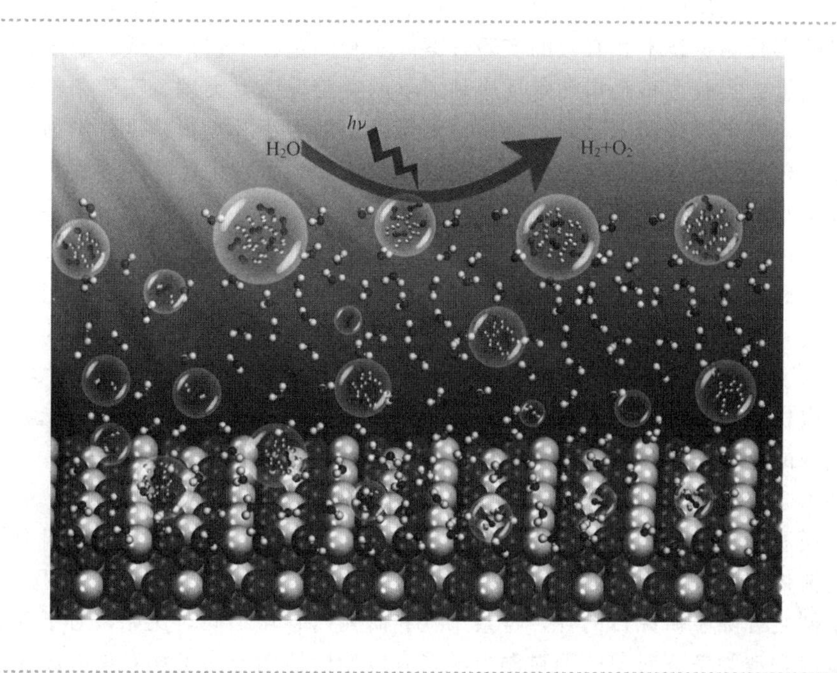

能源问题是21世纪全球面临的最严峻的问题之一，而太阳作为离地球最近的一颗恒星，每年照射在地球的能量有115×10^{15} kW·h，相当于当今世界能耗总量的100倍。如果太阳能可以得到充分利用，能源问题将得到解决。催化剂是可以显著改变化学反应速率而自身物理化学性质保持不变的物质，研究者已经设计出了可多次重复使用的催化剂，并借助可见光的能量使水分解为氢气和氧气，把太阳能转化为化学能存储起来。那么，在这个反应过程中，反应物（水）和反应产物（氢气与氧气）是如何被“运输”并离开催化剂表面的呢？光的强度、温度和催化剂的表面积又对反应有着什么样的影响呢？

根据反应物系的相态不同，反应动力学分为**均相动力学**和**非均相动力学**。非均相反应动力学也称多相反应动力学，如气液相、气固相及气液固三相等。

工业反应过程中往往包括几个反应的组合。例如，在苯氧化生成顺丁烯二酸酐的反应过程中，苯除了氧化生成顺丁烯二酸酐外，还存在苯直接氧化生成碳的氧化物的平行副反应；生成的顺丁烯二酸酐还进一步深度氧化生成碳的氧化物的串联副反应。因此苯氧化反应过程是一个平行-串联的复杂反应过程。对于这类复杂反应过程的动力学研究，工业过程开发的重点在于掌握反应规律和选择率的影响因素，而不在于反应机理的剖析，动力学研究的目的是为工业反应器选型、设计、操作和控制提供依据。若能研究以上各反应过程的动力学规律，并精确测定有关反应动力学参数，则可供数学模型研究使用。因此，反应动力学研究必须找到准确的实验测定技术和有效的实验方案。实验测定技术包括组成、温度、流量和压力等物理量的测量。实验方案是指测定反应动力学的实验反应器类型、实验条件及数据处理方法等。另外，在测定反应动力学时，必须对测量误差的大小及参数精度作出估计。

在多相催化反应中，**微观动力学**试图通过来自实验或者理论计算的表面热力学和动力学数据，在分子水平上描述化学反应包含的所有基元步。在描述过程中，对于整个过程的反应速率控制步和最丰表面物种不作任何假定，而是通过微观动力学分析得到反应中间产物的表面覆盖率，从而获得基元反应速率，最终确定反应的主要反应路径和速率控制步。需要强调的是，这里提到的用于催化剂筛选的微观动力学是指包含了催化反应中涉及的基本表面化学的动力学，需要能够在原子水平上对催化过程进行描述。与之相反，**宏观动力学**虽然无法提供任何与反应机理相关的有价值的信息，对于催化剂的选择没有帮助，但是能够获得特定反应条件范围内的反应速率，对于反应器设计而言是直接而有效的工具。

宏观动力学往往包含了传递过程的影响，在工业反应器中，存在着气泡、液滴、固体颗粒尺度的传质和传热，这些传递过程的尺度都比分子尺度大得多。由于传递阻力的存在，使得检测到的流体温度和浓度并非反应场所的温度和浓度，这种差异有时非常显著。它与微观动力学的不同之处除了研究目的外，考察尺度和研究内容均不同。比如，对于气固相催化反应过程，有以颗粒为考察对象的**颗粒动力学**，有以反应器床层为考察对象的**床层动力学**，其结果会因包含的传递过程因素（内部传递、外部传递及床层内流动状态等）不同而不同。

前述各章的讨论阐明了均相化学反应的动力学特征和几个理想反应器中影响反应结果的工程因素，以及化学反应器选型和操作优化等问题。本章将基于气固相催化反应过程，从化学反应工程的观点出发，结合工艺实验，定性地、半定量地阐述其动力学特征，并介绍相应的动力学测定实验方法以用于数学模拟放大。

8.1 气固相催化反应本征动力学

8.1.1 气固相催化反应与热质传递

气固相催化反应是指气体在固体催化剂上进行的催化反应。一般而言，经历以下三个步骤：

① 反应物从气流主体扩散到催化剂表面；

② 反应物在催化剂表面上进行表面反应过程；

③ 产物从催化剂表面扩散返回气流主体。

由此可见，气固相催化反应过程包括扩散过程和表面反应过程。单位时间的转化量正比于反应表面积，即固体催化剂的表面积。为了提高催化剂或反应器的生产能力，应尽可能增大催化剂表面积，所以绝大多数催化剂是以多孔物质作为**载体**。一定情况下，催化剂的活性与反应分子能够达到表面的面积成正比。催化剂的总表面由外表面与内表面组成，而且内表面积远远大于外表面积。如用 ϕ3mm 活性炭作载体的合成氯乙烯单体催化剂，其内表面积比外表面积大 10^4 倍以上，而 1g 活性炭的表面积可达 500～1500m^2。

对于绝大多数的多孔颗粒催化剂，扩散过程可进一步分为外扩散和内扩散两个过程，即反应物自气流主体扩散到催化剂颗粒外表面的**外扩散**过程和反应物从颗粒外表面扩散进入颗粒内表面的**内扩散**过程。产物也经内扩散、外扩散返回气流主体。

化学反应必然伴随一定的热效应。若为放热反应，反应热释放在催化剂表面上；对于吸热反应，自催化剂表面吸收热量，由此造成催化剂表面与流体主体之间的温度差。其值不仅取决于反应速率，而且与颗粒内部以及流体与颗粒之间的传热速率有关。

气固相催化反应中传热、传质过程对反应结果的影响是化学反应工程着重研究的内容，将在第 9 章中予以讨论。本节将介绍气固相催化反应中排除传递过程影响的**本征反应动力学**。由于排除了非化学因素的影响，反应过程处于动力学控制区域，所获得的动力学称为本征动力学。

8.1.2　气固相催化反应的基本特征

气固相催化反应的**基本特征**是：

① 催化剂的存在改变了反应途径。在催化反应中，催化剂与反应物形成活性配合物，然后活性配合物再反应生成产物，同时释放出催化剂，使催化剂能继续使用。因此催化剂存在改变了反应途径，使反应分成几个阶段，其中每个阶段的反应活化能都较低，加快了反应速率。例如对于反应

$$A+B \longrightarrow C$$

原来的反应途径是经过中间活性络合物［AB］，然后生成产物 C。使用催化剂的反应途径变为

$$A+B+2K \longrightarrow [AK]+[BK] \longrightarrow [CK]+[K] \longrightarrow C+2K$$

式中，K 为催化剂，［AK］、［BK］、［CK］为活性配合物。

② 催化剂只能改变达到平衡的时间，不能改变反应物系最终能达到的平衡状态。因为平衡常数 K 决定于标准自由能变化 ΔG^0，这是一个状态函数，而反应过程中催化剂的状态不发生变化，因此催化剂的存在不会影响标准自由能变化，因而化学平衡常数 K 不会变化。

平衡常数 K 为正、逆反应速率常数之比，即

$$K=\frac{k_1}{k_2} \tag{8-1}$$

虽然催化剂的存在不能改变 K 值，但改变了达到平衡的时间。当催化剂的存在使正反应速率常数 k_1 增大时，必然同时使逆反应速率常数 k_2 以相同倍数增加，以保证平衡常数 K 值不变。由此得出了一个重要结论：加速平衡系统正反应速率的催化剂必然是加速逆反应速率的催化剂。例如，加氢催化剂也必然是脱氢催化剂：Pt、Pd、Ni 可作苯加氢的催化剂，在 200～240℃条件下反应生成环己烷，那么这些催化剂必定也可以用于环己烷脱氢生成苯的反应，只是其反应条件应该是不同的。

③ 催化剂具有选择性，这是催化剂的突出优点。对于复杂反应，催化剂不但能改变反

应速率，更重要的是具有选择性，即有定向作用，可以按人们所期望的方向进行，抑制不需要的副反应。

例如，以乙醇为原料，使用不同的催化剂，在不同的条件下可使反应有选择地进行。但在一定反应条件下，一种催化剂只能加速其中一个或几个反应

$$C_2H_5OH \begin{cases} \xrightarrow{Al_2O_3} C_2H_4 + H_2O \\ \xrightarrow{ZnO} CH_3CHO + H_2 \\ \xrightarrow{Al_2O_3\text{-}ZnO} 1/2CH_2 = CH - CH = CH_2 + H_2O + 1/2H_2 \end{cases}$$

绝大多数催化剂是用作加快反应速率。对于某些反应速率太快的反应，可采用催化剂控制其反应速率，称为负催化剂，但这在实际应用上是不多见的。

8.1.3 化学吸附的速率与平衡

吸附是气固相催化反应必不可少的步骤，因此讨论吸附速率和平衡是十分重要的。

气相反应组分在固体表面上的吸附，可分为**物理吸附**和**化学吸附**两种类型。表 8-1 是物理吸附与化学吸附的比较。

由表 8-1 可见，化学吸附在催化反应过程中起主要作用。物理吸附的引力是分子间引力，可发生在任何气体分子与固体之间，一般在低温下进行，而一般催化反应的温度较高，此时物理吸附是微不足道的。化学吸附被认为是吸附分子与固体表面间的化学键力造成的，不是所有的固体都能进行化学吸附，因而化学吸附具有显著的选择性。与物理吸附相比，化学吸附的活化能较高，数量级为 40kJ/mol，吸附热也大得多，通常大于 80kJ/mol，吸附的温度可在远高于沸点的高温下发生。对于化学吸附，吸附物与吸附表面之间有化学作用，吸附物的性质不同于气相分子，吸附表面也有变化。因此，化学吸附是单层吸附。化学吸附的强弱必须适中，这样可以保证良好的催化效果，起到催化作用，当然这与催化剂组成和表面特性是密切相关的。

表 8-1 物理吸附与化学吸附的比较

项目	物理吸附	化学吸附
吸附剂	所有固体	某些固体
吸附物	低于临界温度的气体	某些化学上起反应的气体
温度范围	通常低于沸点温度	可远高于沸点温度
活化能	低，吸附时＜10kJ/mol	高，脱附时＞40kJ/mol，对非活化的化学吸附，此值较低
吸附热	8～25kJ/mol，很少超过冷凝热	通常＞80kJ/mol
覆盖度	多层吸附	单层吸附或不满一层
选择性	无，可在全部表面上吸附	有，只有表面上一部分发生吸附
可逆性	可逆	常为不可逆
应用	测定固体表面积及孔径大小；分离或净化气体和液体	测定表面浓度、吸附和解吸速率；估计活性中心的面积；催化反应

化学吸附可以分为活化化学吸附和非活化化学吸附。活化化学吸附速率随温度的变化服从阿伦尼乌斯方程；非活化化学吸附的活化能接近于零，吸附速率极快。常常可以观察到化

学吸附最初是非活化的，吸附进行得非常快，而随后速率变慢，且与温度有关，变为活化化学吸附。

吸附模型有理想吸附模型和真实吸附模型两类。

（1）理想吸附模型

理想吸附模型是由朗缪尔（Langmuir）首先提出的，又称朗缪尔吸附模型。该模型是一个理想化的吸附模型，基于如下基本假设：

① 催化剂表面各处的吸附能力是均匀的，各吸附位具有相同的能量；

② 被吸附物仅形成单分子层吸附；

③ 吸附的分子间不发生相互作用，也不影响分子的吸附作用；

④ 所有吸附的机理是相同的。

气体分子在催化剂表面上的吸附速率与单位时间内碰撞到催化剂自由表面上的气体分子数目成正比。当然这里的碰撞都是指有效的碰撞，当温度一定时，有效碰撞数占总碰撞数的百分比为常数。气体分子对表面的碰撞速率与气体的分压成正比。因此，气体的吸附速率与气体的分压成正比。又因吸附在自由表面上进行，故又同自由表面占比成正比。即吸附速率

$$r_a=k_a p_A(1-\theta_A) \tag{8-2}$$

式中，k_a 为吸附速率常数，是温度的函数，可用阿伦尼乌斯关系来表示；p_A 为气相组分 A 的分压；θ_A 为已吸附分子覆盖的表面所占的百分比，称为表面覆盖率。假定化学吸附为单分子层吸附，则固体表面未被吸附分子占据的自由表面占比应等于（$1-\theta_A$）。

解吸速率 r_d 与已吸附分子数目成正比，所以

$$r_d=k_d\theta_A \tag{8-3}$$

式中，k_d 为解吸速率常数，也为温度的函数。净吸附速率 r 为

$$r=r_a-r_d=k_a p_A(1-\theta_A)-k_d\theta_A \tag{8-4}$$

当吸附达到平衡时，$r=0$，故 $r_a=r_d$，因此

$$k_a p_A(1-\theta_A)=k_d\theta_A$$

或

$$\theta_A=\frac{K_A p_A}{1+K_A p_A} \tag{8-5}$$

其中

$$K_A=\frac{k_a}{k_d} \tag{8-6}$$

K_A 称为**吸附平衡常数**，式(8-5) 为理想吸附等温方程，即**朗缪尔吸附等温式**。式中吸附平衡常数 K_A 为表征吸附强弱的参数，K_A 越大则吸附越强。此外，吸附组分的分压越高，覆盖率越大。

在吸附过程中会发生吸附分子解离为原子的情况，原子各占一个吸附中心，例如

$$H_2+2\sigma \underset{k_d}{\overset{k_a}{\rightleftharpoons}} 2H\sigma \tag{8-7}$$

吸附速率 r_a 为

$$r_a=k_a p_A(1-\theta_A)^2 \tag{8-8}$$

解吸速率 r_d 为

$$r_d=k_d\theta_A^2 \tag{8-9}$$

吸附净速率 r 为

$$r=r_a-r_d=k_a p_A(1-\theta_A)^2-k_d\theta_A^2 \tag{8-10}$$

当吸附达到平衡时，$r=0$，则

$$\theta_A=\frac{\sqrt{K_A p_A}}{1+\sqrt{K_A p_A}} \tag{8-11}$$

对于多组分吸附，设反应分子 A 和 B 同时吸附在催化剂表面上

$$A+B+2\sigma \underset{k_d}{\overset{k_a}{\rightleftharpoons}} A\sigma+B\sigma$$

若分子A和B在催化剂表面的覆盖率分别为θ_A及θ_B，则催化剂自由表面为$(1-\theta_A-\theta_B)$。对于A分子，吸附速率$(r_a)_A$和解吸速率$(r_d)_A$分别为

$$(r_a)_A=k_{aA}p_A(1-\theta_A-\theta_B) \tag{8-12}$$

$$(r_d)_A=k_{dA}\theta_A \tag{8-13}$$

A分子吸附净速率r_A为

$$r_A=k_{aA}p_A(1-\theta_A-\theta_B)-k_{dA}\theta_A \tag{8-14}$$

同理，B分子的吸附速率$(r_a)_B$和解吸速率$(r_d)_B$分别为

$$(r_a)_B=k_{aB}p_B(1-\theta_A-\theta_B) \tag{8-15}$$

$$(r_d)_B=k_{dB}\theta_B \tag{8-16}$$

B分子吸附净速率r_B为

$$r_B=k_{aB}p_B(1-\theta_A-\theta_B)-k_{dB}\theta_B \tag{8-17}$$

当吸附平衡时，$r_A=0$，$r_B=0$，由式(8-9)和式(8-12)可得

$$\theta_A=K_Ap_A(1-\theta_A-\theta_B) \tag{8-18}$$

$$\theta_B=K_Bp_B(1-\theta_A-\theta_B) \tag{8-19}$$

联立求解上述二式，可得

$$\theta_A=\frac{K_Ap_A}{1+K_Ap_A+K_Bp_B} \tag{8-20}$$

$$\theta_B=\frac{K_Bp_B}{1+K_Ap_A+K_Bp_B} \tag{8-21}$$

由此可见，双组分同时吸附时，一种气体的吸附对另一种气体的吸附会产生抑制作用。

若吸附组分多于两个，可导得类似的吸附等温式。对于几种分子同时被吸附的情况，分子i的覆盖率为

$$\theta_i=\frac{K_ip_i}{1+\sum_{i=1}^{n}K_ip_i} \tag{8-22}$$

朗缪尔吸附模型形式简洁，能较好地说明化学吸附的作用机理，具有重要的理论意义和实用价值。

(2) 真实吸附模型

不满足理想吸附条件的吸附，都称为**真实吸附**。以焦姆金（ТеМКИН）和弗罗因德利希（Freundlich）为代表提出不均匀表面吸附理论，真实吸附模型认为固体表面是不均匀的，各吸附中心的能量不等，有强有弱。吸附时吸附分子首先占据强的吸附中心，放出的吸附热大。随后逐渐减弱，放出的吸附热也愈来愈小。由于催化剂表面的不均匀性，吸附活化能E_a随覆盖率的增加而线性增加，解吸活化能E_d则随覆盖率的增加而线性降低，即

$$E_a=E_a^0+\alpha\theta_A \tag{8-23}$$

$$E_d=E_d^0-\beta\theta_A \tag{8-24}$$

式中，E_a^0、E_d^0为覆盖率等于零时的吸附活化能和解吸活化能；α、β为常数。

将式(8-23)和式(8-24)代入吸附速率一般式，可得

$$r=r_a-r_d=k_{a0}\exp\left(-\frac{E_a^0}{RT}-\frac{\alpha\theta_A}{RT}\right)p_Af(\theta_A)-k_{d0}\exp\left(-\frac{E_d^0}{RT}+\frac{\beta\theta_A}{RT}\right)f'(\theta_A) \tag{8-25}$$

式(8-25) 中 θ_A 变化在中等覆盖度的范围内，$f(\theta_A)$ 的变化对 r_a 的影响要比 $\exp\left(-\frac{\alpha\theta_A}{RT}\right)$ 的影响小得多，$f(\theta_A)$ 可近似地归并到常数项中去。同理 $f'(\theta_A)$ 对 r_d 的影响要比 $\exp\left(\frac{\beta\theta_A}{RT}\right)$ 的影响小得多，$f'(\theta_A)$ 也可近似并入常数项中去，由此可得

$$r=r_a-r_d=k'_a p_A e^{(-g\theta_A)}-k'_d e^{(h\theta_A)} \tag{8-26}$$

式中

$$k'_a=k_{a0}f(\theta_A)\exp\left(-\frac{E_a^0}{RT}\right),\quad g=\frac{\alpha}{RT}$$

$$k'_d=k_{d0}f'(\theta_A)\exp\left(-\frac{E_d^0}{RT}\right),\quad h=\frac{\beta}{RT}$$

当吸附达到平衡时，$r=0$，故

$$k'_a p_A^* e^{(-g\theta_A)}=k'_d e^{(h\theta_A)} \tag{8-27}$$

$$(g+h)\theta_A=\ln\frac{k'_a}{k'_d}p_A^* \tag{8-28}$$

令 $f=g+h=\frac{\alpha+\beta}{RT}$，$K_0=\frac{k'_a}{k'_d}$，则

$$\theta_A=\frac{1}{f}\ln(K_0 p_A^*) \tag{8-29}$$

式(8-29) 为单组分不均匀表面吸附等温方程，又称**焦姆金吸附等温式**，适用于中等覆盖率的情况。如果 p_A 等于0或1，显然不符合实际情况，表明该模型也有其自身的缺陷。吸附过程是否符合焦姆金吸附等温式须用实验验证，即 θ_A 与 $\ln p_A$ 是否呈线性关系。若符合，则直线的斜率为 $1/f$，截距为 $\frac{1}{f}\ln K_0$。许多实验数据是符合这一方程的。

另一真实吸附模型为

$$\theta_A=Kp_A^{1/e} \tag{8-30}$$

此式称为**弗罗因德利希吸附模型**，与焦姆金模型类似，也认为吸附与解吸随覆盖率不同而有差异，但认为吸附与解吸活化能和覆盖率呈对数指数关系。

因此，根据不同的模型假设可以得到不同的吸附等温方程，具体应用时必须注意实际过程是否符合或接近所选模型的假设条件，并经过实验验证。

8.1.4　气固相催化反应动力学表达式

气固相催化反应过程往往由吸附、反应和脱附过程串联组成。因此动力学方程式推导方法，可归纳为如下几个步骤：

① 假定反应机理，即确定反应所经历的步骤；

② 决定速率控制步骤，该步骤的速率即为反应过程的速率；

③ 由非速率控制步骤达到平衡，列出吸附等温式；如为化学平衡，则列出化学平衡式；

④ 将上述平衡关系得到的等式，代入控制步骤速率式，并用气相组分的浓度或分压表示，即得到动力学表达式。

根据理想表面吸附模型和真实吸附模型可推导出两种不同类型的动力学表达式。

(1) 双曲线型的动力学表达式

豪根（Hougen）和华生（Watson）根据理想表面吸附模型推导出几种不同控制步骤的动力学方程式，前提是假定吸附和解吸均符合朗缪尔吸附等温式。

【例 8-1】 在 Ni 催化剂上的混合异辛烯加氢生成异辛烷反应

$$\underset{(A)}{H_2}+\underset{(B)}{C_8H_{16}} \rightleftharpoons \underset{(R)}{C_8H_{18}}$$

假定反应机理是分子态吸附的氢和吸附的异辛烯反应，按均匀表面吸附模型对不同控制步骤导出相应的动力学方程式。

解：该反应的反应机理由下列四个步骤组成

$$A+\sigma \rightleftharpoons A\sigma \tag{A}$$

$$B+\sigma \rightleftharpoons B\sigma \tag{B}$$

$$A\sigma+B\sigma \rightleftharpoons R\sigma+\sigma \tag{C}$$

$$R\sigma \rightleftharpoons R+\sigma \tag{D}$$

式(A) 和式(B) 表示气相组分 A、B 在表面吸附，与活性中心 σ 形成表面化合物 $A\sigma$ 和 $B\sigma$，式(C) 为表面反应过程，生成产物表面化合物 $R\sigma$，式(D) 为产物表面化合物的解吸过程，释放出气相产物 R 和活性中心 σ。

对上述四个过程，可分别写出速率方程

$$r_A=k_{aA}p_A\theta_V-k_{dA}\theta_A \tag{E}$$

$$r_B=k_{aB}p_B\theta_V-k_{dB}\theta_B \tag{F}$$

$$r=k_S\theta_A\theta_B-k_{-S}\theta_R\theta_V \tag{G}$$

$$r_R=k_{dR}\theta_R-k_{aR}p_R\theta_V \tag{H}$$

$$\theta_V=1-\theta_A-\theta_B-\theta_R \tag{I}$$

当反应过程属表面反应控制时，其他三步非速率控制步骤均达到平衡，即 $r_A=r_B=r_R=0$，可得

$$\theta_A=\frac{K_Ap_A}{1+K_Ap_A+K_Bp_B+K_Rp_R} \tag{J}$$

$$\theta_B=\frac{K_Bp_B}{1+K_Ap_A+K_Bp_B+K_Rp_R} \tag{K}$$

$$\theta_R=\frac{K_Rp_R}{1+K_Ap_A+K_Bp_B+K_Rp_R} \tag{L}$$

$$\theta_V=\frac{1}{1+K_Ap_A+K_Bp_B+K_Rp_R} \tag{M}$$

过程速率由表面反应速率 r 决定，将上述关系代入式(G)，可得动力学表达式

$$(-r_A)=\frac{k(p_Ap_B-p_R/K)}{(1+K_Ap_A+K_Bp_B+K_Rp_R)^2} \tag{8-31}$$

式中，p_A、p_B、p_R 为组分 A、B、R 在流体中的分压；K_A、K_B、K_R 为组分 A、B、R 的吸附平衡常数；k 为动力学常数；K 为反应总平衡常数。

同理，当氢吸附控制时，可导得动力学表达式为

$$(-r_A)=\frac{k\left(p_A-\dfrac{p_R}{p_BK}\right)}{1+\dfrac{K_Ap_R}{Kp_B}+K_Bp_B+K_Rp_R} \tag{8-32}$$

由上述动力学表达式可以看出，基于理想吸附模型的动力学方程均属**双曲线型**。不论其

反应类型如何，吸附形式如何，以及速率控制步骤如何，都可以表示成如下形式

$$反应速率=\frac{动力学项\times推动力}{(吸附项)^n} \tag{8-33}$$

动力学项即反应速率常数 k，为温度的函数。吸附项表明了在催化剂表面被吸附的组分。若某一组分的吸附相对很弱，则可以在吸附项中略去该项。表 8-2 列出了若干反应机理和相应的控制步骤的速率表达式。从表中可以看出，吸附项中的 n 表示涉及活性点的数目，如 $n=2$表示涉及两个活性点的反应；吸附项中包含有$\sqrt{K_i p_i}$项，表示其中 i 组分是解离吸附；对 $A+B \rightleftharpoons R+S$ 反应，吸附项中含有$\frac{K_A p_R p_S}{K p_B}$项或$\frac{K_{RS} p_R p_S}{p_B}$项，则表示 A 的吸附是控制步骤；如果吸附项中包含有$\left(\frac{K_{RS} p_R p_S}{p_B}\right)^{1/2}$项，则表示 A 的解离吸附控制步骤。

表 8-2 某些气固相催化反应速率方程

反应类型	反应步骤	反应速率式
$A \rightleftharpoons R$	$A+\sigma \rightleftharpoons A\sigma$ $A\sigma \rightleftharpoons R\sigma$① $R\sigma \rightleftharpoons R+\sigma$	$r=\frac{k(p_A-p_R/K)}{1+K_A p_A+K_R p_R}$
$A \rightleftharpoons R$	$A+2\sigma \rightleftharpoons 2A_{\div}\sigma$ $2A_{\div}\sigma \rightleftharpoons R\sigma+\sigma$① $R\sigma \rightleftharpoons R+\sigma$	$r=\frac{k(p_A-p_R/K)}{(1+\sqrt{K_A p_A}+K_R p_R)^2}$
$A+B \rightleftharpoons R+S$	$A+\sigma \rightleftharpoons A\sigma$① $B+\sigma \rightleftharpoons B\sigma$ $R\sigma+B\sigma \rightleftharpoons R\sigma+S\sigma$ $R\sigma \rightleftharpoons R+\sigma$ $S\sigma \rightleftharpoons S+\sigma$	$r=\frac{k(p_A-p_R p_S/K p_B)}{1+\frac{K_A p_R p_S}{K p_B}+K_B p_B+K_R p_R+K_S p_S}$

① 假定该步骤为控制步骤。

应当指出，对某一反应而言，由假设的各种反应机理与控制步骤，可以得到多个反应速率表达式。即使通过实验数据关联得到了相符的动力学模型，也不能说明所设的机理步骤是正确的。这是因为双曲线模型包含的参数太多，参数的可调范围较大，因此总是能够从众多模型和众多参数的拟合中，获得精度相当高的动力学模型。甚至对同一反应，可能有多个动力学模型均可以达到所需的误差要求。

（2）幂函数型的动力学表达式

除上述以理想表面吸附模型为基础的处理方法外，还有以焦姆金和弗罗因德利希的不均匀吸附理论为基础而导出的动力学方程式，这也许更接近真实吸附过程。不均匀表面吸附理论认为：由于催化剂表面具有不均匀性，因此吸附活化能 E_a 与解吸活化能 E_d 都与表面覆盖程度有关。例如焦姆金导出的铁催化剂上氨合成反应动力学方程式为

$$r_{NH_3}=k_1 p_{N_2}\frac{p_{H_2}^{1.5}}{p_{NH_3}}-k_2\frac{p_{NH_3}}{p_{H_2}^{1.5}} \tag{8-34}$$

可见这种模型为幂函数型（在大多数情况下）。事实上，在实际应用中常常以幂函数型来关

联非均相动力学参数，由于其准确性并不比双曲线型方程差，因而得到广泛应用。而且幂函数型模型仅有反应速率常数，不包含吸附平衡常数，在进行反应动力学分析和反应器设计中，更能显示其优越性。

【例 8-2】 根据焦姆金吸附模型，推导合成氨反应 $N_2+3H_2 \rightleftharpoons 2NH_3$的动力学方程式

解：由实验测定在铁催化剂上合成氨的反应机理为

$$N_2+2\sigma \rightleftharpoons 2N\sigma \tag{A}$$

$$2N\sigma+3H_2 \rightleftharpoons 2NH_3+2\sigma \tag{B}$$

第二步（B）不是基元反应，是为处理方便而写的一个总反应式。实验测定发现 N_2的吸附为过程的速率控制步骤，且吸附符合焦姆金吸附方程，于是可用式(8-26）来表示反应速率式，即

$$r_{N_2}=k_a p_{N_2} e^{(-g\theta_{N_2})}-k_d e^{(h\theta_{N_2})} \tag{C}$$

且

$$\theta_{N_2}=\frac{1}{g+h}\ln K_0 p_{N_2}^* \tag{D}$$

第二步反应达到平衡，所以

$$K_2^2=\frac{p_{NH_3}^2}{p_{H_2}^3 p_{N_2}^*} \tag{E}$$

因为氮的吸附未达到平衡，所以式(E）中 $p_{N_2}^*$不是气相中氮的分压，而是与 θ_{N_2}对应的某一压力，由第二步平衡决定，即

$$p_{N_2}^*=\frac{p_{NH_3}^2}{p_{H_2}^3 K_2^2} \tag{F}$$

代入式(D）得

$$\theta_{N_2}=\frac{1}{g+h}\ln K_0\cdot\frac{p_{NH_3}^2}{p_{H_2}^3 K_2^2} \tag{G}$$

将式(G）代入式(C)，化简得

$$r_{N_2}=k_a p_{N_2}\left(\frac{K_0 p_{NH_3}^2}{p_{H_2}^3 K_2^2}\right)^{-\alpha}-k_d\left(\frac{K_0 p_{NH_3}^2}{p_{H_2}^3 K_2^2}\right)^{\beta} \tag{H}$$

其中

$$\alpha=\frac{g}{g+h},\quad \beta=\frac{h}{g+h},\quad \alpha+\beta=1 \tag{I}$$

令

$$k_a\left(\frac{K_0}{K_2^2}\right)^{-\alpha}=k_1',\quad k_d\left(\frac{K_0}{K_2^2}\right)^{\beta}=k_2' \tag{J}$$

则

$$r_{N_2}=k'p_{N_2}\left(\frac{p_{H_2}^3}{p_{NH_3}^2}\right)^{\alpha}-k_2'\left(\frac{p_{NH_3}^2}{p_{H_2}^3}\right)^{\beta} \tag{K}$$

对于铁催化剂，由实验测得 $\alpha=\beta=0.5$，所以

$$r_{N_2}=k'p_{N_2}\frac{p_{H_2}^{1.5}}{p_{NH_3}}-k_2'\frac{p_{NH_3}}{p_{H_2}^{1.5}} \tag{L}$$

则

$$r_{NH_3}=2r_{N_2}=k_1 p_{N_2}\frac{p_{H_2}^{1.5}}{p_{NH_3}}-k_2\frac{p_{NH_3}}{p_{H_2}^{1.5}} \tag{M}$$

8.2　气固相催化反应动力学的测定方法

8.2.1　反应动力学实验前的准备

精确可靠的反应动力学实验测定是模型研究的基础。要获得反应动力学数据，应该注意到两方面的问题：精确的测定技术和合理的实验方案。

对本征反应动力学，即排除了物理因素影响的反应动力学，在进行实验前，应该组织一系列预实验，以确定反应动力学测试条件。对非均相反应过程，应特别重视消除扩散影响。预实验包括以下几方面。

① 空白实验。考察反应器材质对反应过程的催化作用或阻滞作用。对均相反应，可在相同实验条件下，观察不同反应器体积的实验结果。对非均相反应，则可在相同条件下，考察未加催化剂时反应的实验结果，以判明材质的影响。

② 催化剂稳定性实验。对于催化反应过程，催化剂活性随反应时间的变化，一般有如图 8-1 的变化规律。即存在初活性阶段Ⅰ、活性稳定阶段Ⅱ及失活阶段Ⅲ。催化剂失活往往由催化剂中毒或结炭等造成，与初活性阶段一样属活性不稳定阶段。动力学测定应在催化剂活性稳定的条件下进行。

③ 扩散影响的消除。由非均相反应过程分析可知，反应分子经扩散传递过程后才能相互发生反应。为测定反应本征动力学，必须排除传递过程的影响。对气液相反应，为了消除气液界面的传质阻力，应选择一定的搅拌速度和气体流速。例如，正丁基硫醇的空气氧化动力学研究中测定的空气流速和搅拌速度与硫醇氧化速度关系如图 8-2 所示。实验表明，在搅拌转速大于 600r/min 和空气流速大于 10L/h 时，氧化速率趋于定值，此时传质影响可忽略不计。在气固相催化反应中的传质过程包括颗粒的外部扩散和内部扩散过程，此时应通过实验确定适宜的气固相对速度与固体颗粒直径，以确保在排除内外传质过程影响的条件下进行反应动力学实验。

消除外扩散影响的实验，应在保持接触时间不变（即 W/F_A = 定值）的条件下，考察气体通过床层线速度或质量流率与反应转化率的关系。如图 8-3 所示，当气速达到某值 G' 时转化率不再增加，则可以认为在气速大于 G' 时外扩散已消除。

同理，消除内扩散的实验，也应在接触时间不变（即 W/F_A = 定值）的条件下，考察颗粒直径变化与反应转化率的关系。如图 8-4 所示，当颗粒直径小于某值 d'_p 时，转化率不

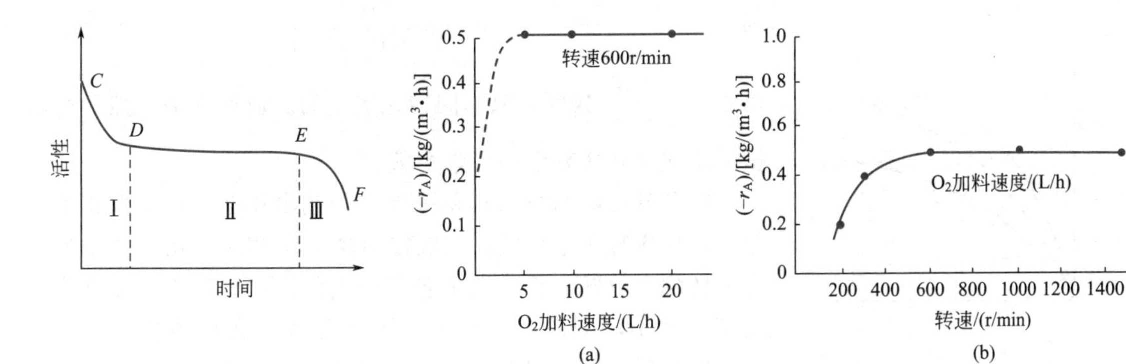

图 8-1　催化剂活性与时间

图 8-2　进料速度、搅拌转速对反应速率的影响

再变化，表明内扩散阻力对反应结果已无影响。

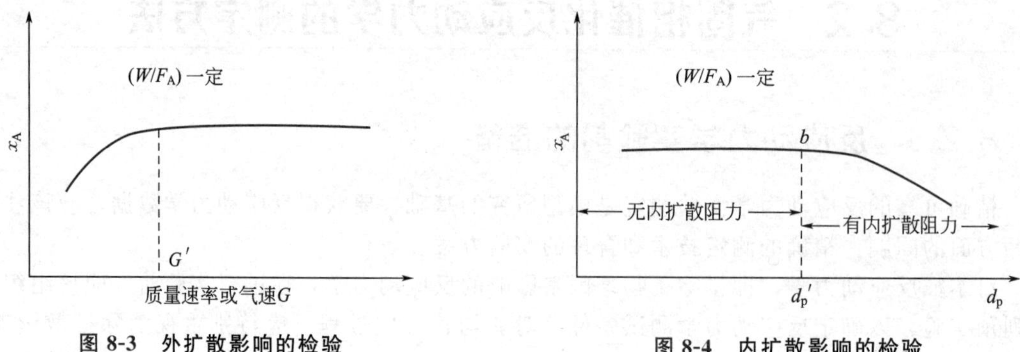

图 8-3　外扩散影响的检验　　　　图 8-4　内扩散影响的检验

④ 传热条件。对于传热而言，应采用不存在明显温度梯度的等温反应器，或者采用绝热反应器。

⑤ 流动条件。反应器内流动状态应尽量接近平推流，或者在接近全混流状态下进行实验。

8.2.2　测定非均相反应动力学的实验室反应器

气液相反应所采用的实验反应器与均相反应相似，气固相反应的实验反应器在功能上可分为积分反应器和微分反应器以及无梯度反应器。

(1) 积分反应器和微分反应器

积分反应器的转化率较大。反应物料以一定流速，在恒温下流过反应器，物料浓度沿床层轴向变化，反应器出口组成是整个反应器的积分结果。这种反应器的转化率一般大于20%，必须保证平推流以便实验数据的处理。积分反应器不能直接测得反应速率，只能得到出口处浓度（转化率）与停留时间的关系，必须对所获得的数据积分后，才能对实验结果加以分析。

实验方法是固定反应器体积，如催化剂质量W，改变反应物料流量F_{A0}，可以得到转化率x_A与$\frac{W}{F_{A0}}$的关系曲线，如图 8-5 所示为不同温度下的$x_A \sim \frac{W}{F_{A0}}$曲线。

若用积分法处理实验数据，则可以根据假定动力学的积分式进行分析，用计算或图解确定相应参数。若用微分法处理，则由物料衡算

$$F_{A0}\mathrm{d}x_A = (-r_A)\mathrm{d}W \tag{8-35}$$

得

$$(-r_A) = \frac{\mathrm{d}x_A}{\mathrm{d}(W/F_{A0})} \tag{8-36}$$

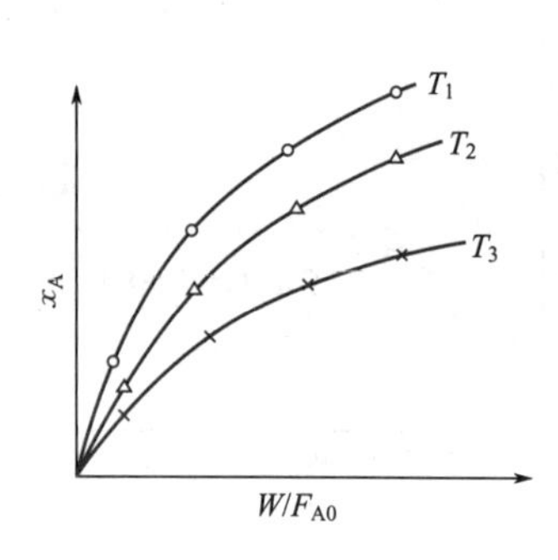

图 8-5　积分反应器的等温线形状

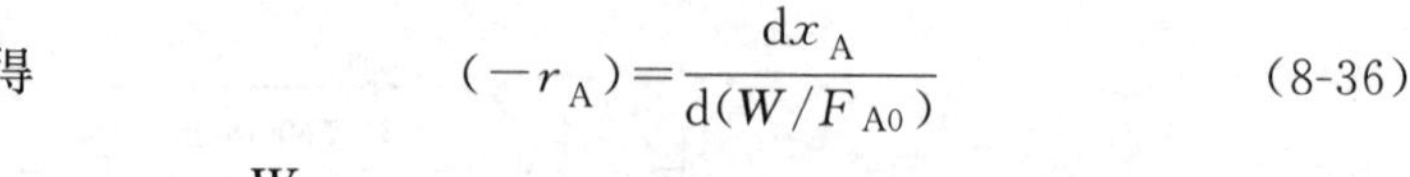

可由$x_A \sim \frac{W}{F_{A0}}$数据求取不同转化率下的反应速率值，然后由微分法或拟合法确定动力学参数。

微分反应器的结构与积分反应器基本相似，只是催化剂较少，反应转化率较低，一般控制在10%以下。由于整个反应器转化率较低，反应器中各截面上的温度、压力、浓度变化都非常小，可视作恒定值。因此可认为在该转化率范围内，即从反应器进口的x_{A1}到出口的x_{A2}，反应器内反应速率都一样，即可由下式计算

$$(-r_A)=\frac{F_{A0}}{W}(x_{A1}-x_{A2}) \tag{8-37}$$

此时 $(-r_A)$ 值相当于在平均转化率 $\frac{(x_{A1}+x_{A2})}{2}$ 时的反应速率。若要测定全部所需转化率范围内的反应速率值，则需由预反应器经过预转化配制进料组成，再与其余物料混合后进入微分反应器，便可获得不同进料组成，如图8-6所示。还有一种方法是，在积分反应器的恰当位置设置一系列取样口，使相邻取样口间的浓度变化达到可以作微分反应器处理的程度，这种方法对于复杂反应动力学测定特别有用。

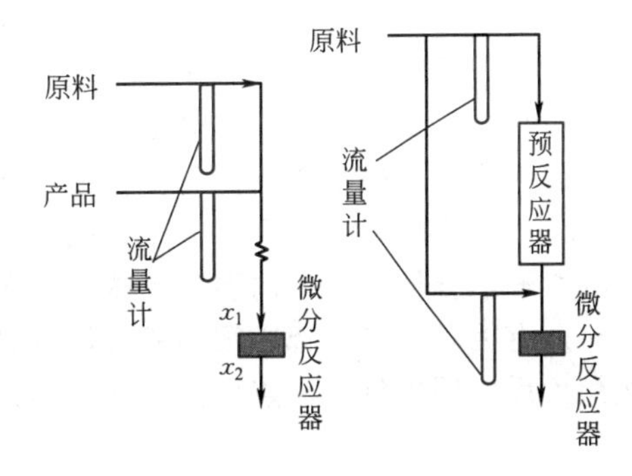

图 8-6　微分反应器进料组成的调节

为了保证反应物料在反应器中达到平推流，在气固相催化反应过程中，床层长度 L 与催化剂颗粒直径 d_p 的比值 L/d_p 应满足 $L/d_p \geqslant 100$。同时，为保证良好的流动状态及传质传热要求，应使反应器直径 D_t 与颗粒直径 d_p 之比在1/6～1/10之间，并避免沟流、局部不均匀及壁效应影响。

综上所述，积分反应器结构简单，转化率较高，所以容易满足分析测试要求，同时易于全面考察副反应和产物对反应过程的影响，对过程开发研究颇为适用。缺点是数据处理较为繁复，若用图解微分法处理会带来较大误差。微分反应器的优点是可以直接得到反应速率，数据处理较简单，容易实现等温要求。但对分析精度要求较高，往往成为主要困难，而配料的复杂性则是微分反应器的另一难点。

(2) 无梯度反应器

为了既能消除温度梯度和浓度梯度，提高实验准确性，又能克服由于转化率低而造成的取样分析困难，可采用把反应后的部分气体循环返回反应器的循环流动式反应器。循环反应器综合了微分反应器和积分反应器的优点，摒弃了它们的主要缺点。根据它们的循环方式不同，可分为**外循环无梯度反应器**和**内循环无梯度反应器**。20 年来，科技工作者进一步发展和完善了各种型式的无梯度催化反应器。

外循环反应器是将大量气体物料在反应器出口处循环返回流动。这部分气体物料与新鲜进料气体混合后，再通过催化剂层。在稳态、恒容条件下，离开系统的气体量等于新鲜气体进料量，如图 8-7 所示。

循环比为

$$R=\frac{v_c}{v} \tag{8-38}$$

如果循环比足够大，则催化剂床层进出口间转化率差很小，可看作在恒定的反应组分浓度下操作。同时，新鲜物料与反应器出口物料之间的浓度差可以很大，因此分析也较容易。其反应速率为

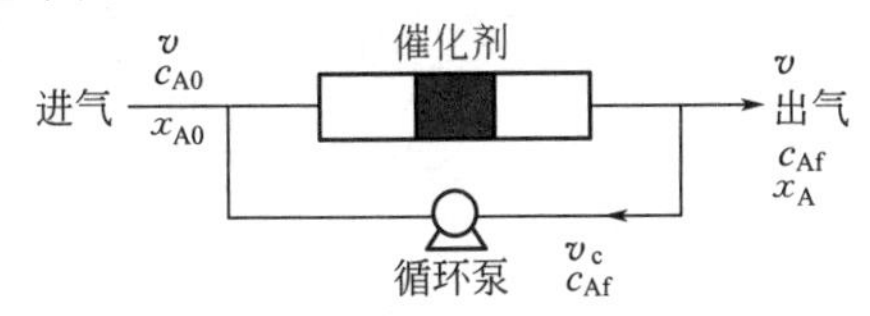

图 8-7　外循环反应器示意图

$$(-r_A)=\frac{F_{A0}}{W}(x_{Af}-x_{A0}) \tag{8-39}$$

外循环反应器的缺点是由于整个系统的自由体积较大，反应器操作达到定常状态所需时间较长，而且当催化反应与其他均相反应并存

时，会造成较大的误差。

内循环反应器是反应气体在反应器内部进行循环流动的反应器，如图 8-8 所示。由于这种反应器结构紧凑，反应器内自由体积很小，克服了外循环反应器的缺点，得到了较快发展，成为气固相催化反应动力学研究最常用的装置之一。内循环反应器原理十分简单，但结构各有不同，大致可分为两大类：一类是固体催化剂颗粒处于运动状态的，如图 8-9 所示的转筐式反应器。催化剂装载于篮筐内，随搅拌轴一起旋转，搅拌轴上下设有搅拌叶轮，以搅拌反应物料，造成气体的充分混合和气固相间的相对运动，达到气相主体浓度均一和温度均一，并消除外扩散的影响。另一类是催化剂颗粒固定不动的内循环反应器，如图 8-8 和图 8-10 所示。采用涡轮搅拌器使气体在催化剂与自由空间内循环流动，高速搅拌足以排除外扩散的影响，并使反应器内温度与浓度均匀。

所有循环反应器都必须检验返混程度是否充分，即反应器内是否消除了浓度梯度。这种无梯度反应器的特性与连续流动搅拌釜式反应器并无二致，数据处理方法也完全一样。

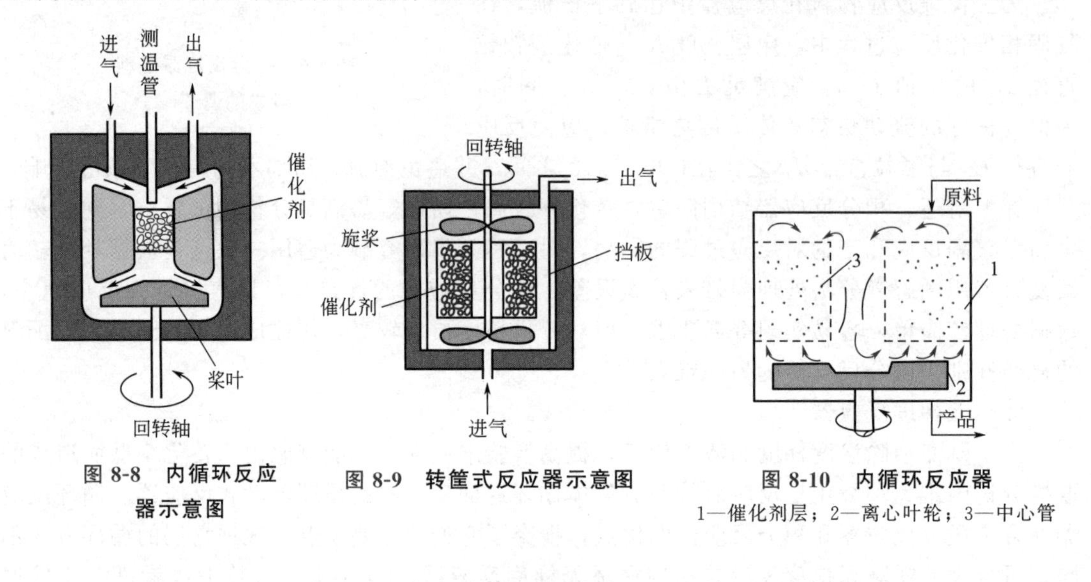

图 8-8 内循环反应器示意图

图 8-9 转筐式反应器示意图

图 8-10 内循环反应器

1—催化剂层；2—离心叶轮；3—中心管

本章小结

1. 气固相催化反应过程通常由吸附、反应和脱附过程串联组成。动力学表达式可由理想表面吸附模型或真实表面吸附模型推导，分别为双曲线型和幂函数型表达式。

2. 真实吸附模型认为固体表面是不均匀的，各吸附中心的能量不等。吸附时吸附分子首先占据强的吸附中心，放出的吸附热大。随后吸附强度逐渐减弱，放出的吸附热也逐渐减少。

3. 动力学测定的实验室反应器大致可分为积分反应器和微分反应器。无梯度反应器是一种特殊设计的、常用的微分反应器。一般而言，积分反应器设备简单，但数据处理困难；微分反应器则设备复杂，而数据处理较为简单。

习　题

8-1　一氧化碳变换反应

$$H_2O+CO \rightleftharpoons H_2+CO_2$$

其反应步骤如下

$$H_2O+\sigma \rightleftharpoons O\sigma+H_2$$
$$CO+O\sigma \rightleftharpoons CO_2+\sigma$$

试分别推导（1）过程为吸附控制的动力学方程；（2）过程为表面反应控制的动力学方程。

8-2　以氢氧化钠为催化剂（γ-氧化铝为载体），在400℃等温下进行丙醇脱氢反应，反应物除氢外，主要是丙醛和二乙基酮，为简化，忽略次要副产物，以下列反应描述整个反应过程

$$\underset{(A)}{C_3H_7OH} \longrightarrow \underset{(P)}{C_2H_5CHO}+\underset{(S)}{H_2}$$

$$\underset{(P)}{2C_2H_5CHO} \longrightarrow \underset{(R)}{C_2H_5COC_2H_5}+\underset{(T)}{CO}+\underset{(S)}{H_2}$$

实验采用的催化剂量W为1.018×10^{-2}kg，改变丙醇进料速率F_{A0}进行实验，获得下列数据：

W/F_{A0}/(kg·h/kmol)	97.6	65.3	48.8	32.6	16.3	8.2
丙醇转化率x_A	0.1902	0.1393	0.1002	0.0865	0.0689	0.0484
丙醛收率	0.0513	0.0472	0.0494	0.0498	0.0306	0.0203

试计算$W/F_{A0}=40$kg·h/kmol时二乙基酮的生成速率r_R。

8-3　在氧化钽催化剂上进行乙醇氧化反应

$$\underset{(A)}{C_2H_5OH}+\underset{(B)}{\frac{1}{2}O_2} \longrightarrow \underset{(R)}{CH_3CHO}+\underset{(S)}{H_2O}$$

其反应机理如下

$$C_2H_5OH+2\sigma_1 \rightleftharpoons C_2H_5O\sigma_1+H\sigma_1$$
$$\frac{1}{2}O_2+\sigma_2 \rightleftharpoons O\sigma_2$$
$$C_2H_5O\sigma_1+O\sigma_2 \rightleftharpoons C_2H_4O+OH\sigma_2+\sigma_1 \text{（控制步骤）}$$
$$OH\sigma_2+H\sigma_1 \rightleftharpoons H_2O+\sigma_2+\sigma_1$$

试证明

$$r=k\frac{\sqrt{p_Ap_B}}{(1+K_B\sqrt{p_B})(1+2\sqrt{Kp_A})}$$

8-4　乙炔与氯化氢在HgCl-活性炭催化剂上合成氯乙烯，反应式为

$$\underset{(A)}{C_2H_2}+\underset{(B)}{HCl} \rightleftharpoons \underset{(C)}{C_2H_3Cl}$$

其动力学方程有如下几种形式

(1) $r=k\dfrac{p_A p_B-p_C/K}{(1+K_A p_A+K_B p_B+K_C p_C)^2}$ (2) $r=k\dfrac{K_A K_B p_A p_B}{(1+K_A p_A+K_C p_C)(1+K_B p_B)}$

(3) $r=k\dfrac{K_B p_A p_B}{1+K_B p_B+K_C p_C}$ (4) $r=k\dfrac{K_A K_B p_A p_B}{(1+K_A p_A+K_B p_B)^2}$

试说明各式代表的反应机理和控制步骤。

8-5 离子交换催化剂能够催化甲醇（ME）脱水生成二甲醚（DME）和水。在 $t=0$ 时，甲醇气体进入反应器，温度为413K、压强为100kPa、体积流量为0.2cm³/s。下表中的数据为装载有1.0g催化剂、体积为4.5cm³的微分反应器的出口的分压变化，试对这些数据进行分析讨论。

t/s	0	10	50	100	150	200	300
p_{N_2}/kPa	100	50	10	2	0	0	0
p_{ME}/kPa	0	2	15	23	25	26	26
p_{H_2O}/kPa	0	10	15	30	35	37	37
p_{DME}/kPa	0	38	60	45	40	37	37

8-6 钴-钼催化剂催化乙烯（E）加氢生成乙烷（A）的速率表达式为（H代表H原子）

$$-r_E=\frac{kp_E p_H}{1+K_E p_E}$$

试提出一个同上述速率表达式一致的反应机理。

8-7 催化剂表面上的丙醇通过如下方式生成

$$O_2+2\sigma \rightleftharpoons 2O\sigma$$
$$C_3H_6(g)+O\sigma \longrightarrow C_3H_5OH\sigma$$
$$C_3O_5OH\sigma \rightleftharpoons C_3O_5OH(g)+\sigma$$

试提出速率控制步骤并写出动力学方程。

8-8 在汽车尾气中，可以利用固体催化剂用没有燃烧的CO还原NO以降低含氮氧化物的排放，反应方程式为

$$CO+NO \longrightarrow N_2+CO_2$$

如果反应发生在Rh催化剂上，反应机理为

$$CO+\sigma \rightleftharpoons CO\sigma$$
$$NO+\sigma \rightleftharpoons NO\sigma$$
$$NO\sigma+\sigma \longrightarrow N\sigma+O\sigma$$
$$CO\sigma+O\sigma \longrightarrow CO_2(g)+2\sigma$$
$$N\sigma+N\sigma \longrightarrow N_2(g)+2\sigma$$

当 p_{CO}/p_{NO} 较小时，速率表达式为

$$-r_{CO}=\frac{kp_{CO}}{(1+K_{CO}p_{CO})^2}$$

那么与该反应机理和速率表达式对应的条件是什么？

8-9　若甲基环己烷（M）在0.3% Pt/Al_2O_3催化剂上脱氢生成甲苯（T）的反应发生在一个微分反应器中，为了防止积炭，反应在临氢的反应条件下进行，得到实验数据如下：

p_{H_2}/atm	P_M/atm	r/[mol toluene/(s·kg cat)]	p_{H_2}/atm	P_M/atm	r/[mol toluene/(s·kg cat)]
1	1	1.2	3	3	1.27
1.5	1	1.25	1	4	1.28
0.5	1	1.30	3	2	1.25
0.5	0.5	1.1	4	1	1.30
1	0.25	0.92	0.5	0.25	0.94
0.5	0.1	0.64	2	0.05	0.41

试获得下列速率表达式的动力学参数

(1) $-r_M=kp_M^{\alpha}p_{H_2}^{\beta}$　　(2) $-r_M=\frac{kp_Mp_{H_2}}{(1+K_Mp_M)^2}$

(3) $-r_M=\frac{kp_M}{1+K_Mp_M}$　　(4) $-r_M=\frac{kp_Mp_{H_2}}{1+K_Mp_M+K_{H_2}p_{H_2}}$

第 9 章

气固相催化反应过程的传递现象

炎炎夏日，最舒服的不过是小凳几张、挚友二三、肉串一把、冷饮一杯。不知吃羊肉串时你是否想过为什么炭火需要不时地用扇子扇一扇？把手放在炭火上面相同的高度上，扇风和不扇风时感觉一样吗？其中的原因是什么呢？

扇子扇风提高了空气的流动性，加强了木炭表面的传热和传质速率。一方面提高了反应速率，另一方面将热量尽快散发出来用于加热肉串。那么，这个过程中传热和传质是如何被强化，加热速率是如何被提高的呢？

前述均相反应，认为反应区内物料已处于分子尺度的均匀，不存在物质的传递问题。但是在化学和石油化工工业生产中，绝大多数反应都属于非均相反应，即反应系统中包含两个或两个以上的相态，并存在相界面，因而必然存在热量及质量的传递问题。本章着重考察气固相催化反应过程中的热质传递及其对化学反应结果的影响。气固相催化反应是一种典型的非均相反应过程，通过分析气固相催化反应过程中热质传递与化学反应的相互影响，将有助于了解非均相反应过程区别于均相反应过程的特征和处理方法。

反应过程的开发基础是化学反应速率，而影响化学反应速率的因素是反应场所的浓度和温度，对于均相反应过程而言，反应系统和反应场所及其所对应的温度和浓度是一致的。而对于气固相催化反应系统，涉及气、固两相，真正的反应场所是在固相催化剂表面，一般反应场所的温度和浓度与气流主体的温度和浓度是存在差异的。这一差异便是由于热质传递所造成，将影响反应速率进而造成化学反应结果的改变。可将热质传递影响化学反应结果用图9-1来表示。

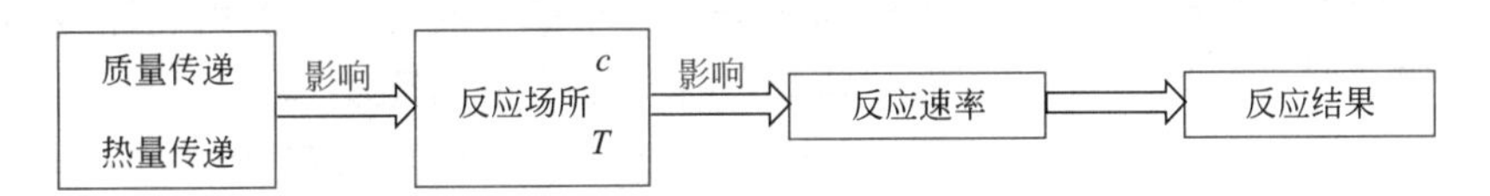

图9-1　热质传递影响反应结果

气固相催化反应属表面反应过程，要提高单位催化剂体积的生产能力，应使催化剂表面积增大，因此大多数催化剂是把活性组分分布在多孔颗粒（载体）的表面。在多孔催化剂上进行的气固相催化反应过程，一般需要经历下列几个步骤：

① 反应物从气流主体扩散到催化剂颗粒的外表面；

② 反应物从颗粒的外表面经催化剂颗粒的内孔扩散到颗粒的内表面；

③ 反应物在颗粒内表面上进行化学反应；

④ 反应产物从内孔深处向孔口逆向扩散；

⑤ 反应产物从催化剂外表面扩散返回气流主体。

可见，在气固相催化反应过程中存在着质量传递过程，按其质量传递性质依次是外部传递过程和内部传递过程，其起因是气流主体、催化剂外表面、内表面之间的浓度差。

同时，气固相催化反应必然伴随热效应。对放热反应，反应热释放在催化剂表面上；对吸热反应，则从催化剂表面吸收热量，由此造成催化剂表面和气流主体之间的温度差，其值不但取决于放热速率，也与外部传热速率和内部传热速率有关。

气固相催化反应的传递过程实际上存在着两种不同的尺度：

① 微团尺度的传递　上面论述的颗粒尺度的内外传递过程，就属于这种传递。

② 设备尺度的传递　就反应器整体而言，由于反应物料流动的不均匀性、温度的不均匀性等原因，在反应器径向和轴向上同样会有反应物料的浓度差和温度差，而任何浓度差异和温度差异都将导致热质传递。本章主要讨论微团尺度的传递即颗粒尺度的热质传递过程及其处理方法。

9.1　气固相催化反应过程的研究方法

在固定床反应器中，气固相催化反应的反应物料是连续流动的。由于流体微团之间互相混合，而且反应是在催化剂表面上进行，如果部分气体反应物停留在催化剂颗粒之间的空隙内，则不会进行化学反应。因此，气固相催化反应过程中，反应时间本身并没有确切的含义，反应物料停留时间也不等于反应时间。显然，对于这样的反应过程采用跟踪反应物料的考察方法是不合适的，应当以反应器微元作为考察对象。

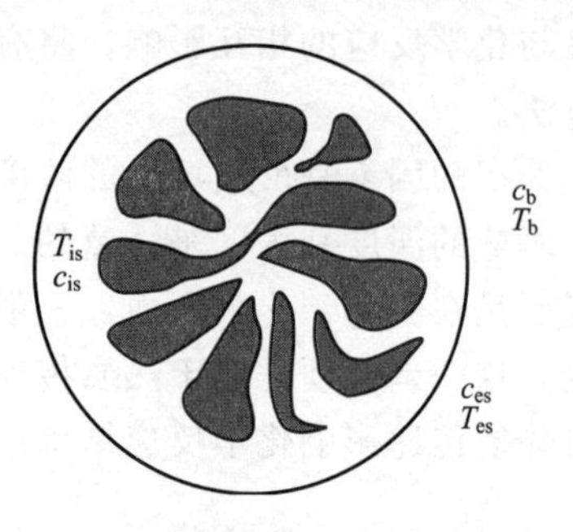

图 9-2　流体主体、催化剂颗粒表面的温度和浓度示意图

在取反应器微元进行考察时，可取一个催化剂颗粒作为考察对象，如图 9-2 所示。微元内存在三种不同的温度和浓度：**气相主体的温度** T_b、催化剂颗粒**外表面温度** T_{es}和催化剂颗粒**内表面温度** T_{is}；以及**气相主体浓度** c_b、催化剂颗粒**外表面浓度** c_{es}和催化剂颗粒**内表面浓度** c_{is}。因为传递过程都可能遇到阻力，需以温度差和浓度差作为过程推动力，因此，原则上这三个温度和浓度是互不相等的，而且催化剂颗粒内表面温度 T_{is}和浓度 c_{is}也不会是一个单一的值，它随内孔深度的不同而变化。只有当内、外传递的阻力很小以致可以忽略不计时，上述三个温度和浓度才会趋于一致，即 $c_b \approx c_{es} \approx c_{is}$；$T_b \approx T_{es} \approx T_{is}$。这是气固相催化反应过程较之均相反应过程要复杂得多的主要原因。尤其要注意的是，通过反应器实测的仅为气相主体温度 T_b 和浓度 c_b，而催化剂颗粒外表面温度 T_{es}、浓度 c_{es}和内表面温度 T_{is}、浓度 c_{is}一般是无法直接测定的，只能通过反应工程理论思维方法进行定性分析。

虽然，气固相催化反应系统存在不同的浓度和温度，但从反应过程的本质来说，反应速率与浓度、温度的关系是不变的，即反应本征动力学关系式不会受热质传递过程影响。若气固相催化反应的本征动力学方程仍以函数形式表示

$$(-r_A)=f_T(T)f_c(c)=kc_A^n \tag{9-1}$$

同时已知反应场所的浓度 c_{is}和温度 T_{is}，则反应速率同均相反应过程一样

$$(-r_A)=k_0\exp\left(-\frac{E}{RT_{is}}\right)c_{is}^n \tag{9-2}$$

基于上述原因，通常采用如下两种处理方法。

(1) 效率因子法

在实验室装置中，若采取足够有效的措施，使内、外扩散阻力降至很低，而使 $c_b \approx c_{es} \approx c_{is}$，$T_b \approx T_{es} \approx T_{is}$，则可通过改变气相主体温度 T_b 和浓度 c_b，实验测定获得反应的本征动力学规律，其反应速率为

$$(-r_A)=f(T_{is},c_{is}) \tag{9-3}$$

反应的选择率

$$\beta=\varphi(T_{is},c_{is}) \tag{9-4}$$

而在实际气固相催化反应器中，由于存在热质传递，上述三个温度和浓度一般不会相等。通常希望以可实测的气相主体温度 T_b 和浓度 c_b 代替真正反应场所的 T_{is}和 c_{is}进行计算。此时为校正由 T_b 和 c_b 代替 T_{is}和 c_{is}计算反应速率而引起的误差，需引入校正因子，即在式(9-3) 和式(9-4) 中加入一个校正因子，称为**效率因子**或有效系数。即

$$(-r_A)=\eta f(T_b,c_b) \tag{9-5}$$

$$\beta=\eta_\beta\varphi(T_b,c_b) \tag{9-6}$$

式中，η 为反应速率效率因子；η_β 为反应选择率效率因子。

显然，效率因子法的实质是以反应本征动力学为基础，通过理论和实验的研究确定在实际应用条件下有关的效率因子，它的动力学参数就是本征动力学参数。

(2) 表观动力学法

反应动力学规律本身是从实验测得的，因而完全可以设法模拟实际反应条件，通过实验测定，直接以气流主体温度 T_b 和浓度 c_b 关联得出非均相反应过程动力学方程。由此获得的动力学为反应的**表观动力学**。反应的表观动力学有一定的适用范围，若实际反应条件与实验工况相差很远，由实验工况得出的表观动力学不能在工业生产工况使用，否则可能造成很大误差。表观动力学根据尺度的不同，可分为**颗粒表观动力学**和**床层表观动力学**。

在实测条件下，将外扩散阻力降至很低，此时 $T_b \approx T_{es}$，$c_b \approx c_{es}$，测得的即为催化剂颗粒表观动力学。若用 R 表示表观反应速率，则颗粒表观动力学为

$$R = G_1(T_{es}, c_{es}) \tag{9-7}$$

相应的颗粒表观选择率以 β_{ob} 表示

$$\beta_{ob} = \Phi_1(T_{es}, c_{es}) \tag{9-8}$$

显然，颗粒表观动力学是反应的本征动力学和内扩散动力学的综合表达。

若直接模拟反应条件，测取床层反应速率和选择率的规律，则床层表观动力学为

$$R = G_2(T_b, c_b) \tag{9-9}$$

相应的床层表观选择率为

$$\beta_{ob} = \Phi_2(T_b, c_b) \tag{9-10}$$

床层表观动力学是反应本征动力学和内、外扩散动力学的综合表达。当床层中存在气相速度分布时，它还包括不均匀流速这种宏观因素在内，其动力学参数为表观动力学参数。

效率因子法和表观动力学法的共同点都是将反应速率和选择率表达成以实际测量的气流主体温度 T_b 和浓度 c_b 的函数，从而简化和解决非均相反应过程，可以与均相反应过程一样用数学模型方法进行反应器的工程设计和优化。这是气固相催化反应过程的两种基本研究方法，统称为非均相反应的**拟均相化**。

效率因子法和表观动力学法的**根本区别**在于：效率因子法是以反应的本征动力学为基础，它的动力学参数——反应级数 n 和活化能 E 均为本征动力学参数，而将传递过程的影响都归纳在一个效率因子 η 中进行修正。因此，效率因子 η 的大小可明显地表达传递过程对反应结果影响的大小。而表观动力学法则不作这样的区分，它将传递过程的影响归纳在表观动力学参数中，因此，其表观动力学参数分别称为**表观反应级数** n_{ob} 和**表观反应活化能** E_{ob}。显然前者有利于剖析，后者更易于应用。

9.2　等温条件下的催化剂颗粒外部传质过程

为了简单起见，假设反应热效应很小，催化剂内外表面温度和气流主体温度基本相等，$T_b \approx T_{es} \approx T_{is}$。同时假设整个催化剂颗粒内部浓度与颗粒外表面浓度相等，即 $c_{es} \approx c_{is}$，以便于集中考察外扩散过程对反应结果的影响。

为了便于讨论，假定在催化剂颗粒内发生的是单组分不可逆反应 A ⟶ P，其本征反应速率式为

$$(-r_A) = kc_{is}^n = kc_{es}^n \tag{9-11}$$

9.2.1　反应速率和传质速率

根据前面已阐述的气固相催化反应的外扩散过程特征：

①反应物A由气相主体扩散到催化剂颗粒的外表面；②在催化剂颗粒外表面上进行化学反应。

对颗粒外部的传质速率 N_A 可表示为

$$N_A = k_g a(c_b - c_{es}) = k_G a(p_b - p_{es}) \tag{9-12}$$

式中，N_A 为某组分的传质速率；k_g、k_G 为气膜传质系数；a 为催化剂颗粒比表面积，即单位催化剂颗粒体积所具有的颗粒外表面积。而颗粒催化剂外表面上的化学反应速率如式(9-11) 所示。

由于传质过程和化学反应过程是相继发生的串联过程，在定态操作条件下，这两个过程的速率必定相等，且等于整个过程的表观反应速率 R

$$R = N_A = (-r_A) \tag{9-13}$$

即

$$k_g a(c_b - c_{es}) = k c_{es}^n \tag{9-14}$$

值得注意的是在使用式(9-13) 时，两个速率在量纲上必须保持一致，反应速率或反应速率常数 k 通常是以单位催化剂颗粒体积（不包括颗粒之间的空隙体积）为基准的。

对一级反应，式(9-14) 变为

$$k_g a(c_b - c_{es}) = k c_{es} \tag{9-15}$$

$$\frac{c_{es}}{c_b} = \frac{1}{1 + \dfrac{k}{k_g a}} \tag{9-16}$$

由此可见：

① 在气固相催化反应中，外扩散过程对化学反应的影响，是由传质过程引起的反应表面与气流主体间的浓度差异造成的；

② 颗粒外部传质过程的存在，造成反应场所——颗粒外表面的浓度 c_{es} 小于气流主体浓度 c_b，即颗粒外部传质过程存在造成的结果是使反应速率降低；

③ 颗粒外部传质过程存在对反应场所——颗粒外表面浓度 c_{es} 的影响程度取决于 $\frac{k}{k_g a}$ 的数值。

9.2.2 极限反应速率和极限传质速率

由以上讨论可知，气固相催化反应过程中由于存在传质过程，导致反应场所即颗粒外表面浓度 c_{es} 总是小于气相主体浓度 c_b，因此反应速率总是小于反应速率的极限值 $(-r)_{lim}$。

$$(-r)_{lim} = k c_b^n \tag{9-17}$$

$(-r)_{lim}$ 为**极限反应速率**，其物理意义是传质过程影响可以忽略不计时的反应速率。因此，极限反应速率是气固相催化反应过程所能达到的最大可能反应速率。同样，颗粒外部传质速率 $N_A = k_g a(c_b - c_{es})$，在气流主体浓度 c_b 恒定的条件下，当 c_{es} 趋于零时传质速率趋近于它的极限值 N_{lim}

$$N_{lim} = k_g a c_b \tag{9-18}$$

式中，N_{lim} 为**极限传质速率**。

值得注意的是极限反应速率和极限传质速率的提出只是为了理论分析的方便，因为在定态操作中反应速率和颗粒外部传质速率不论在何种情况下均是相等的，式(9-13) 在定态条件下始终成立。

当极限传质速率远大于极限反应速率时，即 $k_g a \gg k$，或者当 $\frac{k}{k_g a}$ 趋近于零时，催化剂颗粒的外表面浓度接近于气流主体浓度，即

$$c_b \approx c_{es} \tag{9-19}$$

此时

$$R = kc_{es}^n \approx (-r)_{lim} \tag{9-20}$$

这表明整个过程的速率趋近于极限反应速率，即完全由化学反应规律决定，称为化学反应速率控制。此时要提高过程速率，必须采用操作手段来增大化学反应速率，比如提高反应温度等。采用其他操作手段不再有实际效果。

当极限传质速率远小于极限反应速率时，即 $k_g a \ll k$，或者 $\frac{k}{k_g a}$ 趋于无穷大时，则

$$c_{es} \approx 0 \tag{9-21}$$

此时

$$R = k_g a (c_b - c_{es}) \approx N_{lim} \tag{9-22}$$

表明整个过程的速率趋近于极限传质速率，过程速率完全由传质规律决定，称为传质速率控制。此时必须采用操作手段来增大传质速率，比如提高气速等。而采用其他操作手段例如提高反应温度，增大反应速率对提高过程速率也不再有实际效果。

从以上分析可知，在气固相催化反应的外扩散过程中可能会出现两种极限情况。当过程由化学反应控制时，它的特征是：

① 催化剂颗粒的表面浓度接近于气流主体浓度，即 $c_b \approx c_{es}$；表观动力学接近于反应的本征动力学，即

$$R = (-r_A) = kc_b^n \tag{9-23}$$

因而保持了原来的反应级数和反应本征活化能。

② 当过程由外部传质控制时，它的特征是：

催化剂颗粒的表面浓度接近于零，即 $c_{es} \approx 0$，表观动力学接近于扩散动力学。

$$R = N_A = k_g a c_b \tag{9-24}$$

此时，不论本征反应动力学的反应级数是多少，表观反应级数恒为一级。

$$\overline{n} \equiv 1 \tag{9-25}$$

表观反应活化能是温度变化对表观反应速率影响程度的标志，此时表现为温度对传质系数的影响。这一影响是扩散系数随温度变化的幅度大小，即

$$k = k_g a = \frac{D}{\delta} a \tag{9-26}$$

式中，δ 为气膜厚度。

根据双膜理论，温度对传质系数的影响可用温度对分子扩散系数的影响来表达，以阿伦尼乌斯形式表示

$$D = D_0 e^{-\frac{E_D}{RT}} \tag{9-27}$$

式中，E_D 为扩散活化能。一般来说，扩散系数对温度的变化并不敏感，扩散活化能的范围大致在 4～12 kJ/mol，比通常的化学反应活化能要低一个数量级。

上述对于过程极限速率的分析，称为过程的速率控制步骤分析。要注意的是，速率控制步骤分析方法只适用于单纯的串联过程。所谓速率控制步骤是在若干个串联过程组成的系统中，当其中某一步极限速率远小于其他各步的极限速率时，则该步骤就是整个过程的控制步骤，过程速率由控制步骤的速率所决定。

反应速率和传质速率之间以及极限反应速率和极限传质速率之间的关系应予以区分。在

定态条件下，催化剂颗粒外表面反应速率和颗粒外部传质速率不论在何种情况下始终相等。而极限反应速率和极限传质速率只是说明一种可能性，前者说明在没有物理过程影响时，反应可能达到的最大反应速率，后者说明在一定的操作条件下，可能的最大传质速率。两者之间差别越大，则其中极限速率低的过程对表观反应速率影响越大。因此，极限速率控制步骤从某种意义上讲就是低速率控制步骤，即表观反应速率 R 趋近于最低过程速率。

9.2.3 等温条件下催化剂颗粒的外部效率因子

采用效率因子法分析化学反应速率受外扩散过程的影响时，效率因子的大小就反映了传质过程对化学反应速率的影响程度，它定量地表示了外部扩散过程的影响。

对于级数为 n 的反应，颗粒外部传质过程和反应过程是相继发生的串联过程。

定态时
$$R=(-r_A)=N_A \tag{9-13}$$
所以
$$k_g a(c_b-c_{es})=kc_{es}^n \tag{9-28}$$
即
$$kc_{es}^n+k_g ac_{es}-k_g ac_b=0 \tag{9-29}$$

写成无量纲形式

$$\left(\frac{c_{es}}{c_b}\right)^n+\frac{k_g ac_b}{kc_b^n}\left(\frac{c_{es}}{c_b}\right)-\frac{k_g ac_b}{kc_b^n}=0 \tag{9-30}$$

令
$$Da=\frac{kc_b^n}{k_g ac_b}=\frac{kc_b^{n-1}}{k_g a} \tag{9-31}$$

Da 称为达姆克勒（**Damkohler**）数，其物理意义是极限反应速率与极限传质速率之比。将式(9-31) 代入式(9-30) 得

$$\left(\frac{c_{es}}{c_b}\right)^n+\frac{1}{Da}\left(\frac{c_{es}}{c_b}\right)-\frac{1}{Da}=0 \tag{9-32}$$

由此可见，只要反应级数 n 确定，就能解得催化剂外表面的反应物浓度 c_{es}，显然它仅是 Da 的函数

$$\left(\frac{c_{es}}{c_b}\right)=f(Da) \tag{9-33}$$

将某些反应级数的颗粒外表面浓度与 Da 的函数关系列于表 9-1 和图 9-3 中。

表 9-1 不同反应级数时的颗粒外表面浓度

反应级数	c_{es}/c_b
−1	$(1+\sqrt{1-4Da})/2$
1/2	$(Da^2+2-Da\sqrt{4+Da^2})/2$
1	$1/(1+Da)$
2	$(\sqrt{1+4Da}-1)/(2Da)$

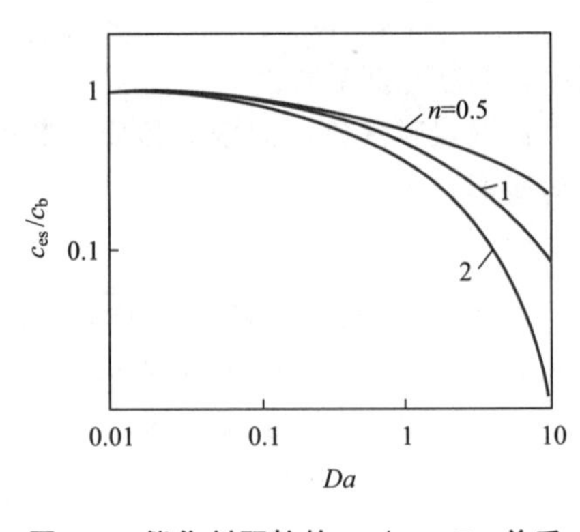

图 9-3 催化剂颗粒的 c_{es}/c_b～Da 关系

从图 9-3 可以看出 c_{es}/c_b 数值随着 Da 的增加而降低，这意味着颗粒外表面反应物浓度

与气相主体浓度的差值随着 Da 的增加而变得越来越大。

采用效率因子法对气固相催化反应进行分析时，按其定义有

$$R=kc_{es}^{n}=\eta_1 kc_{b}^{n} \tag{9-34}$$

式中，η_1 为催化剂颗粒的外部效率因子。

由式(9-34) 得

$$\eta_1=\frac{kc_{es}^{n}}{kc_{b}^{n}}=\left(\frac{c_{es}}{c_b}\right)^n \tag{9-35}$$

由式(9-35) 可知，外部效率因子 η_1 对一定级数的反应必定是 Da 的函数，如一级反应的 η_1 为

$$\eta_1=\frac{c_{es}}{c_b}=\frac{1}{1+Da} \tag{9-36}$$

不同反应级数的 η_1 与 Da 的函数关系，见表 9-2 和图 9-4。

表 9-2　不同反应级数的颗粒外部效率因子

反应级数	η_1
−1	$2/(1+\sqrt{1-4Da})$
1/2	$(\sqrt{Da^2+4}-Da)/2$
1	$1/(1+Da)$
2	$(\sqrt{1+4Da}-1)^2/(4Da^2)$

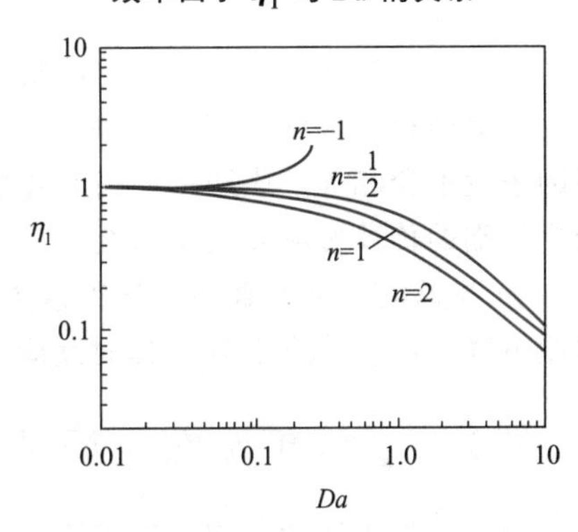

图 9-4　等温条件下的颗粒外部效率因子 η_1 与 Da 的关系

从理论上讲，有了式(9-32) 和式(9-35) 就可以进行外部效率因子的计算，从而判断气固相催化反应系统中外扩散的影响程度。但 Da 中包含了本征反应速率常数 k，只有当 k 已知时，才能计算 Da 和外部效率因子。而在实际的气固相催化反应系统中往往缺少的就是本征反应速率常数，通过实验测得的是气相主体浓度 c_b 下的表观反应速率 R 和通过关联式计算得到的传质系数 k_g，这样就无法计算外部效率因子 η_1。为了解决这一困难，将 η_1 表示为 $\eta_1 Da$ 的函数。即

$$R=k_g a(c_b-c_{es})=k_g ac_b\left(1-\frac{c_{es}}{c_b}\right) \tag{9-37}$$

可得

$$\frac{c_{es}}{c_b}=1-\frac{R}{k_g ac_b} \tag{9-38}$$

根据 Da 的定义，结合式(9-34) 可得

$$\frac{c_{es}}{c_b}=1-\eta_1 Da \tag{9-39}$$

所以

$$\eta_1=\varphi(\eta_1 Da) \tag{9-40}$$

可见 $\eta_1 Da$ 为 R 与 $k_g ac_b$ 的比值，可以根据 $k_g a$、c_b 和实验测定的 R 计算求得。不同反应级数时的 η_1 和 $\eta_1 Da$ 的关系见图 9-5。

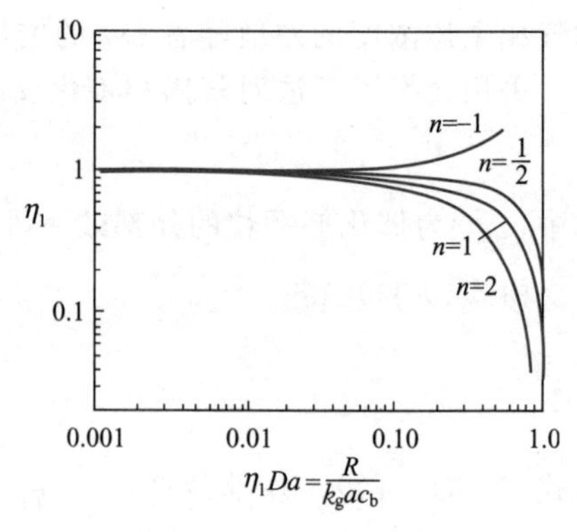

图 9-5 外部效率因子 η_1 与 $\eta_1 Da$ 的关系

从图 9-3～图 9-5 可得出以下结论：

① 当 Da 很大时，极限反应速率比极限传质速率大得多。此时过程为传质控制，c_{es}/c_b 趋近于零，颗粒外部效率因子接近于零。当 Da 越来越小时，极限传质速率远大于极限反应速率，过程逐渐变为反应控制，c_{es}/c_b 趋近于 1，颗粒外部效率因子也接近于 1。因此，Da 可作为颗粒外部传质影响程度大小的判据。Da 越大，外部传质过程影响越严重。

② 对一级不可逆反应，$Da=\frac{k}{k_g a}$，表明 Da 仅与反应速率常数和传质系数有关，而与气流主体中的反应物浓度无关。只要 k 和 $k_g a$ 不变，则反应器内各处的 Da 也不变，表明传质的影响程度在反应器内处处相同。

而当反应为非一级时，Da 由式(9-31) 确定

$$Da=\frac{k c_b^{n-1}}{k_g a} \tag{9-31}$$

此时 Da 不仅与反应速率常数及传质系数有关，而且还与气流主体浓度和反应级数有关。如果反应器内存在浓度分布（如固定床反应器），则反应器内各处的 Da 和相应的颗粒外部效率因子就不会相等，表明传质过程影响程度在各处也不一样。显然对大于一级的反应，反应器进口端的传质影响要比出口端大；而当反应小于一级时，结果相反。

③ 与返混这个宏观动力学因素类似，外部传质过程影响导致催化剂颗粒外表面反应物浓度下降，产物浓度上升。其对反应结果的影响视反应动力学规律而定。

9.2.4 外扩散对反应选择率的影响

等温条件下颗粒外部传质阻力造成的后果是使催化剂颗粒外表面反应物浓度下降，产物浓度上升，即外扩散的结果是改变了反应场所的浓度，外部传质阻力对反应选择率的影响完全取决于选择率的浓度效应。

对于平行反应

$$A \begin{cases} \xrightarrow{k_1} P \text{（主反应）} \\ \xrightarrow{k_2} S \text{（副反应）} \end{cases}$$

若其中主反应为 n_1 级，副反应为 n_2 级，它们的本征动力学方程可表示为

$$r_P=k_1 c_A^{n_1} \quad \text{（主反应）}$$

$$r_S=k_2 c_A^{n_2}$$

颗粒外部传质阻力可忽略时，$c_{Aes}=c_{Ab}$，对比速率 S_O 为

$$S_O=\frac{r_P}{r_S}=\frac{k_1 c_{Ab}^{n_1}}{k_2 c_{Ab}^{n_2}}=\frac{k_1}{k_2} c_{Ab}^{n_1-n_2} \tag{9-41}$$

选择率 β_1 为

$$\beta_1=\frac{1}{1+\frac{1}{S_O}} \tag{9-42}$$

颗粒外部传质阻力不可忽略时，$c_{Aes} \leqslant c_{Ab}$，对比速率 S_D 为

$$S_D = \frac{r_P}{r_S} = \frac{k_1 c_{Aes}^{n_1}}{k_2 c_{Aes}^{n_2}} = \frac{k_1}{k_2} c_{Aes}^{n_1 - n_2} \tag{9-43}$$

选择率为

$$\beta_2 = \frac{1}{1 + \frac{1}{S_D}} \tag{9-44}$$

在等温条件下，可得

$$\frac{S_D}{S_O} = \left(\frac{c_{Aes}}{c_{Ab}}\right)^{n_1 - n_2} \tag{9-45}$$

式(9-45) 表明，对于平行反应而言：

① 当主反应级数大于副反应级数（$n_1 > n_2$）时，颗粒外扩散阻力的存在使实际反应场所颗粒外表面反应物浓度下降，对于反应选择率是不利的。

② 当主反应级数低于副反应级数（$n_1 < n_2$）时，外部传质阻力存在，有利于选择率提高。

③ 当主反应级数与副反应级数相同（$n_1 = n_2$）时，外部传质阻力的存在对选择率无影响。

对串联反应

$$A \xrightarrow{k_1} P \xrightarrow{k_2} S \quad \text{其中 P 为目的产物}$$

假设均为一级反应，则其选择率 β 为

$$\beta = 1 - \frac{k_2}{k_1} \times \frac{c_P}{c_A} \tag{9-46}$$

反应物 A 的浓度下降和产物 P 的浓度上升都使选择率降低。因此，外部传质阻力的存在对串联反应而言总是不利的，必须设法降低外部传质阻力，以提高反应选择率。例如萘的氧化反应，就需力图减少外部传质阻力，以避免深度氧化，提高反应选择率。

9.2.5 双组分反应系统颗粒外部传质过程

以上讨论中涉及的反应均为单组分反应。实际生产中遇到的很多反应涉及两个甚至多个组分，各个组分的极限传质速率可能会有较大的差别。在此，从双组分反应着手进行分析，其结论可扩展到多组分反应系统。考察双组分在颗粒外部传质过程时需分清各个组分的浓度状态及其对反应结果的不同影响。

设反应为

$$A + B \longrightarrow P$$

为讨论方便，不考虑传热问题，且颗粒不存在内扩散阻力，即 $c_{is} = c_{es}$，其本征动力学方程为

$$(-r_A) = k c_A^a c_B^b \tag{9-47}$$

反应物 A、B 必须先从气流主体扩散到催化剂颗粒外表面，然后才能进行反应。其传质速率分别为

$$N_A = (k_g a)_A (c_{Ab} - c_{Aes}) \tag{9-48}$$

$$N_B = (k_g a)_B (c_{Bb} - c_{Bes}) \tag{9-49}$$

在定态操作条件下，传质速率和反应速率相等，且等于过程表观速率 R。

$$R_A=(k_g a)_A(c_{Ab}-c_{Aes})=kc_{Aes}^a c_{Bes}^b \tag{9-50}$$

$$R_B=(k_g a)_B(c_{Bb}-c_{Bes})=kc_{Aes}^a c_{Bes}^b \tag{9-51}$$

写成无量纲形式

$$\left(\frac{c_{Aes}}{c_{Ab}}\right)^a\left(\frac{c_{Bes}}{c_{Bb}}\right)^b+\frac{1}{(Da)_A}\left(\frac{c_{Aes}}{c_{Ab}}\right)-\frac{1}{(Da)_A}=0 \tag{9-52}$$

$$\left(\frac{c_{Aes}}{c_{Ab}}\right)^a\left(\frac{c_{Bes}}{c_{Bb}}\right)^b+\frac{1}{(Da)_B}\left(\frac{c_{Bes}}{c_{Bb}}\right)-\frac{1}{(Da)_B}=0 \tag{9-53}$$

式中，$(Da)_A$ 和 $(Da)_B$ 分别为反应组分 A 和 B 的达姆克勒数，其物理意义为

$$(Da)_A=\frac{kc_{Ab}^a c_{Bb}^b}{(k_g a)_A c_{Ab}}=\frac{(-r_A)_{lim}}{(N_A)_{lim}}=\frac{\text{极限反应速率}}{\text{A 组分极限传质速率}} \tag{9-54}$$

$$(Da)_B=\frac{kc_{Ab}^a c_{Bb}^b}{(k_g a)_B c_{Bb}}=\frac{(-r_B)_{lim}}{(N_B)_{lim}}=\frac{\text{极限反应速率}}{\text{B 组分极限传质速率}} \tag{9-55}$$

只要反应级数 a、b 已知，可解得颗粒外表面 A 和 B 组分浓度，并且为 $(Da)_A$ 和 $(Da)_B$ 的函数

$$\frac{c_{Aes}}{c_{Ab}}=f_1[(Da)_A,(Da)_B] \tag{9-56}$$

$$\frac{c_{Bes}}{c_{Bb}}=f_2[(Da)_A,(Da)_B] \tag{9-57}$$

同样根据颗粒外部效率因子定义

$$R=\eta_1 kc_{Ab}^a c_{Bb}^b=kc_{Aes}^a c_{Bes}^b \tag{9-58}$$

则

$$\eta_1=\left(\frac{c_{Aes}}{c_{Ab}}\right)^a\left(\frac{c_{Bes}}{c_{Bb}}\right)^b \tag{9-59}$$

结合式(9-56)～式(9-59) 可求得双组分反应的颗粒外部效率因子，判断颗粒外部 A、B 组分传质阻力的大小及其影响。

① 当 A、B 两组分颗粒外部传质阻力都很小，即 A、B 两反应组分极限传质速率都很大，$\eta_1\approx1$ 时，整个过程属于化学反应控制，过程速率取决于反应动力学特性。

② 当 $(Da)_A\gg1$，$(Da)_B\gg1$，即 A、B 两组分极限传质速率都远小于极限反应速率时，整个过程属于传质控制。

根据物料衡算

$$N_A=N_B \tag{9-60}$$

即

$$(k_g a)_A(c_{Ab}-c_{Aes})=(k_g a)_B(c_{Bb}-c_{Bes}) \tag{9-61}$$

整理得

$$\frac{c_{Bes}}{c_{Bb}}=1-\frac{(N_A)_{lim}}{(N_B)_{lim}}\left(1-\frac{c_{Aes}}{c_{Ab}}\right) \tag{9-62}$$

式中

$$(N_A)_{lim}=(k_g a)_A c_{Ab},\quad (N_B)_{lim}=(k_g a)_B c_{Bb}$$

设

$$M=\frac{(N_A)_{lim}}{(N_B)_{lim}} \tag{9-63}$$

M 为 A、B 两组分的极限传质速率的比值。若 $M>1$，意味着 A 组分的极限传质速率大于 B 组分的极限传质速率，过程由 B 组分的传质速率控制，在催化剂颗粒的外表面上 B 组分浓度趋于零，$c_{Bes}\approx0$，此时

$$\frac{c_{Aes}}{c_{Ab}}=1-\frac{1}{M} \tag{9-64}$$

若 $M<1$，意味着 B 组分的极限传质速率大于 A 组分的极限传质速率，过程由 A 组分的传质速率控制，在催化剂颗粒的外表面上 A 组分浓度趋于零，$c_{Aes}\approx 0$，此时

$$\frac{c_{Bes}}{c_{Bb}}\approx 1-M \tag{9-65}$$

例如，$M=1.5$，即 A 物质的极限传质速率是 B 物质的极限传质速率的 1.5 倍，$c_{Bes}\approx 0$

则
$$\frac{c_{Aes}}{c_{Ab}}=1-\frac{1}{M}=1-\frac{1}{1.5}=0.33$$

由此表明，在两个反应组分或多个反应组分反应系统中，若过程由传质控制，在大多数情况下，则仅有其中某一个组分的传递起到控制作用。这时，该组分颗粒催化剂外表面上浓度趋于零，而另一组分或其余组分在催化剂颗粒表面上具有一定的浓度值。

因此，在工业反应器中，调节流体中反应组分 A、B 的进料浓度配比，有意识造成某组分的控制，就能使催化剂颗粒表面浓度的比例在一定范围内变化，从而为反应选择率的提高创造有利的条件。例如，用催化剂进行丁烯氧化脱氢反应时，通过调节丁烯和氧的比例以保证氧的传质控制，使反应选择率大为提高。在这种情况下，根据传质速率的大小，方便地将表观速率方程式写成如下形式。比如，对双组分反应系统

当 $N_{limA}\ll N_{limB}$ 时
$$R=N_{limA}=(k_g a)_A c_{Ab} \tag{9-66}$$

当 $N_{limB}\ll N_{limA}$ 时
$$R=N_{limB}=(k_g a)_B c_{Bb} \tag{9-67}$$

所以，对多组分反应系统，当传质控制反应过程时，表观反应速率对**关键组分**（极限传质速率最小者）的级数为 1 级，对**非关键组分**的级数为零级。表观活化能即为关键组分的扩散活化能。

9.2.6　流速对颗粒外部传质的影响

过程控制步骤的识别取决于极限速率的相对大小。要增大极限传质速率使过程达到反应控制，有效的措施是增大催化剂颗粒的比表面积 a 和气膜传质系数 k_g。

催化剂颗粒的**比表面积** a 为单位催化剂体积的外表面积，它与颗粒的形状和大小有关。对球形颗粒

$$a=\frac{A_p}{V_p}=\frac{6}{d_p} \tag{9-68}$$

式中，d_p 为球形颗粒直径。减小颗粒直径能够增大比表面积 a，但随着颗粒直径减小，催化剂颗粒床层的流动阻力将急剧上升。因此，一般工业固定床反应器中，催化剂颗粒直径不小于 2mm。

流体与催化剂颗粒外表面间的传质系数取决于颗粒外表面滞流膜的性质及颗粒外流体主体的流动状态。传质速率可用下式表示

$$N=k_g a(c_b-c_{es})=k_G a(p_b-p_{es}) \tag{9-69}$$

式中，k_G 为以分压作推动力的传质系数；k_g 为以浓度作推动力的传质系数，两者单位不同。对于理想气体 $p_A=c_A RT$，所以

$$k_g=k_G RT \tag{9-70}$$

流体与颗粒外部的传质阻力主要受流体力学条件影响。此外，颗粒与流体的物性及颗粒粒度也影响传质系数，其关系式为

$$Sh=ARe^{1/2}Sc^{1/3} \tag{9-71}$$

式中，Sh 为舍伍德数$\left(\frac{k_g d_p}{D}\right)$；$Re$ 为雷诺数$\left(\frac{d_p u\rho}{\mu}\right)$；$Sc$ 为施密特数$\left(\frac{\mu}{\rho D}\right)$；$u$ 为气体表观速度；D 为气体的分子扩散系数；ρ 为气体的密度；μ 为气体的黏度；A 为无量纲常数。

对装填球形颗粒的固定床反应器，实验测得 $A=1.9$，对不同空隙率 ε 的固定床，实验测得

$$A=0.81\varepsilon^{-1} \tag{9-72}$$

如颗粒为球形，Re 中的 d_p 取其直径；对圆柱体，d_p 表示与圆柱体同样表面积的球直径。如果圆柱体的长度和直径分别为 l_c 和 d_c，则 Re 中的 d_p 为

$$d_p=\left(d_c l_c+\frac{1}{2}d_c^2\right)^{1/2} \tag{9-73}$$

传质系数也常用**传质因子 J_D** 来关联。J_D 定义为

$$J_D=\frac{Sh}{ReSc^{1/3}}=\left(\frac{k_g\rho}{G}\right)\left(\frac{\mu}{\rho D}\right)^{2/3}=\frac{k_g\rho}{G}Sc^{2/3}=f(Re) \tag{9-74}$$

式中，G 为流体质量速率，即单位时间内流过单位床层截面积的流体质量。

文献曾提出各种 J_D 和 Re 关联式，如

$$J_D=0.84Re^{-0.51} \quad (0.05<Re<50) \tag{9-75}$$

$$J_D=0.57Re^{-0.41} \quad (50<Re<1000) \tag{9-76}$$

对固定床

$$\varepsilon J_D=0.357Re^{-0.359} \tag{9-77}$$

从上述关联式可以看到，流速增加，传质系数 k_g 随之相应增加。在工业反应器中进行气固相催化反应，只要反应系统一定，即温度、浓度、催化剂颗粒的当量直径 d_p、扩散系数 D、流体黏度 μ、密度 ρ 是确定值，唯一能够改变 k_g 的操作参数就是流体质量速率 G。因此，判断颗粒外部传质阻力是否存在，最常用也最有效的方法就是改变流速，即改变极限传质速率。如果流速改变对反应速率毫无影响，则表明颗粒外部传质阻力可忽略不计。反之，则表明颗粒外部传质阻力存在，不可忽略。

必须注意，在讨论外部传质和内部传质时应采用同一种基准的反应速率常数，即以颗粒体积为基准。比表面积 a 的单位也应以单位颗粒体积所具有的外表面积表示。如果反应速率常数是以反应器体积为基准，那么比表面积 a 也相应地采用单位反应器体积为基准的外表面积。反应器体积 V 和反应器中颗粒所占体积 V_p 间的关系为

$$V_p=(1-\varepsilon)V \tag{9-78}$$

式中，ε 为床层空隙率，是固定床反应器中的一个重要参数，其值是粒子形状以及颗粒直径和管径比值的函数。从图 9-6 中可查得不同形状粒子和不同 d_p/D_t 时的床层空隙率，其中 D_t 为反应器的管径。

第 8 章已经介绍气固相催化反应动力学的测定方法，需要进行扩散影响的消除实验。考察固定床反应器中的气固相催化反应是否存在外扩散影响时，工艺上一般在等空速条件下（即 W/F_A=定值）进行实验测定。在保持空速一定的条件下，改变催化剂装填量，使得通过催化剂床层的气体流速发生改变，反应物转化率的变化情况如图 9-7 所示。当增加催化剂装填量时，为保持空速不变，需增大反应器入口气体流量，即增大气体流速，当反应器出口气体转化率不再发生变化时，可认为外扩散阻力接近于零，外扩散已消除。

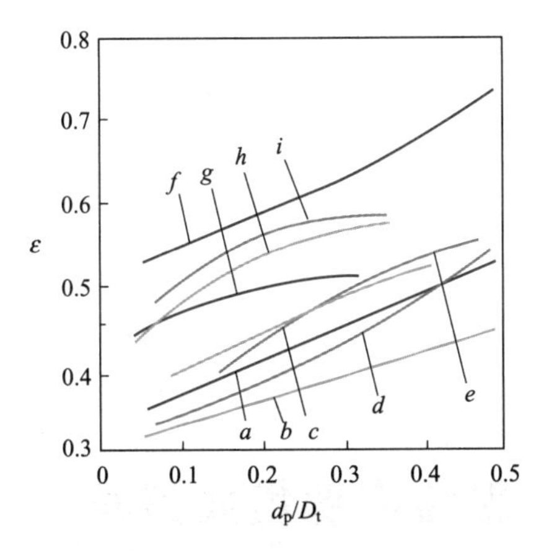

图 9-6　充填各种物料的床层空隙率与 d_p/D_t 的关系

a—光滑均匀球形；b—光滑混合球形；c—白土；d—光滑均匀圆柱形；e—均匀圆柱形刚铝石；f—圆柱形陶瓷拉西环；g—熔融磁铁颗粒；h—熔融刚铝石颗粒；i—铝砂颗粒

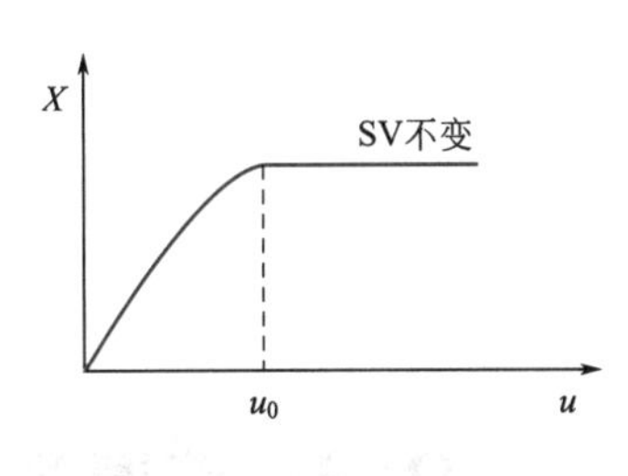

图 9-7　外扩散影响考察实验

【例 9-1】 在 Ni 催化剂上进行苯加氢反应，生成环己烷。催化剂为球形颗粒，$d_p=10\text{mm}$，颗粒堆积密度 $\rho_s=0.6\text{g/cm}^3$，颗粒真密度 $\rho_c=0.9\text{g/cm}^3$，反应混合物组成为苯 1.2%（摩尔分数，下同），氢 92%，环己烷 6.8%，由于氢大量过量，此反应可以认为对苯是一级反应。已知反应温度为 180℃，压力为 0.1MPa（绝压），反应混合物流过反应器的质量流率 $G=1000\text{kg/(m}^2\cdot\text{h)}$，气体混合物黏度 $1.16\times10^{-5}\text{Pa}\cdot\text{s}$，气体混合物扩散系数 $D=6.75\times10^{-5}\text{m}^2/\text{s}$。实测反应速率 $R=0.0153\text{mol}$ 苯/(g cat·h)。设气相主体和催化剂外表面温度相等，试估计催化剂外表面苯的浓度和外部效率因子。

解：气体混合物的平均分子量

$$\overline{M}=0.012\times78+0.92\times2+0.068\times84=8.5$$

气体混合物的密度

$$\rho=\frac{p\overline{M}}{RT}=\frac{0.1\times8.5}{0.008205\times453}=0.229\text{kg/m}^3$$

$$Re=\frac{d_pG}{\mu}=\frac{0.01\times1000/3600}{1.16\times10^{-5}}=239$$

$$Sc=\frac{\mu}{\rho D}=\frac{1.16\times10^{-5}}{0.229\times6.75\times10^{-5}}=0.75$$

$A=1.9$，则

$$Sh=ARe^{1/2}Sc^{1/3}=1.9\times239^{1/2}\times0.75^{1/3}=26.69$$

$$k_g=\frac{ShD}{d_p}=\frac{26.69\times6.75\times10^{-5}}{0.01}=0.18\text{m/s}$$

由于反应速率以单位质量催化剂为基准，需转换成以催化剂体积为基准

$$R=0.0153\text{mol/(g cat}\cdot\text{h)}=\frac{0.0153\times9\times10^5}{3600}=3.825\text{mol/(m}^3\text{ cat}\cdot\text{s)}$$

催化剂比表面积 a

$$a=\frac{6}{d_p}=\frac{6}{1\times10^{-2}}=600\text{m}^2/\text{m}^3$$

气相主体中苯的浓度

$$c_b=\frac{0.229\times1000}{8.5}\times0.012=0.322\text{mol/m}^3$$

$$\eta Da=\frac{R}{k_g a c_b}=\frac{3.825}{0.18\times600\times0.322}=0.11$$

对一级反应

$$\eta_1=1-\eta_1 Da=1-0.11=0.89$$

$$c_{es}=\eta_1 c_b=0.89\times0.322=0.29\text{mol/m}^3$$

9.3 等温条件下的催化剂颗粒内部传质过程

在讨论催化剂外部传质问题时，我们假设整个颗粒内的浓度完全相等，忽略颗粒内部传质，以便于数学处理和讨论。

实际上，催化剂颗粒通常是多孔结构，颗粒的内表面积远大于外表面积，有时可达10^4倍。例如，活性炭的内表面积通常在500～1500m^2/g范围内。催化剂颗粒的内表面是气固相催化反应的主要反应表面。对于气固相催化反应，反应物必须通过催化剂颗粒的内孔边向内扩散，边进行化学反应；而反应产物必须由里向外扩散至孔口，然后进入气流主体。因此，内部传质过程是传质和反应同时发生并交互影响的过程，如图9-8所示。显然，这种交互影响会导致催化剂颗粒内各部位浓度和温度的不同，从而影响反应结果。

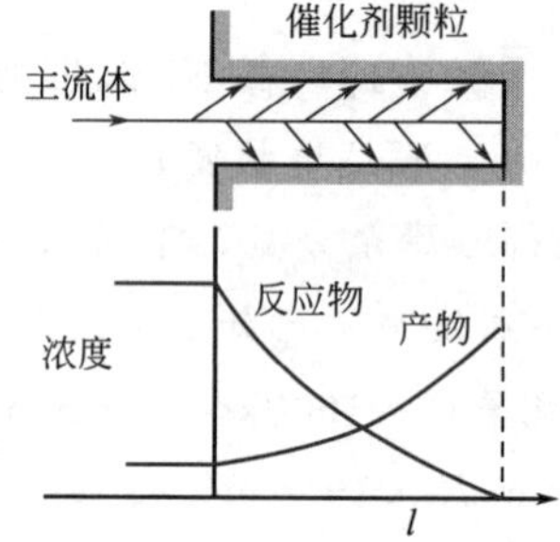

图9-8 催化剂颗粒内部的浓度分布示意图

颗粒内部传质过程中扩散与反应之间的关系不同于外部传质问题。如前所述，外扩散与反应是一个单纯串联过程，可以采用速率控制步骤的方法进行过程分析。而内扩散与反应过程之间的关系既不是单纯的串联过程，又不是纯粹的平行过程，而是一个复杂的串并联过程。

为讨论方便，如同对颗粒外部传质过程分析一样，用等温催化剂内部效率因子来定量表示颗粒内部的传质对过程的影响。为此首先必须求出颗粒内部的浓度分布，进而可求出内扩散速率，最后导出内部效率因子的计算公式。

9.3.1 催化剂颗粒内的浓度分布

为了研究简便起见，仍讨论反应为单组分的不可逆反应，其动力学仍以幂函数表示

$$(-r)=kc_{is}^n \tag{9-79}$$

同时，为了数学处理方便，着重分析内扩散过程对反应的影响，忽略颗粒外部传质过程的影响，即$c_b=c_{es}$，且$T_{is}=T_{es}=T_b$。

由于实际催化剂颗粒内的微孔孔径和孔长不仅大小、长度不一，而且弯曲交叉。作为基础研究，需对催化剂结构作必要的简化。作为一种简化模型，它基于如下的基本假设：

① 催化剂颗粒内，微孔长度和直径是均匀的。

② 催化剂颗粒内的扩散速率为 $D_e \dfrac{dc_{is}}{dr}$。虽然实际扩散过程是在催化剂颗粒内孔中进行，但是为了讨论方便，将以单位颗粒截面上的扩散速率来表征扩散速率的大小。因而，式中 D_e 称为催化剂颗粒的**有效扩散系数**。

③ 催化剂颗粒内的反应速率为 kc_{is}^n。尽管实际上化学反应是在颗粒内表面上进行，但仍以单位颗粒体积作为反应速率的基准，显然其中还包含了单位颗粒体积中反应表面积大小这一因素。

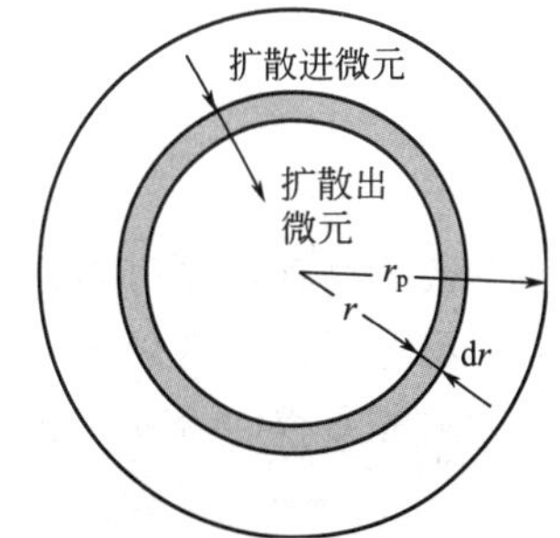

图 9-9　球形催化剂颗粒内的物料衡算

在上述假定条件下，对一半径为 r_p 的球形催化剂颗粒，在距中心为 r 处取厚度为 dr 的微元壳体，如图 9-9 所示。在定态条件下，对反应组分进行物料衡算，反应物在单位时间内扩散进入微元壳体的量为

$$4\pi(r+dr)^2 D_e \left(\frac{dc_{is}}{dr}\right)_{r+dr} \tag{9-80}$$

而单位时间内反应物扩散离开微元壳体的量为

$$4\pi r^2 D_e \left(\frac{dc_{is}}{dr}\right)_r \tag{9-81}$$

在定态条件下，对微元壳体来说扩散进入量与离开量的差值必等于化学反应所消耗的量，即

$$4\pi(r+dr)^2 D_e \left(\frac{dc_{is}}{dr}\right)_{r+dr} - 4\pi r^2 D_e \left(\frac{dc_{is}}{dr}\right)_r = 4\pi r^2 dr k c_{is}^n \tag{9-82}$$

微元壳体外层上的浓度梯度为

$$\left(\frac{dc_{is}}{dr}\right)_{r+dr} = \left(\frac{dc_{is}}{dr}\right)_r + \left(\frac{d^2 c_{is}}{dr^2}\right)_r dr \tag{9-83}$$

将式(9-83) 代入式(9-82)，并略去 dr^2 项，可得

$$\frac{d^2 c_{is}}{dr^2} + \frac{2}{r} \times \frac{dc_{is}}{dr} = \frac{kc_{is}^n}{D_e} \tag{9-84}$$

边界条件

$$r=0,\quad \frac{dc_{is}}{dr}=0 \tag{9-85}$$

$$r=r_p,\quad c_{is}=c_{es}$$

式(9-84) 为球形催化剂颗粒内反应物浓度分布的微分方程式。

令

$$c_{is}^* = \frac{c_{is}}{c_b},\quad Z=\frac{r}{r_p},\quad \Phi = r_p\sqrt{\frac{kc_b^{n-1}}{D_e}} \tag{9-86}$$

则式(9-84) 变为无量纲形式

$$\frac{d^2 c_{is}^*}{dZ^2} + \frac{2}{Z} \times \frac{dc_{is}^*}{dZ} = \Phi^2 (c_{is}^*)^n \tag{9-87}$$

边界条件

$$Z=0,\quad \frac{dc_{is}^*}{dZ}=0$$

$$Z=1,\quad c_{is}^*=1 \tag{9-88}$$

显然，在上述方程中，Φ 为唯一的参数。所以方程解必为

$$c_{is}^{*}=\frac{c_{is}}{c_b}=f\left(\frac{r}{r_p},\Phi\right) \tag{9-89}$$

方程中参数 Φ 称为西勒（Thiele）数或西勒模数。Φ 是表征内扩散过程对化学反应影响的一个重要参数，它的物理意义为

$$\Phi=\sqrt{\frac{kc_b^n}{\frac{3}{r_p}\left(D_e\frac{c_b}{3r_p}\right)}}=\sqrt{\frac{\text{极限反应速率}}{\text{极限颗粒内扩散速率}}} \tag{9-90}$$

由西勒数的物理意义可知，Φ 大，意味着极限反应速率大于极限颗粒内扩散速率，内扩散影响大。反之，内扩散影响小。

为求解方程(9-87)，令

$$c_{is}^{*}=\frac{u}{Z} \tag{9-91}$$

则式(9-87) 可写成

$$\frac{d^2u}{dZ^2}=\Phi^2u^nZ^{1-n} \tag{9-92}$$

对球形颗粒中的一级不可逆反应，$n=1$，则有

$$\frac{d^2u}{dZ^2}=\Phi^2u \tag{9-93}$$

此方程为二阶常系数齐次微分方程，其通解为

$$u=A_1e^{\Phi Z}+A_2e^{-\Phi Z} \tag{9-94}$$

式(9-92) 的边界条件为

$$Z=0,\quad u=0$$
$$Z=1,\quad u=1 \tag{9-95}$$

利用第一个边界条件，可得 $A_1=-A_2$

$$u=A_1(e^{\Phi Z}-e^{-\Phi Z})=2A_1\sinh(\Phi Z) \tag{9-96}$$

再利用第二个边界条件得

$$A_1=\frac{1}{2\sinh\Phi} \tag{9-97}$$

因此有

$$u=c_{is}^{*}Z=\frac{\sinh(\Phi Z)}{\sinh\Phi} \tag{9-98}$$

即

$$c_{is}^{*}=\frac{\sinh(\Phi Z)}{Z\sinh\Phi} \tag{9-99}$$

$$\frac{c_{is}}{c_b}=\frac{\sinh(\Phi r/r_p)}{r/r_p\sinh\Phi} \tag{9-100}$$

式(9-100) 即为一级不可逆反应时，催化剂球形颗粒内部的浓度分布。

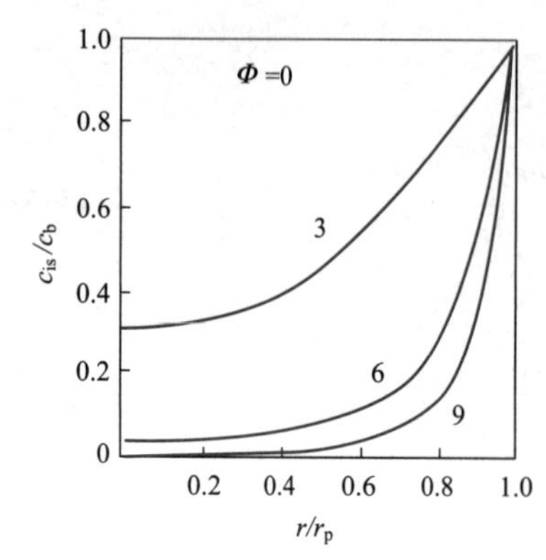

图 9-10　等温一级不可逆反应的球形颗粒内浓度分布

如图 9-10 所示，当 Φ 趋于零时

$$c_{is}^{*}=\frac{c_{is}}{c_b}=1 \tag{9-101}$$

即表明颗粒内部反应物浓度处处相等，说明此时内扩散对反应过程已没有影响，过程速率完全取决于反应动力学的特性。随着 Φ 的增加，催化剂颗

粒内表面浓度值 c_{is} 下降越来越快，内扩散阻力的影响也越来越大。与外部传质过程的 Da 类似，Φ 是表征内部传质过程对反应影响的一个重要参数，Φ 越大，内部传质过程对反应的影响也越大。

9.3.2 等温催化剂颗粒的内部效率因子

当催化剂颗粒内部传质问题用效率因子法处理时，如同外部传质问题一样，可用颗粒内部效率因子 η_2 来表示。它是颗粒实际反应速率与无内扩散阻力时反应速率的比值。即

$$\eta_2=\frac{R}{kc_{es}^n} \tag{9-102}$$

由于颗粒内部具有一定的浓度分布，使得催化剂内部各处的实际反应速率也各不相同，因而颗粒内的实际反应速率应取整个颗粒速率的平均值，即

$$R=\frac{\int_0^{V_p} kc_{is}^n \mathrm{d}V_p}{V_p} \tag{9-103}$$

式中，V_p 为催化剂颗粒体积。

颗粒内实际反应速率也应是反应物通过颗粒外表面扩散进入催化剂颗粒内的速率，即

$$R=\frac{4\pi r_p^2 D_e\left(\frac{\mathrm{d}c_{is}}{\mathrm{d}r}\right)_{r=r_p}}{V_p} \tag{9-104}$$

对球形颗粒，把一级不可逆反应的颗粒内部浓度分布代入，则

$$\left.\frac{\mathrm{d}c_{is}}{\mathrm{d}r}\right|_{r=r_p}=\frac{\mathrm{d}}{\mathrm{d}r}\left.\left[\frac{c_b\sinh\left(\Phi\frac{r}{r_p}\right)}{\frac{r}{r_p}\sinh\Phi}\right]\right|_{r=r_p}=\frac{\Phi c_b}{r_p}\left(\frac{1}{\tanh\Phi}-\frac{1}{\Phi}\right) \tag{9-105}$$

若不存在内扩散影响，整个催化剂颗粒内组分浓度均等于外表面浓度 c_{Aes}，且 $c_{Aes}=c_{Ab}$，这时反应速率为

$$kc_{Ab} \tag{9-106}$$

将式(9-104)～式(9-106) 代入式(9-102) 得一级不可逆反应效率因子 η_2 为

$$\eta_2=\frac{3}{\Phi}\left(\frac{1}{\tanh\Phi}-\frac{1}{\Phi}\right) \tag{9-107}$$

几种不同级数反应的 η_2～Φ 关系如图 9-11 所示。从图中可看出，反应级数越高，颗粒内部传质对过程影响越大。

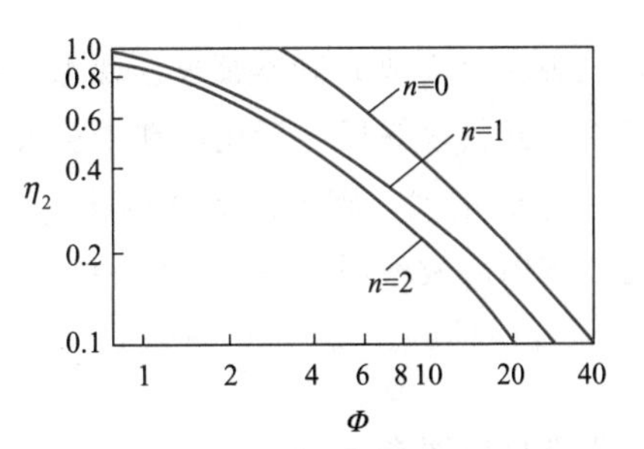

图 9-11　球形颗粒的内部效率因子

为了获得更一般性的结论，对于各种非球形的催化剂颗粒，把西勒数 Φ_L 定义为

$$\Phi_L=L\sqrt{\frac{kc_b^{n-1}}{D_e}} \tag{9-108}$$

式中，Φ_L 为基于特征长度 L 的西勒数，特征长度 L 由下式表示

$$L=\frac{V_p}{S_p}=\frac{颗粒体积}{颗粒外表面积} \tag{9-109}$$

对半径为 r_p 的球形催化剂颗粒

$$L=\frac{V_p}{S_p}=\frac{\frac{4}{3}\pi r_p^3}{4\pi r_p^2}=\frac{r_p}{3} \qquad (9-110)$$

Φ_L 与 Φ 的关系为

$$3\Phi_L=\Phi \qquad (9-111)$$

各种形状催化剂内部效率因子 η_2 与 Φ_L 的关系如图 9-12 所示。

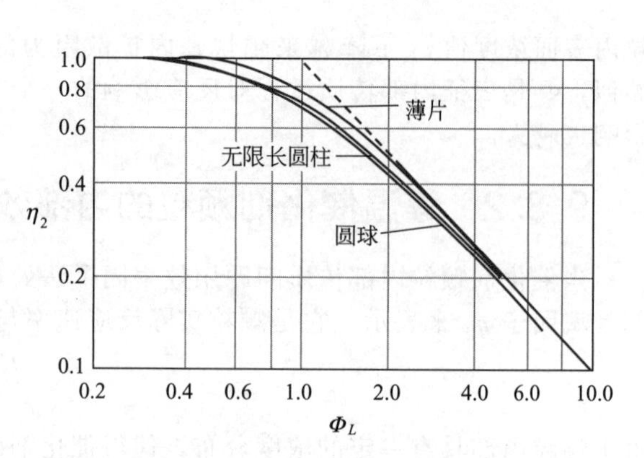

图 9-12　不同形状催化剂内部效率因子 η_2 与 Φ_L 的关系

由图 9-12 可见，不同形状催化剂的曲线几乎是重合的。特别是 Φ_L 值较小或较大的情况。即使 Φ_L 处于中间数值 ($0.4<\Phi_L<3$)，它们之间相差也只有 10%～15%，从工程计算的角度看，采用一个统一的计算式是完全可以接受的。

【例 9-2】 乙烯直接水合制乙醇的初始反应速率符合一级反应的动力学方程。在 300℃，7.0MPa 时，其反应速率常数为 0.09s^{-1}。催化剂颗粒直径为 5mm，有效扩散系数 $D_e=7.04\times10^{-4}\text{cm}^2/\text{s}$。试求催化剂颗粒的内部效率因子。

解： 乙烯水合催化反应，反应级数 $n=1$

$$\Phi=r_p\sqrt{\frac{k}{D_e}}=\frac{0.5}{2}\sqrt{\frac{0.09}{7.04\times10^{-4}}}=2.83$$

$$\eta_2=\frac{3}{\Phi}\left(\frac{1}{\tanh\Phi}-\frac{1}{\Phi}\right)=\frac{3}{2.83}\left(\frac{1}{\tanh2.83}-\frac{1}{2.83}\right)=0.686$$

9.3.3 催化剂颗粒内传质的表观动力学特征

在忽略外部传递阻力时，$c_{es}=c_b$，此时如果 Φ 很小，η_2 接近于 1，表观动力学趋近于本征动力学，即

$$R=\bar{k}c_b^{\bar{n}}=\eta_2 kc_b^n\approx kc_b^n \qquad (9-112)$$

其表观反应级数 $\bar{n}$ 和本征反应级数 n 相近，表观反应速率常数 $\bar{k}$ 和本征反应速率常数 k 接近，因此其表观反应活化能和本征反应活化能接近。

若 Φ 增大，则内部效率因子 η_2 迅速降低。对不同级数的反应和不同形状的催化剂颗粒，其内部效率因子 η_2 与 Φ_L 关系为

$$\eta_2=\frac{1}{\Phi_L} \qquad (9-113)$$

则表观反应速率 R 为

$$R=\eta_2 kc_b^n=\frac{1}{\Phi_L}kc_b^n \qquad (9-114)$$

将 Φ_L 的定义式(9-108) 代入式(9-114)，则表观反应速率为

$$R=\frac{(kD_e)^{1/2}}{L}c_b^{\frac{n+1}{2}}=\bar{k}c_b^{\bar{n}} \qquad (9-115)$$

可见，**表观反应速率常数 $\bar{k}$ 和表观反应级数 $\bar{n}$** 分别为

$$\bar{k}=\frac{(kD_e)^{1/2}}{L} \tag{9-116}$$

$$\bar{n}=\frac{n+1}{2} \tag{9-117}$$

表观反应速率常数和有效扩散系数与温度的关系分别为

$$k=k_0\mathrm{e}^{\left(-\frac{E}{RT}\right)} \tag{9-118}$$

$$D_e=(D_e)_0\mathrm{e}^{\left(-\frac{E_D}{RT}\right)} \tag{9-119}$$

代入式(9-116)，可得表观反应速率常数 $\bar{k}$ 与温度的函数关系

$$\bar{k}=\frac{[k_0(D_e)_0]^{1/2}}{L}\exp\left[\frac{-(E+E_D)}{2RT}\right] \tag{9-120}$$

式中，E 为本征反应活化能；E_D 为扩散活化能。

因此，**表观活化能 $\bar{E}$** 为

$$\bar{E}=\frac{1}{2}(E+E_D)\approx\frac{E}{2} \tag{9-121}$$

由上述讨论可知，当内部传质阻力影响很小时，表观活化能趋近于本征活化能，表观反应速率常数趋近于本征反应速率常数，表观反应级数趋近于本征反应级数。当内部传质阻力影响很大时，由于 $E\gg E_D$，表观活化能将趋近于 $E/2$，表观反应级数趋近于 $(n+1)/2$。这与外部传质过程有所不同。当外部传质控制时，表观活化能等于扩散活化能 E_D，表观反应级数恒为一级。

9.3.4 颗粒内部传质对选择率的影响

同外部传质阻力对选择率影响一样，只要掌握了内部传质阻力对颗粒内部浓度分布影响的规律，然后结合不同反应选择率的浓度效应特征，就能作出正确的判断。

内部传质阻力对反应过程的影响与外部传质相类似，使颗粒内表面上反应物浓度 c_{is} 小于颗粒外表面浓度 c_{Aes}，而颗粒内表面的产物浓度 c_{Pis} 高于颗粒外表面的产物浓度 c_{Pes}。这样的浓度分布将使任何串联反应的选择率降低。在反应器入口处，流体主体产物浓度接近于零，但位于该处的催化剂颗粒内表面深处产物的浓度仍可能很高，从而加剧了串联副反应。因此，颗粒内部传质阻力的存在，对串联反应显然是不利的。

对于平行反应的讨论类似于外部传质对选择率的影响，结论是：当主反应级数高于副反应级数时，颗粒内部传质阻力对选择率是不利的。反之，当副反应级数高于主反应级数时，颗粒内部传质阻力对选择率是有利的。

9.3.5 双组分反应时颗粒内部的传质过程

正如讨论颗粒外部传质阻力一样，颗粒内部的传质阻力也经常涉及多组分问题。

单组分颗粒内扩散过程的讨论表明：内扩散的影响程度完全取决于 Φ 的大小。而 Φ 的物理意义是极限反应速率与极限内扩散速率比值的平方根。在多组分系统中，不同反应组分的反应速率之间可用化学计量系数相关联，但各组分特定条件下的极限内扩散速率之间并无明确的关系。这样在多组分系统中，对应各个组分的 Φ 值也可能有很大的差别。为此讨论某些极端情况。

若极限反应速率相对于各组分的特定条件下的极限内扩散速率要小得多，表明各个组分在颗粒内的扩散阻力都很小，内扩散对反应结果无明显影响，整个过程由本征反应特征所决定。这时，各组分浓度在颗粒内处处相等，无浓度梯度存在，如图 9-13 所示。相反，当内扩散阻力增大，对反应结果的影响也将随之增大。假如反应为一双组分不可逆反应

$$A+B \longrightarrow P+S$$

其反应动力学方程表达式为

$$(-r_A)=kc_{Ais}^n c_{Bis}^m \tag{9-122}$$

式中，c_{Ais}为反应物 A 在催化剂颗粒内表面上的浓度；c_{Bis}为反应物 B 在催化剂颗粒内表面上的浓度；n 为反应对 A 组分的级数；m 为反应对 B 组分的级数。

假设反应物 A 的内扩散阻力很大，而反应物 B 相对于 A 来说内扩散阻力要小得多，或者说，它们的特征扩散速率相差很大，即

$$D_{Ae}c_{Ab} \ll D_{Be}c_{Bb} \tag{9-123}$$

则可以想象，在颗粒内部反应物 A 的浓度是逐渐下降的，并且呈现一定的分布，而反应物 B 的浓度基本不变，如图 9-14 所示。

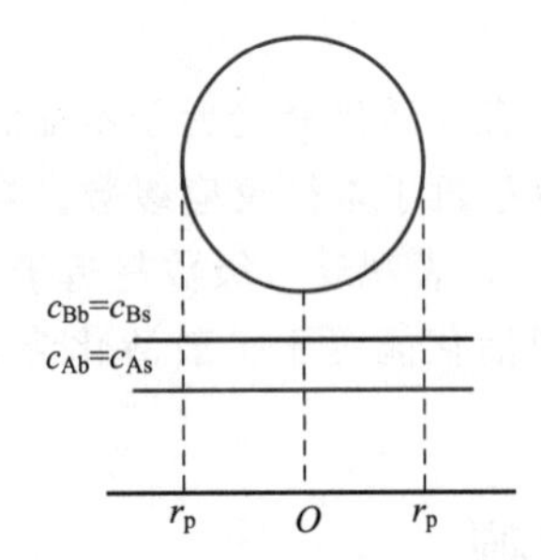

图 9-13　多组分系统中的粒内浓度分布——内扩散阻力很小

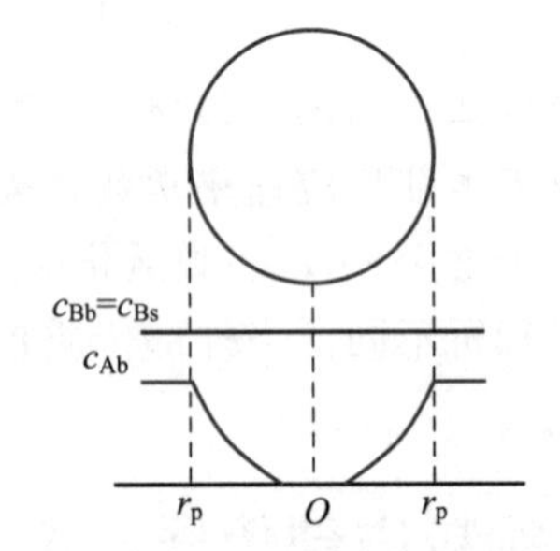

图 9-14　多组分系统中的粒内浓度分布——内扩散阻力很大

在这种极端情况下，用来表征内扩散影响大小的 Φ 显然应以反应物 A 作为关键组分，即

$$\Phi_A=r_p\sqrt{\frac{kc_{Ab}^n c_{Bb}^m}{D_{Ae}c_{Ab}}} \tag{9-124}$$

因为 $\Phi_A \gg \Phi_B$，由式(9-107) 可知，当反应物 A 的内扩散影响很严重，即 Φ_A 较大时

$$\eta_2 \approx \frac{3}{\Phi_A} \tag{9-125}$$

将式(9-125) 代入表观反应速率式

$$R=\eta_2 kc_{Ab}^n c_{Bb}^m$$

则得

$$R=\frac{3\sqrt{D_{Ae}}}{r_p\sqrt{kc_{Ab}^{n-1}c_{Bb}^m}}kc_{Ab}^n c_{Bb}^m=\frac{3}{r_p}\sqrt{kD_{Ae}}\,c_{Ab}^{\frac{n+1}{2}}c_{Bb}^{\frac{m}{2}}=\bar{k}c_{Ab}^{\bar{n}}c_{Bb}^{\bar{m}} \tag{9-126}$$

同样可得出反应的表观活化能

$$\bar{E}=\frac{1}{2}(E+E_D)\approx\frac{E}{2} \tag{9-127}$$

而表观反应级数，对反应物 A（关键组分）为

$$\bar{n}=\frac{n+1}{2} \tag{9-128}$$

对反应物B（非关键组分）为

$$\bar{m}=\frac{m}{2} \tag{9-129}$$

总表观级数为

$$\bar{n}+\bar{m}=\frac{n+m+1}{2} \tag{9-130}$$

这里需要提出的是：对多组分系统，当外扩散作为控制步骤时，反应级数对关键组分是一级，对非关键组分是零级，表明非关键组分对反应不再产生影响。而内扩散过程中，非关键组分虽然在颗粒内部没有扩散阻力和浓度分布，但是在颗粒外的浓度变化仍能影响反应的进行，对反应速率仍存在浓度效应。

9.3.6 影响内部效率因子的因素

内部效率因子 η_2 定量地反映了内部传质阻力对反应过程的影响程度。若这种影响对反应结果是不利的，我们必须设法消除或减小。由内部效率因子 η_2 的计算式可知，决定内部效率因子的唯一参数是 Φ。因此，内部效率因子的影响因素也完全取决于影响 Φ 的因素。

分析式(9-108)，影响 Φ 的因素主要为温度、反应物浓度和催化剂颗粒结构。

① 反应温度的影响。本征反应速率变化对温度的变化很敏感，其活化能通常在80～250kJ/mol，而扩散速率对温度变化的敏感程度要小得多，其活化能在4～12kJ/mol。因此提高温度将使 Φ 增大，从而降低 η_2。

② 反应物浓度的影响。浓度影响取决于本征反应级数 n。当本征反应级数为一级时，反应物浓度对反应速率和扩散速率的影响相同，此时 Φ 与浓度无关，η_2 也不随浓度发生变化。当 $n>1$ 时，反应物浓度越高，Φ 越大，内部效率因子 η_2 就越低；当 $n<1$ 时，正好相反。因此，当 $n\neq1$，气固相催化反应采用管式固定床反应器时，反应管内各处的内部效率因子并不相等，$n>1$ 时，进口端的内部效率因子比出口端低，$n<1$ 时，进口端内部效率因子比出口端高。

③ 催化剂颗粒结构的影响。影响催化剂颗粒内部效率因子的结构因素表现在很多方面。其中催化剂颗粒的大小是一个重要因素。从式(9-108)可以看到，随着颗粒粒度的增加，Φ 提高，内部效率因子将下降。这是由于颗粒粒度增加，使反应物在颗粒内孔中的扩散阻力增大，从而使内扩散影响渐趋严重，内部效率因子随之降低。

其次，催化剂颗粒的孔隙率、内孔的孔径大小、孔道的曲折程度以及颗粒本身的形状都能影响内部效率因子。

反应物在颗粒内孔中的传质阻力是由分子扩散阻力引起的，而在不同直径的内孔中分子扩散的机理不同。当催化剂微孔半径远大于分子运动的平均自由程时，扩散阻力主要是由分子与分子间的碰撞即分子扩散造成的，可用费克扩散定律描述。当催化剂的微孔半径较分子运动平均自由程小得多时，造成扩散阻力的主要是分子与孔壁的碰撞，这种扩散被称为努森(Knudson)扩散，显然它的阻力要比分子扩散大得多。因此不同扩散机理以及内孔大小都将影响颗粒的有效扩散系数 D_e，并最终影响内部效率因子的大小。此外，颗粒的孔隙率及孔道的曲折程度也将影响内部效率因子的大小。有效扩散系数 D_e 可用式(9-131)进行估算。

$$D_e=\frac{\theta}{\omega}D_c \tag{9-131}$$

式中，θ 为颗粒的孔隙率；ω 为孔道的曲折因子；D_c为包含了分子扩散及努森扩散的综合扩散系数。

另外，催化剂颗粒的结构还会影响反应速率常数 k 的大小。这是因为实际反应是在颗粒内表面上进行的，因而在一定尺寸的催化剂颗粒中，改变颗粒的空隙率和内孔直径等，都将引起催化剂颗粒内表面积的变化，从而改变速率常数 k。因此，增大以催化剂颗粒体积为基准的速率常数 k，也会使 Φ 增大而 η_2 降低。

需要特别注意的是，所有增大反应速率的措施都使内部效率因子 η_2 降低，但这并不意味着实际反应速率降低。内部效率因子虽然是影响实际反应速率的一个重要因素，但不是唯一的因素。由内部效率因子的定义，实际反应速率为

$$R=\eta_2 k c_{Ab}^n \tag{9-132}$$

因此，在采取措施增加反应速率时，η_2 是下降了，但是极限反应速率却随之增大。另一方面，从内部扩散影响的两个极端情况来考虑，当内扩散阻力很小，对反应不产生影响时，实际反应速率完全取决于反应的本征速率。此时增加反应速率的措施毫无疑问将增大实际反应速率。即使在内扩散影响非常严重的情况下，增加反应速率的措施，如提高温度或反应物浓度，也不会使扩散速率降低，而只可能使其增加，因而实际反应速率也必然是增加的。

9.3.7 颗粒内扩散阻力的判别

内扩散阻力对反应的影响程度，可通过以下几种实验方法加以考察。

(1) 粒度实验

在保持所有实验条件不变，即恒定温度、浓度、空速，并保证外扩散阻力消除的情况下，改变催化剂颗粒粒径 r_p，必然引起 Φ 的变化，Φ 的变化又会引起内部效率因子 η_2 的变化。因此，当反应系统内扩散阻力消除，意味着 Φ 已足够小，此时粒径变化引起的 Φ 的变化已不能造成表观反应速率或其他技术指标（如转化率、选择率）变化，表观反应速率趋向于本征反应速率，如图 9-15 中曲线 AB 段。若内扩散阻力逐渐增大，意味着颗粒 r_p 将造成表观反应速率 R 或其他技术指标的变化，如图 9-15 中曲线 BC 段。特别是当内扩散阻力影响很大时，$\eta_2\approx 3/\Phi$，即内部效率因子反比于颗粒半径 r_p 时，有

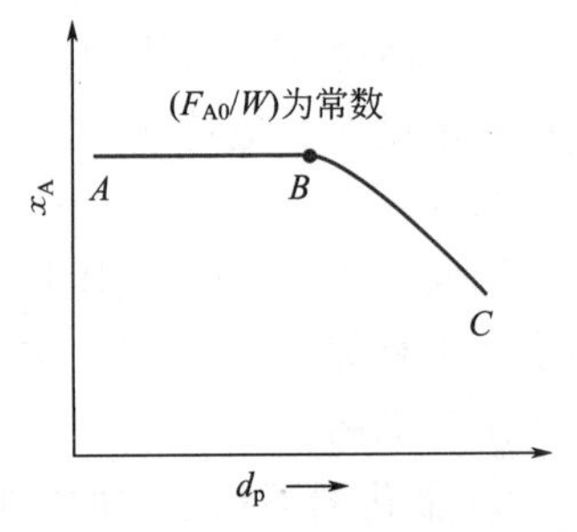

图 9-15 内扩散阻力粒度实验

$$\frac{R_1}{R_2}=\frac{r_{p2}}{r_{p1}} \tag{9-133}$$

说明内扩散阻力影响非常严重。因此，采用实验手段对颗粒内扩散影响程度进行考察时，可在保持其他条件不变的情况下，减小颗粒尺寸，并对出口产物进行分析，当出口转化率不变时，可认为催化剂颗粒尺寸已足够小（小于图 9-15 中 B 点对应的 d_p），内扩散阻力可忽略。因此，可以根据实验结果选定催化剂粒径，只要选用的催化剂粒径小于 B 点对应的 d_p，便可认为内扩散阻力影响可忽略。

(2) 测量表观反应速率 R

在实际工业生产中，往往本征反应速率常数 k 和级数 n 是未知的，在这种情况下，可以利用实测表观反应速率 R，通过计算无量纲参数 $\Phi_L^2\eta_2$ 来判断。

若反应系统已排除外扩散阻力影响，则由式(9-132) 可知

$$k=\frac{R}{\eta_2 c_{Ab}^n} \tag{9-134}$$

将此式代入式(9-108)，得

$$\Phi_L=L\sqrt{\frac{R}{\eta_2 c_{Ab} D_e}} \tag{9-135}$$

移项得

$$\Phi_L^2\eta_2=\frac{L^2R}{c_{Ab}D_e} \tag{9-136}$$

此式右边均为可测变量，L 是特征长度。当催化剂具有不同颗粒形状时，可利用式(9-109)计算。一般来说，当 $\Phi_L \leqslant 0.4$ 时，$\eta_2 \approx 1$，$\Phi_L^2\eta_2 < 0.16$，表明内部传质阻力影响可忽略。当 $\Phi_L \geqslant 3$ 时，$\eta_2 \approx 1/\Phi_L$，$\Phi_L^2\eta_2 \geqslant 3$，表明内部传质阻力有明显影响。

若催化剂为球形颗粒，半径为 r_p 时

$$\Phi^2\eta_2=\frac{r_p^2R}{c_{Ab}D_e}\leqslant 1.44 \tag{9-137}$$

由实验数据 R、r_p、c_{Ab}、D_e 组成的无量纲数群满足式(9-137)，即可认为没有内扩散阻力影响，$\eta_2 \approx 1$。

对球形颗粒，当 $\Phi > 5$ 时，则

$$\Phi^2\eta_2=\frac{r_p^2R}{c_{Ab}D_e}\geqslant 15 \tag{9-138}$$

表明内扩散阻力影响已很严重。

(3) 改善颗粒内部传质的措施

综上所述，为了改善颗粒内扩散阻力，可采取两个较为有效的措施：

① 在工程上能承受的压降条件下，尽可能地采用细颗粒催化剂。

② 改变催化剂的工程结构，降低内部传质阻力，有利于选择率的提高。例如用多孔粉末加压制成的颗粒，存在粉末中的小孔和粉末之间的大孔，称为双孔结构。

所谓**双孔结构**就是催化剂内部有大孔和小孔两种孔径分布。这种双孔型催化剂是一种粒度较大，内表面积也大，能有效地消除内部传质阻力的催化剂。目前已提出双孔分布的数学模型以及各种最优的分配方案。此外，还可采用活性组分**非均匀分布**的方法提高串联反应的选择率，这样既可充分利用活性组分，又可减少内部传质阻力的影响。施密斯和卡勃莱以萘氧化制苯酐反应为例，用均匀浸渍和非均匀浸渍的催化剂（活性组分浸渍厚度为 $0.3r_p$）进行对比，在非绝热非等温固定床反应器中，从微分方程式的数值解得出结论：非均匀浸渍催化剂内层没有活性组分，萘在表面层发生反应，反应生成的苯酐可以较快传递到气流主体，避免苯酐进一步氧化，从而提高了选择率。操作时，可以用提高反应温度来补偿因部分浸渍而使活性组分用量减少所引起的产量降低。

【例 9-3】 进行某一气固相催化反应动力学的研究，反应为 $A+B \longrightarrow R$，反应温度为200℃，A 的分压 $p_A=0.051\text{MPa}$，B 的分压 $p_B=0.253\text{MPa}$。所用催化剂颗粒的平均直径为 0.14cm，催化剂颗粒密度为 1.39g/cm^3，测得表观反应速率 $R=0.032\text{mol/(h·g cat)}$，若有效扩散系数 $D_e=0.0248\text{cm}^2/\text{s}$，试估计内部传递的影响。

解： 由于 B 组分的过量，该反应可看作一级反应。忽略外扩散阻力影响，则反应物 A 在主流体中的浓度按理想气体计算

$$c_{\mathrm{Ab}}=\frac{p_{\mathrm{A}}}{RT}=\frac{0.051}{8.314\times 473}=1.29\times 10^{-5}\,\mathrm{mol/cm^3}$$

表观反应速率为

$$R=\frac{0.032}{3600}\times 1.39=1.24\times 10^{-5}\,\mathrm{mol/(s\cdot cm^3\ cat)}$$

则无量纲数群

$$\Phi^2\eta_2=r_{\mathrm{p}}^2\frac{R}{c_{\mathrm{b}}D_{\mathrm{e}}}=0.07^2\frac{1.24\times 10^{-5}}{1.29\times 10^{-5}\times 0.0248}=0.19$$

因为 $\Phi^2\eta_2=0.19<1.44$

所以，内扩散阻力影响可忽略不计。

9.4 等温条件下的总效率因子

气固相催化反应过程总是由颗粒外部传质过程、颗粒内部传质过程和表面化学反应过程组成。不管传质过程影响是否存在，实际测量得到的反应速率均为表观反应速率(宏观反应速率)。消除颗粒内、外传质阻力影响的表观反应速率即为本征反应速率。为了更清楚地显示出两种传质过程对反应结果的影响，采用效率因子法表达表观反应速率方程，并分别对两种传质过程进行讨论：①在等温、无内扩散阻力条件下，考察外扩散阻力影响情况；②在等温、无外扩散阻力条件下，考察内扩散阻力影响情况。但在实际过程中，这两者的影响往往是同时存在的。这时，总效率因子 η 又将是何种形式，和哪些因素有关呢？

在定态等温操作条件下，颗粒外部传质速率、颗粒内部传质速率及颗粒表面反应速率必然相等，且等于整个过程的表观反应速率。对单组分反应 $\mathrm{A}\longrightarrow\mathrm{P}$，有

$$R=k_{\mathrm{g}}a(c_{\mathrm{b}}-c_{\mathrm{es}})=\eta_2 k c_{\mathrm{es}}^n \tag{9-139}$$

当 $n=1$ 时，可求得催化剂颗粒外表面反应组分浓度 c_{es}

$$c_{\mathrm{es}}=\frac{k_{\mathrm{g}}ac_{\mathrm{b}}}{\eta_2 k+k_{\mathrm{g}}a} \tag{9-140}$$

将式(9-140) 代入式(9-139)，得

$$R=\eta_2 k\frac{k_{\mathrm{g}}ac_{\mathrm{b}}}{\eta_2 k+k_{\mathrm{g}}a}=\frac{kc_{\mathrm{b}}}{Da+\dfrac{1}{\eta_2}}=\frac{kc_{\mathrm{b}}}{\dfrac{1}{\eta_1}+\dfrac{1}{\eta_2}-1}=\frac{\eta_1\eta_2}{\eta_1+\eta_2-\eta_1\eta_2}kc_{\mathrm{b}}=\eta kc_{\mathrm{b}} \tag{9-141}$$

式中

$$\eta=\frac{\eta_1\eta_2}{\eta_1+\eta_2-\eta_1\eta_2} \tag{9-142}$$

η 称为颗粒内外扩散阻力同时存在时的总效率因子。

显然，若颗粒外扩散阻力可忽略不计，即 $Da\approx 0$ 时，$\eta_1\approx 1$，由式(9-142) 可知

$$\eta\approx\eta_2 \tag{9-143}$$

$$R=\eta_2 kc_{\mathrm{b}} \tag{9-144}$$

即仅有内扩散阻力存在下的表观速率。

若颗粒内扩散阻力可忽略不计，则 $\eta_2=1$，由式(9-142) 可知

$$\eta\approx\eta_1 \tag{9-145}$$

$$R=\eta_1 kc_b \tag{9-146}$$

即仅有外扩散阻力存在下的表观速率。

若颗粒内外扩散阻力均可忽略不计，则 $\eta_1 \approx 1$，$\eta_2 \approx 1$，由式(9-142) 可知

$$\eta \approx 1 \tag{9-147}$$

$$R=kc_b \tag{9-148}$$

表观反应速率等于本征反应速率。

9.5 非等温条件下的催化剂颗粒外部传质过程

气固相催化反应过程伴有热效应。因此，催化剂颗粒外表面与流体间的传递包括传质过程和传热过程，且这两个过程密切相关，催化剂外表面上的浓度 c_{es} 与温度 T_s 有关，而 T_s 又与流体主体温度 T_b 有关，其值不仅取决于反应的放热速率，也与催化剂颗粒内部传热速率和外部传热速率有关。本节将着重讨论催化剂颗粒的外部传热问题及非等温条件对外扩散过程的影响，并求取外部效率因子 η_1。

催化剂颗粒温度与流体温度之间的差异有三个基本特点：

① 温度测量上的差别。通常在工业装置中采用热电偶埋在催化剂床层中测定温度。由于测温管与催化剂颗粒接触面积远小于与流体接触的面积，因此测到的温度应是流体温度。催化剂颗粒实际温度必须用反应工程理论进行分析和判断。

② 反应速率和选择率对温度的敏感性。通常情况下，温度升高 10℃，反应速率可增加一倍。主副反应活化能相差较大时，温度对选择率有很大影响。因此当颗粒实际温度与流体温度相差 30℃以上时，温差对反应速率和选择率的影响将不可忽略。这时在进行反应过程优化计算时，最优温度可能被颗粒和流体间温度差所覆盖，将达不到预计的优化目的。

③ 对强放热反应，由于传热过程与反应过程的相互交联作用，可能产生恶性循环。温度升高，反应速率剧增，放热速率加快，颗粒与流体间的温差增加，促使反应温度进一步上升，产生恶性循环。对吸热反应，传热过程与反应过程相互的交联作用不会产生恶性循环。

对实际工作者来说，不仅要定性地分析温差的基本特点，更重要的是估计极限温差以及控制温度差值。

9.5.1 催化剂颗粒外部传热

催化剂颗粒与流体间的传热方式主要依靠对流传热以及颗粒间的热传导方式。由于接触面积较小，颗粒间的导热作用可忽略不计。为了着重研究颗粒与流体间的传热，忽略颗粒内部温度差，即催化剂颗粒温度 T_s 均匀。在稳态条件下，颗粒表面反应释放的热量必等于颗粒传给周围流体的热量，即

$$Q=(-\Delta H)RV_p=ha(T_s-T_b)V_p \tag{9-149}$$

式中，h 为颗粒外表面与流体间的给热系数；T_s 为催化剂颗粒外表面温度；T_b 为流体主体温度；$(-\Delta H)$ 为反应热效应。

稳态时，颗粒外部传质速率 N_A 等于表观反应速率 R

$$R=N_A=k_g a(c_b-c_{es}) \tag{9-150}$$

将此式代入式(9-149) 得

$$T_s - T_b = \frac{(-\Delta H)k_g}{h}(c_b - c_{es}) \tag{9-151}$$

式(9-151) 表明了颗粒外表面与流体间温度差、浓度差之间的关系，其主要取决于传质阻力和传热阻力。而传递阻力主要决定于流体力学条件和流体的物性参数。实验研究证明，传质系数 k_g 和给热系数 h 分别可采用**传质因子 J_D 和传热因子 J_H** 与雷诺数关联，即

$$J_D = \frac{k_g \rho}{G} Sc^{2/3} = f(Re) \tag{9-152}$$

$$J_H = \frac{h}{Gc_p} Pr^{2/3} = f(Re) \tag{9-153}$$

式中，G 为质量流速（$u\rho$）；Pr 为（Prandtl）普兰特数$\left(\frac{c_p \mu}{\lambda}\right)$；$Sc$ 为（Schmidt）施密特数$\left(\frac{\mu}{\rho D}\right)$；$c_p$ 为气体的定压比热容；λ 为气体热导率；ρ、μ 分别为气体的密度和黏度。

根据传质和传热的类似律

$$J_D \approx J_H \tag{9-154}$$

同时，由式(9-152) 和式(9-153) 得

$$k_g = \frac{GJ_D}{\rho Sc^{2/3}} \tag{9-155}$$

$$h = \frac{Gc_p J_H}{Pr^{2/3}} \tag{9-156}$$

代入式(9-151)

$$T_s - T_b = \left(\frac{J_D}{J_H}\right)\left(\frac{Pr}{Sc}\right)^{2/3} \frac{(-\Delta H)}{\rho c_p}(c_b - c_{es}) \tag{9-157}$$

令

$$\Delta T_{ad} = \frac{(-\Delta H)}{\rho c_p} c_b \tag{9-158}$$

ΔT_{ad}称为**绝热温升**，它的物理含义是气体混合物在绝热条件下进行反应，单位体积内所含反应物全部反应后，所释放的反应热使反应混合物升高的温度，它仅与物系性质有关，而与操作条件无关。将 ΔT_{ad}代入式(9-157)，则

$$T_s - T_b = \left(\frac{J_D}{J_H}\right)\left(\frac{Pr}{Sc}\right)^{2/3} \Delta T_{ad}\left(1 - \frac{c_{es}}{c_b}\right) \tag{9-159}$$

对于大多数气体$\frac{Pr}{Sc} \approx 1$，将式(9-154) 代入上式，则式(9-159) 变为

$$T_s - T_b = \Delta T_{ad}\left(1 - \frac{c_{es}}{c_b}\right) \tag{9-160}$$

式(9-160) 说明颗粒外部传热阻力的存在导致颗粒外表面温度上升。在颗粒外部传质控制，即 $c_{es}=0$ 时，可粗略地估算出催化剂颗粒与气体间的极限温差 $\Delta T_M = (T_s - T_b)_M$，它的数值约等于绝热温升。分析绝热温升式(9-158)，可知反应热效应越大，温差 ΔT 也越大。由式(9-160) 可知，当外扩散阻力很小，即颗粒外表面浓度与主体间的反应物浓度相等，$c_b \approx c_{es}$，则颗粒外表面温度与流体温度相等，$T_s \approx T_b$。随着外扩散阻力增加，浓度差 Δc 也增加，则颗粒外部的传热阻力也随之增加，温差 ΔT 也上升，当外扩散阻力很大，过程为外扩散控制时，浓度差 Δc 达到极值，$c_{es}=0$，则颗粒外表面与流体之间温差 ΔT 也将达到极限值。因此，我们也可以通过估算温差 ΔT，粗略判断外扩散阻力的大小。对吸热反应，

也有类似情况，只是流体主体温度 T_b 大于催化剂颗粒外表面温度 T_s。

因此，根据颗粒外部传热阻力造成的结果是：对放热反应，催化剂颗粒外表面温度 T_s 大于流体主体温度 T_b；对吸热反应，催化剂颗粒外表面温度 T_s 小于流体主体温度 T_b。

【例 9-4】 催化剂结炭后采用空气进行烧焦是一个燃烧过程，属快反应。过程很可能是颗粒外部传质控制。设烧焦温度为 500℃，反应热为 −136.1kJ/mol（CO 和 CO_2 比例一定），空气中含氧量为 20.8%，比热容为 1.09kJ/(kg·℃)，气体密度为 0.456kg/m³，试估计催化剂颗粒表面温度 T_s。

解： 流体主体反应物氧的浓度 c_b 为

$$c_b=\frac{0.208}{0.082\times(273+500)}=3.28\text{mol/m}^3$$

对于气体 $Sc=Pr=1$

由式(9-159)

$$T_s-T_b=\Delta T_{ad}\left(1-\frac{c_{es}}{c_b}\right)=\frac{(-\Delta H)}{\rho c_p}(c_{Ab}-c_{es})$$

因为，外扩散控制时，$c_{es}\approx 0$

所以

$$T_s-T_b=\frac{136.1}{1.09\times 0.456}\times(3.28-0)=897℃$$

$$T_s=T_b+\Delta T_{ad}=500+897=1397℃$$

可以看出，烧焦温度为 500℃，而催化剂颗粒表面温度实际已达近 1400℃。在这样高温下催化剂很容易烧坏。因此，为了确保安全烧焦，必须设法降低反应物系的绝热温升，其中可以人为调节的参数就是反应物浓度 c_b，即氧含量。所以实际进行烧焦时都采用大量水蒸气或烟道气稀释，使氧含量大幅度降低。

由前面讨论可知，任何降低外扩散阻力的措施也都有利于降低颗粒外表面传热阻力。因此，工程上强化传热的主要措施也就是增加流速，对放热反应可使催化剂颗粒外表面实际温度 T_s 有效地下降，这也是工程上着眼于线速度的重要原因。

9.5.2 非等温颗粒外部效率因子

颗粒外表面的传热阻力存在时，催化剂颗粒外表面温度 T_s 与流体主体温度 T_b 并不相等，此时，外部效率因子 η_1 不仅与催化剂颗粒外表面和流体间的浓度差 Δc 有关，还与两者之间的温度差 ΔT 有关。

对反应 A ⟶ P，本征反应级数为 n，反应速率常数为 k，则外部效率因子

$$\eta_1=\frac{R}{k_{T_b}c_b^n}=\frac{k_{T_s}c_{es}^n}{k_{T_b}c_b^n} \tag{9-161}$$

将 $\frac{k_{T_s}}{k_{T_b}}$ 记为 $\frac{k_s}{k_b}$，表示颗粒外部效率因子 η_1 的温度效应，$\left(\frac{c_{es}}{c_b}\right)^n$ 为 η_1 的浓度效应，因此，η_1 是综合了颗粒外部传质阻力和传热阻力对反应的影响。

将式(9-39) 代入式(9-161) 得

$$\eta_1=\frac{k_s}{k_b}(1-\eta_1 Da)^n \tag{9-162}$$

温度效应$\frac{k_s}{k_b}$可表示为

$$\frac{k_s}{k_b}=\frac{k_0\exp\left[-\frac{E}{RT_s}\right]}{k_0\exp\left[-\frac{E}{RT_b}\right]}=\exp\left[-\frac{E}{RT_b}\left(\frac{T_b}{T_s}-1\right)\right] \tag{9-163}$$

结合式(9-159)

$$\frac{T_s-T_b}{T_b}=\frac{\Delta T_{ad}}{T_b}\left(\frac{J_D}{J_H}\right)\left(\frac{Pr}{Sc}\right)^{2/3}\left(1-\frac{c_{es}}{c_b}\right) \tag{9-164}$$

为计算方便，对气固系统，令$\frac{J_D}{J_H}\approx1$，$\frac{Pr}{Sc}\approx1$，则式(9-164) 变为

$$\frac{T_s}{T_b}-1=\frac{\Delta T_{ad}}{T_b}\left(1-\frac{c_{es}}{c_b}\right) \tag{9-165}$$

由式(9-39) 得

$$\frac{c_{es}}{c_b}=1-\eta_1 Da \tag{9-166}$$

将式(9-166) 代入式(9-165) 得

$$\frac{T_b}{T_s}=\frac{1}{1+\frac{\Delta T_{ad}}{T_b}\eta_1 Da} \tag{9-167}$$

将式(9-167) 和式(9-163) 代入式(9-162)，整理得

$$\eta_1=(1-\eta_1 Da)^n\exp\left[-\gamma_1\left(\frac{1}{1+\beta_1\eta_1 Da}-1\right)\right] \tag{9-168}$$

式中，$\beta_1=\Delta T_{ad}/T_b$，称为颗粒外部热效参数；$\gamma_1=E/RT_b$ 称为颗粒外部阿伦尼乌斯参数。由此可见，非等温颗粒外部效率因子为颗粒外部热效参数 β_1、颗粒外部阿伦尼乌斯参数 γ_1 及可实测参数 $\eta_1 Da$ 的函数。对一级反应，η_1 和这些参数的关系如图 9-16 所示。

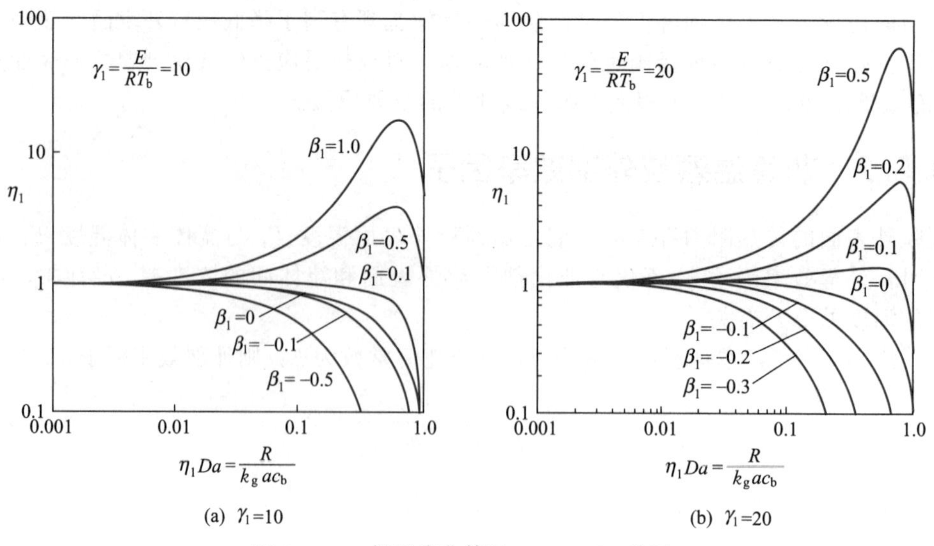

图 9-16 一级反应非等温 $\eta_1\sim\eta_1 Da$ 关系

从图中可以看出：

① 对放热反应。由于催化剂颗粒表面温度大于流体主体温度，使表观反应速率 R 比以流体温度 T_b 和流体主体浓度 c_b 计算的极限反应速率要大，使非等温颗粒外部效率因子$\eta_1\geqslant1$。

② 对吸热反应。温度效应和浓度效应均使 η_1 降低，因此 $\eta_1 \leqslant 1$。

③ 颗粒外部阿伦尼乌斯参数 γ_1 表征反应活化能 E 的影响，其对 η_1 的影响比颗粒外部热效参数 β_1 更敏感。

9.6 非等温条件下的催化剂颗粒内部传质过程

由于气固相催化反应主要在催化剂内部进行，因此，对强放（吸）热反应，催化剂颗粒内部就可能有一定程度的温差。

9.6.1 催化剂颗粒内部的传热

为了确定催化剂内部的温度分布，估计颗粒内温差，可以利用热量衡算进行计算。假定：

① 催化剂颗粒内部传热主要以热传导为主，可以用导热定律计算，所用的热导率 λ_e 称为颗粒有效热导率。

② 催化剂为球形颗粒。在颗粒半径 r 处取 dr 微元壳体进行热量衡算，定态时，微元壳层内的反应放热量必须以一定的温差传出，即

$$d\left[-\lambda_e\left(\frac{dT_{is}}{dr}\right)4\pi r^2\right]=4\pi r^2 dr k c_{Ais}^n(-\Delta H) \tag{9-169}$$

整理式(9-169) 得

$$\frac{1}{r^2}\times\frac{d}{dr}\left(r^2\lambda_e\frac{dT_{is}}{dr}\right)=-kc_{Ais}^n(-\Delta H) \tag{9-170}$$

边界条件

$$r=0,\quad \frac{dT_{is}}{dr}=0$$

$$r=r_p,\quad T_{is}=T_{es} \tag{9-171}$$

式(9-170) 为颗粒内部温度分布微分方程式。

同理，对微元壳层内作物料衡算

$$d\left[-D_e\left(\frac{dc_{Ais}}{dr}\right)4\pi r^2\right]=-4\pi r^2 dr k c_{Ais}^n \tag{9-172}$$

整理式(9-172) 得

$$\frac{1}{r^2}\times\frac{d}{dr}\left(r^2 D_e\frac{dc_{Ais}}{dr}\right)=kc_{Ais}^n \tag{9-173}$$

边界条件

$$r=0,\quad \frac{dc_{Ais}}{dr}=0$$

$$r=r_p,\quad c_{Ais}=c_{Aes} \tag{9-174}$$

式(9-173) 为颗粒内部浓度分布微分方程式。

式(9-170) 与式(9-173) 相除，整理得

$$\lambda_e\frac{dT_{is}}{dr}=-D_e(-\Delta H)\frac{dc_{Ais}}{dr} \tag{9-175}$$

假设 λ_e 和 D_e 不随温度和组成而变，则积分式(9-175) 得

$$T_{is}-T_{es}=\frac{D_e(-\Delta H)}{\lambda_e}(c_{Aes}-c_{Ais}) \tag{9-176}$$

式(9-176)表示催化剂颗粒内部温度和浓度的相互关系。若在颗粒内反应完全，即 $c_{Ais}=0$，即得到反应物料在催化剂颗粒内部全部反应可能达到的**最大温差**

$$\Delta T_{max}=(T_{is}-T_{es})_{max}=\frac{D_e(-\Delta H)c_{Aes}}{\lambda_e} \tag{9-177}$$

对于一般的反应，由式(9-177)计算的 ΔT_{max} 很小，可小于 1K，只有少数热效应很大的反应，才可达几十度甚至超过 100K，这与由于催化剂外部传热阻力导致的颗粒与流体主体间几百度甚至上千度的温差相比要小很多。

【例 9-5】 在球形催化剂上进行一级不可逆反应，A ⟶ P。气相温度为 337℃，压力为 0.1MPa，组分 A 的摩尔分数为 5%。催化剂粒径为 $d_p=2.4$mm，有效热导率 $\lambda=5.02\times10^{-3}$J/(s·cm·℃)，组分 A 在颗粒内的有效扩散系数 $D_e=0.15$cm²/s，反应热 $(-\Delta H)=48070$J/mol，且外扩散阻力影响可忽略，求 ΔT_{max}。

解：组分 A 在气相主体的浓度为

$$c_b=\frac{p_A}{R_gT_b}=\frac{0.05}{82\times(337+273)}=10^{-6}\text{mol/cm}^3$$

因为可忽略外扩散阻力影响，$c_b=c_{es}$，所以

$$\Delta T_{max}=\frac{D_ec_{es}(-\Delta H)}{\lambda_e}=\frac{0.15\times10^{-6}\times48070}{5.02\times10^{-3}}=1.4℃$$

9.6.2 非等温颗粒内部效率因子

对反应 A ⟶ P，本征反应级数为 n，速率常数为 k，非等温条件下颗粒内部效率因子 η_2 为

$$\eta_2=\frac{R}{k_{T_b}c_b^n}=\frac{\int k_{T_{is}}c_{is}^n\frac{dV_p}{V_p}}{k_{T_b}c_b^n} \tag{9-178}$$

显然，η_2 是催化剂颗粒内部 c_{is} 和 T_{is} 的函数。因此，在非等温条件下计算颗粒内部效率因子必须联立求解颗粒内部热量和物料衡算方程，得到催化剂颗粒内部的浓度分布和温度分布。这两个方程不易得到解析解，只能借助于数值求解，最终求得颗粒内部效率因子 η_2。Weisz 在 1962 年得出的数值解图，见图 9-17。其结果中引进两个无量纲参数

颗粒内部热效参数

$$\beta_2=\frac{(-\Delta H)D_ec_{es}}{\lambda_eT_{es}}=\frac{\Delta T_{max}}{T_{es}} \tag{9-179}$$

颗粒内部阿伦尼乌斯参数

$$\gamma_2=\frac{E}{R_gT_{es}} \tag{9-180}$$

由图 9-17 可以看出，在催化剂颗粒上进行放热反应（$\beta_2>0$），颗粒内部温度 T_{is} 比颗粒外表面温度 T_{es} 高，这时表观反应速率 R 可能比以颗粒外表面 T_{es}、c_{es} 计算的速率高，因而 η_2 可能大于 1。也就是由于内部传热阻力存在使催化剂颗粒内温度升高引起的反应加速的效应超过了由于内扩散阻力存在使催化剂颗粒内浓度降低使反应减慢的效应。β_2 越大表明颗粒内部与外表面的温差也越大，所以在相同 Φ 下，颗粒内部效率因子也越大。在催化剂颗粒上进行吸热反应（$\beta_2<0$），这时颗粒内部温度和浓度都小于颗粒外表面温度和浓度。因而 $\eta_2\leqslant1$。图中 $\beta_2=0$ 的曲线即表示等温情况。

分析图 9-17，还可发现在 $\beta_2>0$ 而 Φ 较小时，催化剂颗粒上有多态现象，即同一个 Φ

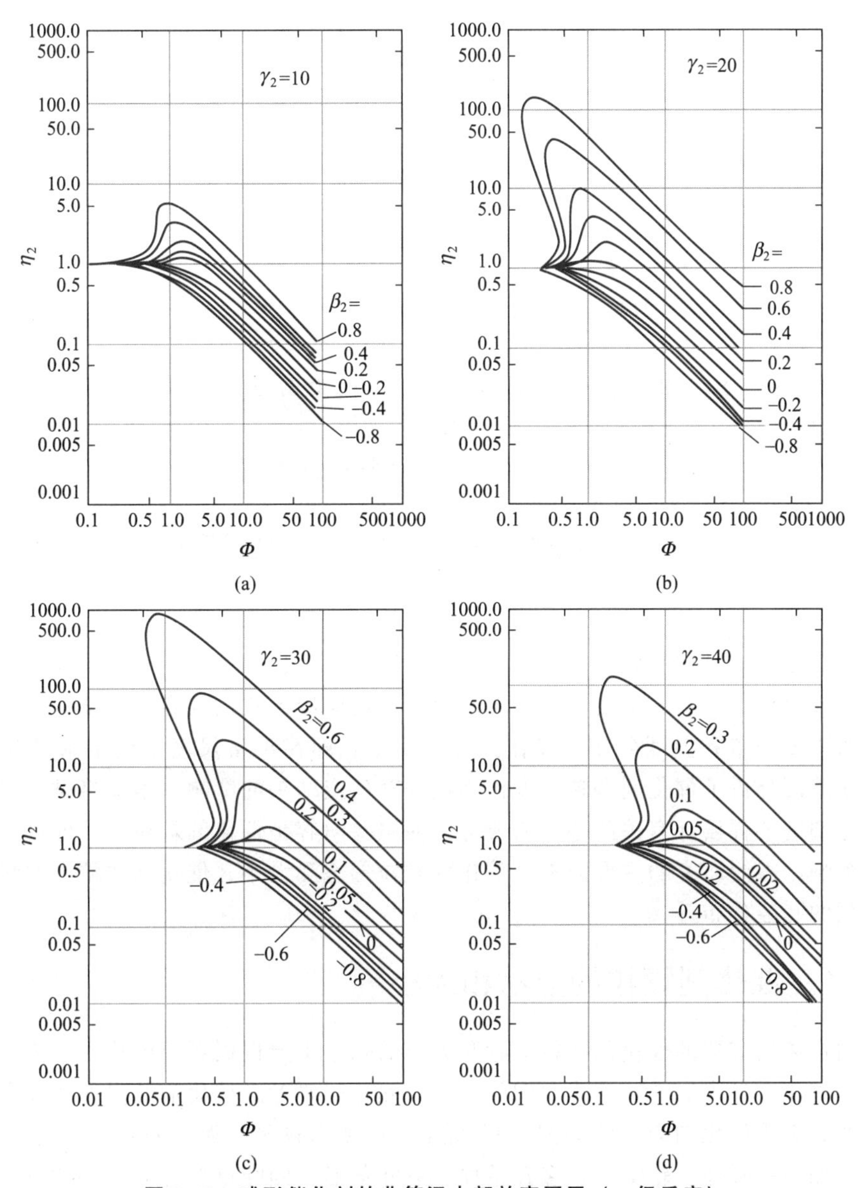

图 9-17　球形催化剂的非等温内部效率因子（一级反应）

可能有两个或三个不同的 η_2 数值相对应。但需强调说明的是，对大多数有实际意义的工业气固相催化反应，β_2 值通常都在 $0 \leqslant \beta_2 < 0.05$ 范围内，甚至它的上限远远小于 0.05，因为，大多数情况下，催化剂颗粒内部温差 ΔT_{max} 都很小。因而，这种多态现象在工业装置中失去了实际意义，它纯粹是一种理论研究。对一般的气固相催化反应，催化剂颗粒的温差主要出现在外部而不是内部。

【例 9-6】 乙烯在常压下加氢是一个一级反应，用 Cu-Mg 氧化物为催化剂。催化剂为球形，直径 1.27cm，有效扩散系数为 $3\times10^{-2}\text{cm}^2/\text{s}$，有效热导率为 $14.65\times10^{-4}\text{J}/(\text{cm}\cdot\text{s}\cdot\text{K})$。原料气中含乙烯 17%，催化剂颗粒密度为 $1.16\text{g}/\text{cm}^3$，反应热为 -136882J/mol，催化剂表面温度为 353K，活化能为 74510J/mol，反应速率常数 $k=0.138\text{cm}^3/(\text{s}\cdot\text{g cat})$，忽略催化剂外扩散，求颗粒内部非等温有效系数。

解：

$$k_v=\rho k=1.16\times0.138=0.16\text{s}^{-1}$$

$$\Phi=r_p\sqrt{\frac{k_N}{D_e}}=\frac{1.27}{2}\times\sqrt{\frac{0.16}{3\times10^{-2}}}=1.47$$

$$\gamma_2=\frac{E}{R_g T_{es}}=\frac{74510}{8.314\times353}=25.39$$

$$c_{es}=\frac{p_A}{RT}=\frac{0.17}{82\times353}=5.87\times10^{-6}\text{mol/cm}^3$$

$$\beta_2=\frac{(-\Delta H)D_e c_{es}}{\lambda_e T_{es}}=\frac{136882\times3\times10^{-2}\times5.87\times10^{-6}}{14.65\times10^{-4}\times353}=0.0466$$

由图 9-17(b)，$\gamma_2=20$，$\beta_2=0.047$，$\eta_2=1.1$；由图 9-17(c)，$\gamma_2=30$，$\beta_2=0.047$，$\eta_2=1.3$。估计

$$\gamma_2=25.39,\ \beta_2=0.047,\ \eta_2=1.2$$

9.7 固体催化剂的工程设计

气固相催化反应过程的优化一般涉及三个层次的决策：固体催化剂的工程设计，即在颗粒尺度上为反应提供有利的浓度分布和温度分布；反应器形式的确定，即设备尺度上为反应提供有利的浓度分布和温度分布；操作条件的确定，即在设备尺度上确定浓度和温度的水平。本章在前面分析了催化剂颗粒尺度传递过程对反应结果的影响，本节将讨论固定床反应器固体催化剂的工程设计有关问题，需要考虑的主要内容是催化剂颗粒内、外热质传递对反应结果的影响，需要研究的主要因素是催化剂颗粒形态和大小、催化剂颗粒内的活性组分分布和催化剂的孔径分布等。

9.7.1 催化剂颗粒的形状和大小

用于固定床反应器的催化剂颗粒形状和大小的确定主要根据颗粒内传质、传热对反应的影响和反应物流通过床层的压力降之间的权衡，此外还要考虑催化剂的强度和成本等因素。

常用的固定床催化剂的形状如图 9-18 所示，主要有球形、圆片形、圆柱形及圆柱形的各种变形，如中孔圆柱、轮辐形、多孔单柱、三叶草形、四叶草形等异形催化剂。由图9-18可见，当长径比和颗粒直径相同时，异形催化剂能提供更大的比表面积$\frac{S_p}{V_p}$，这有利于降低催化剂颗粒内外的扩散阻力，但这类催化剂的制造成本较高。虽然，长径比小于 1 的圆形薄片比相同直径但长径比大于 1 的圆柱具有更大的表面积，但在大多数固定床反应过程中圆柱形还是取代了圆形薄片。这是因为当压片直径小于传统固定床反应过程中所用的 5～15mm 时，催化剂的制造成本会迅速增加（一定质量催化剂的颗粒数与线形尺寸的三次方成反比），而挤压成形的圆柱在直径小于 1mm 时仍能以很低的成本生产。

内部扩散影响在工业固定床催化反应过程中并不罕见，特别在传统的使用较大催化剂颗粒（颗粒直径为 5～15mm）的过程中。根据多种气固相催化反应过程的本征动力学和催化剂孔道内的扩散速率所作的计算表明，直径为几毫米的颗粒一般都会存在扩散影响。当反应非常快或扩散非常慢时，即使小颗粒催化剂也会存在扩散影响。

某些气固相反应催化剂的效率因子和催化剂颗粒尺寸的关系如图 9-19 所示。由图可见，

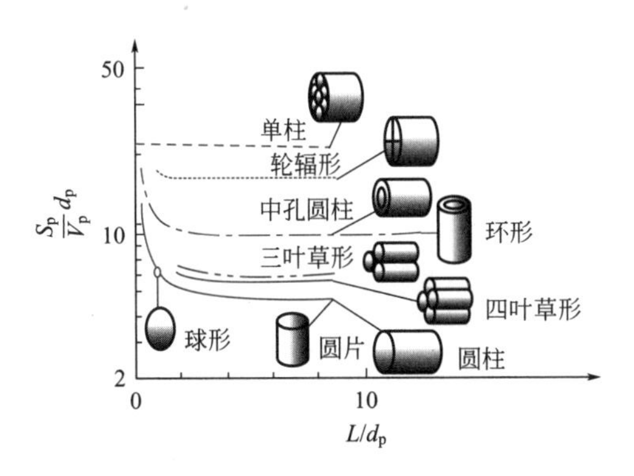

图 9-18　不同形状催化剂颗粒的比表面积

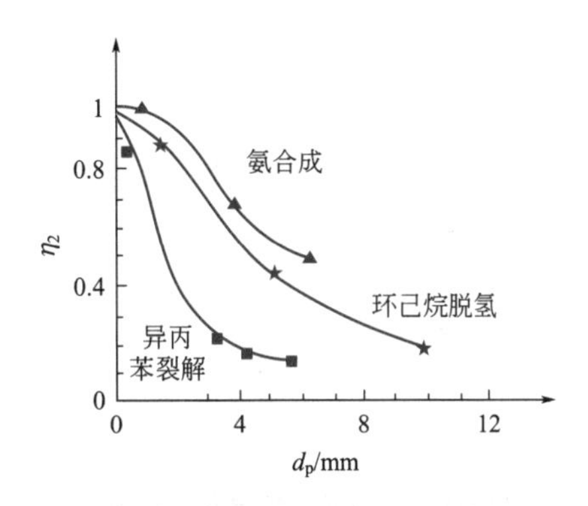

图 9-19　催化剂颗粒内部效率因子随颗粒尺寸的变化

在这些过程中，对固定床所用催化剂的尺寸，即颗粒尺寸大于 3mm 时，催化剂的内部效率因子远小于 1。选用小尺寸，具有高$\frac{S_p}{V_p}$值的催化剂颗粒可降低内部扩散的影响。但由于通过固定床层的压力降与颗粒尺寸的 2～3 次方成反比，随着颗粒尺寸减小床层压力降将急剧上升，这是固定床反应器中减小颗粒尺寸的主要限制因素。通过对床层压力降及内部扩散影响的权衡，一般工业固定床反应器使用的球形催化剂颗粒粒径不小于 2mm。对不同形状和大小的挤条催化剂，压力降和反应器生产效率的关系如图 9-20 所示。适当的催化剂颗粒的大小和形状将由在最大允许压降范围内达到最小可接受反应速率的要求决定。例如，对图 9-20 所示情况，挤压圆柱不能同时满足压降和反应速率的要求，因此不必考虑。而一定尺寸范围内的轮辐形催化剂是可以使用的，特定尺寸的三叶草挤条也勉强可以使用。轮辐形和三叶草形催化剂在反应速率-压降关系方面优于圆柱挤条是因为它们具有较高的$\frac{S_p}{V_p}$值。但这些形状的催化剂也有它们各自的缺点，因此并非在所有情况下它们都是优先选用的。

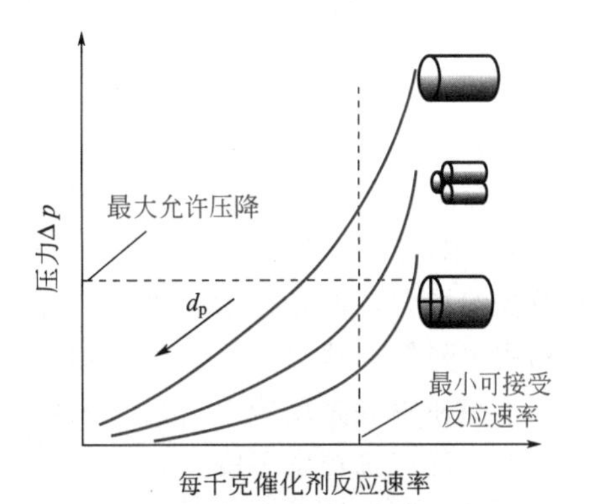

图 9-20　几种固定床催化剂的反应速率和压降的关系

如图 9-21 所示为不同形状的催化剂制造费用与表面积-体积比之间的关系。由图可见，简单的圆柱挤条的制造费用是最低的。图 9-21 还表明，要同时满足最高的$\frac{S_p}{V_p}$值和最低的制造费用的要求，可以考虑圆柱挤条和三叶草挤条。

对固定床反应器，催化剂颗粒的强度也是一个需要考虑的重要因素。颗粒应能承受其上面的床层质量和压降加于它的压力。这种强度可以对单颗粒催化剂进行测定，也可对一小型颗粒床层进行测定。图 9-22 为不同形状和大小的挤条催化剂的强度和$\frac{S_p}{V_p}$值之间的关系。由图可见，形状比较复杂的异形催化剂的强度较差。在如图所示的情况中，三种催化剂都能满足强度和$\frac{S_p}{V_p}$值的最低要求。其中圆柱形和三叶草挤条的催化剂强度相对更好。

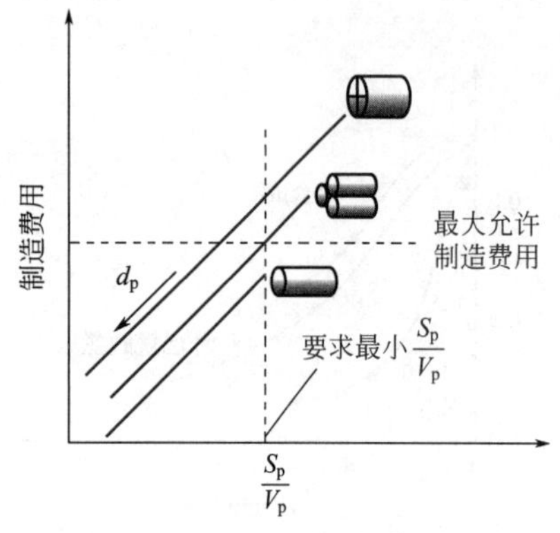

图 9-21 几种固定床催化剂的制造成本与表面积的关系

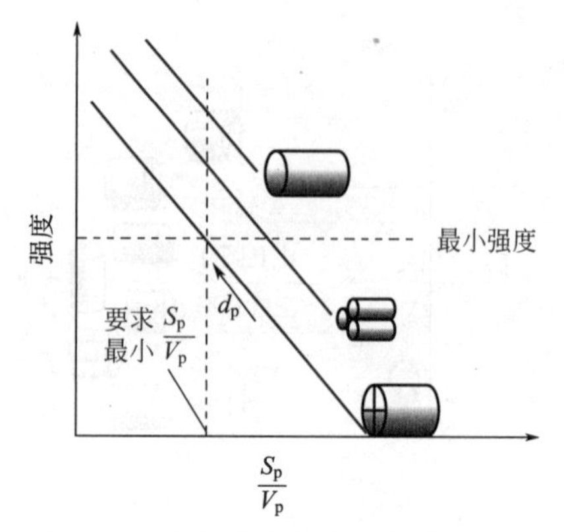

图 9-22 几种固定床催化剂的强度与比表面积的关系

9.7.2 催化剂颗粒内的活性组分分布方式

在催化剂的内扩散影响较小时，为提高单位体积催化剂床层的催化活性，催化剂的活性组分通常被均匀地负载在载体颗粒上。但随着化工装置的大型化和高活性催化剂的不断发现，固定床反应器的空速和线速度都逐步提高，为避免床层压降过度增加，催化剂的颗粒有逐步增大的趋势。随着催化剂粒径的增大，传统的活性组分均匀分布催化剂的缺点日益明显。因为随着粒径的增大，西勒模数增大，内部效率因子减小，催化剂活性组分尤其是贵金属组分的有效利用率降低，这对于降低催化剂生产成本及提高企业经济效益都是非常不利的。

当存在串联副反应时，过长的反应路径及内部传递阻力的增加还可能造成串联副反应产物增加，反应选择率下降。

为了克服活性组分均匀分布催化剂的缺点，提出了一种活性组分集中分布在外表面，而内核为惰性组分的催化剂，这种催化剂常被形象地称为**“蛋壳型”**催化剂，如图 9-23(b) 所示。蛋壳型催化剂由于其活性中心集中在催化剂的表面，因而在许多表面快反应和扩散控制的反应中表现出了优异的催化性能，如在费托合成反应中，Shell 公司开发了蛋壳型的 Co 催化剂；在醋酸乙烯的生产中，中国石化上海石油化工研究院开发的 CT Ⅴ-Ⅳ型催化剂和德国拜耳公司开发的 Bayer-Ⅲ催化剂，都是蛋壳型：在乙苯脱氢制备苯乙烯的生产过程中，UOP 公司将蛋壳型 $PtSn/Al_2O_3$ 催化剂用于副产物 H_2 的选择性催化燃烧反应，从而提高乙苯的转化率，亦取得了较好的效果。

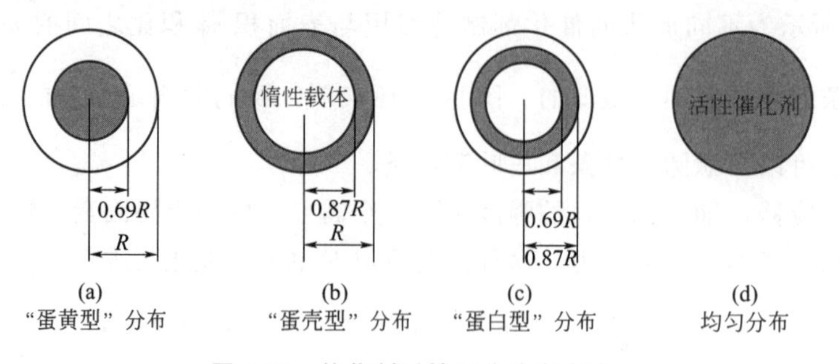

图 9-23 催化剂活性组分分布方式

蛋壳型的催化剂对于两类中毒有很好的抑制作用：①催化剂孔中心中毒，这类中毒是由于反应的深度进行或者反应产物脱附较慢所致，往往催化剂的中心首先失活，然后逐步向外发展。这类中毒对于活性组分呈蛋壳型分布的催化剂影响较小，因而蛋壳型催化剂具有较长寿命。②均匀中毒的催化剂颗粒，这类中毒主要是由于反应热引起的。当活性中心分布于催化剂内部较深的位置时，在这类活性中心上发生反应产生的反应热难以扩散出去，造成催化剂局部过热，从而对催化剂造成一定的改变或破坏，使其失活。而蛋壳型分布的催化剂由于活性中心分布于表面，反应热很容易扩散开来，不会引起催化剂局部过热而导致失活，因而也能获得更好的催化反应稳定性和使用寿命。

Corbett 等曾对活性组分分布方式对简单一级反应的内部效率因子和对串联反应选择率的影响进行过理论分析。他们假设了四种活性组分分布方式：①活性组分集中分布在外表面，$a=4x^9$，式中 a 为活性组分分布密度，x 为距颗粒中心的无量纲距离；②活性组分分布密度由颗粒中心向外表面线性增加，$a=4x/3$；③活性组分均匀分布，$a=1.0$；④活性组分分布密度由颗粒中心向外表面线性递减，$a=2.5-2x$。对不可逆一级反应，上述四种催化剂的效率因子与西勒模数的关系如图 9-24 所示。由图可见，效率因子随活性组分向颗粒外表面集中而增加。对串联反应 A $\longrightarrow$B$\longrightarrow$C，上述四种催化剂的选择率（B 为目的产物）与西勒模数的关系如图 9-25 所示。由图可见，活性组分向颗粒外表面集中有利于提高串联反应的选择率。

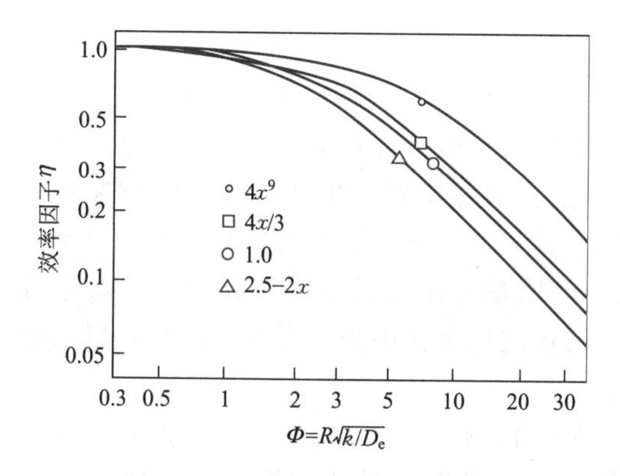

图 9-24　活性组分分布方式对一级不可逆反应效率因子的影响

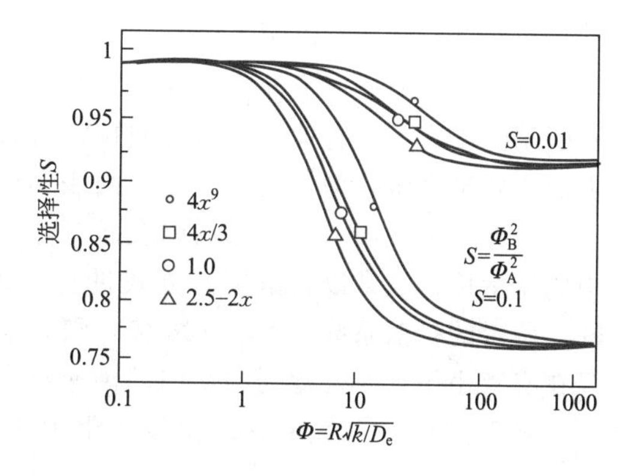

图 9-25　活性组分分布方式对串联反应效率因子的影响

但是，Corbett 等发现活性组分向颗粒外表面集中可能造成催化剂的失活。因此，在确定活性组分的分布方式时必须综合考虑反应动力学、扩散阻力（西勒模数的数值）、主反应和副反应的相对速率、催化剂的失活机理、对催化剂活性和选择率的稳定性的要求、对产物浓度水平的要求以及催化剂制造成本等多方面的因素。

通过适当选择活性组分分布方式，“蛋壳型”催化剂的性能通常优于活性组分均匀分布的催化剂，因此，这类催化剂在工业上的应用日益广泛。但蛋壳型催化剂活性组分分布于催化剂颗粒表层，若活性组分对反应气体中的某些杂质较为敏感，易中毒失活，这种情况下，**蛋黄型**催化剂是较好的选择，可有效延缓催化剂失活，如图 9-23(a) 所示。另外，对于负级数反应，如 CO 在贵金属催化剂上的氧化反应，适当的内部传质阻力对于改善催化剂性能也是有利的，在考虑催化剂活性组分分布形态时，也可采用蛋黄型催化剂。

工业上也有活性组分分布方式介于“蛋壳型”和“蛋黄型”之间的催化剂，即催化剂的外层和内核均为惰性载体，活性组分位于两者之间，这类催化剂也被形象地称为“蛋白型”催化剂，如图 9-23(c) 所示。对不同活性组分分布形态的 NiO/γ-Al_2O_3 催化剂脱硫性能的研究表明，蛋白型催化剂的催化脱硫效果明显优于蛋壳型和蛋黄型催化剂。原因在于，蛋壳型催化剂负载的 NiO 在最表层，反应一段时间后，催化剂容易中毒失活，导致脱硫性能降低。蛋黄型催化剂中，NiO 位于载体内层，脱硫反应主要是外层的 γ-Al_2O_3 与 SO_2 接触，内层的 NiO 不能及时对二氧化硫脱硫体系起到催化作用。而蛋白型催化剂结合了两者的优点，使催化剂活性组分与二氧化硫能充分接触。在保持较高脱硫效率的同时，能延缓催化剂中毒时间。

9.7.3 催化剂的孔径分布

催化剂的孔径分布及内表面积的工程设计应根据反应和反应器特征、催化剂的活性温度范围、成本、选择率、转化率等因素综合考虑。

对于少数活性很高的催化剂，例如用于氨氧化反应的铂或铂合金催化剂，过程由外扩散控制，反应物一经达到催化剂外表面即被反应掉。在这种情况下，催化剂应采用无孔的，因为在催化剂内部的孔会导致机械强度下降。为增加催化剂的外表面积，当这类催化剂为金属时，一般都制成网状。

但是绝大多数固体催化剂都采用多孔结构，活性组分主要分布在催化剂内孔的表面上，多孔结构对催化剂的活性和选择率都有重大影响。

通常催化剂颗粒内包含**微孔**（孔径＜10nm）和**粗孔**（孔径＞100nm）两类。微孔的孔径大小与所用的载体及催化剂的制备方法有关，而粗孔的孔径大小则与催化剂粉末压制成型时所用的压力大小有关。将催化剂颗粒内的孔区分为微孔和粗孔具有重要意义。催化剂的内表面主要是由微孔提供的，一般占内表面的 90％以上，这意味着催化剂的活性中心主要分布在微孔的内表面上，粗孔的内表面对催化剂活性的贡献相对而言是不重要的。但由于粗孔中的质量传递通常以自由扩散方式进行，而微孔中的质量传递通常是以努森扩散方式进行的，两者的扩散系数相差约 100 倍，组分在粗孔中的传递比微孔中容易得多。而且，粗孔的存在有减小组分在催化剂颗粒内部传递阻力的功效。

由于催化剂的活性中心和传递阻力主要集中在微孔内，因此微孔孔径的大小对催化剂的性能有更重要的影响。微孔的孔径小，比表面积大，能负载更多的活性组分，有利于提高催化剂的活性。但孔径太小不利于反应物向催化剂内部扩散，也不利于反应产物扩散离开催化剂，又会限制催化剂活性的发挥。图 9-26 为中压法聚乙烯催化剂的孔径与聚乙烯生成速率的关系。由图可见，当催化剂平均孔径为 16nm 时，催化剂的活性最高；当孔径小于 16nm 时，聚乙烯生成速率随孔径的增大而增加，说明此时孔径增大有利于聚乙烯分子自催化剂内部向外扩散起主导作用；当孔径大于 16nm 时，聚乙烯生成速率随孔径的增大而减小，说明此时孔径增大使活性组分的负载量减少起主导作用。

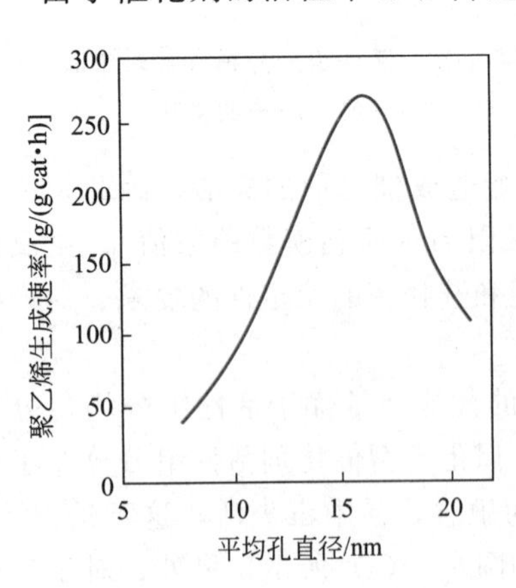

图 9-26 催化剂平均孔径与聚乙烯生成量的关系

通常，当催化剂活性组分的活性较高时，催化剂结构宜采用大孔径、小比表面积；反之，当活性组分的活性较低时，催化剂结构宜采用小孔径、大比表面积。在催化剂的制备中，为达到要求的孔结构，主要途径是选择合适的载体。工业上常用的催化剂载体大体上可分为大比表面积载体（活性炭、硅胶、活性氧化铝等）、小比表面积载体（硅藻土、氧化镁等）和支持物（刚玉、熔铜等）三类。

根据催化剂内扩散阻力对复杂反应选择率的影响，不难推测催化剂颗粒内孔径大小对复杂反应选择率的影响，对平行反应，当主反应级数高于副反应级数时，催化剂孔径小不利于反应的选择率；当主反应级数低于副反应级数时，催化剂孔径小有利于反应的选择率；当主反应级数和副反应级数相同时；孔径对选择率没有影响。对串联反应，催化剂孔径小一般将使选择率降低。

对一级串联反应 $A \xrightarrow{k_1} B \xrightarrow{k_2} C$，当排除内扩散影响，$\eta_2=1$ 时，产物B的收率 y_B 和A的转化率 x_A 的关系为

$$y_B=\frac{1}{\frac{k_2}{k_1}-1}\left[(1-x_A)-(1-x_A)^{\frac{k2}{k1}}\right] \tag{9-181}$$

而当内扩散影响严重，$\eta_2=\frac{3}{\Phi}$时，产物B的收率 y_B 和A的转化率 x_A 的关系为

$$y_B=\frac{1}{\sqrt{\frac{k_2}{k_1}}-1}\left[(1-x_A)-(1-x_A)^{\sqrt{\frac{k2}{k1}}}\right] \tag{9-182}$$

当$\frac{k_1}{k_2}=4.0$时，式(9-181）和式(9-182）的标绘如图9-27所示，由图可见，当内扩散影响严重时，产物B的收率将明显下降。因此，要提高目的产物B的收率，不宜采用细孔和大颗粒催化剂。

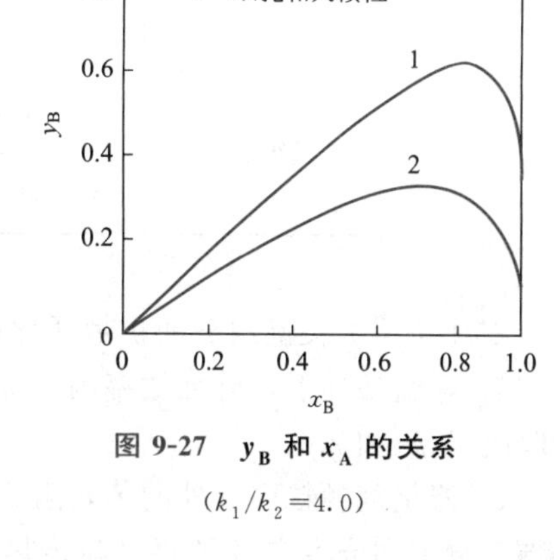

图 9-27 y_B 和 x_A 的关系

($k_1/k_2=4.0$)

对于带深度氧化副反应的烃类氧化反应，如乙烯在银催化剂中氧化合成环氧乙烷，如果催化剂细孔过多，内扩散阻力增大，会导致颗粒内温升过大而加剧副反应，从而降低环氧乙烷的选择率。

分子筛催化剂是一种具有规整结构和均一孔径的催化剂。当分子筛的孔径和反应组分的分子直径很接近时，分子直径的微小差异即可引起扩散系数的很大变化，这种特性已被用于形状催化剂的开发，可使反应选择率大幅度提高。石油加工中馏分油的流化催化裂化使用分子筛催化剂，其孔径对于选择性至关重要。

本章小结

1. 本章讨论了气固相催化反应过程的宏观动力学因素——催化剂颗粒内、外传质和传热。传质和传热是非均相反应过程伴生的现象，它起因于反应物料在催化剂颗粒内、外表面与流体主体之间存在的传质和传热阻力。

2. 催化剂颗粒内、外传质和传热对反应结果的影响可以用效率因子表达，也可采用表观动力学形式将其包括在内。表观动力学按尺度可分为颗粒表观动力学、床层表观动力学。颗粒表观动力学是指消除颗粒外部传递阻力的表观动力学。床层表观动力学则是包括颗粒内外传递阻力甚至包括不均匀流速分布等因素的表观动力学。

3. 颗粒内、外存在传质阻力的结果是使催化剂表面上反应物浓度下降，产物浓度上升。其对反应速率和选择率的利弊取决于影响反应速率和选择率的浓度效应。

4. 对于多组分反应系统，颗粒内、外表面上（即反应场所）的反应物浓度配比因各组分极限扩散速率的差异而改变。通过有意识地造成某组分的传质阻力增大，使催化剂颗粒表面浓度配比发生很大变化，从而为反应选择率的提高提供了一个有效的工程手段。

5. 对单组分反应，表观动力学方程中的表观活化能 $\overline{E}$ 与本征反应活化能 E，表观反应级数 $\overline{n}$ 与本征反应级数 n 之间的关系分别为：若忽略内扩散阻力影响，外扩散控制时：$\overline{E}\approx E_D$，$\overline{n}\approx 1$；若忽略外扩散阻力，内扩散影响严重时：$\overline{E}\approx\dfrac{E+E_D}{2}$，$\overline{n}\approx\dfrac{1+n}{2}$。

6. 对双组分反应，表观反应活化能 $\overline{E}$ 与本征反应活化能 E，关键组分的表观反应级数 $\overline{n}$ 与本征反应级数 n，非关键组分的表观级数 $\overline{m}$ 与本征反应级数 m 之间的关系分别为：

表观动力学特征		忽略内扩散阻力 且外扩散控制时	忽略外扩散阻力 且内扩散影响严重时
表观活化能		$\overline{E}\approx E_D$	$\overline{E}\approx\dfrac{E+E_D}{2}$
表观级数	关键组分	$\overline{n}\approx 1$	$\overline{n}\approx\dfrac{1+n}{2}$
	非关键组分	$\overline{m}\approx 0$	$\overline{m}\approx\dfrac{m}{2}$

其中 E_D 为关键组分的扩散活化能。

7. 等温条件下，外部效率因子 η_1 取决于 Da，内部效率因子 η_2 取决于 Φ，总效率因子 η 取决于 η_1 和 η_2。

8. 催化剂颗粒内、外的传热阻力是影响温度效应的工程因素。颗粒内部传热主要靠热传导，颗粒外部传热主要靠对流传热。在多数工业装置中可以不考虑颗粒内部温差。颗粒外表面与流体主体间可能存在传热阻力，它的极限温差对气固系统约等于绝热温升 ΔT_{ad}。绝热温升是催化剂颗粒尺度放热强弱的判据，仅由物系性质所决定。

9. 颗粒外部存在传热阻力的结果是：对放热反应，使催化剂外表面反应温度上升，$T_{es}>T_b$；对吸热反应，使催化剂外表面反应温度下降，$T_{es}<T_b$。其对反应速率和选择率的利弊取决于影响反应速率和选择率的温度效应。

10. 非等温条件下，由于催化剂颗粒内、外存在传热阻力，会出现外部和内部效率因子（η_1，η_2）大于1的情况，这种现象只是反映反应场所温度高于参照基准的温度。

11. 根据催化剂颗粒内质量传递和热量传递对反应结果的影响，应考虑固体催化剂结构形态设计的有关内容，如催化剂的形状、粒度和粒度分布、活性组分的分布方式和孔结构等。

习 题

本书二维码

9-1 等温固定床反应器内进行气固相催化反应 A ⟶ P，反应为一级反应，已知反应器直径为 10mm。进口气体流量为 36L/h，催化剂颗粒直径为 1mm，在反应温度下，反应速率常数 $k=0.1\text{s}^{-1}$（以催化剂体积为基准）。假定反应物系气体密度为 1kg/m^3，黏度为 $3\times10^{-5}\text{Pa}\cdot\text{s}$，扩散系数为 $4\times10^{-5}\text{m}^2/\text{s}$，试估计外部效率因子 η_1。

9-2　在流化床反应器中进行气固相催化反应，反应速率方程为 $(-r_A)=kc_A$，已知 $k=0.741\text{s}^{-1}$，气速为 0.2m/s，气体扩散系数为 $8\times10^{-5}\text{m}^2/\text{s}$，气体密度为 0.558kg/m^3，黏度为 $3\times10^{-5}\text{Pa}\cdot\text{s}$，床层空隙率 $\varepsilon=0.5$，颗粒平均直径为 $4\times10^{-4}\text{m}$，流化床传质关联式为 $Sh=2+0.6Re^{1/2}Sc^{1/3}$，试估计外部效率因子 η_1。

9-3　一级流-固催化反应，在 $d_p=5\text{mm}$ 的球形催化剂上进行，床层空隙率 $\varepsilon=0.4$，流体线速度为 $u=0.1\text{m/s}$，以床层计的反应速率常数 $k=0.5\text{s}^{-1}$，计算下列两种情况下外扩散的影响？(1) 流体混合物平均密度 $\rho_g=1\text{kg/m}^3$，黏度 $\mu=3\times10^{-5}\text{Pa}\cdot\text{s}$，扩散系数为 $D=4\times10^{-5}\text{m}^2/\text{s}$。(2) 流体混合物平均密度 $\rho_f=10^3\text{kg/m}^3$，黏度 $\mu=10^{-3}\text{Pa}\cdot\text{s}$，扩散系数为 $D=8\times10^{-10}\text{m}^2/\text{s}$。

9-4　乙烯直接水合制乙醇的反应速率式为 $(-r_A)=kc_A$，在 300℃、7MPa 条件下，有效扩散系数 $D_e=7.04\times10^{-4}\text{cm}^2/\text{s}$，反应速率常数 $k=0.09\text{s}^{-1}$，采用粒径为 5mm 的球形颗粒催化剂，试估计颗粒内扩散影响程度。

9-5　在直径为 2.4mm 的催化剂颗粒上进行气固相催化反应，反应为一级，已知颗粒有效扩散系数 $D_e=5\times10^{-5}\text{cm}^2/\text{s}$，反应物浓度为 20mol/m^3，测得表观反应速率 $R=10^5\text{mol}/(\text{m}^3\ \text{cat}\cdot\text{h})$。忽略外部传递阻力，试估计内部传递阻力影响程度。

9-6　某一气固相催化反应，反应速率式为 $(-r_A)=kc_A$，若反应速率 $(-r_A)=10^{-6}\text{mol}/(\text{cm}^3\ \text{cat}\cdot\text{s})$，反应物浓度 $c_A=10^{-2}\text{mol/L}$，$D_e=10^{-3}\text{cm}^2/\text{s}$。如要求内部传递阻力忽略不计，则所用催化剂直径为多少？

9-7　推导一级可逆反应 $\text{A}\underset{k_2}{\overset{k_1}{\rightleftharpoons}}\text{B}$ 的球形催化剂颗粒内部效率因子表达式

$$\eta_2=\frac{3}{\Phi}\left(\frac{1}{\tanh\Phi}-\frac{1}{\Phi}\right)$$

式中

$$\Phi=r_p\sqrt{\frac{k_1+k_2}{D_e}}$$

9-8　某一气固相催化反应 $\text{A}\longrightarrow\text{P}$，反应为一级，催化剂颗粒直径为 2.5mm，在 700K 时 $k=0.23\text{s}^{-1}$，气流中反应物分压为 0.1MPa，颗粒内部有效扩散系数 $D_e=1.2\times10^{-6}\text{m}^2/\text{s}$，(1) 试估计催化剂颗粒内部有效因子 η_2。(2) 若催化剂活性提高一倍，D_e 为 $7\times10^{-7}\text{m}^2/\text{s}$，问此时催化剂用量为原用量的多少倍？(3) 若催化剂活性提高一倍，D_e 为 $7\times10^{-7}\text{m}^2/\text{s}$，如果要求 η_2 不变，问催化剂颗粒大小为多少？

9-9　在固体催化剂上进行 A 的分解反应，已知颗粒直径 $d_p=2.4\text{mm}$，固体颗粒与气体给热系数 $h=167.2\text{kJ}/(\text{m}^2\cdot℃\cdot\text{h})$，传质系数 $k_g=300\text{m}^3/(\text{m}^2\ \text{cat}\cdot\text{h})$，颗粒有效扩散系数 $D_e=5\times10^{-5}\text{m}^3/(\text{m}\cdot\text{h})$，颗粒有效热导率 $h=1.672\text{kJ}/(\text{m}\cdot℃\cdot\text{h})$。

反应参数：$(-\Delta H)=167.2\text{kJ/mol A}$，$c_{Ab}=20\text{mol/m}^3$(0.1MPa，336℃)，$R=10^5\text{mol}/(\text{m}^3\cdot\text{h})$。

求：(1) 气膜阻力是否有影响？(2) 内扩散阻力是否有强的影响？(3) 估计颗粒内部温度差以及颗粒表面与气流主体的温度差。

9-10　在一转框反应器中测得气固相催化反应实验数据如下表

No.		1	2	3
进料流量	V	8	9	6
进口浓度	c_{A0}	3	4	4
出口浓度	c_{Af}	2	2	2
催化剂质量	W	4	9	3
颗粒直径	d_p	2	2	1
转速	N	200	500	500

若颗粒温度均匀，且等于气流主体温度，试分析内、外传递阻力情况。

9-11 在一转框反应器中进行气固相催化反应实验，得到下列数据

No.	粒径	出口反应物浓度	转框转速	反应速率
1	1	1	800	3
2	3	1	400	1
3	3	1	800	1

试说明该反应内、外传递阻力情况。

9-12 在循环反应器中进行等温实验，所有实验出口组成相同，其余实验数据如下表所示

No.	催化剂质量 W	颗粒直径 d_p	进料流量 v	循环比 β	反应速率 R
1	1	1	1	25	4
2	4	1	4	20	4
3	1	2	1	20	3
4	4	2	4	25	3

试分析内、外传递阻力情况。

9-13 用直径6mm的球形颗粒催化剂进行一级不可逆反应，气相主体中反应物A的摩尔分数为0.5，操作压力0.10133MPa，温度为500℃，已知单位体积床层的反应速率常数$k=0.333s^{-1}$，床层空隙率为0.5，组分A的粒内有效扩散系数$D_e=2.96\times10^{-3}cm^2/s$，外扩散系数为40m/h，求：(1) 催化剂外表面浓度c_{Aes}，并判断外扩散影响程度。(2) 催化剂的内表面利用率，并判断内扩散影响程度。(3) 计算表观反应速率。

9-14 在$Pt/\gamma\text{-}Al_2O_3$催化剂上进行甲烷氧化反应，对甲烷为一级反应，对氧为零级反应。催化剂为球形颗粒，直径为6mm，若反应在0.10133MPa及450℃等温下进行，反应速率常数$k=10s^{-1}$，试计算内部效率因子，若改用直径为4mm的球形颗粒，则内部效率因子为多大？已知物料在孔内有效扩散系数$D_e=0.03368cm^2/s$。

9-15 在70℃下用不同粒度的催化剂进行气固相催化反应实验，测得反应速率常数如下表所示

70℃时不同粒度催化剂		1mm催化剂的不同温度	
d_p/mm	k/min^{-1}	温度 T/℃	k/min^{-1}
1	0.134	50	0.032
0.715	0.168	60	0.067
0.5	0.226	70	0.134

试求反应的本征活化能。

9-16 苯加氢制环己烷的催化反应，反应温度为150℃，测得反应速率常数$k=5s^{-1}$，有效扩散系数$D_e=0.2cm^2/s$。求：(1) 当颗粒直径为100μm时，内扩散影响是否排除？(2) 欲保持催化剂内部传递效率$\eta_2=0.8$，则催化剂颗粒直径应该是多少？

第10章

热量传递与反应器的热稳定性

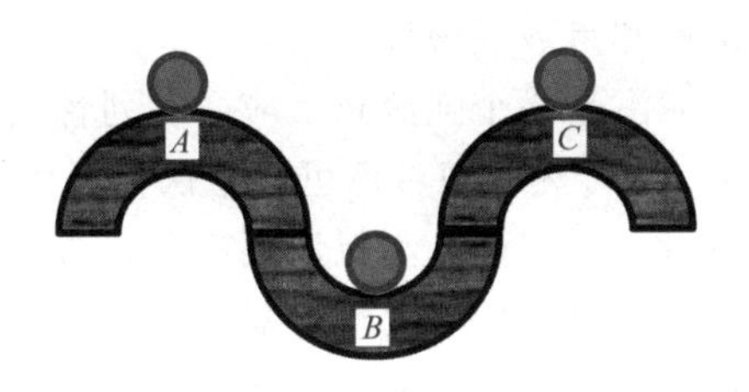

在自然界，稳定性是常见的问题。以力学系统稳定性为例，图中处于点A、B、C的小球在没有扰动时都可能保持平衡。但受到扰动后，如对A或C点的小球施加一个微小的、瞬时的力，小球将滚落，并且不能再自动回到原位置，因此这两点是不稳定的。而位于B点的小球，虽然也会因扰动而偏离B点，但在扰动消失后，小球会重新回到B点（只要扰动不是太大），因此B点是稳定的。

化学反应器也有稳定性问题。设想一个强放热反应在定常态操作，当外界某一扰动使得反应温度升高，放热速率随反应温度以指数关系快速上升，而移热速率仅随温差以线性关系上升，则放热速率将大于移热速率，从而反应温度进一步上升。恶性循环严重时将出现反应器爆炸事故。因此，反应器设计和操作时须考虑稳定性问题，避免因失稳而引起安全事故。

在之前讨论的反应器或催化剂颗粒热质传递时，都假定反应系统处于定态操作，操作参数没有波动或者受到扰动，从而无需讨论系统的稳定性问题，使问题得以简化。

一般说来，为使反应器保持在给定的温度条件下操作，它必须具备足够的传热能力以便把反应产生的热量带走，即要求反应的放热速率等于移热速率，保持热平衡状态。如果反应器的传热问题只是要求选择适当的传热温差，确定传热系数和计算传热面积，那么它在一般的化学工程中已经解决，无需在反应工程中再作专门讨论。实际上，由于工业反应过程不可能恒定在一个操作点上操作而不出现任何波动或者受到扰动，当传热过程与放热反应同时进行而发生相互交联时，就会出现两个新的问题——热稳定性和参数灵敏性问题。对于强放热反应，这两个问题往往是反应器设计和操作的关键，即在反应器设计和操作中不仅要考虑热平衡而且要着重考虑热稳定条件和参数灵敏性。

例如，苯氧化制顺丁烯二酸酐是一个强放热反应，在列管式固定床反应器中进行这一反应时，反应温度在400℃左右，从传热常识考虑可能会认为可用冷水进行冷却，以便用较小的换热面积移走反应放出的热量，但工业上为保证反应器正常操作却必须用温度为380℃左右的熔盐作冷却介质。又如在一连续搅拌釜式反应器中进行一放热反应，当进料温度因某种扰动而略有下降，转化率也随之下降时，从常识考虑可能会认为只要采取措施使进料温度恢复原值，反应器就能恢复原操作状态。实际上却并不一定如此，反应温度和转化率可能会继续下降，直至反应完全停止。

出现上述反常的现象和反应器的热稳定性与参数灵敏性有关。化学反应器内的传热问题与一般的加热、冷却或换热过程中的传热问题有一个**重要的区别**，就是反应器内的反应过程和传热过程之间的相互交联作用。对定态操作的放热反应过程，放热速率与移热速率达到平衡。当某些外界因素使得反应温度升高时，根据阿伦尼乌斯公式可知反应速率随之按指数关系加快，而根据传热公式也可知移热速率随温差变大而线性增大，两者增加的幅度是不同的，可能的结果是反应放热速率大于移热速率，这就促使反应温度进一步上升，因而就有可能出现如下的恶性循环：

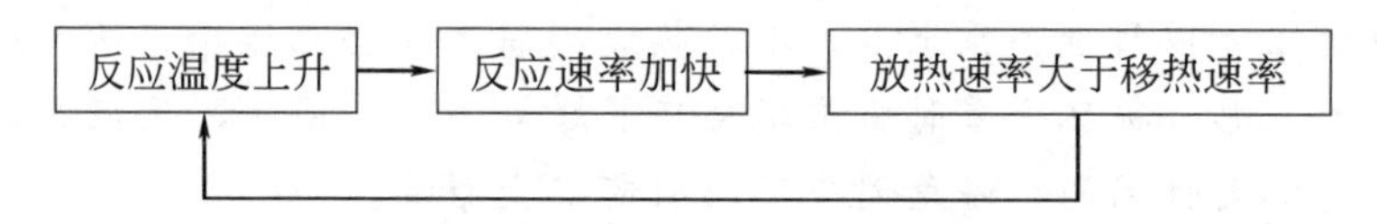

当然，这种恶性循环是吸热反应所没有的，也是一般换热过程中所不存在的一类特殊现象。这种现象的存在对传热和反应器的操作、控制都提出了特殊的要求。

稳定性和灵敏性问题的系统研究起始于20世纪50年代并一直延续至今，它们是化学反应工程的一项重要成就。本章将就放热反应过程的这些问题分别进行阐述。

10.1 热稳定性和参数灵敏性的概念

如果一个反应器是在某一平衡状态下设计并进行操作的，那么就传热而言，这个反应器就是处于**热平衡状态**，即反应的放热速率应该等于移热速率。只要这个平衡不被破坏，反应器内各处温度将不随时间而变化，处于定常状态。

但是，反应器在操作过程中的各有关参数，不可能始终严格保持在给定值，总会有各种偶然的原因而引起波动，这种波动常常称为**扰动**。扰动表示如流量、进口温度，冷却介质温度等有关参数短暂的变动，它不是人为的调节，而是自然的变动。如果某个短暂的扰动使反应器内的温度产生了一个微小的变化，例如有一个微小的上升，那么当扰动消失之后，原来处于平衡状态下的反应器会发生怎样的变化呢？当然，其变化不外乎两种情况：一是反应温度会自动返回原来的平衡状态，此时称该反应器是**热稳定**的，或是有自衡能力的；二是该温度将继续上升直到另一个平衡状态为止，此时称该反应器是不稳定的，或无自衡能力的。二者虽然都是热平衡的，但是一个是稳定的，而另一个是不稳定的。可见，平衡和稳定是两个不同的概念。平衡不等于稳定。平衡有两种：稳定的平衡和不稳定的平衡。

反应器的稳定与否对反应器操作有极为重要的意义。如果反应器是稳定的，那么只要有关参数基本上保持在给定值，即使短暂的扰动使反应器温度发生了偏离，也无需对温度进行专门的调节，因为在扰动消失后它能自动返回原来的平衡状态。对于不稳定的反应器，则必须增设附加的调节装置使它回到原来的平衡状态，否则它将自动地愈离愈远而无法正常操作。

一般说来，热稳定条件要比平衡条件苛刻得多。热平衡条件要求移热速率等于反应的放热速率，因此，可以采用很大的传热温差，以减少必需的传热面积，从而简化了反应器的结构。而热稳定条件则给传热温差以限制，要求传热温差小于某个给定值，因而大大增加了所需的传热面积，使反应器结构大为复杂化。由此不难理解在苯氧化反应器中反应温度为400℃时，为什么要用380℃的熔盐作冷却介质，当传热温差为20℃时，若反应温度升高1℃，移热速率将增加5%，若传热温差为200℃，反应温度升高1℃，移热速率只增加0.5%。

当然，为了简化反应器结构，也可以不满足热稳定条件而通过自控措施随时间调节，实现所谓**闭环稳定**。但是，此时设计者必须确保反应器是可控的或易控的，否则对自控系统会有过高的或不切实际的要求，反而得不偿失。

热稳定性问题，严格地说是属于动态问题。但是按动态问题处理超出了作为化学反应工程基本原理的范围，因此本章只用定态方法作不太严格的讨论。

即使反应器满足热稳定条件，仍然还有一个参数灵敏性问题。所谓**参数灵敏性**指的是各有关参数如流量、进口温度和冷却介质温度等作微小调整时，反应器内温度或反应结果将会有多大变化？

值得注意的是，参数灵敏性和热稳定性是两个不同的概念。热稳定性是对微小的短暂的扰动而言的；参数灵敏性则是对微小的但是持久的调整而言的。其差别如图10-1所示。

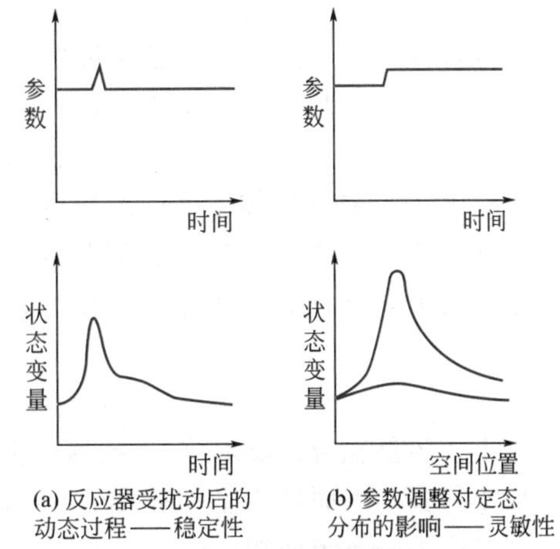

图10-1　化学反应器稳定性和灵敏性的区别

参数灵敏性对反应器的操作同样具有重要的现实意义。如果反应器的参数灵敏性过高，那么对参数的调整就会有过高的精度要求，使反应器的操作变得十分困难。因此，在反应器的设计中，确定设备尺寸和工艺条件时必须设法避免过高的参数灵敏性。

总之，无论是热稳定性还是参数灵敏性，两者都给反应器的设计施加了限制。如果不予重视，往往会使设计的反应器无法操作。

反应过程的传热问题，同样可按其尺度分为如下两类问题：①颗粒尺度的热量传递；②设备尺度的热量传递。

前者如催化剂颗粒与它周围流体之间的传热过程。后者如连续搅拌釜式反应器内外传热过程，或管式固定床反应器中管外冷却介质（或加热介质）移走（或供应）管内反应热的过程。

下面将分别讨论催化剂颗粒、连续搅拌釜式反应器和管式固定床反应器的反应与传热问题。

10.2 催化剂颗粒温度的热稳定性

10.2.1 催化剂颗粒的定态温度

现以固定床反应器内的催化剂颗粒为例，考察颗粒尺度的热量传递问题。气固相催化反应是在固体催化剂的表面上发生的。因此，反应热必定在催化剂颗粒表面上释放出来，这些反应热必须及时移走，才能使催化剂颗粒保持定态温度。通常，催化剂颗粒自身的导热性足以保持颗粒内部温度的均匀一致，即颗粒内部的传热足够快，控制的因素主要在颗粒的外部。

固体催化剂颗粒一方面与其周围的流体进行对流传递，另一方面又同其他颗粒相接触，在接触点上通过热传导作用以传出反应热。但是颗粒之间原则上只能保持点接触的形式，即接触面积甚小，因此颗粒间的接触导热作用甚微，可以忽略不计。唯一有效的散热途径是与周围流体的对流传热作用。

催化剂颗粒要维持定态操作就必须使颗粒表面上的反应放热速率等于颗粒向周围流体的传热速率，这就是催化剂颗粒温度的**定态条件**。

当流体主体中反应物浓度给定时，反应放热速率为

$$Q_g=(-\Delta H)RV_p \tag{10-1}$$

式中，Q_g 为催化剂颗粒的放热速率；R 为催化剂颗粒的表观反应速率；V_p 为催化剂颗粒体积。

正如前面所述，在反应温度较低的条件下，极限反应速率可以比极限扩散速率小得多，此时过程为反应控制阶段，以简单不可逆反应为例，它的放热速率可表达成

$$Q_g=(-\Delta H)kc_b^nV_p \tag{10-2}$$

式中，c_b 为反应物在流体主体中的浓度。显然，反应放热速率与温度的关系呈指数曲线的形式，如图 10-2 中的虚线所示。但是放热速率曲线不会无限上升，随着温度的升高，极限反应速率增大，以致最后使过程由化学反应控制转变为扩散控制，扩散控制时的反应放热速率为

$$Q_g=(-\Delta H)k_gac_bV_p \tag{10-3}$$

这里，虽然颗粒传质系数 k_g 随温度仍有一定的增加，但是与反应速率常数的温度关系相比要小得多，因而放热速率曲线在扩散控制阶段变得平坦了。由此可见，实际的颗粒放热速率曲线必为一 S 形曲线，就如图 10-2 中的实线。

催化剂颗粒与周围流体间的传热速率为

$$Q_r=ha(T_s-T_b)V_p \tag{10-4}$$

式中，Q_r 为催化剂颗粒的移热速率；h 为催化剂颗粒与周围流体间的传热系数；T_s 为催化剂颗粒表面温度；T_b 为流体主体温度。

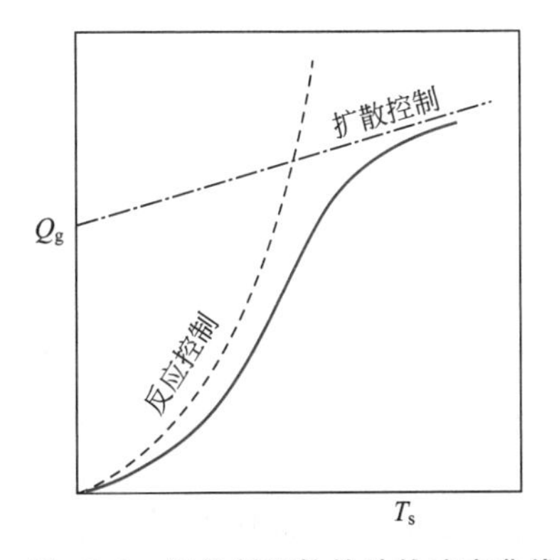

图 10-2　催化剂颗粒的放热速率曲线

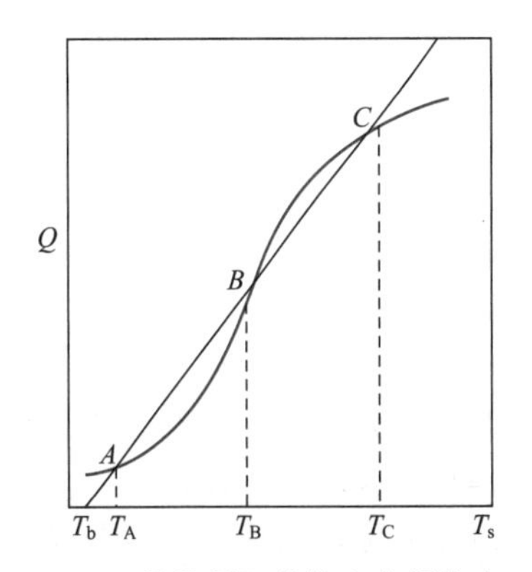

图 10-3　催化剂颗粒的定态操作点

式(10-4) 在图 10-3 中应是一条直线，其斜率等于 haV_p，在 T_s 轴上的交点即为流体主体温度 T_b。

根据上述催化剂颗粒温度的定态条件

$$Q_g=Q_r \tag{10-5}$$

图 10-3 中 S 形的放热速率线与线性的移热速率线的交点即满足上式定态条件，称为催化剂颗粒的定态操作点。

由图 10-3 可以看出，对于最简单的反应情况，在一定条件下，如某一流体主体温度 T_b 下，可以有三个定态点同时满足温度的定态条件。即表明在这一条件下，催化剂可以有三个定态温度，如图 10-3 中的 T_A、T_B 和 T_C，这种现象称为多态。

10.2.2　催化剂颗粒定态温度的稳定条件

虽然从定态角度来看，上述三个可能的状态都满足式(10-5) 的条件，但是它们却具有不同的稳定性，稳定性是表示抗扰动的能力。

首先考察定态点 C 的情况（见图 10-4)。设想由于某种偶然的原因使催化剂颗粒温度 T_C 发生偏离，如果外界的扰动作用使定态温度上升到 T'_C，则从图 10-4 上可以看出，此时定态平衡条件被破坏，移热速率高于反应放热速率，结果当然是使颗粒温度自动降低，最后仍然回复到原来的定态操作温度 T_C。相反，如果外界扰动的结果使定态温度下降到 T''_C，这时的反应放热速率大于移热速率，必使催化剂颗粒温度自动回升，最终仍能回复到原定态点 C。

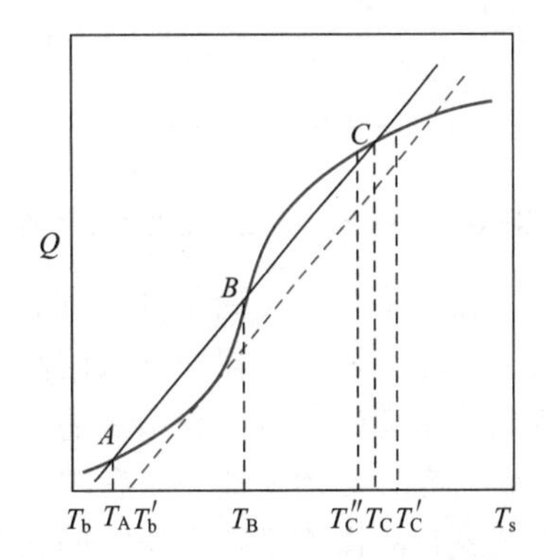

图 10-4　催化剂颗粒的稳定态

由此可见，催化剂颗粒的定态点 C 对外界的扰动作用具有自衡能力，即在扰动消失后能恢复到原来放热和移热的平衡状态，这种定态称为稳定的定态或简称稳定态。进行同样的考察可知，定态点 A 也具有上述这种性质，因而它也是稳定态。

然而定态点 B 的情况则完全相反。一旦外界扰动使其温度高于 T_B，放热速率就大于移热速率，颗粒温度将继续上升，直至 T_C 才能重新达到热平衡。反之，如果扰动使颗粒温度下降，放热速率反而小于移热速率，导致颗粒温度不断下降，直至达到 T_A 为止。这就表明，操作点 B 虽然是定态点，符合式(10-5) 的定态条件，但是它对外界扰动作用没有自衡能力。而在实际操作中，各种扰动的因素是难以避免的，因此定态点 B 在实际反应过程中是不可能自行存在的。所以这种定态是一种不稳定的定态，称为**不稳定态**。

从图 10-4 的曲线形状可知，定态稳定与该定态点上放热速率斜率和移热速率斜率的相对大小有关。定态稳定的条件是

$$\frac{dQ_r}{dT} > \frac{dQ_g}{dT} \tag{10-6}$$

即移热线的斜率大于放热线的斜率。需要指出的是，**斜率条件**只是定态稳定的必要条件之一，并非充分条件。定态稳定的另一个必要条件为动态条件，需要通过热稳定性的动态分析方能得到，这里不作详述。

由此可见，上述三个定态操作点中只有 A 和 C 两个是稳定的。A 常称为**下操作点**，而 C 则称为**上操作点**。

在同样的流体温度和浓度条件下，催化剂存在着两个可能的稳定态温度，而实际上出现哪一个温度则决定于起始的反应条件。如果催化剂颗粒自冷态开始反应，则催化剂温度自低向高逐步上升，最后必然实现下操作点的稳定状态。如果颗粒起始温度高于 T_B，或是由于某种偶然的原因使流体主体温度超过图 10-4 中的 T_b'，从而使颗粒温度大于 T_B，此时即使流体主体温度降回到 T_b 也无济于事，催化剂温度不会再回复到定态点 A，而将维持在上操作点 C 上。

如果工艺条件要求催化剂温度达到 T_B，则由式(10-6) 可知，唯一有效的办法是增大移热速率线的斜率，使其超过放热速率线在 B 点的斜率值，如图 10-5 中的虚线所示。不难看出，与此同时还必须相应提高流体主体温度 T_b。

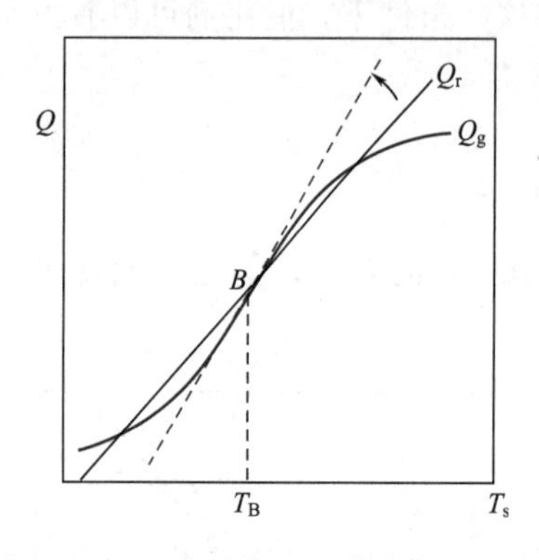

图 10-5 催化剂颗粒的定态稳定条件

从式(10-4) 可以看出，移热速率的斜率即为 haV_p，因而在催化剂颗粒尺寸一定的情况下，提高移热速率斜率的唯一途径是增大流体流动的线速度，以增加颗粒与流体间的传热系数 h。所以，在设计时确保必需的**线速度**就成为催化剂颗粒实现稳定态操作的必要前提。

在一个工业反应的开发过程中，从工艺角度出发常着眼于反应器的空速，以确保获得一定的反应结果。但是从工程的观点考虑，就要着眼于流体在反应器中线速度的大小，确保所需的定态处于稳定状态，这是一个重要的工程观点。在进行小型实验中遇到这种工艺和工程要求之间的矛盾时需加以恰当的处理。

在实验室中无论是进行催化剂的评价实验或是进行小型工艺实验，一般采用较低的床高。但是工业反应器通常采用高床层，这样要保持小实验与工业生产的空速相等，就不可能达到线速度的一致。在给定的空速下，床层薄，线速度必定较小，二者不能兼顾。因而一个实验研究者必须从这一工程观点出发，首先确定必需的床层高度，以确保必要的线速度使催化剂颗粒的操作维持在所需的状态，以保证它的稳定性。

10.2.3 临界着火条件与临界熄火条件

在流体浓度和线速度一定的条件下，使流体主体温度自 T_b 逐渐上升，则催化剂颗粒温度也相应地缓慢升高，如图 10-6 所示，此时颗粒温度和流体温度之间的差别很小。但是当流体温度刚超过 T_{ig}时，催化剂颗粒温度会出现突跃而急剧由 T_{si}升到 T_C，操作状态由下操作点跃升到上操作点，这种现象就称为“**着火**”现象。相应的流体温度 T_{ig}称为催化剂颗粒的**临界着火温度**。

与之相仿，当催化剂处于上操作点时，使流体温度逐渐下降，则颗粒温度也将随之降低。但是当流体温度稍稍低于 T_{ex} 时，催化剂颗粒即由上操作点下跌至下操作点，颗粒温度由 T_{se} 突然下降到 T_A。这种现象称为“熄火”现象，对应的流体温度 T_{ex} 称为催化剂颗粒的临界熄火温度。

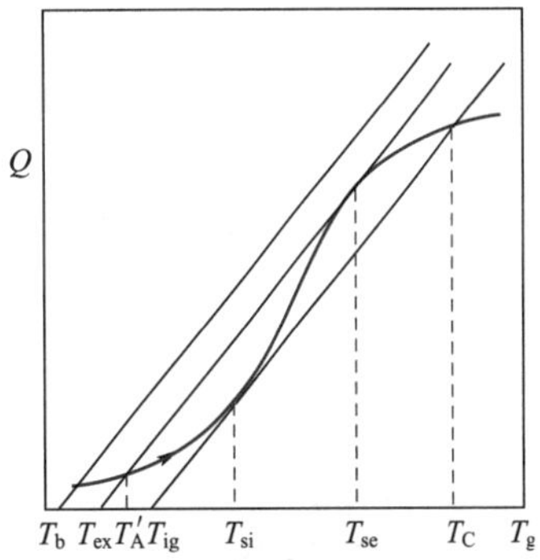

显然，催化剂颗粒的临界着火温度和临界熄火温度对于给定的化学反应取决于颗粒周围流体的浓度和它的流速，即可表示成

$$T_{ig}=f(c_b,u) \tag{10-7}$$

$$T_{ex}=\varphi(c_b,u) \tag{10-8}$$

式中，u 为颗粒周围流体流动的线速度。

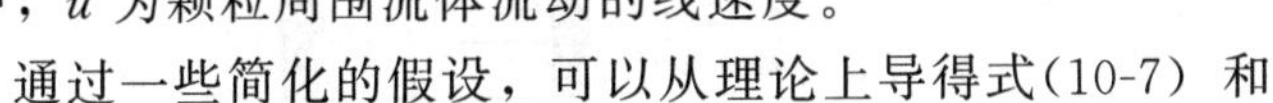

图 10-6　催化剂的临界着火和熄火温度

动画演示

通过一些简化的假设，可以从理论上导得式(10-7) 和式(10-8) 的函数关系式。以着火温度为例，设反应动力学用幂函数形式表示，则反应放热速率为

$$Q_g=(-\Delta H)RV_p=(-\Delta H)k_s c_s^n V_p \tag{10-9}$$

而催化剂颗粒与周围流体间的移热速率仍以式(10-4) 表示

$$Q_r=ha(T_s-T_b)V_p \tag{10-4}$$

由图 10-6 中可以清楚地看出，催化剂在临界着火条件下的特征符合以下两个条件，即

$$(Q_g)_{ig}=(Q_r)_{ig} \tag{10-10}$$

及

$$\left(\frac{dQ_g}{dT_s}\right)_{ig}=\left(\frac{dQ_r}{dT_s}\right)_{ig} \tag{10-11}$$

在临界着火条件时还可以作如下简化假设：因它离下操作点较近，表明离反应控制的极限状态较近，由此可认为这时的催化剂颗粒表面浓度与流体主体浓度相差不大，颗粒表面浓度可用流体主体浓度代表，则式(10-9) 可写成

$$Q_g=(-\Delta H)k_s c_b^n V_p \tag{10-12}$$

式(10-12) 和式(10-4) 分别对 T_s 求导，然后代入式(10-11) 得

$$(-\Delta H)c_b^n k_s \frac{E}{RT_s^2}=ha \tag{10-13}$$

上式结合式(10-10) 得到

$$T_{ig}=T_{si}-\frac{RT_{si}^2}{E} \tag{10-14}$$

式中，T_{si} 为临界着火状态时的颗粒温度，可由式(10-13) 求得，并可得出它的影响因素有

$$T_{si}=f[E,n,(-\Delta H),a,u,c_b] \tag{10-15}$$

表明对一定的反应和催化剂颗粒，它仅是流体浓度和流速的函数，因而着火温度也仅与这些因素有关。

对于临界熄火状态，因它接近于上操作点，或者说离扩散控制的极限状态较近，所以可利用式(10-3) 中的结果，同样可导得临界熄火温度的关系式

$$T_{ex}=T_{se}-\Delta T_M \tag{10-16}$$

式中，ΔT_M 为催化剂颗粒可能达到的最大温升。

式(10-14) 的临界着火温度结果标绘在 $T\sim c$ 图上即得到图 10-7。图中的一组曲线为不同流速时的临界着火线。催化剂颗粒周围流体的温度和浓度状态（T_b，c_b）在该坐标系中

可以用一个点来表示。当该点位于着火线的上方时，催化剂颗粒必定处于着火状态，在上操作点操作。如果它处于着火线的下方，则处于下操作点。

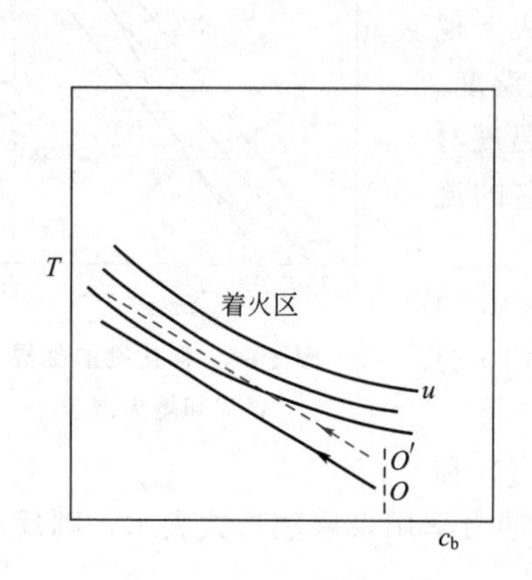

图 10-7 绝热固定床催化反应器的着火

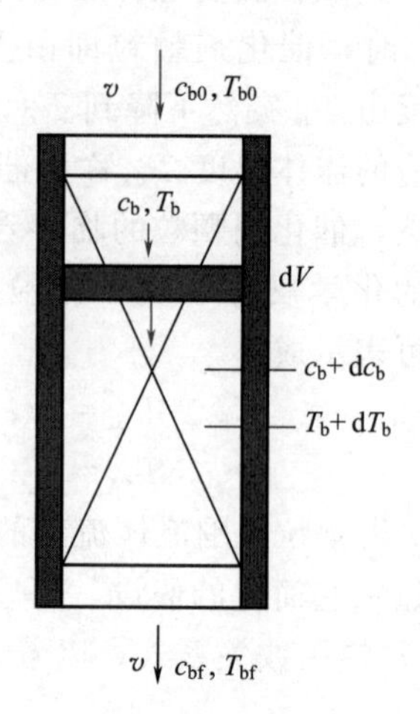

图 10-8 绝热固定床催化反应器的物料和热量衡算

利用图 10-7 可以很容易判别一个绝热操作的固定床催化反应器内的操作状态。所谓绝热操作是指反应器床层与外界完全没有热量交换，反应产生的热量完全由反应物系自身吸收。在图 10-8 的绝热床催化反应器中取一微元 dV，可作如下物料衡算和热量衡算

$$-v\mathrm{d}c_{\mathrm{b}}=R\mathrm{d}V \tag{10-17}$$

$$v\rho c_{p}\mathrm{d}T_{\mathrm{b}}=(-\Delta H)R\mathrm{d}V \tag{10-18}$$

式中，R 为反应表观速率；v 为反应物料体积流量；ρ 为反应物料平均密度；c_p 为反应物料平均比热容。

结合上述两式

$$\mathrm{d}T_{\mathrm{b}}=-\frac{(-\Delta H)}{\rho c_{p}}\mathrm{d}c_{\mathrm{b}} \tag{10-19}$$

上式在绝热反应器的进口到反应器内任一位置之间积分，得到

$$T_{\mathrm{b}}-T_{\mathrm{b0}}=\frac{(-\Delta H)}{\rho c_{p}}(c_{\mathrm{b0}}-c_{\mathrm{b}}) \tag{10-20}$$

式中，T_{b0} 为反应器进口流体温度；c_{b0} 为反应器进口流体浓度。

若令绝热温升为

$$\Delta T_{\mathrm{ad}}=\frac{(-\Delta H)c_{\mathrm{b0}}}{\rho c_{p}} \tag{10-21}$$

则式(10-20) 可写成

$$T_{\mathrm{b}}=T_{\mathrm{b0}}+\Delta T_{\mathrm{ad}}\left(1-\frac{c_{\mathrm{b}}}{c_{\mathrm{b0}}}\right) \tag{10-22}$$

上式表示在绝热反应器中任一截面上的流体温度与其浓度之间的关系。它在 $T\sim c$ 图上显然为一直线，其起点为反应器的进口状态（T_{b0}，c_{b0}），斜率等于 $-\Delta T_{\mathrm{ad}}/c_{\mathrm{b0}}$。该直线是表示绝热反应器内流体状态的轨线，也称绝热反应器的操作线。

假设一绝热反应器从图 10-7 中的 O 点开始操作，则由图可见此操作线与临界着火线并不相交，表示该反应器内不会出现着火现象，反应始终在下操作点进行。然而，如果提高反

应器流体进口温度，使起点移至 O'点，则可以发现经过足够长的反应器床层后，最后反应器的某处发生着火，自此以后的催化剂颗粒都处在上操作点操作。

绝热固定床反应器内这种催化剂颗粒操作状态的突变现象存在与否，除了同初始物料的浓度、温度状况以及由物系性质决定的绝热温升大小有关之外，显然还取决于反应器内流体的线速度。

10.2.4　在上操作点时的催化剂颗粒温度

催化剂颗粒或者反应器状态处于上操作点是否对化学反应有利，完全取决于化学反应动力学的特征。如前所述，上操作点位于放热速率曲线上部的平坦段，相应于传质控制的状态。因此，可将上操作点对反应选择率的影响是否有利的命题转化为过程是传质控制时对反应是否有利的问题。这种情况已在第 9 章中作了明确的阐述。

然而这只是问题的一个方面。另一方面，从传热过程或者说在反应温度上是否还有影响？在下操作点时，催化剂颗粒温度和周围流体温度相差无几。但在上操作点时，两者可相差很大的数值。这一温度差异当然会影响反应选择率的变化。而且催化剂本身都有一定的耐热极限温度，过高的温度将破坏催化剂的物理化学结构而导致其失活。更何况催化剂颗粒的表面温度是不能直接被测量得知的，只能按催化剂颗粒与流体间极限温差予以估计。

以进行气固相催化反应的单个颗粒为例，在定态条件下，颗粒表面反应释放的热量必等于颗粒传给周围流体的热量，即

$$(-\Delta H)R=ha(T_s-T_b) \tag{10-23}$$

在上操作点时，过程处于传质控制阶段，因而表观反应速率等于极限传质速率

$$R=k_g a c_b \tag{10-24}$$

此时颗粒与周围流体之间的温差也相应达到最大。结合式(10-23) 和式(10-24) 可得到

$$\Delta T_M=(T_s-T_b)_{max}=\frac{k_g}{h}(-\Delta H)c_b \tag{10-25}$$

式中，ΔT_M 为催化剂颗粒的最大温升。

传热和传质是同一流动条件下的结果，因此按传质和传热类似律，由传质因子 J_D 和传热因子 J_H 与 Re 的函数式可得

$$\frac{k_g}{h}=\frac{1}{\rho c_p}\left(\frac{Pr}{Sc}\right)^{2/3} \tag{10-26}$$

式中，Pr 为 Prandtl 数$\left(=\frac{c_p\mu}{\lambda}\right)$；$Sc$ 为 Schmidt 数$\left(=\frac{\mu}{\rho D}\right)$。

将式(10-26) 代入式(10-25)，并令催化剂颗粒绝热温升为

$$\Delta T_{ad}=\frac{(-\Delta H)c_b}{\rho c_p} \tag{10-27}$$

则

$$\Delta T_M=\Delta T_{ad}\left(\frac{Pr}{Sc}\right)^{2/3} \tag{10-28}$$

由上式可见，在上操作点时，催化剂颗粒温度与流体温度之间的差值大小仅与物系性质有关。对于气固反应系统，因为它的物性特征数 Pr 和 Sc 的值都很接近于 1，所以它的温差几乎等于物系的绝热温升。

微课视频

10.3 连续搅拌釜式反应器的热稳定性

10.3.1 全混釜的热平衡条件

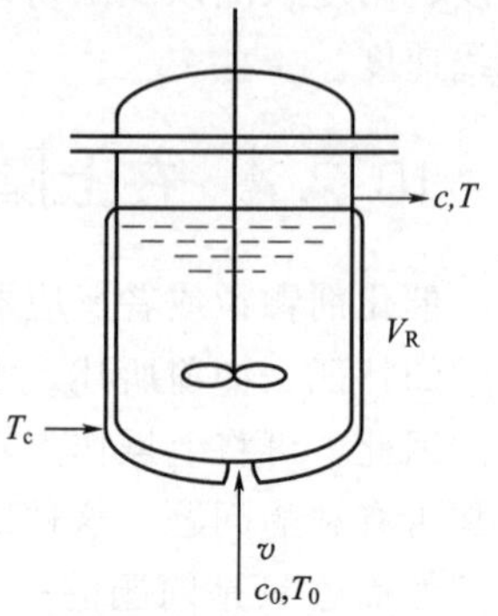

以全混釜反应器内进行均相放热一级不可逆反应 A ⟶ P 为例。设全混釜反应器的体积为 V_R，反应器进料体积流量为 v，反应物进料浓度为 c_{A0}，进料温度为 T_0。反应器中反应混合物温度为 T，反应物浓度为 c_{Af}。反应器设置间壁式冷却器，冷却介质温度为 T_c，如图 10-9 所示。

图 10-9 连续流动釜式反应器示意图

对组分 A 作物料衡算

$$vc_{A0}=vc_{Af}+V_Rkc_{Af} \tag{10-29}$$

或

$$c_{Af}=\frac{c_{A0}}{1+k\tau} \tag{10-30}$$

反应过程的放热速率为

$$Q_g=(-\Delta H)kc_{Af}V_R \tag{10-31}$$

$$=\frac{(-\Delta H)k_0c_{A0}V_R e^{\left(-\frac{E}{RT}\right)}}{1+k_0\tau e^{\left(-\frac{E}{RT}\right)}} \tag{10-32}$$

式中，Q_g 为反应放热速率；$(-\Delta H)$ 为反应热效应。

式(10-32) 表示了放热速率 Q_g 与反应温度 T 之间的关系。由于反应速率常数与温度呈指数函数关系，放热速率 Q_g 随反应温度的变化呈 S 形曲线，如图 10-10 所示。S 形曲线的前半部分的剧烈上升是由于反应速率随温度呈指数关系而增加。而 S 形曲线的后半部分则是由于反应物消耗殆尽，反应转化率已趋近于 1，这时反应放热速率几乎不再随温度升高而增大，曲线趋于平坦。显然，前半部分属低转化率区，而后半部分是高转化率区。

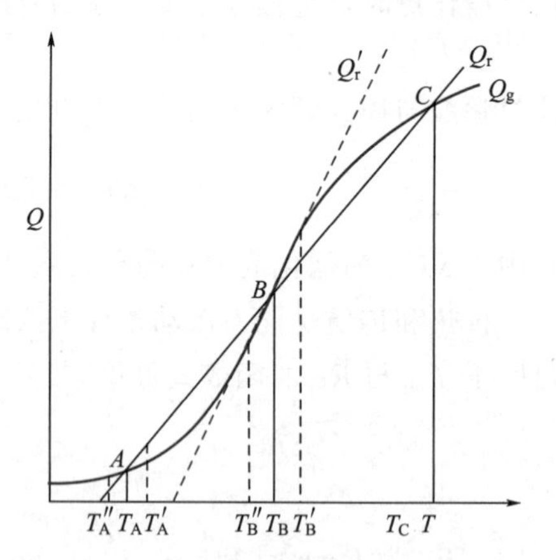

图 10-10 全混釜中的 $Q\sim T$ 关系

反应器的移热速率为通过器壁传热量与反应物流体热焓变化带走的热量之和，即

$$Q_r=UA(T-T_c)+v\rho c_p(T-T_0) \tag{10-33}$$

式中，Q_r 为移热速率；U 为反应器壁总传热系数。

如果略去反应过程中反应混合物密度、黏度、比热容等物性参数随温度的变化，同时为简化讨论，设 $T_0=T_c$，则式(10-33) 可简化为

$$Q_r=(UA+v\rho c_p)(T-T_c) \tag{10-34}$$

可见移热速率 Q_r 与反应温度 T 呈线性关系。标绘于图 10-10 中为一直线，该直线斜率为 $(UA+v\rho c_p)$，与 T 轴的交点为 T_c。

显然，增加 UA 将使移热速率线斜率变陡，改变冷却介质温度 T_c 将使直线发生平移。反应器设计的任务正是要确定 UA 和 T_c，即要确定移热速率线的位置。

在 Q_g 曲线和 Q_r 直线的交点处，$Q_g=Q_r$，此时反应器的放热速率和移热速率相等，达到了热平衡要求，因此交点就是反应系统的定态操作点。

10.3.2　全混釜反应器的热稳定性

由图 10-10 可见，在一定条件下，全混釜满足热平衡条件的操作点可以有 A、B、C 三点，也就是在同样操作条件下，反应器内可能出现三种不同的操作温度 T_A、T_B 和 T_C，这就是反应器的**多态现象**，在数学上称为多解。实际出现哪一个操作温度将取决于它的起始状态。

反应系统的多态操作点，都满足 $Q_g=Q_r$ 的热平衡条件，是系统的定态操作点。但却具有不同的特性。在讨论全混釜的热稳定条件之前，先定性地判断一下上述三个操作点的热稳定性。

设原平衡状态点为 A，如因外界有一短暂的扰动使操作温度上升，即从 T_A 偏离到 T'_A，它就不再处于热平衡状态，由图 10-10 可知，此时 $(Q_g)_{T'_A}<(Q_r)_{T'_A}$，由于移热速率大于放热速率，使反应温度自动返回 T_A。相反，如果反应温度受到干扰而略有降低，如图中降到 T''_A，则由于此时反应放热速率大于移热速率，系统温度也将自动回复到 T_A。表明系统在 A 点操作具有热自衡能力，A 点称为稳定的定态操作点。同样的逻辑，可以证明 C 点也是稳定的定态操作点。

操作点 B 则不同，当受微小的扰动而使反应温度上升到 T'_B后，此时 $(Q_g)_{T'_B}<(Q_r)_{T'_B}$，反应温度将自动继续上升直至与操作点 C 相对应的温度为止。同理，如扰动使之偏离到 T''_B，则有 $(Q_g)_{T''_B}<(Q_r)_{T''_B}$，反应温度将自动继续下降，直到与 A 点相对应的温度为止。显然 B 点不具有热自衡能力，是不稳定的定态操作点。

可见，A、B 和 C 三个定态点中，A 和 C 属**稳定操作点**，B 为**不稳定的操作点**。通常又称 A 为下操作点，对应于低转化率；称 C 为上操作点，对应于高转化率。

按图 10-10 分析，不难看出全混釜的热稳定条件是

$$\frac{dQ_g}{dT}<\frac{dQ_r}{dT} \tag{10-35}$$

对于可逆放热反应，全混釜反应器中放热速率 Q_g 与温度的关系曲线如图 10-11 所示。由于受化学平衡的限制，Q_g 曲线有一极大值。放热速率随温度的升高而增加，到一定数值后，随温度升高而降低。当进料温度 T_0 为某一数值时，Q_g 曲线与散热速率 Q_r 直线也可能有三个交点，其中 A、C 是热稳定的操作点，而 B 则是不稳定的操作点。

吸热反应的吸热曲线与不可逆放热反应的放热曲线相似，但由于吸热为负值，所以绘成如图 10-12 所示的形状。吸热反应的一个特点是定态为唯一的，不存在多态。由于供热曲线的斜率永远大于吸热曲线的最大斜率，所以总是热稳定的。

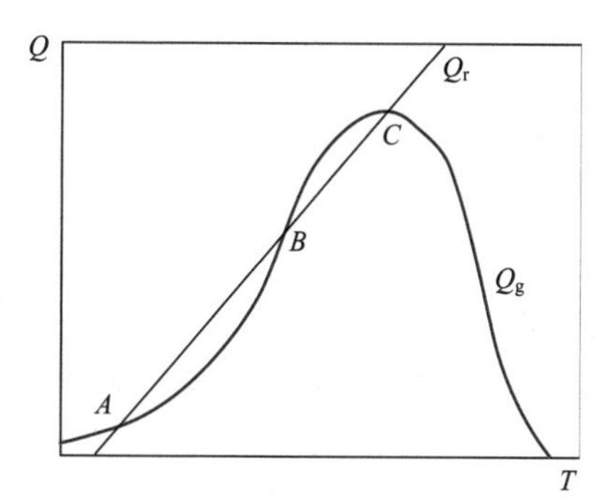

图 10-11　可逆放热反应的放热曲线

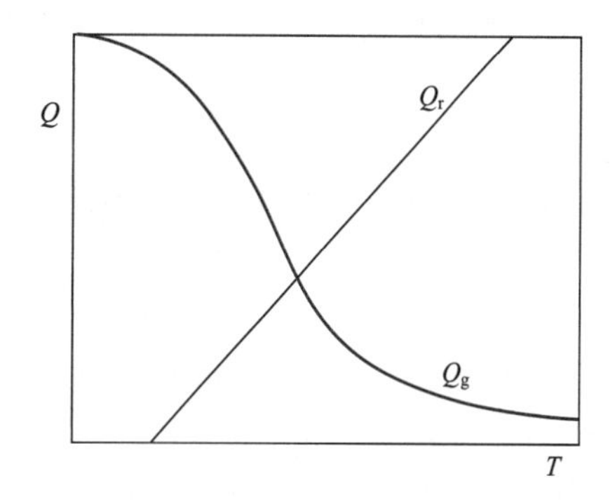

图 10-12　吸热反应的定态点

10.3.3 操作参数对热稳定性的影响

改变全混流反应器的操作参数，如进料流量 v、进料温度 T_0、冷却介质温度 T_c 与传热系数 U 等都会对热稳定性产生影响。

当其他参数一定时，进料温度由 T_{01} 增加到 T_{02}，如图 10-13 所示，Q_r 直线由 Q_{r1} 向右平移至 Q_{r2}，此时直线 Q_{r2} 与 Q_g 曲线只有一个热稳定操作点 b_2。若进料温度降到 T_{03} 时，Q_r 直线向左平移到 Q_{r3}，它与 Q_g 曲线有两个定态交点，其中 c_3 是直线与曲线的切点。当系统温度受到干扰而略低于 c_3 时，由于移热速率大于放热速率，系统的温度将一直降低到 a_3，所以 c_3 是一个临界点（熄火点）。

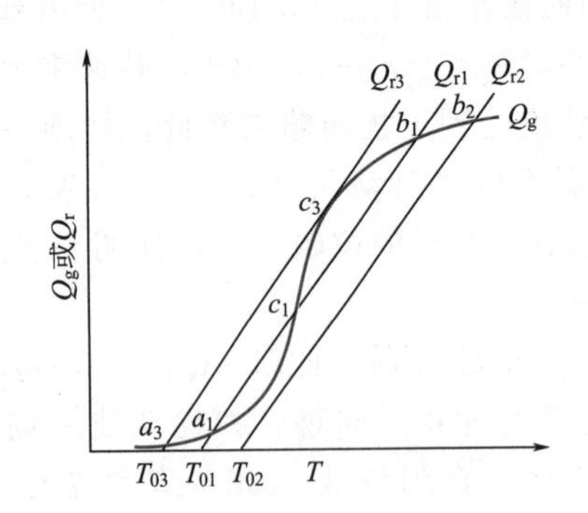

图 10-13 进料温度对全混釜反应器热稳定性的影响

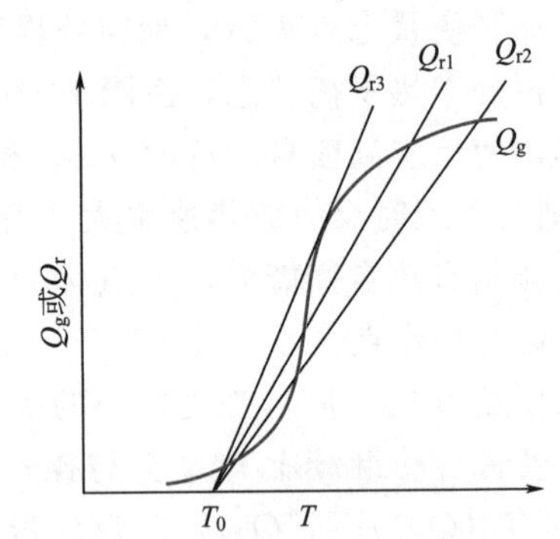

图 10-14 加料流率对全混釜反应器热稳定性的影响

当其他操作参数不变时，增大进料体积流量 v，由移热速率计算可知，Q_r 直线的斜率增大，如图 10-14 所示。当移热速率由 Q_{r1} 变到 Q_{r3} 时，反应过程就不再有热稳定的上操作点了。Q_{r3} 是开始不能热稳定操作的极限位置。反之，当移热速率线由 Q_{r1} 变到 Q_{r2}，全混釜反应器的热稳定性增强。

当全混釜反应器中冷却介质温度 T_c 降低，传热面积 A 及传热系数 U 增大，都会增大移热速率，但超过一定的限度后，将使全混釜反应器处于低温稳定状态。为了使反应器稳定操作，必须采取有效措施，例如采用尽可能小的传热温差。

10.3.4 最大允许温差

最大允许温差是热稳定性对全混釜反应器设计和操作中的一个限制，它由式(10-32) 和式(10-33) 对温度求导后代入式(10-35) 得到

$$\Delta T_{\max}=(T-T_c)_{\max}=\frac{RT^2}{E}\times\frac{c_{A0}}{c_{Af}} \tag{10-36}$$

据此可以求得反应器所需具有的最小传热面积为

$$A_{\min}=\frac{Q_g}{U\Delta T_{\max}}-\frac{v\rho c_p}{U}=\frac{(-\Delta H)kc_{Af}V}{U\Delta T_{\max}}-\frac{v\rho c_p}{U} \tag{10-37}$$

由式(10-36) 可知，决定 $\Delta T_{\max}$ 的反应参数是活化能 E，活化能愈大，反应速率对温度变化愈敏感，允许温差就愈小。

最大允许温差决定了全混釜反应器的冷却介质温度条件和控制要求。最小传热面积则决定了全混釜反应器中传热面积的设置要求。

如果全混釜反应器中进行某串联反应，要求控制在中等转化率，则由图 10-10 可见，很可能处在 B 点操作。此时为了满足热稳定条件，必须提高冷却介质温度 T_c，并相应地增大 UA，使移热线如图 10-10 中 Q_r'线所示。这就是为什么不少用于进行强放热反应的反应器，其冷却介质必须保持在较高温度的原因。

10.3.5 全混釜的参数灵敏性

对全混釜反应器而言，在给定的工艺条件下，主要的调节参数是冷却介质温度。因此考察反应温度 T 以及反应结果对于冷却介质温度 T_c 的灵敏性很有必要。由图 10-15 可见，当移热线 Q_r 与放热线 Q_g 相交于 D 点时，满足热稳定条件。若对 T_c 作微小的调节，例如升高 ΔT，操作点将从 D 移至 D'，相应温度为 T_D'，可见并未显示很大的变化。但是如果将 T_c 调小一点，此时移热线将向左平移，交放热线于 D''点，即到了下操作点，相应的温度为 T_D''。此时温度将发生剧烈下降，反应结果也从高转化率变为低转化率。此类现象称为“熄火”。此处，冷却介质温度 T_c 的微小变化将导致反应温度和反应结果的剧烈变化，显示出很强的灵敏性。

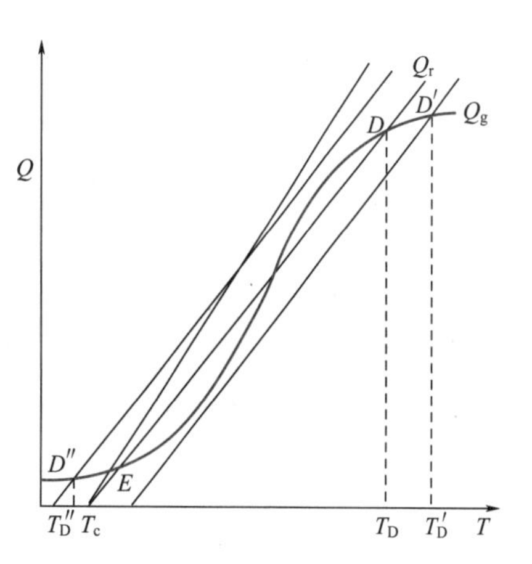

图 10-15　全混釜的“熄火”与“飞温”

同理，在 D 点操作时，如果传热系数稍有增大，例如搅拌强度或冷却介质流速增大，移热线斜率就增大，同样会使操作点急剧移至下操作点而表现出极大的灵敏性。

与此类似，在 E 点附近也会发生同样的现象。冷却介质温度的微小上升、传热系数 U 的微小下降，将使操作点急剧移动，温度剧升，此即称为“飞温”。因此，在反应器设计时，应避免太近于 D 或 E 的操作点，以留有余地作为调节之用。

10.3.6 全混釜的可控性

全混釜反应器内由于物料的剧烈混合，反应器内物料温度相同，同时发生升温或降温，基本上不致发生局部温度过高或过低的现象。如果反应物系的比热容较大，如反应物系为液体，那么温度的升降就比较迟缓而易于调节和控制。对于这样的反应器，设计时可不必满足热稳定条件，完全可以利用简单的手控或自控装置实现闭环稳定。

当然，如果调节过于滞后，仍然会出现失控现象，造成飞温或熄火。聚合反应釜操作不当时发生的爆聚现象即属此例。

【例 10-1】 一级不可逆放热反应 A ⟶ P 在一容积为 10m^3 的全混流反应器中进行。进料反应物浓度 $c_{A0}=5\text{kmol/m}^3$，进料流量 $v_0=10^{-2}\text{m}^3/\text{s}$，假定溶液的密度和比热容在整个反应过程中不变，试计算在绝热情况下当进料温度分别为 290K、300K 时反应器所能达到稳定状态的反应温度和转化率。已知反应热 $(-\Delta H)=2\times10^7\text{J/kmol}$，反应速率常数为 $k=10^{13}e^{(-12000/T)}$，溶液密度 $\rho=850\text{kg/m}^3$，比热容 $c_p=2200\text{J/(kg·K)}$。

解：设反应器进口温度为 T_0，反应器内温度为 T，转化率为 x_A。

首先需要求取不同进口温度下的定态点。

全混釜反应器的放热速率可表示为

$$Q_g=(-\Delta H)V_R k c_A=(-\Delta H)v_0 c_{A0} x_A$$

绝热时的移热速率可表示为

$$Q_r=v_0 \rho c_p (T-T_0)$$

定态时 $Q_g=Q_r$，得

$$v_0 \rho c_p (T-T_0)=(-\Delta H)v_0 c_{A0} x_A$$

$$T-T_0=\frac{(-\Delta H)c_{A0}}{\rho c_p}x_A$$

所以，反应器温度可表达为

$$T=T_0+\frac{2\times10^7\times5}{850\times2200}x_A=T_0+53.5x_A$$

所以

$$k=10^{13}\exp\left(-\frac{12000}{T}\right)=10^{13}\exp\left(-\frac{12000}{T_0+53.5x_A}\right)$$

反应器空时

$$\tau=\frac{10}{10^{-2}}=1000\text{s}$$

代入全混釜中一级反应的转化率关系

$$x_A=\frac{k\tau}{1+k\tau}=1-\frac{1}{1+k\tau}$$

可得

$$x_A=1-\frac{1}{1+10^{16}\exp\left(-\frac{12000}{T_0+53.5x_A}\right)}$$

T_0 确定时，上式为非线性代数方程，可通过 Matlab 编程求解如下：

```
function Conversion
    clear all;clc
    global T0
    T0=input('初始温度(K)=')
    xA0=0;    xAA1=fzero(@Conv,xA0);
    xA0=0.5;  xAA2=fzero(@Conv,xA0);
    xA0=1;    xAA3=fzero(@Conv,xA0);
    if xAA1==xAA2
        xA1=xAA1;
    else
        xA1=[xAA1 xAA2 xAA3];
    end
    T1=T0+53.5*xA1;
    if T1(1)==T1(2)
        xA=xAA1
        T=T1(1)
    else
        xA=xA1
        T=T1
```

```
end
function f=Conv(xA)
global T0
f=1-1/(1+10^16*exp(-12000/(T0+53.5*xA)))-xA;
```

运行上述程序得

当 $T_0=290\text{K}$ 时，$T=290.5\text{K}$，$x_A=0.0115$，仅有唯一解，为低转化率的下操作点（稳定态）。

当 $T_0=300\text{K}$ 时有三个解，说明存在多态现象。三个定态分别为：

$T=303.3\text{K}$，$x_A=0.0616$；$T=323.7\text{K}$，$x_A=0.4435$；$T=349.5\text{K}$，$x_A=0.9242$。

根据全混釜中热稳定性分析可知，进口温度 $T_0=300\text{K}$ 时，下操作点 $T=303.3\text{K}$、上操作点 $T=349.5\text{K}$ 都是稳定的操作态，中间操作点 $T=323.7\text{K}$ 是不稳定的操作态。正常情况下，反应器应该在上操作点 $T=349.5\text{K}$ 操作，转化率 $x_A=0.9242$。

10.4 管式固定床反应器的热稳定性

10.4.1 管式固定床反应器的热稳定条件

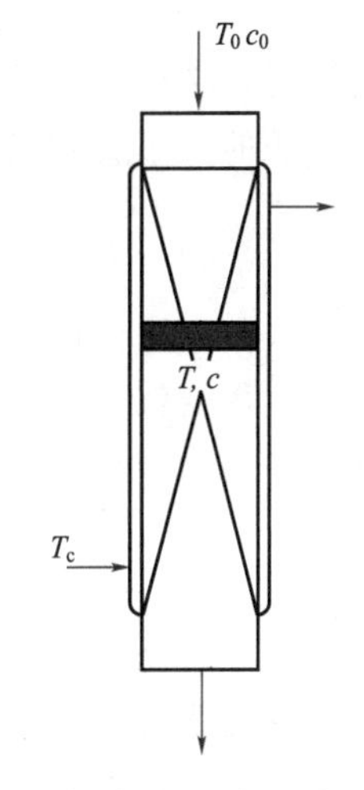

图 10-16　管式固定床反应器的热量衡算

设有如图 10-16 所示的管式固定床反应器，进行某催化放热反应。反应热通过管外夹套冷却移走。

为讨论方便，假设流体通过床层时由自身温升所吸收的反应热较小，可忽略不计。热量主要通过反应器壁冷却移走。同时也忽略在床层径向的浓度和温度分布以及催化剂颗粒表面和流体之间的差异。这样，可取反应器内的一个微元作热量衡算。

微元内反应**放热速率**为

$$Q_g=(-\Delta H)(1-\varepsilon_b)kc^n\Delta V \tag{10-38}$$

微元通过器壁**移热速率**为

$$Q_r=Ua_t\Delta V(T-T_c) \tag{10-39}$$

式中，ε_b 为床层空隙率；ΔV 为催化剂床层微元体积；a_t 为反应器的传热比表面积；U 为反应器管壁总传热系数；T_c 为管外冷却介质温度。

热平衡方程为

$$Q_g=Q_r \tag{10-40}$$

把它们标绘成 $Q\sim T$ 图，并假设微元中反应物浓度不变，得到图 10-17 的结果。反应放热速率是一指数曲线，而移热速率仍为一直线。两线的交点即为**定态操作点**。由图可见，在上述情况下的 A 和 B 两个定态点，不难判定定态点 A 是稳定的，定态点 B 是不稳定的。**定态稳定**所需满足的条件仍为

$$\frac{dQ_g}{dT}<\frac{dQ_r}{dT} \tag{10-41}$$

10.4.2 最大允许管径和最大允许温差

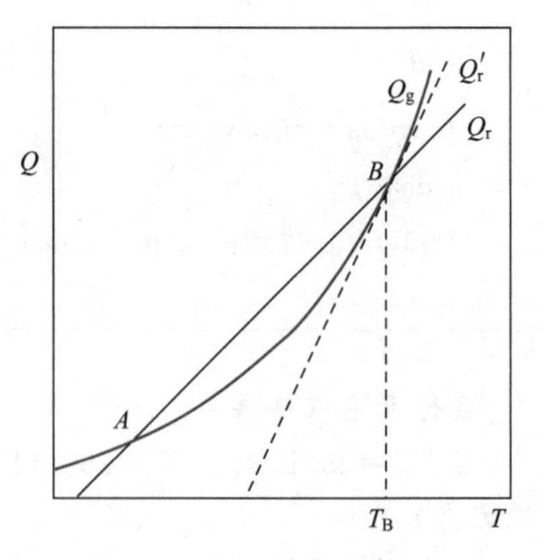

图 10-17 管式固定床反应器的热稳定性

管式固定床反应器微元的热稳定性需满足式(10-41)的条件，那么如果生产工艺要求在 B 点操作，就必须在增大移热速率线斜率的同时提高管外冷却介质的温度。它的临界值就如图 10-17 中 B 点的切线位置（虚线所示）。

增大移热速率线的斜率，由式(10-39)可知，对一定的反应器体积只有增加管壁的传热系数或反应器比表面积的措施。最有调节余地的当然是反应器的传热比表面积 a_t。从式(10-38)和式(10-39)分别求取它们对温度的导数

$$\frac{dQ_g}{dT}=(-\Delta H)(1-\varepsilon_b)\Delta Vkc^n\frac{E}{RT^2} \tag{10-42}$$

$$\frac{dQ_r}{dT}=Ua_t\Delta V \tag{10-43}$$

结合条件式(10-41)可以得到临界反应器比表面积为

$$(a_t)_{\min}=\frac{1}{U}\times\frac{Q_g}{\Delta V}\times\frac{E}{RT^2} \tag{10-44}$$

设计时，必须保证反应器比表面积大于此极小值 $(a_t)_{\min}$。对圆管形反应器来说，反应器比表面积的大小直接取决于管径的大小。

$$a_t=\frac{4}{D_t} \tag{10-45}$$

式中，D_t 为反应管的直径。从上式可见，管径愈小，其比表面积愈大。所以当管径大到一定程度就会使比表面积小于式(10-44)的临界值，从而破坏了定态的稳定条件。由此可推算得到最大允许的反应管直径为

$$(D_t)_{\max}=4U\left(\frac{Q_g}{\Delta V}\right)^{-1}\frac{RT^2}{E} \tag{10-46}$$

由此可见，在管式固定床反应器内进行的反应，其放热愈强，反应器中的传热问题愈严重，反应管直径也愈小。因而在工业反应器中，强放热的气固相催化反应往往采用列管式反应器，这样每根列管就相当于一个小反应器，它的管径可以做得很小，以满足热稳定性的要求。

需指出的是，这里所谓的强放热反应只是一种习惯的称呼。在绝热式固定床反应器中已经明确表明，其反应放热强弱的重要标志是物系的绝热温升大小，而不仅仅是反应热效应的高低。同样，在换热式固定床反应器中，反应热效应的大小也不应看作是强放热反应的唯一标志。从式(10-46)中可以看出，决定反应热强弱的因素除了反应本身的特性外，重要的决定因素是单位反应器体积的放热速率 Q_g/V。它不仅与反应本身的热效应大小有关，还决定于反应速率的高低。更确切地说，换热式固定床反应器中强放热反应的重要标志是单位反应器体积的放热速率。

以上讨论还可以看到，同一个操作条件可能有两种不同的稳定状态，如图 10-17 中的 B 点分别在 Q_r 和斜率大于 Q_r'(临界稳定条件）时操作。从定态的观点分析两者并无根本的差

别，它都满足热量传递平衡的条件，具有相同的反应放热速率。所不同的是前者以小的Ua_t和大的温差$T-T_c$移走反应热；而后者则是用大的Ua_t和很小的温差移走同样的热量。作为一般的传热问题，要移走一定的热量，可以采用很大的温差，也可以采取增大传热系数或传热比表面积的措施。但是对于化学反应器中的传热过程，传热条件不能任意选择，必须采用很大的Ua_t和较小的温差，否则就不能满足热稳定条件。超越了热稳定性条件，就使反应器无法实现正常操作。这就是反应器的传热过程和一般传热问题的根本差别。反应器内的化学反应与传热过程的相互交联，具体表现就是定态稳定条件对传热措施的限制作用。

从式(10-38)～式(10-40)的热量衡算式结合式(10-41)的条件式即可导得最大允许温差

$$\Delta T_{\max}=(T-T_c)_{\max}=\frac{RT^2}{E} \tag{10-47}$$

相应的最小允许冷却介质温度为

$$T_{c,\min}=T-\frac{RT^2}{E} \tag{10-48}$$

以上结果说明，对一个高温条件下进行的强放热反应，必须采用高温的介质作为冷却剂。正是这点使反应器传热问题的解决变得更为困难。

值得指出的是，管式固定床反应器的设计必须满足热稳定条件，这是与全混釜反应器的重要差别。因为这里讨论的是反应器局部的稳定性，它是气固反应，其热容量小，飞温和熄火都将是非常迅速的，是难以控制的，不能指望使用一般的控制措施达到闭环稳定。

10.4.3　管式催化反应器的灵敏性

管式固定床反应器即使满足了热稳定条件，但仍然可能有较大的参数灵敏性。进料温度、进口浓度和冷却介质温度等仍然可能对反应器内的温度，特别是对热点温度有较大的影响。图10-18就是一个典型的例子，图中表明，当冷却介质温度大于335K时，冷却介质温度的微小升温，将导致反应器温度的较大变化，显示出参数灵敏的特征。为了便于操作，必须通过实验研究或模拟计算使操作处在非灵敏区。

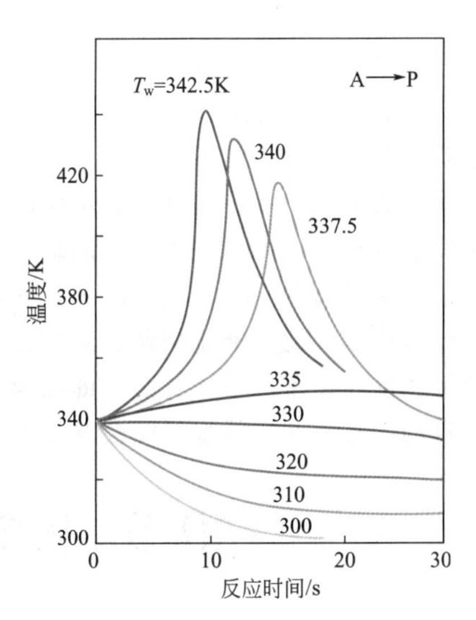

图10-18　列管式固定床反应器的参数灵敏性

【例10-2】 苯氧化制顺丁烯二酸酐的反应在一列管式固定床反应器中进行。反应温度为400℃，如果管径选用20mm的管子，问该反应器最大能够承受的放热强度为多少？已知反应活化能$E=1.46\times10^5$J/mol，管壁传热系数$U=122$kJ/(m^2·K·h)。

解：由式(10-46)可计算管式固定床反应器的最大允许放热强度为

$$\left(\frac{Q_g}{V}\right)_{\max}=\frac{4U}{D_t}\times\frac{RT^2}{E}=\frac{4\times122}{0.02}\times\frac{8.314\times(400+273)^2}{1.46\times10^5}$$

$$=6.29\times10^5\text{kJ/(m}^3\cdot\text{h)}$$

10.4.4 热反馈与整体稳定性

上述讨论的单个催化剂颗粒或者列管式反应器传热问题，都是反应器中的一个微元，分别称为颗粒稳定性或微元的稳定性问题，它们都属于**局部稳定性**。对整体反应器而言，还有整体的热稳定性问题。

从稳定性问题的讨论中已经知道，如果某一定态处于不稳定状态，则在外界扰动的作用下，最终它会达到上操作点或下操作点进行操作，从而使该微元发生“飞温”或“熄火”现象。但是这种局部的不稳定状态不一定会波及整个反应器的操作状态。例如，假设反应器中没有返混现象存在，则因反应器实际上处于连续操作状态，一旦某一局部发生“飞温”，这部分流体将依次流向下游，最终离开反应器，对整个反应器来说又将回复到原来的正常操作状态。

但是，如果沿反应器的轴向存在着一个反向的热传递过程，即所谓的**热反馈**，情况就大不一样。假如这个热反馈的速率足够大，就能使某一局部由于不稳定造成的“飞温”后果得以逆向传至上游，从而可能导致整个反应器的“飞温”，即出现反应器的**整体热稳定性**问题。反应器整体热稳定性现象的前提是热反馈作用的存在。返混、催化剂颗粒的导热作用、流体的导热以及反应器管壁的热传导等都是热反馈因素。

前面讨论中都未计及这种反向的热传递作用，因而都只表明了它们的局部稳定性，不能说明是否存在反应器整体的热稳定性问题。

一般来说，反应器整体的不稳定状态是反应器正常操作所不允许的。至于局部不稳定的状况是否允许，需视具体情况而定。对气固相催化反应过程而言，即便是局部的不稳定往往也是不能容忍的。一方面是因为某一局部处于不稳定状态，则在外界扰动影响时它可能到上操作点操作，此时催化剂颗粒温度会有很大程度的提高，就要危及反应的结果，甚至烧毁催化剂和反应设备；另一方面，催化剂颗粒或流体之间都有相当程度的热反馈作用存在，因此一旦局部有了问题就很可能会波及整个反应器的操作。

10.5 化学反应系统的传热问题

以上讨论的都是化学反应器中的传热问题。但是在某些由反应设备和传热设备组成的反应系统中，由于增加了一些新的外界因素，可能使反应器的传热问题变得更为严重。自热式固定床反应器就是典型的一例。

自热式固定床反应器是绝热式固定床反应器的一种特殊操作形式。它利用已吸收反应热量而升至较高温度的产物流体去预热冷的原料流体。图 10-19 表示了这种操作的流程简图。这种操作的优点是把原料的预热和产物的冷却过程耦合为一体，从而可以提高能量利用水平。然而这类反应系统也给操作和控制提出了更为严格的要求。

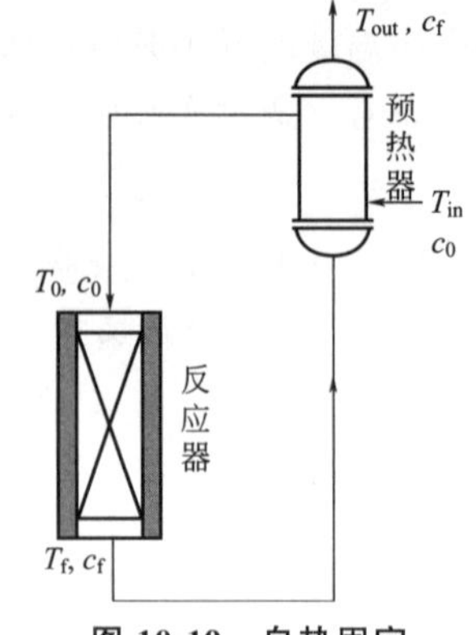

图 10-19 自热固定床反应器流程

首先，并非所有反应都适合采用自热式操作。因为反应的原料状态是确定的，反应器进口反应物料的温度是反应要求规定的，反应的热效应也是由反应特性确定的。如果原料预热所需热量与反应释放热量较为相近，只需稍加调整就能达到热量平衡，实现自热操作。相反，如果二者相差甚远，则仍需附加大量的热交换面积，而反应系统的控制要求却大大提高，此时采用自热式操作就利少弊多了。

另外，对绝热式固定床反应器操作，在 10.2 节中已经证明：反应器内的着火状态完全取决于物料的性质、进口状态和流速大小。假设一绝热反应器在 $(c_0,\ T_0)$ 的进口状态下操作，在反应器中某处着火，最终达到 $(c_f,\ T_f)$ 状态。从图10-20可以看到，如果反应器进口温度降到某一临界值 $(T_0)_{cr}$以下，整个反应器将处于熄火状态。

现在若将绝热反应器改为自热操作。如图 10-21 所示，设原料的进口温度为 T_i，经预热后达到 T_0 进反应器，此时若进料温度 T_i 因外界干扰而有所下降，进口温度 T_0 也随之降低。但这时进口温度不一定要降低到上述的临界值 $(T_0)_{cr}$就能发生反应器的熄火。例如，进料温度的下降使 T_0 降到 T_0'，这样反应器最终温度也随之下降到 T_f'。在预热器中，由于 T_f 的下降会使原料的预热温度 T_0'进一步下降。如此反复循环，最终可能使 T_0'低于进口临界值 $(T_0)_{cr}$，结果导致整个反应器熄火。这一过程示于图 10-21 中。

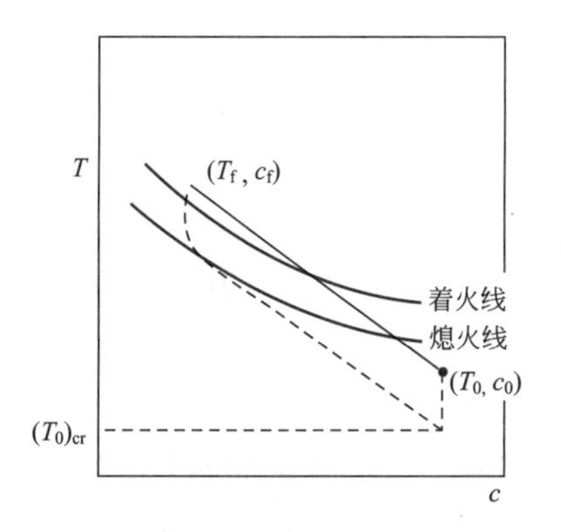

图 10-20　绝热固定床催化反应器的临界进口温度

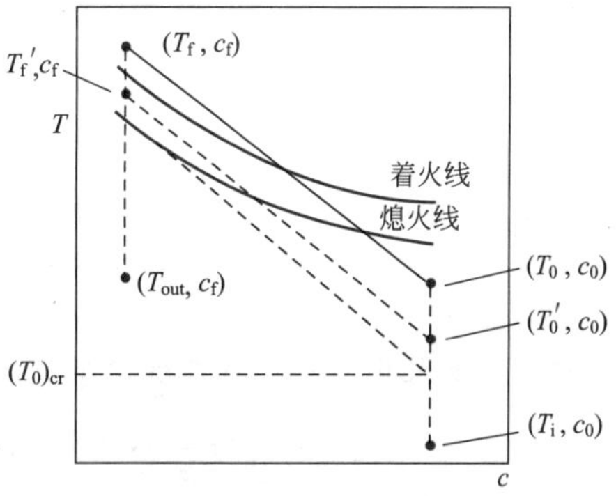

图 10-21　自热固定床反应器的熄火现象

由此可见，绝热式反应器采用自热操作后，对反应器操作的控制有了更高的要求。这是必须引起重视的一个问题。形成自热式固定床反应器这种特性的根本原因是这一反应系统的预热器把反应器进口和出口联系了起来，从而出现了一种新的恶性循环。这里的预热器起着热反馈的作用。

本章小结

1. 传热过程和放热反应同时进行而发生相互交联时，出现热稳定性问题。热稳定性同样有尺度之分——催化剂颗粒的热稳定性和反应器的热稳定性。

2. 放热反应中，由于放热曲线的非线性和移热线的线性关系，造成催化剂颗粒和反应器的多态操作问题，即有稳定操作态和不稳定操作态，同时出现着火和熄火现象。

着火和熄火现象的典型特征是转变的突变性和滞后性。突变性的含义是没有中间状态，从某一温度突变为另一温度，上升称为着火，下降称为熄火。滞后性的含义是在某个温度着火，则在比该温度低的温度下才熄火。

3. 放热反应时，定态温度有稳定和不稳定之分。对于可控性强的过程，可以在不稳定的定态下操作，借助于人工或自动调节实现闭环稳定。对于可控性差的过程，必须设计成开环稳定，即需用小温差、大传热系数和大冷却面积的冷却方案。冷却温差必须小于某极限值。

4. 反应放热强弱的判据因问题而异。对于颗粒尺度的稳定性，放热强弱的判据为绝热温升。对于管式反应器，放热强弱的标志是单位反应体积的放热量。

解题思路

习　题

本书二维码

10-1　已知反应 A+B ⟶ P，液体平均比热容为 1.003kJ/(kg·℃)，密度为 0.5kg/m^3，反应热 $(-\Delta H)=125.4$kJ/mol A，在总压为 0.1MPa，$T=325$℃下，以 8%的 A 和 92%B（体积分数）的原料气，40kmol/h 的流率通过反应器，求该过程的绝热温升是多大？

10-2　醋酸乙烯生产在列管式反应器中进行，已知反应活化能 $E=50.16$kJ/mol，床层平均温度为 130℃，床层热点温度为 188℃，试从反应器热稳定性要求计算冷却介质温度。

10-3　试证明在 CSTR 中进行吸热反应，其定态是唯一且稳定的。

10-4　试估算管径为 ϕ32mm×3.5mm 的管式反应器最大可能换热量是多少？

10-5　在 CSTR 反应器中进行硫代硫酸钠与过氧化氢水溶液反应，过氧化氢过量，反应器体积为 1L，反应为绝热操作，该反应对硫代硫酸钠为 2 级，反应速率常数 $k=6.85\times10^{14}\exp\left(-\dfrac{9325.6}{T}\right)\text{cm}^3/(\text{mol}\cdot\text{s})$，进料温度为 25℃，硫代硫酸钠浓度为 0.56mol/L，若进料的体积流量为 $27.4\text{cm}^3/\text{s}$，试分别计算反应器出口温度、反应物转化率及硫代硫酸钠浓度，上述情况存在几个定态？已知：物料平均比热容为 $4.18\text{J}/(\text{cm}^3\cdot\text{K})$，反应热效应 $(-\Delta H)=547.6$kJ/mol。

10-6　苯氧化制顺丁烯二酸酐的反应为

$$C_6H_6+\frac{1}{2}O_2 \longrightarrow C_4H_2O_3+2H_2O+2CO_2 \qquad +1883\text{kJ/mol}$$

$$C_6H_6+7\frac{1}{2}O_2 \longrightarrow 6CO_2+3H_2O \qquad +3347\text{kJ/mol}$$

已知顺酐的平均选择率为 2/3。若每小时处理苯 116kg，进反应器中苯的浓度为 30g/m^3，按此计算每小时需加入空气量为 5000kg，混合气的平均比热容为 1.033kJ/(kg·℃)，试估算绝热温升是多少？并指出应选用何种类型反应器为宜。

10-7　一级不可逆放热反应 A ⟶ P，在容积 $V=1.5\text{m}^3$ 的 CSTR 中绝热操作。原料中 A 的浓度为 $c_{A0}=0.4$mol/L，进料流量为 100L/min，进料温度为 288K，反应速率方程为

$$(-r_A)=1.798\times10^7\exp\left(-\frac{5525.6}{T}\right)c_A \quad \text{mol/(L}\cdot\text{min)}$$

反应热 $(-\Delta H)=209.2$kJ/mol，反应物料密度和比热容均为常数，其值分别为 1.05 和 2.93J/(g·K)，试计算在绝热条件下是否存在多态，并计算 A 的转化率。

10-8　如图所示，R 是进行放热反应的绝热管式固定床反应器，产物气体的热量由热交换器 H 与原料气换热，问：(1) 反应器 R 是否存在热稳定性问题？(2) 整个系数 R 和 H 一起，有没有稳定性问题？

10-9　已知反应 A+B ⟶ P，其反应热

$$(-\Delta H_R)=125.5\text{kJ/mol A}$$

在 $p=0.1013$MPa、$T=325$℃，用 A 8%和 B 92%的原料气，以 40kmol/h 的流率通过反应器，若采用多段绝热操作，已知流体的平均比热容为 1.004kJ/(kg·K)，密度为 0.5kg/m^3，问：(1) 若每段允许温升为 50℃，要求转化率为 80%时所需段数？(2) 若段数为 4，为了保持最终转化率为 80%，应采取什么措施？

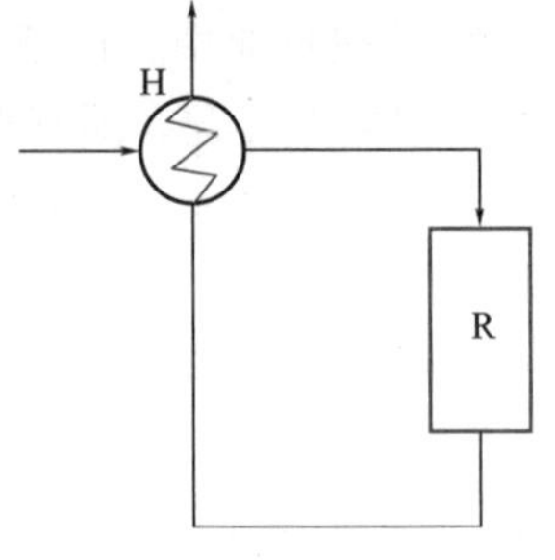

习题 10-8 图

第 11 章

化学反应过程开发案例

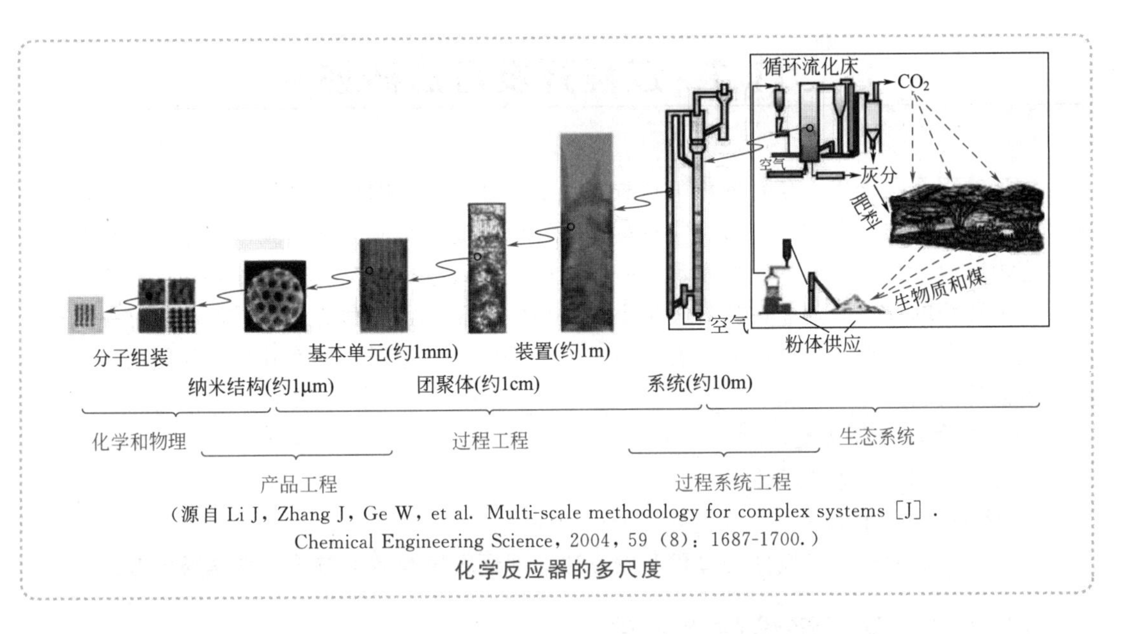

（源自 Li J，Zhang J，Ge W，et al. Multi-scale methodology for complex systems [J]. Chemical Engineering Science，2004，59 (8)：1687-1700.）

化学反应器的多尺度

熟悉化工生产的人都知道，伴随着装置规模的“放大”，往往会产生所谓的“放大效应”。化学反应器性能既与反应动力学、热力学、工艺学、原料计量学紧密相关，也需要从微观（分子纳米自组装）、介观（催化剂尺度的传递和动力学）、宏观（反应器乃至工厂流程设计）和宇观（产业园区物流、能源、污染流控制的优化配置）尺度实现对过程的全面认识，建立并优化反应动力学和传递过程之间的定量关系。化学反应系统的工程化研究不仅具有重要工业意义，同时还形成一种处理复杂系统通用方法论的范例，可广泛用于化学、生物化学、生物、电化学等诸多领域。

工业反应过程通常包含化学过程与物理过程，二者同时存在导致过程变得异常复杂，传统的相似方法和量纲分析方法在化工单元操作开发放大中得到有效应用，但对工业反应过程开发却一筹莫展。过程开发方法主要有逐级经验放大方法和数学模型方法，实验是基础。逐级经验放大方法完全依赖于实验，数学模型方法本质上也是以实验为基础的。工业化学反应过程的成功开发，既需要化学反应工程理论的指导，也需要实验方法论的指导，取决于反应工程研究和开发设计人员的专业素养和实践经验。

本章将以若干工业反应过程的开发案例来讨论化学反应工程基本原理的综合应用，理论联系实际，深入剖析反应过程开发方法，了解数学模型方法在过程开发中的应用。

11.1 过程开发方法概述

化工过程开发是指一全新的化工过程，或已经部分改变的化工过程从实验室研究过渡到大规模工业生产的整个过程。就反应过程而言，研究通常是从化学实验室开始的。当在化学实验室中取得了某项发现，例如发现了一条新的反应路线，或发现了某种新的反应方式，或发现了某种新的催化剂，并在技术经济上对这项发现作出了有利的评价后，研究过程就进入了以建设一套生产装置为目标的开发阶段。一个工业反应过程开发就其**核心问题**而言需要解决三方面的问题：

① 反应器的合理选型；

② 反应器操作的优选条件；

③ 反应器的工程放大。

本节将论述两种有代表性的过程开发方法，即**逐级经验放大方法**和**数学模型方法**。

11.1.1 逐级经验放大方法

长期以来，化工生产过程中的开发工作是以逐级经验放大方法为基本方法。逐级经验放大方法的**基本步骤**是：

① 通过小试确定反应器型式（结构变量）；

② 通过小试确定优选工艺条件（操作变量）；

③ 通过逐级中试考察几何尺寸变化的影响（几何变量）。

显然，逐级经验放大一方面反映了设备由小型经中型再到大型工业装置的逐级放大的过程，另一方面也表明了开发过程的经验性质，即开发过程是依靠实验探索逐步来实现的。这就是说，逐级经验放大方法完全依赖于实验所得到的结果，从实验室装置一步一步地扩大规模向工业生产规模过渡。可以看出，逐级经验放大方法具有如下**基本特点**。

（1）着眼于外部联系，不研究内部规律

逐级经验放大方法首先根据在各种小型反应器实验结果的优劣评选反应器型式。在选定的反应器型式中对各种工艺条件——温度、浓度、压力、空速等进行实验，从反应结果的优劣评选适宜的工艺条件。在这一基础上进行几种不同规模的反应器实验，观察反应结果的变化，推测放大后的反应结果。可以看出，上述研究方法的共同点是考察变量与结果的关系，也就是输入和输出的关系，或称外部联系。这种工作方法是把反应器作为一个“黑箱”处理，它既不需要事先知道反应器内进行的实际过程，在研究考察之后也不了解过程的内部规律。

如果在逐级放大过程中发现反应结果有一定的恶化，就会说这一过程有放大效应。至于怎么会有放大效应，是什么因素造成这种放大效应，应该采取何种措施才能减轻或消除这种放大效应，逐级经验放大方法并不能提供确切的答案。化工中所谓的放大效应，实际上只是一种现象的表达，并不是一种原理，它并没有给改进措施指明任何方向。

（2）着眼于综合研究，不试图进行过程分解

反应器进行的是多种过程，既有化学的又有物理的，既有流动的又有传质和传热的。各个过程又有各自的规律，对反应结果有不同程度的影响。逐级经验放大方法不对上述各种过程作分别的研究与考察。在逐级经验放大方法的研究过程中，各个不同的化学和物理过程都被同时地综合在一起进行考察，其结果必然是分不清各因素对反应结果产生怎样的效应。也就是说，只能找到综合的宏观原因，例如温度、压力、浓度、空速和催化剂等笼统的原因。无法找到具体的、真实的原因，例如流体速度分布、停留时间分布、传递等方面的原因。

（3）人为地规定了决策序列

一般而言，反应结果是结构变量、操作变量和几何变量的函数，但是这三类变量之间存在着交互的影响，即这三类变量可以是交联的。但是逐级经验放大方法却把这三类变量看成是相互独立的，可以逐个依次确定的。例如，第一步是在小试的评比中确定反应器的优选型式，这意味着在小试中谁优，则大型化时仍然是谁优。换言之，它否认了几何尺寸对反应器选型的影响，认为几何尺寸的影响和结构型式的影响是相互独立的。而在第二步的小试中确定的优选的工艺条件，同样意味着几何尺寸不致明显改变优化的工艺条件。如果认为几何尺寸改变后优选的工艺条件也将有相应的变化，那么，小试中寻找优选的工艺条件也就失去了意义。事实上，有些情况下几何尺寸的变化会对工艺条件有较大的影响。

由此可见，逐级经验放大方法所遵循的决策序列是人为的，并不是科学论证的结果。

（4）放大过程是外推的

逐级经验放大方法中进行几种不同尺寸反应器的实验，从中考察几何尺寸的影响，然后进行放大设计。不难看出，这是在进行外推。大家都知道，外推是很不可靠的。某种因素也许在一定的尺度范围内是渐变的，或呈线性的变化关系；超出这一范围后也许会有剧变甚至突变。因此，将在小尺寸范围内进行的考察结果外推到大尺寸时就冒着风险。所以逐级经验放大过程中有时需要经历好几个中间试验的层次，造成开发工作旷日持久的后果。

11.1.2　数学模型方法

逐级经验放大方法从方法论角度看，还有一个严重的缺陷。工业反应器中发生的过程有反应过程和传递过程两类。在设备自小型至被放大的过程中，化学反应的规律并没有发生变化。设备尺寸的变化主要影响到流体流动、传热和传质等过程。真正随设备尺寸而变的不是化学反应的规律而是传递过程的规律。因此，需要跟踪考察的实际上也只是传递过程的规律。然而，各级中试之所以耗费巨大，主要是由于化学反应，因为要进行化学反应，就必须全流程运转以提供原料以及处理反应产物。这里存在着一个明显的矛盾——目的和手段之间的矛盾。这一矛盾的根源在于逐级经验放大方法总是综合地对过程进行研究，而不是分解成几个子过程分别加以研究，并在最后予以综合的。

针对上述矛盾，**数学模型方法**首先将工业反应器内进行的过程分解为化学反应过程和传

递过程，然后分别地研究化学反应规律和传递过程规律。如果经过合理的简化，这些子过程都能用方程表述，那么工业反应过程的性质、行为和结果就可以通过方程的联立求解获得。这一步骤可称作过程的综合，以表示它是分解的逆过程。

由于化学反应规律不因设备尺寸而变，所以化学反应规律可以在小型装置中测取。传递规律受设备尺寸的影响较大，因而必须在大型装置中进行。但是由于需要考察的只是传递过程，无需实现化学反应，所以完全可以利用空气、水和砂子等廉价的模拟物料进行实验，以探明传递过程规律。这种实验通常称为冷模实验。显然，冷模实验即使以很大的规模进行也不致耗费过多。

按数学模型方法进行的工业反应过程开发工作可以分为以下四个基本步骤：

① 小实验研究化学反应规律；

② 大型冷模实验研究传递过程规律；

③ 计算机上的综合，预测大型反应器的性能，寻找优选的条件；

④ 中间试验检验数学模型的等效性。

这里要说明的是，冷模实验研究的是大型反应器中的传递规律，它是反应器的属性，基本上不因在其中进行的化学反应而异。特定的工业反应过程只是特定的化学反应规律和这些传递规律的结合。也就是说，对于一个特定的工业反应过程，化学反应规律是其个性，而反应器中的传递规律则是其共性。

具备了传递过程规律和小试测定的反应过程规律，就可直接设计工业反应器，这样就不存在设备的放大问题。“放大”一词的内涵是从一个小型反应器出发经过中间试验，放大到工业规模的反应器。数学模型方法本身并不意味着必须要有这么一个由小型反应器和中间规模的反应器以供放大之用，而是直接可以通过计算获得一个大型反应器的设计。

尽管要在计算机上进行综合，尽管各个子过程必须要用方程进行描述，尽管对各个子过程进行分别研究的最终结果是描述该过程的数学模型，但是，实验在数学模型方法中仍占有主导地位。

在数学模型方法中，中试仍然是一个重要环节。与逐级经验放大方法不同的是，中试的目的不再是实验搜索放大的规律，因此，中试不再是放大的起点。在数学模型方法中，中试的目的是对模型化的结果作出检验。从这个意义上，中试也意味着一个开发阶段的结束。如果模型计算与中试结果不同，则必须检查是中试原因，还是模型所反映的规律与实际不同。如属后者，则应修正模型。

综上所述，数学模型方法的基本特征是：

① 过程的分解；

② 过程的简化。

这两个基本特征是密切关联、互为基础、互为前提的，过程分解给简化创造了有利的条件。反之，没有简化，也得不到数学模型，也就不能综合。

11.1.3 两种开发方法的对比

分析了上述两种开发方法的基本特征以后，就不难看出，这两种方法呈现鲜明的对照。这两种方法无论是出发点还是工作方法都是全然不同的。逐级经验放大方法立足于经验，并不需要理解过程的本质、机理或内在规律，而是一切凭借于实验结果，这是它的主要出发点。正因为它不要求对过程本质的认识，因此，即使过程异常复杂，该方法仍可被沿用，对研究者的理论素养并不苛求。

数学模型方法则立足于对对象的深刻认识。只有有了深刻的理解，才能作出恰当的分解和简化。而且，它不仅要求对过程有深刻的定性的理解，还要求做到准确的定量的理解，以便能将这种理解表示成方程。显然，这个要求是相当苛刻的。也正因为如此，尽管数学模型方法在逻辑上是非常合理的，从方法论上说也是很科学的，但其实际应用直到目前仍然是有限的。它一方面要求有可靠的反应动力学方程。另一方面，又要求有大型装置中的传递方程。对于复杂的反应系统，就很难得出准确的可靠的反应动力学方程。与反应动力学相比较，更缺乏、更困难的是大型装置中的传递过程规律。有些复杂的反应器，如流化床反应器等，其中的传递规律至今尚未能定量地作出描述。

在工作方法上两者也是大相径庭的。不同的出发点有不同的工作方法，这是很自然的。以小试为例，逐级经验放大方法的小型实验的目的是为了寻优，即寻找优选的工艺条件。因而实验装置在形状和结构上应当尽量模拟工业反应装置。实验点的安排通常采用网格法、优选法或正交设计法等。而数学模型方法的小型实验的目的是建立反应动力学模型。因而其实验装置不在于是否与工业反应装置相仿，而在于尽可能排除传递过程的影响，从而获得真正的反应动力学规律。而实验的计划首先是充分揭示反应的特征，以便设想简化的动力学模型，然后进行模型的检验和模型参数的估值。中间试验则显示了更多的不同。逐级经验放大方法利用逐级的中试探求设备几何尺寸变化造成的放大效应；数学模型方法则设计中试以检验模型化的结果。

11. 1. 4　开发方法的基本原则

上述的两种开发方法实际上是两个极端；一个不要求对过程有任何认识和理解，另一个则不仅要求对过程有深刻的定性的理解，而且要求有足够准确的定量的理解。显然，如果所处理的问题在过程上是简单的，在设备上同样是简单的，或者通过分解和简化可以使之足够的简单，就完全可以既有定性又有定量的理解，那么，完全可以采用较为科学的数学模型方法。反之，如果过程和设备两者之中有一个极为复杂，人们仍理解极少，那么，也只能采用逐级经验放大法。然而，大多数实际的化学反应过程问题并不是如此极端的，实际问题的复杂性往往是介于两者之间的中间情况。现在经常遇到的情况是，对过程有所理解，但又未能达到足够准确的定量的理解，采用数学模型方法并不现实。但是，由于对过程还是有相当的理解，再用纯经验的逐级经验放大方法又不甘心。显然，应当探索在这种中间情况下的正确的开发方法。

我们所要处理的问题是工业反应过程，所应凭借的手段主要是实验。当然，逐级经验放大方法完全依靠实验。即使是数学模型方法，在很大程度上也依赖于实验，对于对象的深入认识依赖于实验；模型的检验和参数的估值也依赖于实验；综合的结果也需要中试的验证。但是，实验同样需要理论指导，否则将成为盲目的实验。因此，开发实验必须有理论的指导，包括：

① 反应工程理论的指导；

② 正确的实验方法论的指导。

只有将开发工作置于这两方面的理论知识的指导下，开发工作才能大大简化，开发工作的质量才能大大提高，开发的周期才能大大缩短。

（1）反应工程理论的指导

将开发工作置于反应工程理论的指导从根本上摆脱了逐级经验放大方法的纯经验性质。

由上述分析可以看到，两种开发方法实际上是两个极端，一个是不要求对过程有深入的认识和理解，另一个则不仅要求对过程有深刻的定性的理解，而且要求有足够准确的定量描述。然而，实际过程的复杂性，往往既非对过程有完整的、全面的深入理解，从而可以完全采用数学模型方法进行过程开发研究。也非对过程一无所知，以致不得不采用纯经验的逐级放大。当前，化学反应工程学科经过了半个多世纪的发展，对大多数化学反应过程和反应器提供了相当多的规律性知识。实际工业化学反应过程的开发，应该在化学反应工程理论指导下进行，以避免纯经验的局限性。化学反应工程理论能够为过程开发工作提供理论指导，提供一些有利于思考问题的依据。

概括起来，化学反应工程在以下基础理论研究方面已经为开发工作创造了许多有利的依据。

① 概括了各种宏观动力学因素。化学反应工程虽是以化学反应为研究对象，但因在化学反应器中存在着流体流动、传质和传热等过程，对化学反应产生各种有利或不利的影响。这些因素通常称为工程因素或宏观动力学因素。例如，物料在连续流动反应器中的返混及停留时间分布可能对反应结果产生严重影响；物料微团之间的微观混合对快速反应会产生不良的后果；多态及热稳定性现象对强放热气固相催化反应是一个特别需要加以注意的问题；甚至加料方法的不同或是操作方式的变化也会得出截然不同的反应结果。

② 提供了大量重要概念和科学结论。反应工程学科通过对最基本的化学反应（包括简单反应、可逆反应、平行反应和串联反应等）大量的单因素研究，通过理论推导和数学运算，得出以下重要概念和结论：

在低转化率（<50%）时返混的影响较小，可以不予考虑。高转化率（>95%）时，其影响很大。因而要充分重视化学反应末期的动力学特征。

对于气相慢反应，预混合问题可以不予考虑；对于快反应，预混合可能严重影响反应选择率。而反应快慢的分界是秒级，即反应所需时间为几秒的属慢反应，反应时间为分秒级的属快反应。

对气固强放热催化反应，催化剂颗粒与气流主体间可以存在明显温差，从而对反应结果带来很大的影响。而反应热强弱的标志不是摩尔反应热，而是反应物系的绝热温升。

这些重要的概念和结论给过程开发研究工作带来了极大的好处和便利。在小试阶段，它就能提醒我们哪些影响因素对过程是重要的，应加以仔细研究；而哪些是可忽略的，从而使实验工作得到极大的简化。相应地，如在开发研究工作中遇到问题，也能提供一些解决方案。

③ 提供了若干重要类型反应器的传递特征。反应工程的理论和实验已经对一些典型的工业反应器，如搅拌釜、列管式固定床反应器、绝热式固定床反应器、流化床反应器、涓流床反应器、鼓泡床反应器等进行了大量研究，掌握了这些反应器的型式、结构特征和传递特性。

应该指出，由于反应工程理论研究时对过程已作种种简化假定，与实际情况会有明显偏离，因此仍然只能作为定性的或半定量的估计。然而，在实际反应过程开发研究中，化学反应工程理论指导仍可体现在下述两个方面：一是反应工程理论可以决定哪些因素必须予以重视，哪些因素可以忽略，即可提供工程因素利与弊的半定量指导；二是对不同类型反应器结构、操作方式、操作条件等各种工程因素对反应场所温度和浓度产生的影响程度进行预示，并确定相应的对策。

应用反应工程理论指导过程开发工作还需要有相应的**工程思维方法**，就是要求把反应器型式、操作方式及操作条件等对反应结果的影响分解为以下三部分，如图 11-1 所示。

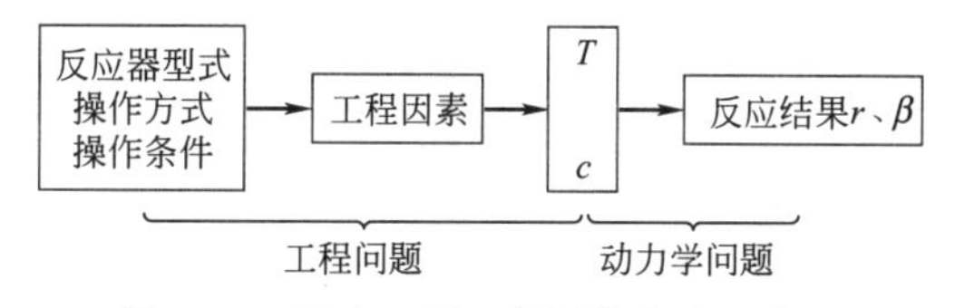

图 11-1　反应工程工程思维方法示意图

一是反应器型式、操作方式和操作条件对有关工程因素产生影响。

二是各种工程因素对实际反应场所温度和浓度产生影响。需要指出的是温度和浓度是指实际反应场所的温度和浓度，而不是指反应器进口，也不是指反应器出口的温度和浓度。例如，气固相催化反应过程，反应实际场所的温度和浓度是指催化剂表面的温度和浓度。

三是实际反应场所温度、浓度通过化学反应的温度效应和浓度效应对反应速率和反应选择率产生影响，从而改变反应结果。

由图 11-1 可见，整个反应过程的问题可分解为两大部分：即动力学问题和工程问题。

动力学问题是化学反应规律的研究，是反应的个性问题。化学反应规律可以在小型装置中通过实验揭示。反应工程理论已把反应分为若干典型的反应类别和特征。

工程问题则是反应器的传递规律研究，工程因素将改变反应场所的温度和浓度。传递规律是反应器属性，基本上不因在其中进行的化学反应而异，可以采用冷模实验进行研究。

因此，在反应过程开发研究中，可通过小型装置研究反应规律，然后应用反应工程理论思维方法，与工程因素相结合，研究确定反应器型式和合理的工艺条件，并预测放大过程中可能出现的变化。

(2) 正确的实验方法论的指导

采用实验探求客观事物的规律需要有实验方法论的指导，以期用最少的实验获得最明确可靠的结论。面对复杂的工程问题，需要将实验数减少到可以接受的程度，因而必须寻找简化实验的方法。

要使实验大幅度简化，必须充分认识并利用对象的特殊性，这是正确的实验方法论的一条重要原则。可以认为，**特殊性**来自两个方面：①过程的特殊性；②工程问题的特殊性。

过程的特殊性是显而易见的，因为反应有不同的类型，有其个性。反应设备也有各种型式。在不同的反应设备中进行不同的反应，若用同一种方法去研究，去安排实验，显然是不合理的。逐级经验放大方法的一个重要缺陷在于，对不同的过程用同一种方法去处理，不考虑对象的特殊性。而数学模型方法则立足于过程的分解和简化，是以对象的特殊性为着眼点的。不同的过程可以作不同的分解和简化，这是数学模型方法的精华。是否充分利用了过程的特殊性是实验计划优劣的重要标志。

工业反应过程开发属于工程研究。工程问题有其复杂的一面，也有其简单的一面。工程问题会伴有一些强烈的约束条件，使许多因素受其约束而使实验得以简化。所以，应当判断特定工程问题的特殊性，充分运用这种特殊性来简化实验。

综上所述，正确的**开发方法**应当在反应工程和正确的实验方法论的指导下进行。要充分利用对象的特殊性规划实验，简化实验。

11.2 丁二烯氯化制二氯丁烯过程的开发案例

11.2.1 反应过程特性研究

丁二烯氯化反应是利用丁二烯和氯气进行气相热氯化反应生成产品二氯丁烯的过程，这是一个快速的放热加成反应。即使在常温下反应也能很快地进行。产品二氯丁烯为无色透明液体。其反应式为

$$C_4H_6+Cl_2 \longrightarrow C_4H_6Cl_2$$

反应伴有多种副反应，副反应产物大体分为两类：一类是氯代产物；另一类是多氯加成产物。由于反应速率很快，优化的主要目标是获得高的选择率。

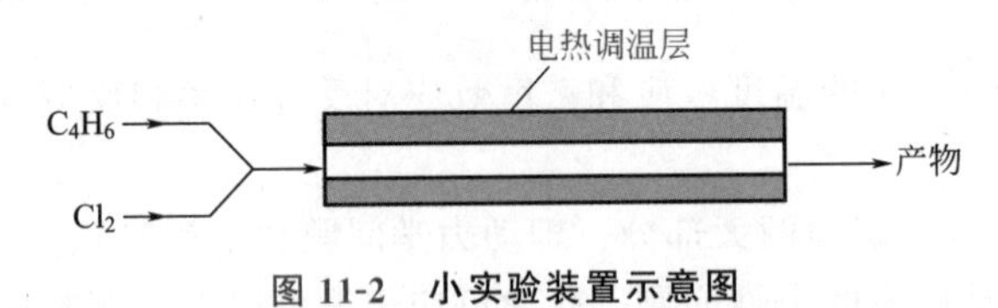

图 11-2　小实验装置示意图

根据化学反应工程理论指导，首先要认识反应特征。为此采用如图 11-2 所示的实验反应器。丁二烯和氯气经 Y 形管混合后进入管式反应器，管外绕电热丝以调节反应管内温度。选用这种简单管式反应器只是为了方便，其目的是为了初步认识反应的特征。

首先进行第一组实验，观察反应温度对选择率的影响。实验结果发现，反应在常温下也能快速地进行，但是氯代副产物很多。随着温度上升，氯代副产物逐渐减少，高温时氯代副产物变得极少，其值只占百分之几。高温与低温的大致分界线是 270℃。实验表明：低温有利于氯代反应，高温有利于加成反应。用反应动力学的语言，就是加成反应活化能大于氯代反应活化能。这一反应的温度效应要求反应器内不出现低温区。

为使反应器内不出现低温区，最直接的办法是将两种原料气各自预热，然后进入反应器。但是丁二烯容易在预热器中发生自聚，造成换热面的污染，使换热器不能长期运转。因此，从工程观点考虑，不宜采用原料预热的方法，免得后患无穷。

另一个办法是不预热原料，利用返混使进入反应器的冷料与已在反应器中的热料迅速混合，使冷料可以立即提高到 270℃以上。正如全混流反应器中所提及，充分的返混将使反应器内各处的浓度和温度均匀，并且等于反应器出口的浓度和温度。

实现返混最直接的方法是机械搅拌，这样必须有轴封，而又在高温氯介质中工作，腐蚀因素将会产生不少问题。另一实现返混的方法是利用高速射流将周围的气体吸入射流。即将原料丁二烯和氯气以高速射流形式喷入反应器，周围已经反应的热气体将被吸入，并借射流内部的高度湍流使物料迅速混合并且升温。

假定反应器内温度维持在 300℃，进入的丁二烯、氯气的温度为 30℃，为了使进入的冷料迅速升温到 270℃以上，被射流吸入的气量按管式循环反应器中循环比 R 计算可得，循环气量应为进料气量的 8 倍以上。保证这一吸入量，近似地用维持自由射流（即无约束射流）计算进行估算。估算结果表明：射流速度维持在 100m/s 左右，吸入气量可达射流气量的 10 余倍。而 100m/s 的气速，喷嘴的阻力也不会超过 0.05MPa，工程上是完全可以实现的。因此利用原料气的动量完全可以达到所需的返混比，不需采用机械搅拌。

根据反应的温度效应，为消除反应器内低温区，选择喷射返混式反应器，因此该反应器的唯一特征是返混。然后从反应工程理论进一步考虑返混是否引起反应选择率的变化。因为

返混这一工程因素将改变反应实际场所的温度和浓度。在丁二烯氯化反应中返混有利于消除反应器内的低温区，使氯代副产物降低至百分之几，而返混还将改变反应器内浓度分布，是否会使选择率变化还有待进一步实验论证。

最直接的方法是制造一个小型返混式反应器，但制作小的机械搅拌反应器或者小型喷射式返混反应器，不仅难以加工，而且操作也十分困难。实际上，并不一定需要直接进行返混式反应实验。前面讨论中已阐明，返混对平行副反应级数高的反应有利，对平行副反应级数低的反应以及串联副反应都是有害的。丁二烯氯化反应中氯代副反应已因选择高温而相对地被抑制，也就不需考虑，剩下的问题是多氯加成反应。多氯加成反应的可能发生途径如图 11-3 所示：一是由多个氯同时与丁二烯作用生成多氯加成产物；另一个是由产物二氯丁烯与氯进一步生成多氯加成产物。由平行副反应生成多氯加成产物的反应来看，由于需要多个氯同时作用，可以推测，该反应对氯浓度必然较敏感，其对氯的级数决不会小于主反应，这样，返混对二氯丁烯选择率不会有害。于是返混引起的浓度改变对选择率是否有害可看作是二氯丁烯是否存在进一步加氯的串联副反应。这一命题的转化，将实验探索返混反应器对选择率的影响转化为探索串联副反应是否存在，使实验工作大为简化。

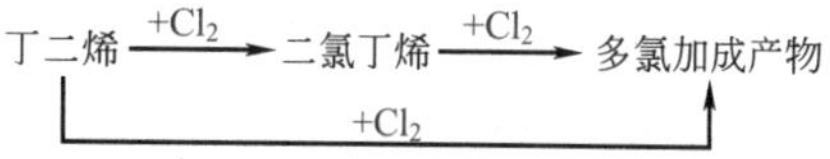

丁二烯 $\xrightarrow{+Cl_2}$ 二氯丁烯 $\xrightarrow{+Cl_2}$ 多氯加成产物（丁二烯 $\xrightarrow{+Cl_2}$ 多氯加成产物）

图 11-3　多氯加成产物可能生成途径

为此，可以仍在小实验装置进行反应。实验可以将产物二氯丁烯气化后与氯气混合通入反应器，考察产品中是否出现多氯化合物。

第二组实验结果表明：产品中出现大量的多氯化合物，证明串联副反应是存在的。也就是返混将使选择率下降。于是面临两种选择：一是放弃返混方案，寻找抑制氯代副产物的其他措施；二是坚持返混式，寻找其他抑制多氯化合物的措施。由于无法找到抑制氯化副产物的其他可行措施，因而只能寻找抑制串联副反应的方法。

上述两组实验考察了反应的温度效应、证明了串联副反应的存在，但没有进行动力学测定。因此只能暂时假设丁二烯氯化反应对丁二烯和氯的浓度都是一级，即

$$A \xrightarrow[k_1]{+B} P \xrightarrow[k_2]{+B} S \tag{11-1}$$

反应选择率 β 可表示为

$$\beta=\frac{k_1 c_A c_B - k_2 c_P c_B}{k_1 c_A c_B}=1-\frac{k_2}{k_1}\times\frac{c_P}{c_A} \tag{11-2}$$

由式(11-2) 可以看出，如第 3 章双组分串联反应中过量浓度对选择率的影响结论那样，采用丁二烯过量，使反应过程中丁二烯浓度趋于一个定值，可大大提高反应过程后期的瞬时选择率。

理论思维的结论尚需实验验证，第三组实验是检验过量丁二烯对反应选择率的影响。实验仍在小试装置中进行。改变的是丁二烯和氯气的比例。实验结果表明过量丁二烯的作用是显著的，几乎没有明显的多氯化合物生成。

以上三组实验的结果确定了反应的工艺条件和反应器的选型：反应温度为 300℃左右；丁二烯过量；喷射返混式反应器。

11.2.2　反应器结构与操作条件

进一步的工作是确定反应器的结构尺寸和优选工艺条件。完成这一工作，更应充分考虑工程问题所给予的约束。

首先考虑反应器的结构尺寸。通常，反应器体积取决于反应速率。但是，丁二烯氯化反

应速率极快，因此实际反应所需体积不大；同时，反应器体积过大并无害处，因为氯反应耗尽，在多余反应器体积中，不会造成不良后果。由此可以得出，反应器体积和结构尺寸对反应结果不会有直接关系。另一方面，从工程角度考虑，反应器内必须保证有足够大的返混。所以丁二烯氯化反应器体积和结构尺寸不是取决于反应速率，而是决定于满足大的返混比。

射流进入反应器后呈圆锥形展开，经一段距离后，线速度才降到一定的程度，由此可以决定反应器的长度。在该位置，呈圆锥形扩展的射流有一定的直径，反应器直径必须比此直径大并留有一定的余地以便气流能返回到喷嘴口附近，由此可以决定反应器的直径。这些是确定反应器尺寸的原则。按此原则，进行适当的冷模实验，就能确定合适的反应器尺寸以保证所需的返混比。

其次，考虑合适的丁二烯与氯气的配比。氯气流量由产量而定，反应释放的热量也随之而确定。若反应释放的热量不足以将冷原料升温到规定的温度（270℃）以上，那么反应器应另设供热装置。反之，如果反应释放的热量过剩，则反应器内应设冷却装置以移走热量。不论供热还是冷却装置，都会带来传热面的沾污问题，造成操作上的隐患。最简单的方法是调节丁二烯与氯的配比，使反应释放的热量恰好等于丁二烯和氯气冷原料升温所需的热量，即反应器实现**绝热操作**。按热量衡算，可得原料中丁二烯和氯气配比应为 4：1，这样丁二烯过量也足以达到选择率的要求。由此可见，原料气中实际配比并不仅仅取决于选择率的要求，也取决于绝热操作的要求。显然这是工程的约束强于工艺的要求。

虽然丁二烯氯化反应过程开发中没有反应动力学方程，也没有传递方程，但全部开发过程都依赖于反应工程理论的指导，都注意到利用反应对象的特殊性和工程问题的特殊性进行实验研究，实现了实验工作的简化。

11.2.3 中试研究和预混合措施

在年产 25t 的模试装置中检验开发的决策。在模试装置中其他条件和小试提供的条件一样，只是改变了丁二烯和氯气的进料方式，把喷嘴改为一**同心双喷嘴**。氯气进料量小于丁二烯进料量，氯气由管内喷出，丁二烯从环隙喷出。两股气流都以 100m/s 的速度喷入反应器。模试结果出现意料不到的现象，系统堵塞，到处是暗黑色的粉末。显然，从小试中已取得的认识无法解释这种现象。

可以认为，通过小试确定的决策是有理论依据，并经过实验检验的。在模试实施中唯一没有仔细考察过的是氯气和丁二烯的进料方式。小试中氯气和丁二烯是由 Y 形管预混合后进入反应器的。模试中由于考虑到氯气和丁二烯在低温下也会反应，因而二者是分别由喷嘴喷出后在反应器内混合的。这种**预混合**方法的变化没有事先在小试中进行过考察。为了弄清楚预混合的优劣是否会影响反应进程，或影响到黑色粉末的生成，必须重新进行小试探索。

第四组实验。仍然采用小试装置进行实验，原料氯气和丁二烯不经 Y 形管预混合，分别从反应管进口两侧直接进入反应器。结果出现了大量黑色粉末。原来仅认识到反应是快速反应，但没有领悟到反应已快到预混合成为过程重要的因素。实际上如果氯气和丁二烯预混合差，氯气微团较大，丁二烯向氯气微团边扩散边反应，此时实际反应场所中配比不是丁二烯过量而是氯气大大过量，过量的氯能使丁二烯上的氢全部被氯所取代，从而形成碳链。由此可见，模试中出现的碳粉是由于预混合的不足所造成的。也就是说，喷嘴有**两重作用**：一是返混；二是预混合。在进行大量工作改善了喷嘴结构和加工精度后，解决了上述问题，在模试中实现了稳定的连续操作，完成了过程开发的要求。

11.3　列管式固定床反应器开发案例

列管式固定床反应器是化工生产中常见的一种反应器，它具有传热性能好，催化剂损耗小，气相接近平推流的特点。适用于强放热气固相催化反应，如乙烯氧化制环氧乙烷、苯氧化制顺丁烯二酸酐、邻二甲苯氧化制邻苯二甲酸酐等反应过程。

列管式固定床反应器的开发，如同其他反应器一样，首先根据反应系统特征，以反应选择率或收率为目标，提出工业反应器设计要求，确定操作条件和控制要求。设计列管式固定床反应器的困难主要是反应器催化剂床层中存在温度分布，难以精确计算。床层温度分布既影响反应过程选择率（或收率），又影响反应器操作的安全，因此是开发研究的中心问题。本节以邻二甲苯氧化反应生产苯酐为例，阐述列管式固定床反应器的开发研究方法。

11.3.1　过程分析

邻二甲苯在钒催化剂上的催化氧化反应，具有平行-串联反应的特征，据报道，该反应过程可简化为

$$OX \xrightarrow{1} PA \xrightarrow{2} C,\quad OX \xrightarrow{3} C$$

其中，OX—邻二甲苯；PA—苯酐；C—碳的氧化物。

根据反应过程热效应，按空气中邻二甲苯浓度为 $35g/m^3$ 空气（标准）的工艺条件及平均选择率 0.75 计算，反应系统的绝热温升为 700℃，属强放热反应。根据串联反应提高产品收率的要求和放热反应换热需要，工业上采用列管式固定床反应器可以得到较高的苯酐收率，降低产品的原料单耗。

列管式固定床反应器中进行邻二甲苯氧化反应过程的优化目标是苯酐的收率。在反应器中，由于反应和流体流动、传热及传质过程交织在一起，在反应器的径向和轴向、流体与固体催化剂之间以及催化剂颗粒内部都可能存在温度梯度和浓度梯度。因此需要引入催化剂的内部、外部效率因子，在反应器模型中需要有正确的模型参数，如有效扩散系数和有效热导率等，这些参数是难以准确测定的。所以这类强放热复杂反应虽然可用数学模型方法进行开发研究，但国内外尚无成功的先例。需要在化学反应工程理论和正确实验方法指导下，结合邻二甲苯氧化反应这个特定过程的工艺条件变化范围，针对具体反应器特点进行开发研究工作。

列管式固定床反应器的结构与列管式换热器相似，为**多管并联**结构，如图 11-4 所示。并联管数可达 2 万根。颗粒催化剂装填于管内，管外壳层为换热用冷却介质。根据反应热稳定性要求，邻二甲苯氧化反应器的冷却介质采用**熔盐**；同时反应管径受到限制，目前工业上管径已规格化，对于这类强放热反应，管的内径一般为 25mm，管长一般为 3m。气体反应物由进气管进入反应器上封头，分布流入各反应管，进

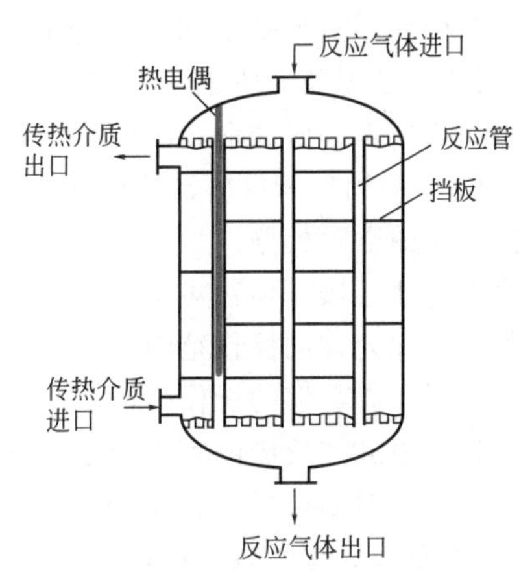

图 11-4　列管式固定床反应器简图

入催化剂床层进行反应，反应后气体由下部出口管流出。显然反应器排出的反应物料是每一根反应管反应结果的总和。

在列管式固定床反应器中，各管的反应过程是相对独立的，只要各管内的气流速度和管外传热介质温度相同，则各管的反应结果就应与整个反应器的反应结果相等。为此，开发研究中采用**单管研究方法**是一种有效的方法，即取一根与工业反应器相同管径和管长的单管进行研究，以了解管内反应与传递因素之间的关系。然后讨论多管并联组成的工业反应器所出现的放大问题。

进行单管研究，变量为进口温度 T_0、进口气体中邻二甲苯浓度 c_{B0}、气体线速度 u、管外传热介质流速和温度 T_s 等，针对现有邻二甲苯氧化工业反应器，研究反应器操作性能，确定操作条件，提出控制要求，提高产品收率。由于受混合气爆炸极限的约束，进口气体中邻二甲苯浓度不会有太大的变化。工业反应器的管径一经确定，由反应过程的放热及与管外传热介质之间的换热，在床层中自然会形成某种轴向温度分布，以致在轴向某个位置出现热点。反应器温度分布、热点温度及热点位置取决于反应物料的组成、预热温度、管外传热介质温度及包括了气体速度及床层高度因素的空速。换言之，在上述前提下，反应结果主要由管外传热介质温度和空速所确定。对气固相催化反应用列管式固定床反应器，一般可以认为传热过程的阻力主要在管内，管壁温度 T_w 可以近似取用管外冷却介质温度，即用熔盐温度 T_s 表示操作温度，使实验组织更灵活。通过测定熔盐温度 T_s 及空速 SV 等变量对邻二甲苯氧化过程转化率 x_B 和苯酐收率 x_{PA} 的影响，探索邻二甲苯催化氧化反应过程的特征及操作变量对反应过程的影响。

在研究了单管的操作变量对反应结果的影响后，列管式固定床反应器的放大只是并联管数的增加。这个放大过程出现的主要问题：其一是各列管内**气流分布的不均匀性**。由于催化剂装填不均匀造成压降的差别，或在反应器操作过程中催化剂破碎造成各管阻力发生变化，从而引起各管空速不均匀。此外进料气体预分布状况也会造成各管空速不同。不同的空速造成各管反应结果不同。其二是各列管所处**熔盐温度不均匀**。空速的不均匀会引起各管温度的不均匀；管外的传热介质（如熔盐）流动状况造成管束间（横向）温度不均匀，以及反应器上下部（轴向）温度不均匀，造成各管所处场所的温度不同。温度对反应是个敏感的参数，由于上述不均匀性的存在，造成反应器中各管的反应结果可能有较大的差别。目前，对这类不均匀分布不可能进行精确的测定，难以用数学模型法计算。但是上述两类不均匀程度对反应结果的影响程度是可以估计和预测的。因此，在研究中可以把解决上述两类不均匀性问题转化为研究参数灵敏性问题。把命题转化成研究达到一定苯酐收率时熔盐温度 T_s 和空速 SV 等操作变量所允许的不均匀程度，为工业反应器的设计和操作条件的确定及其允许变化范围提出要求。研究命题的转化，使研究内容易于在单管装置上得以实施。

Rase 对固定床反应器的设计方法作了总结，对其传递规律进行了详细评述，并提出了不同类型的数学模型。采用单管实验对邻二甲苯催化氧化过程进行开发研究，主要研究熔盐温度及空速等操作参数对反应结果的影响，以了解反应过程特点，掌握操作条件，寻找最优操作状态和允许的操作范围。对反应过程开发研究而言，则要在规定的目标（如产品苯酐的收率）下，有足够的操作弹性，而且还要研究反应器可能出现的“飞温”失控状态。

进行强放热反应的管式固定床反应器，为实现正常安全操作，必须注意避免“飞温”状态的出现。对简单反应，希望反应器在较高温度下操作，以提高反应速率，但要避免“飞温”。对复杂反应则以获得较高产品收率而又避免出现“飞温”为约束，决定反应器的操作条件。为避免“飞温”状态，在工程上尚需采取有效的措施。

11.3.2　换热式反应器的径向换热和径向温度分布

换热式固定床反应器中的径向换热是反应器与周围环境进行换热的主要途径。径向换热是一个复杂的综合过程，它包括床层流体的热传导、催化剂颗粒接触处的热传导、催化剂颗粒表面与表面间的辐射传热、颗粒内部的热传导及流体的径向对流传热等。为简化固定床内的径向传热，将上述各种传热过程简化用径向有效热导率 λ_{er} 来描述，且服从傅里叶定律，即

$$q=-\lambda_{er}\frac{dT}{dr} \tag{11-3}$$

式中径向有效热导率 λ_{er} 主要取决于流体流动条件及流体性质，与催化剂性质关系较小。工业管式固定床反应器内的径向有效热导率 λ_{er}，大致如表 11-1 所示。

表 11-1　工业管式固定床反应器的 λ_{er} 值

催化剂	温度 /℃	压力/MPa	气速/(m/s)	λ_{er}/[kJ/(m·h·℃)]
SO_2 氧化用钒催化剂	500	0.1	0.35	2.38
乙烯氧化用银催化剂	220	0.1	55	3.05
	220	0.1	1.65	5.85
合成甲醇催化剂	350	25	0.12	96.14
合成氨催化剂	500	30	0.10	66.46

文献中已发表若干径向有效热导率 λ_{er} 的关联式，如 Argo 和 Smith 的计算式为

$$\lambda_{er}=\varepsilon_b\left[\lambda_f+\frac{d_p c_p G}{Pe_r\varepsilon_b}+\frac{4\sigma}{2-\sigma}d_p\frac{0.173\overline{T}^3}{100^4}\right]+(1-\varepsilon_b)\frac{h\lambda_s d_p}{2\lambda_s+hd_p} \tag{11-4}$$

上式在一定条件下可作各种简化。其他关联式有合并的

$$\frac{\lambda_{er}}{\lambda_f}=\frac{\lambda_{er}^0}{\lambda_f}+\alpha_1\alpha_2 Re_p Pr \tag{11-5}$$

以及 Froment 的

$$\lambda_{er}=\lambda_{er}^0+\frac{0.0025}{1+46\left(\frac{d_p}{D_t}\right)^2}Re \tag{11-6}$$

式中，ε_b 为床层空隙率；λ_f 为流体热导率；λ_s 为固体颗粒热导率；h 为颗粒表面总传热系数；σ 为发射率；G 为表观质量流速；λ_{er}^0 为流体静止时的径向热导率；α_1，α_2 为系数。

只有在绝热操作而且流体流动均匀的条件下，工业反应器床层径向截面上的温度才是均匀的，即不存在径向温度分布。当反应器床层与外界环境换热时，如进行放热反应，则热量从床层传向管壁，通过反应器管壁，再由外部冷却介质移走。由于床层径向传热阻力的存在，床层内径向各点的温度一般都存在差异。典型放热反应的反应器径向温度分布如图11-5所示。图中实线为反应器实际的径向温度分布，表明在管的中心轴上温度最高。按平推流反应器要求简化，计算时把反应器径向截面上的温度分布简化成具有平均温度的特性，如图中虚线所示。乙烯氧化生产环氧乙烷使用内径为 2.1cm 的管式固定床反应器，当流体

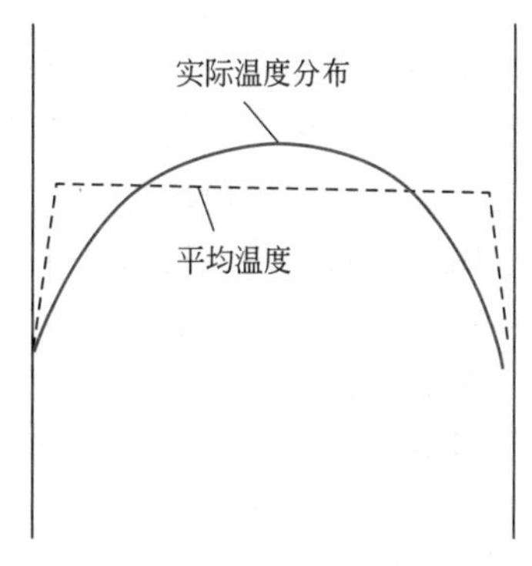

图 11-5　管式反应器内的径向温度分布

质量流速为 77100kg/(m² · h)，进料温度 T_0 及冷却介质温度 T_c 均为 250℃，反应管内催化剂床层的径向温度分布如图 11-6 所示。说明尽管反应管内径仅有 2.1cm，在床层深度为 0.2m 处的管中心温度比壁温高 26℃；在床层深度为 0.45m 处，管中心温度比壁温高 41℃。表明反应管内大约 1cm 的半径距离内有 40℃的温差。说明这类强放热反应床层中的径向温度变化不能忽视。

径向温度分布的存在，破坏了设计中按平推流假设的基本前提。床层存在径向温度分布时，造成径向截面上各点反应物浓度和反应速率不均匀。对放热反应由径向温度引起的差别表明，床层内各截面的中心处流体温度高，反应速率快，反应物浓度降低也快；而在近壁处，流体温度低，反应速率慢，反应物消耗也少。因此造成了对平推流假设的严重偏离。在径向温度梯度较大时，由于反应速率对温度变化的敏感性，管中心和管壁处反应速率差可能很大。图 11-7 是 Smith 测定的温度分布，在管式固定床反应器中进行二氧化硫氧化反应，如果管壁处保持 197℃，在管中心处温度高达 500℃，如反应活化能为 80.01kJ/mol，则两处反应速率常数的比值为

$$\frac{\exp[-80.01\times1000/(8.314\times773)]}{\exp[-80.01\times1000/(8.314\times470)]}=3270(\text{倍})$$

由此可见径向温度分布使反应速率难以预估。

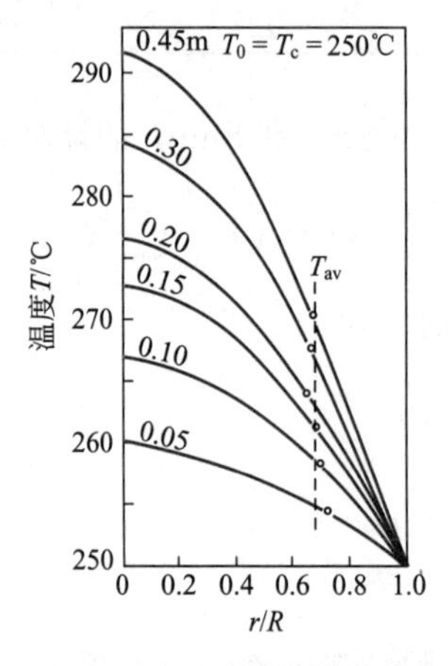

图 11-6 环氧乙烷反应器中的径向温度分布

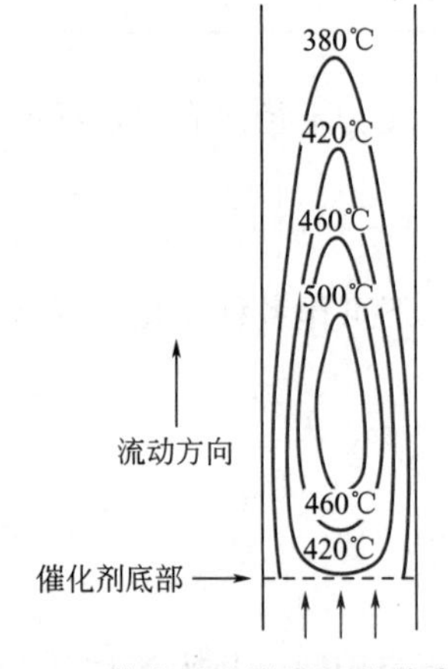

图 11-7 管式反应器中温度等高线

再则，工业反应过程多数是复合反应，反应器操作条件主要以选择率为目标，按均匀浓度确定最优操作温度。换句话说，如果反应器内径向截面浓度是均匀一致的，在优化分析中自然希望在一个均匀的径向最优温度下操作。温度对反应速率和选择率是极为敏感的因素，所以工业反应器中出现径向温度分布对反应是不利的，工业上应采取措施，力求消除或减少径向温度分布。消除径向温度分布是一个重要的工程问题。主要措施是强化径向传热，提高径向有效热导率或降低反应放热强度。

强化径向传热的有效措施是减小反应管直径，缩短床层径向传热距离。为此工业上对强放热反应的固定床反应器一般采用内径为 2.5cm 的管子，如邻二甲苯氧化生产苯酐用管式固定床反应器。也有少数工厂采用更细的管径，如内径为 1.9cm 的管子。考虑到催化剂颗粒在管内的填充状况，管径与催化剂颗粒直径必须保持适当的比例，不能采用更小的管径。

提高管内流体流动速度，也可以增强径向有效导热能力，但流体流速的提高受到反应转化率与压降的约束。

另外的有效措施是降低反应的放热强度，如降低反应物浓度、降低催化剂活性或采用惰性颗粒稀释催化剂等。然而，反应物浓度的选择是根据反应过程选择率要求确定的工艺条件，一般需服从工艺上的要求。

11.3.3　反应器的轴向温度序列和实施方法

（1）反应器的轴向温度序列

气固相催化反应采用绝热操作，在工业上主要应用于两种情况。一种是反应热效应较小的过程，在绝热条件下操作反应系统可维持在接近等温情况。另一种是强吸热反应，或绝热温升不太大的放热反应。今以吸热反应为例，说明工业绝热反应器的轴向温度序列。

乙苯脱氢生产苯乙烯是一个吸热反应过程。

$$C_6H_5C_2H_5 \longrightarrow C_6H_5C_2H_3 + H_2$$

该反应属强吸热反应，而且在反应过程中分子数增加。因此采用减压操作是有利的。工业上多数使用水蒸气作为稀释剂以降低反应组分的分压，从而达到减压的效果。水蒸气的另一作用是用它的显热提供反应所需的热量。工业上一般先将水蒸气过热到 700℃以上，和原料乙苯混合后送入反应器。所用催化剂为氧化铁。反应温度的选择取决于催化剂寿命。在绝热情况下，随着反应转化率的提高，反应器温度呈单调递减的床层**轴向温度分布**，如图 11-8 所示；对绝热放热反应，则必然形成沿床层轴向递增的温度分布，如图 11-9 所示。当进行绝热温升大的强放热反应时，气体和固相还具有不同的温度。

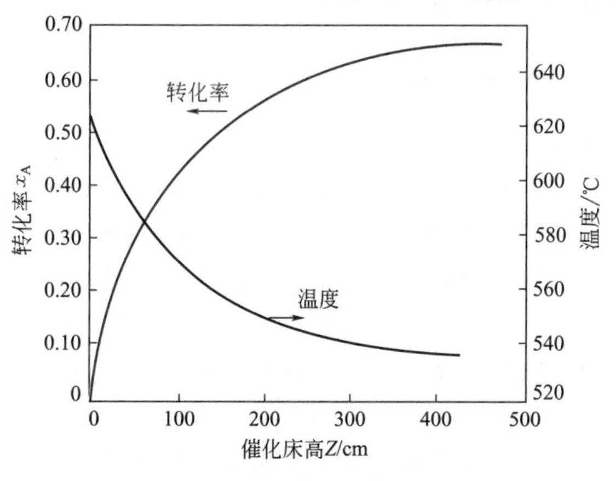

图 11-8　乙苯脱氢反应器的转化率和温度随床高的变化关系

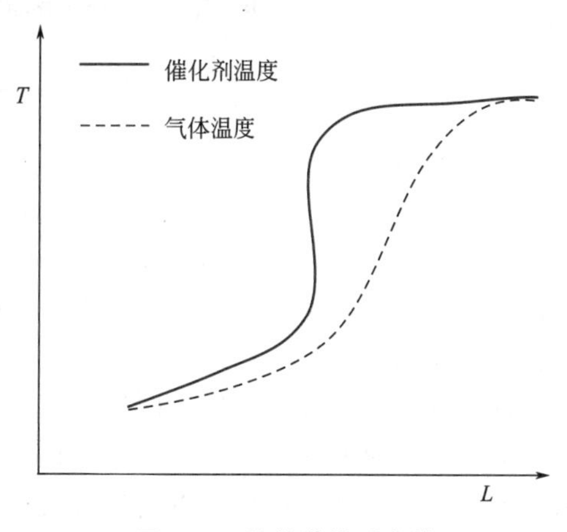

图 11-9　绝热放热反应的床层温度分布

换热式固定床反应器用于放热反应时，是反应系统与管外冷却介质之间进行换热的过程，反应与径向换热同时进行。不论反应器外部冷却条件如何，反应器进口段，由于初始反应速率较快，反应器内流体温度趋于上升；随后由于反应放热速率逐渐降低，当反应放热速率低于通过管壁的传热速率时，反应流体温度开始下降。这样，反应流体温度由进口段上升过程到出口段下降过程必然有一个极值点，称为反应器的“**热点**”温度。这种先升高后降低的**轴向温度分布**如图 11-10 所示，该图为邻二甲苯氧化生产苯酐固定床反应器中的轴向温度

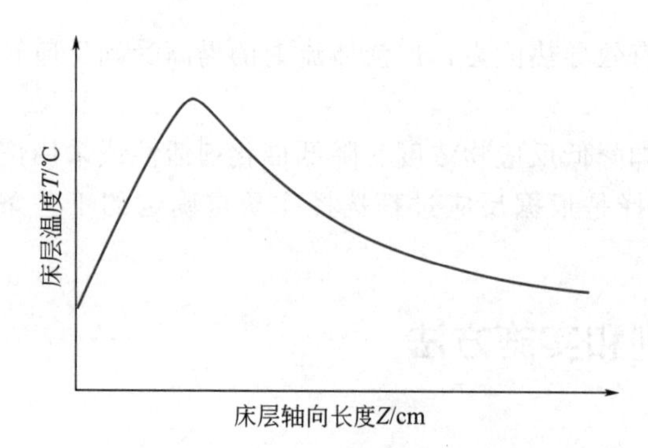

图 11-10 邻二甲苯氧化生产苯酐的固定床反应器轴向温度分布

分布。

在工业反应器中，无论是出现递减、递增或是具有热点的轴向温度序列，均对反应器操作具有重要意义。根据反应过程选择率的要求，反应器不同轴向位置的不同浓度，要求相应有不同的最优温度。也就是说，反应器沿床层轴向位置要求有相应的温度序列。因此如何形成有利于反应过程的轴向温度序列，是工业反应器开发过程的一个重要课题。

（2）换热式反应器轴向温度序列的实施

换热式固定床反应器是化工生产中使用很普遍的反应器，例如乙烯氧化制环氧乙烷、邻二甲苯氧化制邻苯二甲酸酐等都采用这类反应器。这里以管式固定床反应器为例，讨论反应器轴向温度序列的实施。

管式固定床反应器，其结构与列管式换热器相仿。管内充填催化剂，反应气体自上而下通过催化剂床层进行反应。载热剂（对于吸热反应）或冷却剂（对于放热反应）根据反应过程所要求的温度和反应热效应等选择。载热剂（或冷却剂）在管间壳程流动以供反应过程换热。

对于放热反应的管式固定床反应器，由于反应与径向换热同时进行，自然形成具有热点的轴向温度分布（见图 11-10）。在进行强放热反应时，管式固定床反应器中存在反应速率、收率、操作稳定性等问题，这些问题与反应器轴向温度分布密切有关。以邻二甲苯氧化反应过程为例，其反应是平行-串联反应。

$$\text{邻二甲苯} \xrightarrow[E_1]{+O_2} \text{邻苯二甲酸酐} \xrightarrow[E_2]{+O_2} \text{碳的氧化物}$$

$$\text{邻二甲苯} \xrightarrow[E_3]{+O_2} \text{碳的氧化物}$$

三个反应的动力学特征是 $E_1>E_3$，$E_1<E_2$，因此为提高反应过程收率，要求前高后低的轴向温度序列，如图 11-11 中的曲线 4 所示。然而在邻二甲苯氧化反应过程中，反应器在一定条件下会自然形成如图 11-11 中的曲线 1 的温度分布，此时的邻苯二酸酐的收率为 0.72，为了提高收率，可以采用适当的工程措施，使反应器轴向温度序列趋近于反应要求的最佳温度序列。

前面已讨论了改变床层径向导热可以改善床层轴向温度分布。改变床层轴向温度序列的另一有效措施是改变床层轴向导热，轴向有效导热同样是影响反应器操作特性的重要参数。采用惰性导热片插入床层可以提高床层轴向有效导热，提高床层热反馈强度，改变床层轴向温度序列。不同床层特征的温度分布可用图 11-11 表示。在没有设置导热片的床层中，反应器床层存在较高的热点温度，如图 11-11 中的 1 线所示。设置惰性金属导热片的床层，由于金属导热片具有良好的导热性能，金属片本身沿轴向温度差较小，图 11-11 的 2 线表示了床层中金属导热片的温度变化。可以看到，1 线和 2 线相交于床层中某一轴向位置 M 点。在床层热点附近，反应气体温度高于导热片温度，床层中气体对导热片加热。在床层中 M 点以前，导热片对进入床层的气体加热，使反应气体温度升高，床层轴向温度发生了变化。图 11-11 的 3 线表示了设置导热片后的床层温度分布。可见热点位置提前，使床层温度分布趋近于前高后低的要求。在邻二甲苯氧化制邻苯二甲酸酐的反应器中，采用金属导热片后，反应过程收率从 0.72 提高到 0.74。采用金属导热片不仅改变了床层轴向温度分布，提高了反应过程选择率，而且提高了反应器操作的热稳定性，这是属于反应器操作的多态特性，这里不作讨论。

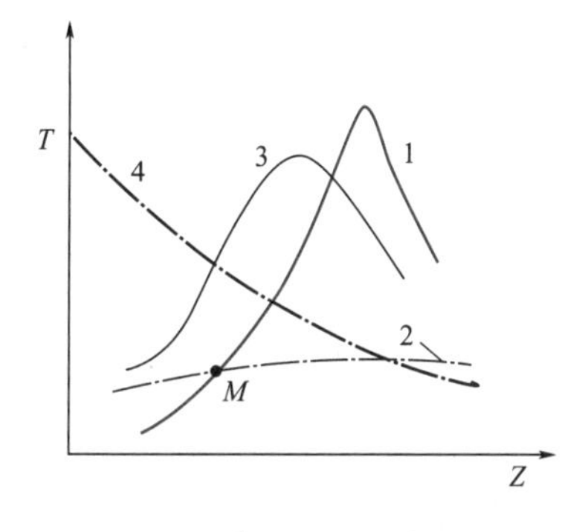

图 11-11　床层温度分布示意图

1—不设置导热片床层温度分布；2—导热片温度分布；3—设置导热片床层温度分布；4—最佳温度序列

催化剂稀释也是一种改变床层轴向温度序列的工程措施。反应器床层用惰性载体稀释催化剂后装填的措施，本质是改变催化剂活性。当催化剂活性太高又不能改制新催化剂时或反应过程需要不同活性的催化剂时，都可采用催化剂稀释的方法。根据反应过程对反应器轴向温度序列的要求可以在每个床层采用不同的稀释比或整体稀释等方案。关于稀释比和稀释的分段方案，可按反应动力学确定，工业上多数依赖于实验。催化剂的稀释措施，还使反应器的操作稳定性及灵敏度发生变化。

另外，反应物料进口温度、管外冷却介质温度和床层线速度的改变也将影响反应器床层轴向温度序列。

11.3.4　单管研究

单管实验具有可以灵活地改变操作条件，组织实验研究，又不失工业装置基本特征的优点。所用单管装置流程如图 11-12 所示。反应器管径与工业装置相同亦为 ϕ32mm×3.5mm，装填催化剂高度为 2m。所用催化剂为 ϕ5mm 的 V_2O_5 颗粒，活性组分分布于刚玉球表面，活性组分厚度约为 50μm，以减少内扩散对反应过程的影响。反应管外设置直径为 ϕ75mm 的套管，夹套内以熔盐作传热介质。熔盐组成为：7%$NaNO_3$、53%KNO_3 和 40%$NaNO_2$。反应管夹套上、下端连接熔盐循环管，循环管中设有轴流泵，强制熔盐作循环流动，改变泵的转速可以有效地改变熔盐循环流量。实验中熔盐有足够的循环速度，以保证足够大的管外传热系数，使反应系统热阻主要受管内热阻所控制，同时保证反应器进出口熔盐温差较小，一般在 2℃以内。进入反应器的邻二甲苯和空气通过预热管气化并预热到指定温度进入催化

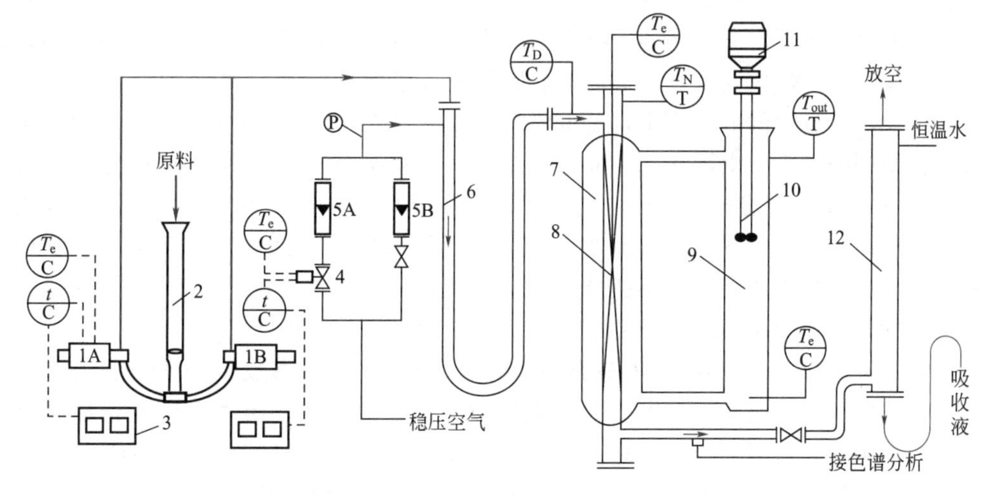

图 11-12　单管实验流程图

1—微量泵；2—计量管；3—时间继电器；4—电磁阀；5—流量计；6—预热器；7—夹套；8—反应管；9—循环管；10—搅拌器；11—马达；12—吸收管

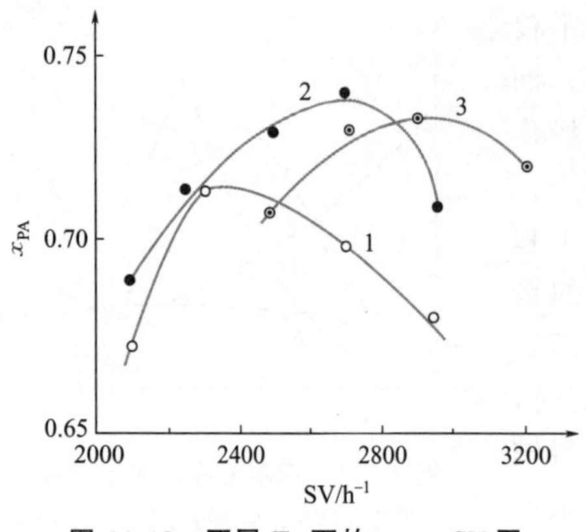

图 11-13 不同 T_s 下的 x_{PA}～SV 图

c_{B0}＝0.85％；1—T_s＝362℃；
2—T_s＝364℃；3—T_s＝366℃

剂床层。反应管中心设置一根 ϕ3mm×0.6mm 的测温套管，用热电偶测定床层温度分布。反应后的气体取样分析，计算苯酐收率和邻二甲苯转化率。

在邻二甲苯浓度为 0.85％（摩尔分数）时，测定反应过程苯酐收率 x_{PA} 在不同熔盐温度时随空速的变化，结果标绘于图 11-13。由图可见，在熔盐温度 T_s 为 362～366℃时，苯酐收率 x_{PA} 随空速 SV 的变化存在一个极值，是典型的平行-串联反应特征。其极值大小，随 T_s 而变，在 364℃时 x_{PA} 最大，可达 0.74（摩尔分数）。在出现极值时，邻二甲苯转化率均在 0.99 以上，说明苯酐的串联反应速率较主反应小得多。实验中，在空速 SV＝2500h^{-1}，T_s 为 358℃时，苯酐选择率为 0.67；T_s 为 362℃时选择率为 0.78，表明邻二甲苯氧化的主反应活化能 E_1 大于平行副反应活化能 E_3。当 T_s 低于 364℃时，由于反应过程选择率下降，导致苯酐收率的降低。同样空速下，反应温度高于 364℃时，由于串联副反应活化能 E_2 大于 E_1，温度的升高加速了苯酐的深度氧化而使苯酐收率降低。

11.3.5 反应器操作分析

由单管实验结果进行工业固定床反应器设计，可能出现各管空速的不均匀及各管所处熔盐温度的不均匀，将影响工业装置的反应结果，如导致收率下降，或造成局部反应管失控而无法操作。因此，在单管实验进行开发研究中，必须根据实验结果考察操作条件的变化对反应过程目标（如收率）影响的**敏感程度**，预测反应器操作性能，为反应器设计和操作提供依据。

单管研究中，空速和熔盐温度的变化可以用来模拟多管反应器的操作情况。为考察空速和熔盐温度变化对苯酐收率影响的敏感程度，将单管实验结果以反应过程苯酐收率 0.72 为目标，以空速 SV 和熔盐温度 T_s 作变量，标绘成反应器操作图，如图 11-14 所示。在此，我们不仅重视反应过程的最大收率，更重要的是考虑为达到一定苯酐收率时，空速和熔盐温度允许变化范围的大小。由图 11-14 可见，在要求苯酐收率为 0.72 时，空速允许变化范围为 15％。对固定床反应器而言，催化剂装填后，床层气流分布是不可调因素。华东理工大学曾测定工业固定床反应器在使用前期和使用三年后床层压降的变化，表明：即使在反应器使用三年后，床层各管压降相差不超过 10％，由此造成的空速变化不大于 5％。所以一般工业装置可以满足空速变化不超过 10％的要求。

图 11-14 还表明，熔盐温度 T_s 是影响苯酐收率 x_{PA} 的敏感参数。T_s 只允许有2～3℃的变化范围，否则 x_{PA} 将明显下降。就是说反应器在轴向和径向，熔盐温度变化都要保持在 2～3℃的范围内。通过增大熔盐循环量可以实现这个指标，这对熔盐循环泵的选用提出了要求。径向温差的限制则需要通过反应器熔盐进、出口的**流体均布**设计来达到。

对于强放热反应过程，即使各管所处熔盐温度相同，但各管空速的差异，造成各反应器中出现不同的温度分布，会导致部分反应管出现“飞温”现象。由参数灵敏度实验得到，反

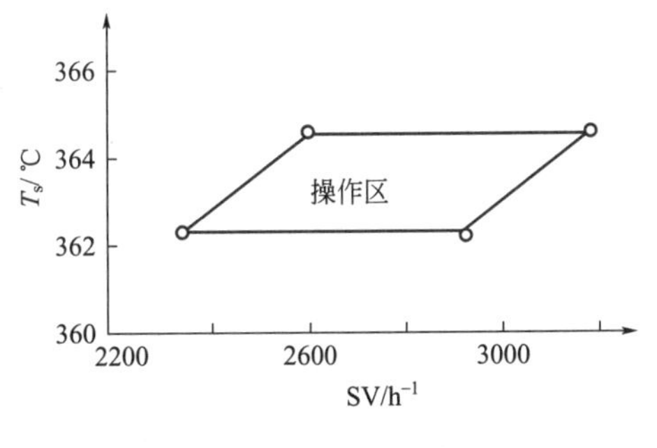

图 11-14 T_s～SV 操作区图

c_{B0}=0.85%；x_{PA}>0.72

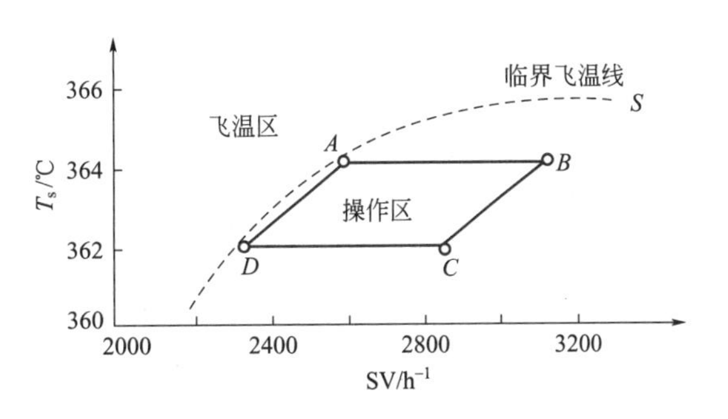

图 11-15 临界飞温线与操作范围

c_{B0}=0.85%；x_{PA}>0.72

应器在接近临界飞温状态时管外熔盐温度的增加或管内空速的减小，都会使反应器热点温度超过 500℃。考虑到催化剂的允许使用温度及反应器的安全操作，以热点温度不大于 500℃为临界飞温状态。图 11-15 标绘了实验测得的临界飞温线 S。在 T_s～SV 图上，反应器操作存在两个区域——飞温区及安全操作区。分析图 11-15 可以知道，在相同邻二甲苯进料浓度和相同熔盐温度下，空速较低时，由于气体线速度较小，管内热阻较大，容易造成飞温。因此在设计工业反应器时，必须同时考虑过程收率和避免飞温的要求，使反应器操作既满足收率目标又符合安全要求。在图 11-15 中，A、D 点是接近临界状态的危险操作点。因此，在工业多管固定床反应器设计和操作时，应选择操作区中远离临界飞温线的条件。管式固定床反应器中熔盐温度是可调节参数，当反应器设计合理，保证管外壳程熔盐不存在死区等流动状态，且熔盐具有足够循环量时，可使整个反应器各处熔盐温度均匀，确保反应器的安全操作。

由上述分析可以知道，单管实验不仅是为了掌握操作变量对反应收率的影响，以确定合适的操作条件。更重要的是分析催化反应过程特征，研究操作条件变化对产品收率和反应器操作状态影响的敏感程度，为工业反应器设计、操作条件的确定及控制提出明确的要求，为工业反应器开发提供正确的依据。

11.4 绝热式固定床反应器开发案例

11.4.1 绝热式固定床反应器操作分析

绝热式固定床反应器是指床层与外界环境没有热量交换，床层热量主要由反应流体本身供给（吸热反应）或带走（放热反应）。对一定的反应系统，若进口条件确定后，由物料衡算和热量衡算就可以确定床层的温度分布和浓度分布。进口条件为物料进口温度、进口浓度和进口气速。在绝热反应过程开发放大时，当反应动力学方程式已知后，可通过分别建立物料衡算式、热量衡算式、压降方程式进行放大设计。然而由于许多工业反应系统的复杂性，难以获得精确的反应动力学关系，使利用数学模型法进行设计计算存在困难。但在实验装置上，却可以在绝热情况下进行反应动力学的分析和研究，即可以先在实验室小装置上获得优选的进口物料组成、进口气速和进口温度，作为确定工业绝热装置的操作条件依据。此外，工业装置内存在着流体流动速度的不均匀性，使工业装置的反应结果与小试的反应结果存在差异，因而床层中的气流分布就成为绝热反应器放大的**唯一工程因素**。所以在开发放大中，研究反应规律的同时，还要掌握气速对反应的影响程度，寻找对气速不敏感区的操作范围，提出反应对气速均匀性的要求。例如丁烯氧化脱氢生成丁二烯是强放热反应。在绝热反应器内操作，对一定的进口气体组成，存在着使反应起燃的最低进口温度，当进口温度低于此值时，反应速率极慢，转化率很低。只有当进口温度大于该起燃温度时，反应加快，转化率提高。这一最低进口温度与床层气速有关，如图 11-16 所示。在放大设计时，应选取进口温度对气速不敏感区域为操作范围，提出反应对气速均匀性的要求。反应物料的进口温度由工艺要求和温度灵敏性所决定。

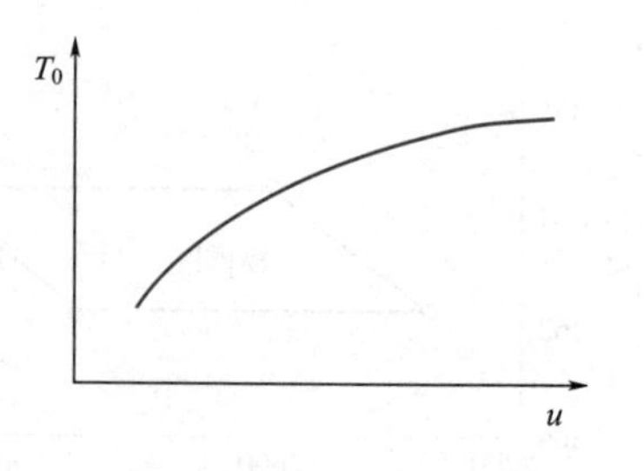

图 11-16 进口温度 T_0 与床层气速 u 的关系

工艺要求：对一个反应器的出口温度和出口转化率总有一定要求，出口温度首先受到催化剂颗粒耐热温度的限制，超过这一温度，催化剂的活性就会大大降低，甚至有被烧毁的危险，这显然是工艺条件不允许的。其次，对于复杂反应，为获得高选择率和高收率，要求床层温度在一定序列下操作，这就必须给出口温度以一定限制，在已知物系绝热温升的情况下，也就限制了进口温度。

温度灵敏性：绝热反应器靠流体自身载热带走热量这一独特的传热过程给反应器带来了新的问题——温度灵敏性。对放热反应，由于反应速率对温度的敏感性，进口温度的微小升高，使反应加速，造成放热加剧，进一步提高了反应温度，导致沿床层温度将不断上升。由绝热反应器的物料和热量衡算，反应器对进口温度的灵敏度为

$$\frac{\mathrm{d}T}{\mathrm{d}T_0}=\mathrm{e}^s \tag{11-7}$$

式中，s 为**灵敏度指数**，$s=(T-T_0)\dfrac{E}{RT_0^2}$。所以绝热反应器犹如一个温度放大器。即进口温度的微小变化会造成出口温度的较大变化，从而引起床层温度分布和反应结果的较大变化。为了保证正常操作，对反应器进出口温差有一个限制，活化能愈大，允许进出口温差愈小。由于绝热反应器进出口温差决定了反应转化率，即

$$\Delta T=\Delta T_{\mathrm{ad}}(x_{\mathrm{A}}-x_{\mathrm{A0}}) \tag{11-8}$$

所以，限制进出口温差，即限制所允许达到的转化率。对于要求实现高转化率的反应系统，就必须靠多段反应器来实现，当各段允许温差 $\Delta T_{允}$ 确定后，就不难确定段数 N

$$N=\frac{\Delta T_{\mathrm{ad}}}{\Delta T_{允}} \tag{11-9}$$

进口浓度的确定，除了受浓度本身对反应选择率及收率的影响外，还受绝热温升所造成的温度效应影响。降低反应物系的绝热温升常常采用进口浓度稀释的方法，如用水蒸气作为稀释剂，当然这会带来水蒸气的消耗问题，其经济合理性还应从反应结果、能耗和单耗等指标作全面权衡。

由上述分析可知，由实验装置研究反应规律后，主要的问题是如何保证工业装置内的气流分布以满足均匀性要求。在掌握反应规律和大型工业反应器的传递规律后，绝热反应过程的开发放大是易于解决的。

11.4.2 丙烯腈尾气处理过程特征

下面以丙烯腈尾气处理为实例阐述绝热反应器的开发研究方法。本例通过反应过程特征分析，进行简化处理，组织实验，建立模型，完成设计计算等一系列步骤，说明化学反应工程原理的应用。

丙烯腈尾气的组成列于表 11-2。采用催化燃烧处理方法，催化剂为 47mm×47mm×47mm 的立方体，其比表面积 $a=822m^2/m^3$，耐热温度为 550℃，系统的绝热温升为 362℃，要求设计丙烯腈尾气处理量为 810kmol/h 的燃烧反应器。

表 11-2　丙烯腈尾气组成

组分	CO	$C_3^=$	C_3^0	O_2
体积分数/%	1.25	0.26	0.03	2.86

(1) 反应的主要特征

废气中的有机物组分进行催化燃烧反应能使催化剂呈着火现象，反应器进出口温度关系如图 11-17 所示。反应器存在临界着火进口温度 $T_{ig,0}$，当进口温度低于此值，反应缓慢，转化率很低。高于此值，反应器在高温状态下操作，转化率很高。催化剂的着火使绝热反应器内催化剂床层沿轴向的温度分布如图 11-18 所示。着火前的反应段称为低温段；着火后的反应段为高温段，反应速率很快，属扩散控制。大部分反应物在高温段内完成转化。工业反应器应该满足着火要求，使反应在一个有限床层长度中达到较高的转化率。

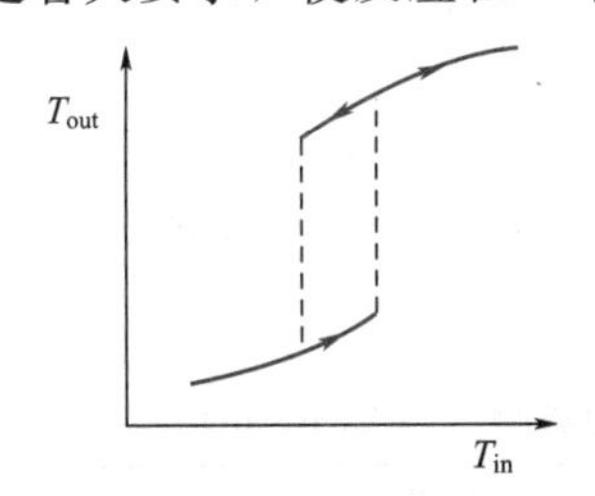

图 11-17　进口温度与出口温度的关系

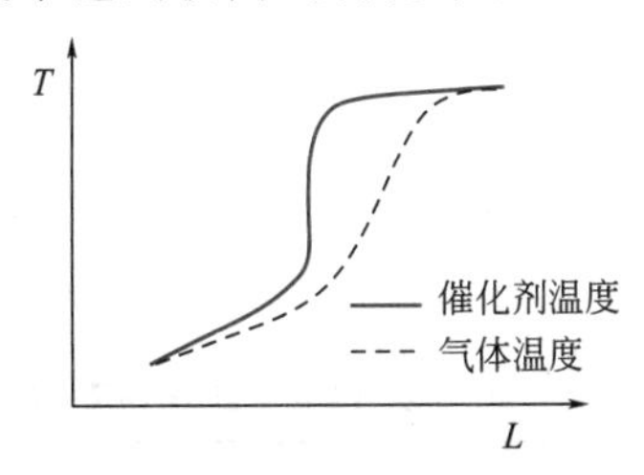

图 11-18　床层温度分布

(2) 低温段的反应动力学

低温段的主要任务是使气体能在反应器某处达到催化剂着火条件。建立低温反应动力学模型，目的是计算床层最低进口温度以及所需的低温段长度。由于所需要的仅是低温范围内的动力学以及考虑其特定的应用目的，可根据工程要求，利用下列特点，对动力学模型作出相应的简化：

① 低温段反应为动力学控制，对非均相催化反应可按拟均相处理；

② 低温段为预反应段，转化率低，浓度变化较小，忽略反应速率的浓度效应，可按拟零级处理；

③ 丙烯的着火温度远比一氧化碳着火温度高，系统的临界着火温度主要取决于一氧化碳浓度，可将双组分系统按单组分的简单反应处理。

经上述简化后，着火前的低温动力学模型简化成下列表达式

$$(-r)=k_0\mathrm{e}^{-E/(RT)} \tag{11-10}$$

绝热式反应器可在不同线速度下测定床层进出口温度，取微元长度 $\mathrm{d}l$ 作热量衡算式

$$(-\Delta H)k_0\mathrm{e}^{-E/(RT)}S\mathrm{d}l=Gc_p\mathrm{d}T \tag{11-11}$$

式中，$(-\Delta H)$ 为系统的热效应，J/mol；S 为反应器截面积，m^2；l 为反应器长度，m；G 为流体质量流量，kg/h；c_p 为流体比热容，kJ/(kg·℃)。

考虑模型的实际应用，令 $K=(-\Delta H)k_0$，由实验获得动力学参数 $K=8.53\times10^{16}$kJ/(mol·kg)，$E=96140$J/mol。

11.4.3　绝热反应器设计

在反应器内着火的是床层一排催化剂微元，催化剂微元的着火条件为：

热平衡条件　　　　　　放热速率＝移热速率

$$(-\Delta H)k_0 e^{-E/(RT_s)} = ha(T_s - T_b) \tag{11-12}$$

临界热稳定条件　　　　放热线斜率＝移热线斜率

$$(-\Delta H)k_0 e^{-E/(RT_s)} \frac{E}{RT_s^2} = ha \tag{11-13}$$

式中，h 为传热系数，利用关联式 $h = 0.571 \frac{\lambda_g}{a}\left(Re \frac{d}{L}\right)^{2/3}$；$\lambda_g$ 为流体热导率，0.167kJ/(h·m·K)；d 为催化剂当量直径；Re 为雷诺数$\frac{Gd}{\varphi\mu}$；μ 为流体黏度，0.0984kg/(h·m)；φ 为催化剂孔隙率，0.5；T_b 为流体温度，K；T_s 为催化剂温度，K。

两式相除求得与催化剂温度相应的气体主体温度，即临界着火温度 T_{ig}。

$$T_{si} = T_{ig} + \frac{RT_{si}^2}{E} \tag{11-14}$$

对于一定大小的反应器，使床层着火的临界着火进口温度可由下式计算

$$\int_{T_{ig,0}}^{T_{ig}} e^{E/(RT)} dT = \int_0^L \frac{(-\Delta H)k_0 S dl}{Gc_p} = \frac{KSL}{Gc_p} \tag{11-15}$$

计算结果列于表 11-3。同样，对一定线速度可计算床层高度与临界着火进口温度的关系，结果列于表 11-4。

表 11-3　线速度对临界着火进口温度的影响（l＝0.141m）

u/(m/s)	0.3	0.4	0.5	0.6	0.7	0.8
$T_{ig,0}$/℃	154	160	164	167	170	175

表 11-4　床层高度对临界着火进口温度的影响（u＝0.5m/s）

n	1	2	3	4	5	6	7	8	9	10
$T_{ig,0}$/℃	180	170	164	160	156	153	150	148	146	144

11.4.4 反应器设计参数

考虑到工业反应器内存在一定的气体速度分布，为此选用线速度为 0.5m/s。根据表 11-3和表 11-4 的数据可知，过短的床层将导致临界进口温度迅速升高；过高的床层对降低 T_{ig}并不显著。现选取 3 层催化剂，即床高为 14cm，进口气体温度为 160℃，所需反应器截面积可按处理量要求计算得

$$S = \frac{810 \times 22.4}{0.5 \times 3600} = 10\text{m}^2$$

11.5 甲醇合成催化反应器的数学模拟案例

模型化是化学反应过程研究及开发的方法之一。随着化学反应工程学的飞速发展和电子计算机的普及使用，运用数值方法求解数学模型来模拟化工过程已成为可能。数学模型方法的前提是建立可靠的数学模型，确定模型参数，然后才能被用于反应器的设计计算和优化分析。气固相催化反应器的数学模型常见于表 11-5。

表 11-5　数学模型分类

	拟均相模型	非均相模型
一维模型	基础模型	基础模型＋粒内及相间浓度分布及温度分布
	基础模型＋轴向返混	基础模型＋粒内及相间浓度分布及温度分布＋轴向返混
	基础模型＋径向浓度差及温度差	基础模型＋粒内及相间浓度分布及温度分布＋径向浓度分布及温度分布
	基础模型＋径向浓度差及温度差＋轴向返混	基础模型＋粒内及相间浓度分布及温度分布＋径向浓度分布及温度分布＋轴向返混

甲醇合成催化反应器也是典型的固定床反应器，国内学者在这些方面做了大量的研究工作。在掌握甲醇合成反应热力学和动力学数据及物性数据的基础上，通过分析甲醇合成反应器的性能，运用反应工程理论建立甲醇合成反应器的数学模型，继而进行模拟计算，一方面可以对给定的进料组成及反应器尺寸计算反应器出口组成、产量、催化床中温度和浓度分布，并可估算各个操作参数对反应的灵敏度等；另一方面还可以用于设计甲醇合成塔的结构形式和尺寸，进行反应器及操作条件的优化计算。

11.5.1　反应器数学模型的确定

（1）拟均相一维数学模型

表 11-5 中基础模型的数学表达式最简单，所需的模型参数很少，数学运算也最简单。模型中考虑的问题越多，所需的传递过程参数也越多，求解也越麻烦。因此处理具体问题时，要针对具体反应过程及反应器的特点进行分析，选用合适的模型。

由于非均相模型和二维模型数学表达式非常复杂，求解也十分费时，加之对固定床中高度湍流状态时床层有效热导率研究得不够。对低压甲醇合成反应器，应用二维数学模型和一维非均相数学模型进行模拟计算，结果表明，气相主体与颗粒外表面的浓度差、温度差很小，垂直于流动方向的浓度差、温度差也很小，可不予考虑，因此较多的学者均采用拟均相一维模型进行甲醇合成反应器的计算。

拟均相一维模型的特点是：①气体以理想置换流型通过催化床，即不考虑床层中垂直于流动方向的流速分布和流动方向的流体返混；②只考虑流动方向温度、浓度分布，不考虑垂直于流动方向的温度差与浓度差；③按气流主体中反应组分的浓度及温度分布计算反应速率，而将气体与颗粒外表面之间及催化剂颗粒内部的浓度差与温度差计入催化剂“活性校正系数”中；④将催化剂的中毒、衰老、还原等因素也计入“活性校正系数”中。

（2）反应体系的确定

1）只考虑主反应

一氧化碳、二氧化碳与氢合成甲醇是一个多组分复合反应体系，其主要反应为

$$2H_2+CO \rightleftharpoons CH_3OH \tag{11-16}$$

$$3H_2+CO_2 \rightleftharpoons CH_3OH+H_2O \tag{11-17}$$

$$CO_2+H_2 \rightleftharpoons CO+H_2O \tag{11-18}$$

反应(11-18) 为 CO 的逆变换反应，可由式(11-16) 与式(11-17) 叠加而得，因此为非独立反应。为计算方便起见，取式(11-16) 和式(11-17) 为独立反应。

2）铜基催化剂甲醇合成中的副反应

用高压法合成甲醇时，在锌铬催化剂上副反应比较显著，粗甲醇中副产物较多。在进行合成反应器设计时需考虑副反应的影响。而低压法中应用的铜基催化剂选择性较好，粗甲醇中副产物少，在设计反应器催化床时可不考虑副反应。

3）关于二氧化碳参与反应的几种处理方式

由一氧化碳（CO）、二氧化碳（CO_2）与氢（H_2）合成甲醇的三个反应中，只有两个是独立的。反应(11-16) 称 CO 合成甲醇反应，反应(11-17) 称 CO_2 合成甲醇反应，反应(11-18) 称逆变换反应。关于二氧化碳参与反应的问题，在甲醇合成反应器设计中有四种处理方式：

① 设计时不引入二氧化碳参与反应的动力学方程，但引入表征二氧化碳参与反应量的模型参数值（A 值）。A 值定义为反应过程中消耗的 H_2 与（$CO+CO_2$）的物质的量比。一般情况下，A 值在 2 与 3 之间。此时，数学模型比较简单，但整个催化床自上而下 A 值相同，即 CO_2 参加反应的比例相同，而与生产实际情况有一定差距。

② 认为逆变换反应(11-18) 的速率比 CO 合成甲醇的反应快得多，催化床中反应(11-18) 始终处于平衡状态。例如 Cappelli、Collina 和 Dente 在进行福塞-蒙特卡蒂尼型高压甲醇合成反应器的数学模拟设计时就采用这种观点。

③ 以反应(11-16) 与反应(11-18) 为独立反应，同时考虑反应(11-16) 与反应(11-18) 的速率，即双速率模型。这种方法同时计入甲醇合成反应与二氧化碳逆变换反应速率，丹麦托普索公司在进行甲醇合成反应器设计时就采用此法。华东理工大学采用这种方法对四段冷激型甲醇合成反应器进行模拟计算。

④ 以反应(11-16) 与反应(11-17) 为独立反应，同时考虑 CO、CO_2 加 H_2 合成甲醇的反应速率，也是双速率模型。

11.5.2 物料衡算

（1）单速率模型的物料衡算

以甲醇的摩尔分数 y_m 为自变量，令甲醇合成反应中 H_2消耗量与（$CO+CO_2$）消耗量（物质的量）比值为 A，若甲醇全部由 CO 生成，则 $A=2$；若甲醇全部由 CO_2生成，则 $A=3$；若参加反应的 CO 与 CO_2物质的量比为 7∶3，则 $A=2.3$。一般情况下，CO 消耗量与 CO_2消耗量物质的量比为 $(3-A):(A-2)$。

表 11-6 为用 A 值计算，以 y_m 为自变量的甲醇合成过程的物料衡算。

表 11-6　单速率模型物料衡算（以 y_m 为自变量）

组分	进催化床		催化床中摩尔流量/(kmol/h)
	摩尔分数 y_{0i}	摩尔流量/(kmol/h)	
H_2	y_{0H_2}	$N_{T1}y_{0H_2}$	$N_{T1}y_{0H_2}-A(N_Ty_m-N_{T1}y_{0m})$
CO	y_{0CO}	$N_{T1}y_{0CO}$	$N_{T1}y_{0CO}-(3-A)(N_Ty_m-N_{T1}y_{0m})$
CO_2	y_{0CO_2}	$N_{T1}y_{0CO_2}$	$N_{T1}y_{0CO_2}-(A-2)(N_Ty_m-N_{T1}y_{0m})$
CH_3OH	y_{0m}	$N_{T1}y_{0m}$	N_Ty_m
H_2O	y_{0H_2O}	$N_{T1}y_{0H_2O}$	$N_{T1}y_{0H_2O}+(A-2)(N_Ty_m-N_{T1}y_{0m})$
N_2	y_{0N_2}	$N_{T1}y_{0N_2}$	$N_{T1}y_{0N_2}$
CH_4	y_{0CH_4}	$N_{T1}y_{0CH_4}$	$N_{T1}y_{0CH_4}$
小计	1	N_{T1}	$N_T=N_{T1}-2(N_Ty_m-N_{T1}y_{0m})$

由 $N_T=N_{T_1}-2(N_T y_m-N_{T_1} y_{0m})$ 可得

$$N_T=N_{T_1}(1+2y_{0m})/(1+2y_m) \tag{11-19}$$

若转换成甲醇分解基，可得

$$N_T=N_{T_0}/(1+2y_m)$$

将式(11-19) 代入上表，化简后可得

$$\left.\begin{aligned}
y_{H_2}&=\frac{(1+2y_m)}{(1+2y_{0m})}(y_{0H_2}+Ay_{0m})-Ay_m\\
y_{CO}&=\frac{(1+2y_m)}{(1+2y_{0m})}[y_{0CO}+(3-A)y_{0m}]-(3-A)y_m\\
y_{CO_2}&=\frac{(1+2y_m)}{(1+2y_{0m})}[y_{0CO_2}+(A-2)y_{0m}]-(A-2)y_m\\
y_{H_2O}&=\frac{(1+2y_m)}{(1+2y_{0m})}[y_{0H_2O}-(A-2)y_{0m}]+(A-2)y_m\\
y_{N_2}&=\frac{(1+2y_m)}{(1+2y_{0m})}y_{0N_2}\\
y_{CH_4}&=\frac{(1+2y_m)}{(1+2y_{0m})}y_{0CH_4}
\end{aligned}\right\} \tag{11-20}$$

(2) 双速率模型物料衡算

双速率模型，即在数学模型中引入两个反应的速率。这时，需知道两个组分的摩尔分数，才能求得其他组分的摩尔分数。

以 y_m、y_{CO_2} 为自变量

物料衡算见表 11-7。同样可得式(11-19)

$N_T=N_{T_1}(1+2y_{0m})/(1+2y_m)$

若转换成甲醇分解基量，则

$$N_T=N_{T_0}/(1+2y_m)$$

表 11-7　双速率模型物料衡算（以 y_m，y_{CO_2} 为自变量）

组分	进催化床		催化床中摩尔流量/(kmol/h)
	摩尔分数 y_{0i}	摩尔流量/(kmol/h)	
H_2	y_{0H_2}	$N_{T_1}y_{0H_2}$	$N_{T_1}y_{0H_2}-2(N_Ty_m-N_{T_1}y_{0m})-(N_{T_1}y_{0CO_2}-N_Ty_{CO_2})$
CO	y_{0CO}	$N_{T_1}y_{0CO}$	$N_{T_1}y_{0CO}-(N_Ty_m-N_{T_1}y_{0m})+(N_{T_1}y_{0CO_2}-N_Ty_{CO_2})$
CO_2	y_{0CO_2}	$N_Ty_{CO_2}$	$N_Ty_{CO_2}$
CH_3OH	y_{0m}	$N_{T_1}y_{0m}$	N_Ty_m
H_2O	y_{0H_2O}	$N_{T_1}y_{0H_2O}$	$N_{T_1}y_{0H_2O}+(N_{T_1}y_{0CO_2}-N_Ty_{CO_2})$
N_2	y_{0N_2}	$N_{T_1}y_{0N_2}$	$N_{T_1}y_{0N_2}$
CH_4	y_{0CH_4}	$N_{T_1}y_{0CH_4}$	$N_{T_1}y_{0CH_4}$
小计	1	N_{T_1}	$N_T=N_{T_1}-2(N_Ty_m-N_{T_1}y_{0m})$

甲醇生成量　　$\Delta N_m=N_{T_1}(y_m-y_{0m})/(1+2y_m)$

二氧化碳反应量 $\Delta N_{CO_2}=\dfrac{N_{T_1}}{(1+2y_m)}[(y_{0CO_2}-y_{CO_2})+2(y_m y_{0CO_2}-y_{0m}y_{CO_2})]$

$$\left.\begin{aligned}
y_{H_2}&=\frac{(1+2y_m)}{(1+2y_{0m})}(y_{0H_2}+2y_{0m}-y_{0CO_2})+y_{CO_2}-2y_m\\
y_{CO_2}&=\frac{(1+2y_m)}{(1+2y_{0m})}(y_{0CO_2}+y_{0m}+y_{0CO_2})-y_{CO_2}-y_m\\
y_{H_2O}&=\frac{(1+2y_m)}{(1+2y_{0m})}(y_{0H_2O}+y_{0CO_2})-y_{CO_2}\\
y_{N_2}&=\frac{(1+2y_m)}{(1+2y_{0m})}y_{0N_2}\\
y_{CH_4}&=\frac{(1+2y_m)}{(1+2y_{0m})}y_{0CH_4}
\end{aligned}\right\}\tag{11-21}$$

以 y_{CO}、y_{CO_2} 为自变量

物料衡算见表 11-8。

表 11-8 双速率模型物料衡算（以 y_{CO}，y_{CO_2} 为自变量）

组分	进催化床		催化床中摩尔流量/(kmol/h)
	摩尔分数 y_{0i}	摩尔流量/(kmol/h)	
H_2	y_{0H_2}	$N_{T_1}y_{0H_2}$	$N_{T_1}y_{0H_2}-2(N_{T_1}y_{0CO}-N_Ty_{CO})-3(N_{T_1}y_{0CO_2}-N_Ty_{CO_2})$
CO	y_{0CO}	$N_{T_1}y_{0CO}$	N_Ty_{CO}
CO_2	y_{0CO_2}	$N_{T_1}y_{0CO_2}$	$N_Ty_{CO_2}$
CH_3OH	y_{0m}	$N_{T_1}y_{0m}$	$N_{T_1}y_{0m}+(N_{T_1}y_{0CO}-N_Ty_{CO})+(N_{T_1}y_{0CO_2}-N_Ty_{CO_2})$
H_2O	y_{0H_2O}	$N_{T_1}y_{0H_2O}$	$N_{T_1}y_{0H_2O}+(N_{T_1}y_{0CO_2}-N_Ty_{CO_2})$
N_2	y_{0N_2}	$N_{T_1}y_{0N_2}$	$N_{T_1}y_{0N_2}$
CH_4	y_{0CH_4}	$N_{T_1}y_{0CH_4}$	$N_{T_1}y_{0CH_4}$
小计	1	N_{T_1}	N_T

可得

$$\frac{N_{T_1}}{N_T}=\frac{1-2y_{CO}-2y_{CO_2}}{1-2y_{0CO}-2y_{0CO_2}}\tag{11-22}$$

令 $C=\dfrac{N_{T_1}}{N_T}$，代入表中，根据 $y_i=\dfrac{N_i}{N_T}$ 计算各组分 i 的瞬时摩尔分数

$$\left.\begin{aligned}
y_{H_2}&=(y_{0H_2}-2y_{0CO}-3y_{0CO_2})C+2y_{CO}+3y_{CO_2}\\
y_m&=(y_{0m}+y_{0CO}+y_{0CO_2})C-y_{CO}-y_{CO_2}\\
y_{H_2O}&=(y_{0H_2O}+y_{0CO_2})C-y_{CO_2}\\
y_{N_2}&=y_{0N_2}C\\
y_{CH_4}&=y_{0CH_4}C
\end{aligned}\right\}\tag{11-23}$$

11.5.3 管壳型甲醇合成反应器数学模拟

管壳型甲醇合成反应器是以德国 Lurgi 公司所开发的管壳副产蒸汽型反应器为代表，该

反应器与管壳型换热器相类似，在管内装填催化剂。反应热传给管外 4MPa 的沸腾水，沸腾水汽化成蒸汽；催化床温度分布均匀，大部分床层在 250～255℃；催化层温度通过调节蒸汽压力来控制。华东理工大学在研究剖析了诸多类型的反应器型式后，开发出绝热-管壳复合结构型式，其特点是：在上管板上部有一绝热层，这样能更好地适应低温活性好的催化剂与进口温度较低的工况；整个催化床由绝热层和管壳层构成，管外用沸腾水冷却，适用于单系列大型化装置；该反应器具有副产中压蒸汽、温度易于控制、催化剂装卸方便、开工简单等优点。Linde 副产蒸汽型甲醇合成反应器也可看成是一种管式反应器，它与螺旋盘管换热器相类似，管内为沸腾水，管间装填催化剂，反应热通过管内沸腾水移去；催化床内温度变化较小；冷却盘管与气流间为错流，传热系数较大。

（1）Lurgi 管壳型甲醇合成反应器数学模型

首先建立一氧化碳、二氧化碳浓度随床高的变化，在床层轴向取高度为 dl 的微元圆柱体，由表 11-7 物料衡算

$$N_{CO}=N_T y_{CO}=N_{T_1}\times\frac{1-2y_{0CO}-2y_{0CO_2}}{1-2y_{CO}-2y_{CO_2}}y_{CO} \tag{11-24}$$

$$N_{CO_2}=N_T y_{CO_2}=N_{T_1}\times\frac{1-2y_{0CO}-2y_{0CO_2}}{1-2y_{CO}-2y_{CO_2}}\times y_{CO_2} \tag{11-25}$$

可得

$$dN_{CO}=\frac{N_{T_1}(1-2y_{0CO}-2y_{0CO_2})}{(1-2y_{CO}-2y_{CO_2})^2}\times[(1-2y_{CO_2})dy_{CO}+2y_{CO}dy_{CO_2}] \tag{11-26}$$

$$dN_{CO_2}=\frac{N_{T_1}(1-2y_{0CO}-2y_{0CO_2})}{(1-2y_{CO}-2y_{CO_2})^2}\times[(1-2y_{CO})dy_{CO_2}+2y_{CO_2}dy_{CO}] \tag{11-27}$$

令

$$D=\frac{N_{T_1}(1-2y_{0CO}-2y_{0CO_2})}{(1-2y_{CO}-2y_{CO_2})^2}$$

则

$$dN_{CO}=D\times[(1-2y_{CO})dy_{CO}+2y_{CO}dy_{CO_2}]$$

$$dN_{CO_2}=D\times[(1-2y_{CO})dy_{CO_2}+2y_{CO_2}dy_{CO}]$$

单位质量催化剂上一氧化碳、二氧化碳加氢的反应速率［kmol/(kg·h)］分别为

$$r_{CO}=-\frac{dN_{CO}}{\rho_b A\,dl}=-\frac{D}{\rho_b A}\left[(1-2y_{CO_2})\frac{dy_{CO}}{dl}+2y_{CO}\frac{dy_{CO_2}}{dl}\right]$$

$$r_{CO_2}=-\frac{dN_{CO_2}}{\rho_b A\,dl}=-\frac{D}{\rho_b A}\left[(1-2y_{CO})\frac{dy_{CO_2}}{dl}+2y_{CO_2}\frac{dy_{CO}}{dl}\right]$$

式中，ρ_b 为床层堆积密度，kg/m^3；A 为催化床横截面积，m^2。

经整理得

$$\frac{dy_{CO}}{dl}=-\frac{D}{\rho_b A}[r_{CO}(1-2y_{CO})-r_{CO_2}\cdot 2y_{CO}]/(1-2y_{CO}-2y_{CO_2}) \tag{11-28}$$

$$\frac{dy_{CO_2}}{dl}=-\frac{D}{\rho_b A}[r_{CO_2}(1-2y_{CO_2})-r_{CO}\cdot 2y_{CO_2}]/(1-2y_{CO}-2y_{CO_2}) \tag{11-29}$$

然后，建立反应温度随床高的变化关系式。对床高 dl 的微元圆柱体进行热量衡算，可得到反应温度随床高变化的微分方程

$$N_T c_{pb}dT_b=(-\Delta H_{CO})r_{CO}(\rho_b A\,dl)+(-\Delta H_{CO_2})r_{CO_2}(\rho_b A\,dl)-K_{bf}m_t\pi D_t dl(T_b-T_c) \tag{11-30}$$

整理得

$$\frac{dT_b}{dl}=\frac{(-\Delta H_{CO})}{N_T c_{pb}}r_{CO}\rho_b A+\frac{(-\Delta H_{CO_2})}{N_T c_{pb}}r_{CO_2}\rho_b A-\frac{K_{bf}m_t\pi D_t}{N_T c_{pb}}(T_b-T_c) \quad (11\text{-}31)$$

式中，T_b、T_c 分别为床层与管外介质温度，K；c_{pb} 为反应混合物的摩尔比热容，kJ/(kmol·K)；$(-\Delta H_{CO})$、$(-\Delta H_{CO_2})$ 分别为 CO、CO_2 加氢反应的热效应，kJ/kmol；K_{bf} 为床层与冷却介质间的总传热系数，kJ/(m^2·h·K)；m_t 为反应管根数；D_t 为反应管平均直径，m。

式(11-28)、式(11-29)、式(11-31) 为反应物浓度、温度随床高变化的一阶常微分方程组，其边界条件为：$l=0$ 时，$T_b=T_{b0}$，$y_{CO}=y_{0CO}$，$y_{CO_2}=y_{0CO_2}$。

计算的方法是：先假定反应器出口温度及出口组成，这样可根据总传热系数计算公式计算得到一个总传热系数，然后由龙格-库塔法计算微分方程组得到反应器出口的组成和温度，再将计算结果作为初值进行反应器计算，如此循环至出口计算值与假定值近似相等，则可得反应器出口温度和组成的模拟结果，然后可计算出催化床的生产能力及单位床层体积的空时产率，计算框图详见图 11-19。

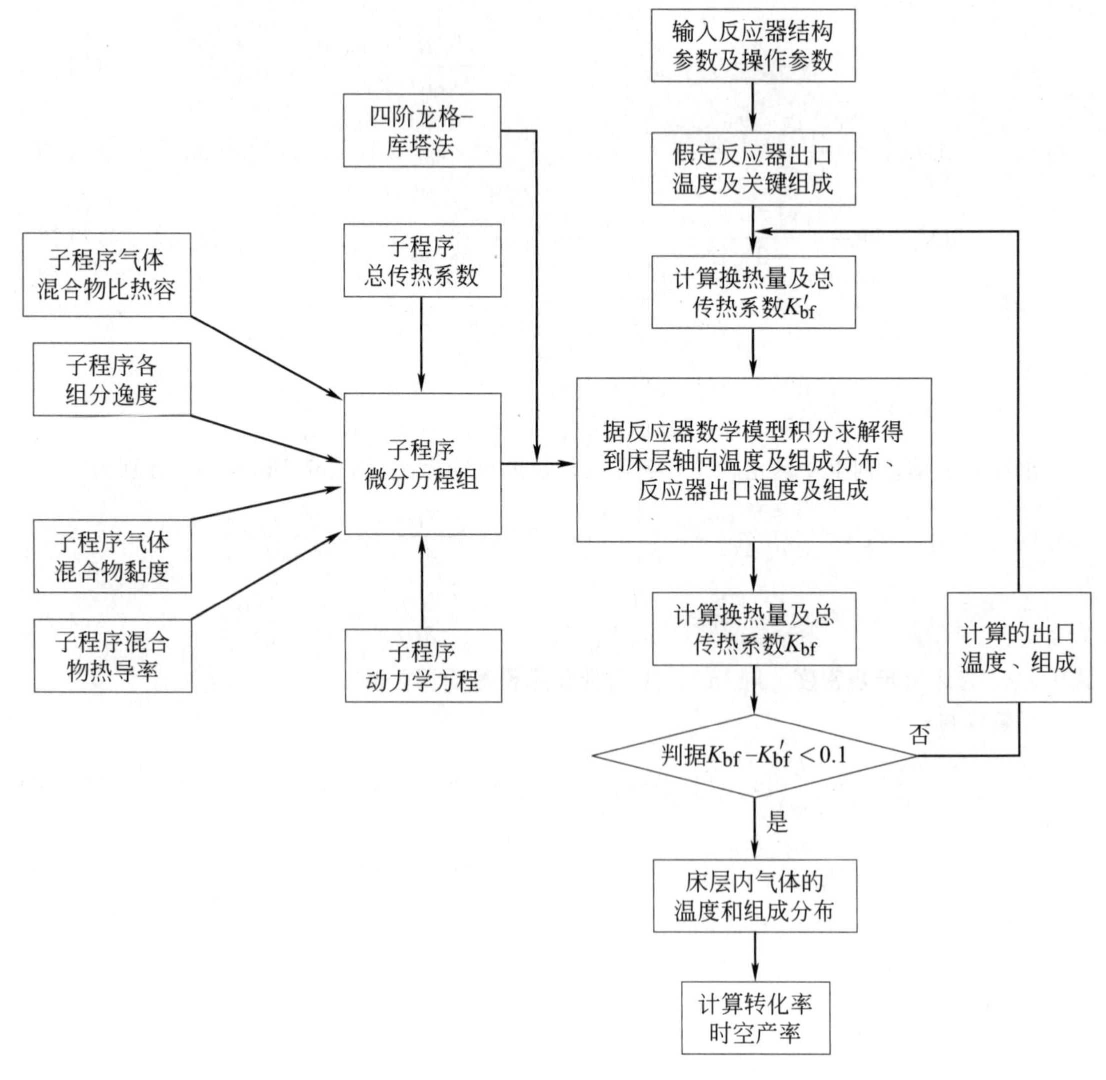

图 11-19 管壳型甲醇反应器模拟算法

（2）基础数据

1）热力学基础数据

CO、CO_2加氢反应的热效应（$-\Delta H_{CO}$）、（$-\Delta H_{CO_2}$）及以逸度表示的平衡常数 K_{fCO}、K_{fCO_2}的计算方法参见相关甲醇书籍所述。

2）加压下含甲醇混合气体的物性数据

加压下含甲醇混合气体的定压比热容 c_p、黏度 μ、热导率 λ 的计算方法参见相关甲醇书籍所述。

3）CO、CO_2平行加氢反应的动力学方程

C301 铜基催化剂上 CO、CO_2平行加氢反应的本征速率（kmol/kg·h）表示为

$$r_{CO本}=-\frac{dN_{CO}}{dW}=\frac{k_1 f_{CO} f_{H_2}^2\left(1-\dfrac{f_m}{K_{fCO} f_{CO} f_{H_2}^2}\right)}{(1+K_{CO}f_{CO}+K_{CO_2}f_{CO_2}+K_{H_2}f_{H_2})^3} \tag{11-32}$$

$$r_{CO_2本}=-\frac{dN_{CO_2}}{dW}=\frac{k_2 f_{CO_2} f_{H_2}^3\left(1-\dfrac{f_m f_{H_2O}}{K_{fCO_2} f_{CO_2} f_{H_2}^3}\right)}{(1+K_{CO}f_{CO}+K_{CO_2}f_{CO_2}+K_{H_2}f_{H_2})^4} \tag{11-33}$$

式中，f_i 为组分 i 的逸度，由 SHBWR 状态方程计算，MPa；K_i 为组分 i 的吸附平衡常数；k_1、k_2 为反应速率常数。

各参数值为：

$$k_1=1482\exp\left(-\frac{50430}{RT}\right),\qquad K_{CO_2}=\exp\left[-3.398+2257\left(\frac{1}{T}-\frac{1}{\overline{T}}\right)\right],$$

$$k_2=1.511\times10^5\exp\left(-\frac{69970}{RT}\right),\qquad K_{H_2}=\exp\left[-1.493-1583\left(\frac{1}{T}-\frac{1}{\overline{T}}\right)\right],$$

$$K_{CO}=\exp\left[-6.549-13090\left(\frac{1}{T}-\frac{1}{\overline{T}}\right)\right],\qquad \overline{T}=508.9\text{K},\ R=8.314\text{J/(mol·K)}$$

考虑到甲醇合成反应中存在着粒内传递过程的影响以及催化剂还原、中毒和衰老等问题，反应的宏观速率应为本征速率与活性校正系数 COR 的乘积

$$r_{CO}=r_{CO本}\times COR \tag{11-34}$$

$$r_{CO_2}=r_{CO_2本}\times COR \tag{11-35}$$

4）床层与冷却介质间的总传热系数 K_{bf}

床层与冷却介质间的总传热系数 K_{bf}按下式计算

$$\frac{1}{K_{bf}}=\frac{1}{\alpha_b}+\frac{1}{\alpha_f}+\frac{\delta}{\lambda_s}+R_c \tag{11-36}$$

式中，α_b 为床层对壁的给热系数。由于甲醇合成所用的铜基催化剂为金属氧化物，所以采用低热导率颗粒的式子计算。

$$N_u=\frac{D_t\alpha_b}{\lambda_f}=6.0Re^{0.6}Pr^{0.123}\left(1-\frac{1}{1.59D_t/L}\right)\times\exp\left(-3.68\frac{d_p}{D_t}\right) \tag{11-37}$$

式中，$Re=d_pG/\mu$；$Pr=c_p\mu/(\lambda_f\overline{M})$；$G$、$\overline{M}$、$\lambda_f$、$\mu$、$c_p$ 分别为混合气体的质量流量、平均分子量、热导率、黏度及定压比热容；D_t、L 分别为床层当量直径与高度；d_p 为与颗粒等外表面积的圆球颗粒直径。

管外冷却介质（沸腾水）对管壁的给热系数 α_f 可按下式计算，单位为 kcal/(m²·h·K)。

$$\alpha_f=3\left(\frac{Q}{F}\right)^{0.7}p_f^{0.15} \tag{11-38}$$

式中，Q 为总传热量，kcal/h；F 为传热面积，m^2；p_f 为沸水压力，atm；λ_s 为反应管壁热导率；δ 为壁厚；R_c 为污垢系数。

（3）计算实例

某 Lurgi 管壳型副产蒸汽甲醇合成塔，反应管长为 5800mm，反应管尺寸为 ϕ38mm×2mm，共 3555 根。反应器操作条件为：压力 5MPa，进塔温度 240℃，进塔气量（标准状态下）204000m^3/h，进塔气体浓度：CO 为 0.1053，CO_2 为 0.0306，H_2 为 0.7640，N_2 为 0.0499，CH_4 为 0.0435，H_2O 为 0.0002，CH_3OH 为 0.0055。管间为 4MPa 压力的沸腾水，温度 250℃，反应管内装填 ϕ5mm×5mm 圆柱状 C301 铜基催化剂，活性校正系数 COR=0.88。

用龙格-库塔步长积分法解一阶常微分方程组$\frac{dy_{CO}}{dl}$、$\frac{dy_{CO_2}}{dl}$、$\frac{dT_b}{dl}$，求得床层轴向不同位置上 CO、CO_2摩尔分数及反应温度的分布，结果见表 11-9。由表可见，整个床层除进口处外，温度变化平缓，塔内温度分布均匀，由于床层内温度无较大幅度变化，对热敏感性强的铜基催化剂是有利的。

表 11-9 Lurgi 型管壳型甲醇合成反应器催化床轴向浓度及温度分布

l/m	y_{CO}	y_{CO_2}	T_b/℃	l/m	y_{CO}	y_{CO_2}	T_b/℃
0.000	0.1053	0.0316	240.0	3.480	0.0886	0.0236	257.1
0.580	0.1026	0.0293	257.1	4.060	0.0861	0.0237	256.3
1.160	0.0997	0.0271	260.6	4.640	0.0837	0.0239	255.7
1.740	0.0968	0.0254	260.3	5.220	0.0814	0.0241	255.2
2.320	0.0940	0.0244	259.2	5.800	0.0792	0.0244	254.9
2.900	0.0913	0.0238	258.0				

出口甲醇，摩尔分数 $y_{m出}$=0.0518，产量=293.8t/d，催化剂生产强度为 15.71t/(d·m^3)。

本章小结

工业反应过程的开发研究所凭借的手段主要是实验，即使是数学模型方法，在很大程度上也依赖于实验。开发研究的实验应充分认识并利用对象的特殊性，在化学反应工程理论指导下进行。

对象的特殊性包括过程的特殊性和工程问题的特殊性。过程的特殊性是显而易见的，不同的反应类型，有不同的个性。不同的对象根据其特殊性，可以作不同的分解和简化，采用有效的实验手段，充分认识对象的特殊规律。工程问题有其复杂的一面，也有其简单的一面。工程问题会伴有一些强烈的约束条件，使许多因素受其约束而使实验得以简化。所以应充分利用工程问题的特殊性来简化实验，以解决特定工程问题。

正确的过程开发方法应当在化学反应工程理论和正确的实验方法论的指导下，充分利用对象的特殊性规划实验，简化实验，以期提高开发研究工作的质量。

符号表

A—传热面积，m^2

a—比表面积，m^2/m^3

c—反应物浓度，mol/L，$kmol/m^3$。下标A、T、I分别代表组分A、反应系统总浓度、惰性的物料浓度

c_p—比热容，J/(mol·℃)，J/(kg·℃)

D—分子扩散系数，m^2/s

D_e—有效扩散系数，m^2/s

D_t—反应管直径，m

d_p—颗粒直径，mm

E—反应活化能，J/mol

E_D—扩散活化能，J/mol

$\overline{E}$—表观反应活化能，J/mol

F_A—组分A的摩尔流率，mol/s

$F(t)$—停留时间分布函数

$f(t)$—停留时间分布密度函数，h^{-1}

G—质量流率，$kg/(m^2 \cdot h)$

g—重力加速度，m/s^2

h—给热系数，kJ/(m·h·℃)

ΔH—反应热效应，J/mol

K—化学反应平衡常数

k—反应速率常数，$\left(\frac{mol}{L}\right)^{1-n} s^{-1}$

k_0—频率因子，$\left(\frac{mol}{L}\right)^{1-n} s^{-1}$

k_g—气相传质系数，cm/s

L—反应器总长度，m

l—反应器任一位置长度，m

M—分子量或过量比

N—多级全混釜串联釜数

n—反应物料物质的量或反应级数

$\overline{n}$—表观反应级数

p—压力，MPa

Q_g—反应放热速率，kJ/h

Q_r—散热速率，kJ/h

R—表观反应速率，循环反应器的循环比，气体普适常数

R_p—颗粒半径，mm

r—反应速率，mol/(L·s)

SV—空速，h^{-1}

T—反应温度，℃

T_{ig}—临界着火温度，℃

T_{ex}—临界熄火温度，℃

t—反应时间，s

$\overline{t}$—平均停留时间，s

U—总传热系数，kJ/(m·h·℃)

u—线速度，m/s

V—反应体积，m^3

V_R—反应器体积，m^3

v—体积流率，m^3/h

W_0—示踪剂质量，kg

W_t—反应器内固体颗粒总质量，kg

x—反应转化率

z—无量纲长度或轴向距离

希腊字母

β—反应选择率

ε—空隙率或膨胀率

δ—膨胀因子

η—非均相反应过程效率因子

η_1—非均相反应过程外部效率因子

η_2—非均相反应过程内部效率因子

θ—无量纲时间

λ—热导率，kJ/(m·h·℃)

λ_e—有效热导率，kJ/(m·h·℃)

μ—黏度，Pa·s

ρ—密度，g/cm^3

σ^2—无量纲方差

τ—空时或平均停留时间，s

φ—单程收率

Φ—总收率

下标

ad—绝热

b—气流主体

c—冷却介质

e—平衡

eq—平衡

es—外表面

f—出口

in—进口

is—内表面

M—CSTR 反应器或最大

max—最大

opt—最优

P—PFR 反应器

p—颗粒

r—径向

s—固体颗粒、熔盐

w—壁

特征数

Pe—Peclet 数（$=uL/D_e$）

Re—Reynolds 数$\left(=\dfrac{du\rho}{\mu}\right)$

Da—Damkohler 数［$=kc_b^{n-1}/(k_g a)$］

Pr—Prandtl 数$\left(=\dfrac{c_p\mu}{\lambda}\right)$

Sc—Schmidt 数$\left(=\dfrac{\mu}{\rho D}\right)$

Sh—Sherwood 数（$k_g d_p/D$）

ϕ—Thiele 数［$=R_p(kc_b^{n-1}/D_e)^{1/2}$］

J_D—传质因子$\left[=\left(\dfrac{k_g\rho}{G}\right)\left(\dfrac{\mu}{\rho D}\right)^{2/3}\right]$

J_H—传热因子$\left[=\left(\dfrac{h}{Gc_p}\right)\left(\dfrac{c_p\mu}{\lambda}\right)^{2/3}\right]$

参考文献

[1] 陈敏恒，袁渭康．工业反应过程的开发方法．北京：化学工业出版社，1985.
[2] 朱开宏．工业反应过程分析导论．北京：中国石化出版社，2003.
[3] 陈敏恒，翁元垣．化学反应工程基本原理．第2版．北京：化学工业出版社，1986.
[4] 张濂，许志美，袁向前．化学反应工程原理．第2版．上海：华东理工大学出版社，2007.
[5] 朱炳辰．化学反应工程．第5版．北京：化学工业出版社，2015.
[6] Smith J M. Chemical Engineering Kinetics. 3rd ed. McGraw-Hill Inc，1981.
[7] Shah Y T. Gas-Liquid-Solid Reactor Design. McGraw-Hill Inc，1979.
[8] Levenspiel O. Chemical Reaction Engineering. 3rd ed. 北京：化学工业出版社，2002.
[9] Forgler H. Elements of Chemical Reaction Engineering. 4th ed. 北京：化学工业出版社，2005.
[10] 陈甘棠．化学反应工程．第3版．北京：化学工业出版社，2007.
[11] 郭锴，唐小恒，周绪美．化学反应工程．第3版．北京：化学工业出版社，2017.
[12] 李绍芬．反应工程．第2版．北京：化学工业出版社，2002.
[13] George W R. Chemical Reaction and Chemical Reactors. 曹贵平译．上海：华东理工大学出版社，2011.
[14] Schmidt L D. Chemical Reaction Engineering. 2nd ed. 靳海波等译．北京：中国石化出版社，2010.
[15] M 贝伦斯等．化学反应工程．北京：中国石化出版社，1994.
[16] 朱开宏．化学反应工程分析例题与习题．上海：华东理工大学出版社，2005.
[17] 廖辉，辛峰，王富民．化学反应工程习题精解．北京：科学出版社，2003.
[18] 梁斌，段天平，傅红梅等．化学反应工程．北京：科学出版社，2003.
[19] 王承学．化学反应工程．第2版．北京：化学工业出版社，2015.
[20] 姜信真．化学反应工程学简明教程．西安：西北大学出版社，1987.
[21] 张濂，许志美．化学反应器分析．上海：华东理工大学出版社，2005.
[22] 许志美，张濂，袁向前．化学反应工程原理例题与习题．第2版．上海：华东理工大学出版社，2002.
[23] (奥) 列文斯比尔．化学反应工程习题题解．施百先，张国泰译．上海：上海科学技术文献出版社，1983.
[24] Forgler H. Elements of Chemical Reaction Engineering. 5th ed. Prentice Hall，2016.

习题答案

第1章

1-4 0.84，0.635，0.534，0.635

1-5 0.97，0.772

1-6 0.1332，0.1003，0.7524

第2章

2-3 67.55kJ/mol

2-4 44.9kJ/mol

2-5 8.4℃，12.7℃

2-6 53.59kJ/mol，94.51kJ/mol，210.92kJ/mol，373.43kJ/mol，582.05kJ/mol

2-7 29.06kJ/mol

2-9 (1) $\frac{\alpha_B}{\alpha_A}kt=\frac{1}{c_A}-\frac{1}{c_{A0}}$；(2) $kt=\frac{1}{(1-\alpha_1)c_{B0}}\ln\left[\frac{1-\alpha_1 x}{1-x_A}\right]$，式中 $\alpha_1=\frac{\alpha_B}{\alpha_A}\times\frac{c_{A0}}{c_{B0}}$

第3章

3-1 10min

3-3 $x_A=1$

3-4 $(-r_A)=kc_A^2$，$k=0.5\text{L/(mol·min)}$

3-5 $k=1.21\times10^{-4}\text{y}^{-1}$，$t=19035\text{y}$ （y—年）

3-6 $V_R=2.17\text{m}^3$

3-7 (1) $x_{Ae}=0.909$；(2) $t=279\text{min}$；(3) 水 48.55mol/L，乙酸乙酯 0.2072mol/L，乙酸 0.9438mol/L，甲醇 0.9438mol/L

3-8 9900s，9980s，9990s

3-9 $(-r_A)=kc_Ac_B$，$k=0.616\text{m}^3/(\text{kmol·h})$

3-10 $t_{0.5}=5.31\text{h}$，$t_{0.9}=47.7\text{h}$，$t_{0.99}=524.4\text{h}$

$t_{0.5}=0.78\text{h}$，$t_{0.9}=2.78\text{h}$，$t_{0.99}=5.81\text{h}$

3-11 $t_{0.5}=0.73\text{h}$，$t_{0.9}=2.44\text{h}$，$t_{0.99}=4.88\text{h}$

3-12 $E=65.94\text{kJ/mol}$

3-13 $(-r_A)=0.0578c_A-0.0289(0.5-c_A)$

3-14 $x_{Ae}=0.286$，移走产物或降低温度，$T=167.9$℃

3-15 $x_{Ae}=0.836$，$k_1=6.37\times10^{-4}\text{s}^{-1}$，$k_2=1.25\times10^{-4}\text{s}^{-1}$

3-16 $x_{Ae}=0.50$，$c_{B0}=9\text{mol/L}$

3-17 $x_A=0.9908$，$\Phi=0.684$

3-18 $x_A=0.703$，$\Phi=0.363$

3-20 (1) 在 50℃：$t_{opt}=1.279\text{min}$，$\Phi_{max}=0.9747$；

在 60℃：$t_{opt}=0.4753\text{min}$，$\Phi_{max}=0.9581$

(2) 温度升高，收率降低，说明此串联反应主反应活化能小于副反应活化能

3-21 $k_1=0.0462\text{min}^{-1}$，$k_2=0.0231\text{min}^{-1}$，$\Delta E=36.28\text{kJ/mol}$，
主反应活化能大于副反应活化能

3-22 $k_2/k_1=0.52$，$c_{\text{P,max}}=0.0492$，$x_{\text{A}}=0.744$

第4章

4-1 1.773m^3

4-2 140.8m

4-3 1.105m^3

4-4 2.2h

4-5 1.933s

4-6 3.65m^3

4-7 $V_{\text{R}}=8\text{L}$

4-8 13.0m，29.9s，18.6s

4-9 0.577，0.7145，0.2745m^3

第5章

5-1 $x_{\text{A}}=0.7$

5-2 $x_{\text{A}}=0.75$

5-3 $T=440\text{K}$

5-4 $T_{\text{m1}}=432\text{K}$，$T_{\text{m2}}=448.7\text{K}$

5-5 $V_{0.6}=67.2\text{L}$，$V_{0.8}=96\text{L}$，$V_{1.0}=96\text{L}$

5-6 (1) 18.82L/min；(2) 16.02L/min；(3) 计算结果均不变

5-7 (1) 0.667；(2) 0.8；(3) 0.5，1.0；(4) 0.632，0.909

5-8 $(-r_{\text{A}})=9.1\times10^5\exp(-24058/RT)c_{\text{A}}^2$

5-9 (1) 64.5m^3；(2) 45.5m^3

5-10 $V_{\text{R}=5}=18.3\text{L}$，$V_{\text{R}=0}=\infty$，$V_{\text{R}=\infty}=100\text{L}$

第6章

6-1 0.095，0.451，0.05

6-2 6.24min，8.50，0.218

6-3 PFR 串联 CSTR，$\bar{t}_{\text{P}}=\bar{t}_{\text{M}}=1\text{min}$

6-4 $x_{\text{CSTR}}=0.566$，$x_{\text{固相}}=0.582$

6-5 (1) 1，∞，0，0，0；(2) 0.632，0.368，0.551，0.449，0.301；
(3) 1，0，0，1，1

6-6 $x_{\text{A}}=0.833$

6-7 $x_{\text{A}}=0.75$

6-8 (1) $x_{\text{A}}=0.667$；(2) 16.3%；(3) 5.03%

6-9 (1) $\bar{t}=1.2\text{ks}$；(2) $x_{\text{A}}=0.557$；(3) $x_{\text{A}}=0.557$

6-10 259s，0.848，0.66，0.857

6-11 (1) $\bar{t}=7.98\text{s}$，$\sigma^2=0.9125$；(2) 0.849；(3) 0.90

6-12 (1) 0.6809；(2) 0.6756；(3) 0.7233；(4) 0.5626

6-13 $x_{\text{A}}\approx1.00$

第7章

7-1 （1）$x_A=0.816$；（2）$x_A=0.816$；（3）$x_A=0.766$

7-2 （1）$T_1=432K$；（2）$T_2=448.7K$

7-4 （1）6.5段；（2）降低绝热温升，原料气中A的摩尔分数降低到5%

7-5 （1）单釜0.612，双釜0.688；（2）不能，与一个单釜相同，0.612；
（3）0.794；（4）0.746

7-6 （1）$2.17m^3$，$4.56m^3$；（2）$1.45m^3$，$3.25m^3$；（3）$7.25m^3$，$32.5m^3$；（4）略

7-7 方案（2）优，$x_A=0.705$

7-8 $V_R=V_M+V_P=12.96+30.46=43.42m^3$，CSTR在前，中间转化率为0.5

7-9 （1）$c_A=0.5kmol/m^3$；（2）$V_R=10.91m^3$；（3）$V_R=1.013m^3$；
（4）$V_R=0.723m^3$，CSTR串联PFR

7-10 $\tau_{opt}=\frac{1}{\sqrt{k_1k_2}}$，$\varphi_{max}=\frac{c_{P,max}}{c_{A0}}=\frac{1}{\left[\left(\frac{k_2}{k_1}\right)^{1/2}+1\right]^2}$

7-11 （1）$n_1=n_2=1$，$k_1/k_2=0.02$；（2）选用PFR，$c_A=37$时，$c_{P,max}=26.7$；
（3）选用PFR，$c_{P,max}=45.1$，最大收率0.451

7-12 （1）选用CSTR；（2）$c_{P,max}=2mol/L$

7-17 $T=389K$

7-18 CSTR：$\beta_R=0.714$，$\Phi=0.571$，$\tau=1.43h$；PFR：$\beta_R=0.476$，$\Phi=0.381$，
$\tau=0.424h$

7-19 （1）$c_P=0.21c_{A0}$；（2）$c_P=0.226c_{A0}$；（3）$c_P=0.21c_{A0}$；（4）$c_P=0.246c_{A0}$

7-20 CSTR：$T=446.5℃$，$c_{P,max}=0.81$；PFR：$T=509℃$，$c_{P,max}=0.729$

7-21 （1）8.24；（2）5.00；（3）2.86

7-22 $\frac{c_{P,max}}{c_{A0}}=\frac{k_1}{k_2}e^{-1}$，$t_{opt}=\frac{1}{k_2}$

7-23 （1）该反应是平行反应；（2）$r_P=200c_A^2$　$r_S=50c_A^2$

7-25 （1）$k=1.106\times10^{-6}m^3/(mol\cdot s)$，$(-r_A)_{max}=8.364\times10^{-2}mol/(m^3\cdot s)$；
（2）$\tau=8.037\times10^3s$；（3）$\tau=6.258\times10^3s$；（4）$\tau_1=2.69\times10^3s$，$\tau_2=2.47\times10^3s$，$\tau=\tau_1+\tau_2=5.16\times10^3s$；（5）$R_{min}=0.74$，$\tau_{min}=6446s$

第8章

8-1 （1）吸附控制　$r=\frac{k_1p_{CO}p_{H_2O}-k_2p_{CO_2}p_{H_2}}{Kp_{CO}+p_{CO_2}}$；

（2）反应控制 $r=\frac{k_1'p_{CO}p_{H_2O}-k_2'p_{CO_2}p_{H_2}}{K_{H_2O}p_{H_2O}+p_{H_2}}$

8-2 $r_R=6.65\times10^{-4}kmol/(kg\cdot h)$

8-4 （1）$A+{*}\rightleftharpoons A^*$；$B+{*}\rightleftharpoons B^*$；$A^*+B^*\rightleftharpoons C^*$（控速步）；$C^*\rightleftharpoons C+{*}$
（2）$A+{*}\rightleftharpoons A^*$；$B+{*}\rightleftharpoons B^*$；$A^*+B^*\rightleftharpoons C^*$（控速步）；$C^*\rightleftharpoons C+{*}$
有两种吸附位点，A和C吸附在同一种位点，B吸附在一种位点。
（3）$B+{*}\rightleftharpoons B^*$；$A+B^*\rightleftharpoons C^*$（控速步）；$C^*\rightleftharpoons C+{*}$

(4) $A+{}^*\rightleftharpoons A^*$；$B+{}^*\rightleftharpoons B^*$；$A^*+B^*\longrightarrow C+2{}^*$（控速步）

8-6 Eley Rideal 机理：$E+{}^*\longrightarrow E^*$；$E^*+H_2\longrightarrow A+{}^*$（控速步）

8-7 若吸附控制 $r=\dfrac{k_{aA}p_{A2}-k_{dA}\left[\dfrac{K_Cp_C}{K_rp_B}\right]^2}{\left[1+K_Cp_B+\dfrac{K_Cp_C}{K_rp_B}\right]^2}$；若表面反应控制

$r=\dfrac{k_1p_B\sqrt{K_Ap_A}}{1+\sqrt{K_Ap_A}+K_Cp_C}$；若脱附控制 $r=\dfrac{k_{dC}K_rp_B\sqrt{K_Ap_A}-k_{aC}p_C}{1+\sqrt{K_Ap_A}+K_rp_B\sqrt{K_Ap_A}}$

8-8 反应控制步骤：$CO^*+O^*\longrightarrow CO_2+2{}^*$；$p_{CO}/p_{NO}$较小；
符合双中心机理动力学

8-9 (1) $\alpha=0.184$，$\beta=-0.031$，$k=1.148$；(2) $k=12.26$，$K_M=9.025$；
(3) $k=8.409$，$K_M=2.83$；(4) $k=102$，$K_M=83.6$，$K_{H_2}=67.21$

第9章

9-1 $\eta_1\approx1$

9-2 $\eta_1\approx1$

9-3 (1) $\eta_1=0.988$；(2) $\eta_1=0.095$

9-4 $\eta_2\approx0.678$，有内扩散影响

9-5 $\varphi^2\eta_2=400$，内扩散影响很严重

9-6 $d_p\leqslant2.4$mm

9-8 (1) $\eta_2=0.98$；(2) 此时催化剂用量为原用量的52.3%；(3) $d_p=1.35$mm

9-9 (1) 外扩散影响忽略；(2) 内扩散影响严重；
(3) ΔT（颗粒内）$=0.1$℃，$T_s-T_b=40$℃

9-10 外扩散影响消除，内扩散影响严重

9-11 外扩散影响消除，内扩散影响严重

9-12 外扩散影响消除，内扩散影响严重

9-13 (1) 有外扩散影响，$R=1.32\times10^{-3}$mol/m^3；
(2) $\eta_2=0.52$，有内扩散影响，$c_{Aes}=7.64\times10^{-3}$mol/m^3；(3) 略

9-14 $\eta_2=0.18$，$\eta_2=0.26$

9-15 $E=132016$J/mol

9-16 (1) $\eta_2\approx1$；(2) $d_p=8.24$mm

第10章

10-1 $\Delta T_{ad}=402.3$℃

10-2 $T_c=426$K

10-5 $T=62$℃，$x_{Af}=0.78$，$c_{Af}=0.123$mol/L，一个定态

10-6 $\Delta T_{ad}=667$℃，应选用列管式固定床反应器

10-7 $x_A=0.8357$

10-9 (1) $N=6.5$段；(2) 将进料气配比调整为A5%，B95%